노천광산 개발공학

노천광산 개발공학

Surface Mining Engineering

자원개발은 자본의 효율적인 투자를 위하여 광체에 대한 다양한 탐사 및 평가 과정과 그 경제적 개발을 위한 검토가 포함되며 광체의 최적 개발을 위해서는 암반공학에 입각한 과학적인 접근도 필요하다. 또 적절한 장비를 선택하고 관리하여야 하며 개발된 광물의 처리와 정제를 위한 과정이 또한 포함되어야 한다. 그뿐만 아니라 모든 개발의 과정이 끝나면 자연환경을 복원하는 과정 또한 수반되어야 한다. 이렇듯 자원개발은 그 전 주기 과정에서 다양한 학문적·기술적 접근이 필요하다.

양형식, 강성승, 선우 춘, 장명환, 정소걸, 조상호 저

씨아이알

본 교재는 산업통상자원부와 해외자원개발협회가 추진하는
자원개발특성화대학사업의 지원을 받아 개발되었습니다.

머리말

지하자원의 가격은 그 부침이 대체로 주기적이나 국제정세의 급변 등 예측하기 어려운 상황 전개에 따라 시장의 변동이 심하다. 오늘날 세계 경제는 유기적으로 영향을 미쳐서 이러한 변동이 며칠 이내로 시장에 반영된다. 따라서 우리나라와 같이 자원이 부족하면서도 대량의 자원을 소비하는 자원빈국의 입장에서는 지속 가능한 발전을 위해 자원에 대한 투자나 관심을 항시 유지하고 있어야 한다. 특히 세계 7대 무역국으로서 G7 진입을 앞두고 '산업의 쌀'인 자원을 안정적으로 확보하는 것은 선택사항이 아니라 필수불가결한 조건이다. 그럼에도 불구하고 우리나라 자원 정책은 단기적인 수익성이나 근시안적인 정쟁에 따라 기조가 바뀌는 실정이다. 대개 장사의 근본은 물건을 싸게 구입하고 비싸게 팔아야 하는 것인데, 적지 않게 투자하였고 향후 우량자산이 될 가능성이 많은 해외 자원개발 자산을 정부 투자기관의 단기적 실적 평가에 따라 저가에 매각도록 강제하는 현실이 안타깝다. 전 세계의 자원 시장이 위축되어 있는 현 시점이 오히려 장기적 안목에서 자원 관련 정부 투자기관의 자본규모를 배가하고 인력을 늘리며 저평가된 광구나 광산을 공격적으로 매입해야 할 때라고 본다.

자원의 확보는 단순히 자원을 구입하는 것으로는 충분하지 않다. 안정적인 자원의 확보와 수급을 위하여 잠재적인 해외 자원기지를 탐사, 확보하고 광산을 개발, 운영하면서 기술을 축적하여야 한다. 우리나라도 전략광종을 정하고 자주개발이라는 기치 하에 자원의 안정적 확보를 추구해왔는데, 이를 위해서는 탐사, 개발, 처리, 활용, 복구에 이르는 자원의 전 주기 요소기술을 확보하는 일이 중요하다. 지난 수십 년간 국내 자원 산업이 영세한 데다가 침체 일로에 있어서 자원 관련 학과들이 폐과되거나 그다지 공통점이 많지 않은 토목, 환경공학 계열의 학과와 통합되어 운영되는 등 사실상 광산공학에 관한 교육이나 연구가 거의 이루어지지 않았다. 다행이 최근 자원개발특성화대학사업을 시행하여 이제 이 부분의 기술축적이 시작되었다. 본 서도 이 사업의 일환으로 연구 · 저술된 것이며 광산공학 핵심 기술의 하나인 노천채광에 대해 다루고 있다. 국내에 대규모 노천채광이 전무한 상황에서 필자들이 제한된 지식과 경험으로 고전적인 해외 교재들과 간행물을 참조하여 저술하였는바 부족한 점이 많을 것으로 생각된다. 독자 제현의 애정이 어린 조언을 바란다.

이 책을 쓰면서 많은 이들의 도움을 받았는데, 특히 한국지질자원연구원의 류동우 박사와 한국광물자원공사의 김남인 팀장 등 자원아카데미 출강 강사들, 그리고 문희숙, 나태유, 이윤수, 조은준, 정상선, 정희선 등 조원들에게 감사드린다.

2016년 5월

저자 일동

Surface Mining Engineering

목차

01 서 론

02 사업타당성 평가

03 오픈 피트 계획과 설계

04 사면안정

05 노천발파

06 오픈 피트 운영

07 오픈 캐스트 채광법

08 기타 노천채광법

09 노천채광장비

10 복 구

01 서론

01 서 론

1.1 자원전쟁

세계는 바야흐로 자원전쟁의 시대이다. 과거 세계대전들도 에너지의 확보를 위한 선진국들의 주도권 전쟁이었으며, 전쟁의 승패를 결정지은 것도 결국은 어느 쪽이 그 당시의 수월 에너지를 확보하였는가 여부였다. 제1차 세계대전은 석탄에너지를 확보하고 이를 이용한 내연기관을 장착한 해군력이 월등했던 영국과 그 우방국들의 승리로 돌아갔으며, 제2차 세계대전은 석유에너지를 선점하여 기동력을 우세하게 유지할 수 있었던 연합군이 승리하였다.

현대는 일부 국지전을 제외한다면 총성 없는 무역전쟁이고 자원확보전쟁의 시대이다. 중국과 인도를 위시한 신흥경제국들은 거대한 인구에 수반하는 막대한 자본력으로 자원이 많지만 가난한 나라들에 진출하여 자원을 선점하고 있어 자원의 블랙홀이라 불리고 있다. 기존의 선진국들도 지하자원뿐만 아니라 식량자원까지 확보하고 그 영향력을 유지하려 하고 있다. BHP Billiton, Rio Tinto, Vale, Anglo American, Xstrata 등 자원개발 메이저 기업들은 공격적 M&A를 통하여 기업의 규모와 진출 분야를 확대해가고 있으며 이들은 거대자본을 바탕으로 기술력을 향상시키고 주요 광종에 대한 시장점유율을 높이고 있다.

이들 틈바구니에서 우리나라는 자원외교를 앞세우며 고군분투하고 있는 실정이다.

1.2 광물자원의 종류와 전략광종

광물자원은 천연 암석이나 광물 또는 그것이 반가공된 것을 말하며 금속과 비금속으로 대별되고 금속은 알칼리 금속, 알칼리토금속, 그리고 전이금속으로 분류된다. 전이금속을 철과 비철금속으로 나누는데, 비철금속에 속하는 베이스메탈과 희소금속들은 산업적으로 대단히 중요한 역할을 한다.

특히 비철금속은 광상이 지리적으로 편재해서 부존하고 있어 특정 소수 국가에 생산이 집중되어 있다. 따라서 자원개발 시에 투자 리스크가 대단히 높고 자금회수에 이르는 시간이 길다. 이들은 고갈성 자원이고 국제적인 상품으로서 투기의 대상이 된다.

희소금속은 일부 국가에 극단적으로 편재해 있다. 니오붐은 세계 매장량의 98%가 브라질에 있으며 탄탈륨은 93%가 호주에, 텅스텐은 90%가 중국에 매장되어 있다. 따라서 생산과 공급이 자원보유국가의 국가정책에 크게 좌우되며 시장가격 등락이 극심하다.

우리나라에서는 특히 석유, 가스와 함께 유연탄, 우라늄, 철, 동, 아연, 니켈을 전략광종으로 분류하고 이의 자주개발률을 높이려고 애쓰고 있다. 전략광종이라 함은 국내 부존량이 미미하여 수입의존도가 높고 규모가 큰 에너지와 주요 산업원료 광물자원을 말한다. 이들 전략광종을 선정한 것은 해외자원개발사업을 지원할 때에 선택과 집중에 의해 투자재원을 효율적으로 관리하기 위한 목적이 있다.

우리나라는 세계 7대 무역국으로서 이들 전략광종의 수요와 수입량이 대부분 세계 5위권에 들 만큼 해외자원에 크게 의존하고 있다. 세계 자원시장의 격심한 경쟁과 변동을 감안한다면 단순 수입에 의존하기보다는 자주개발수입이 절실히 필요하며, 이를 위해서는 자원의 전 주기 개발과정에 걸친 기술의 자립과 경쟁력이 확보되어야 한다.

1.3 전 주기 자원개발과정

광물을 중심으로 보았을 때 자원개발은 탐사와 탐광(자원탐사)에 이어 개발과 생산(채광)이 이루어지고 생산된 광물은 선광과 제련(자원처리)을 거쳐 시장에서 판매되고 유통(자원 활용)된다. 광산의 측면에서 보면 탐사와 개발에 이어 수명이 다하면 폐광과 복구의 과정을 밟게 된다. 이 책은 광물자원의 개발과정 특히 노천채광에 중점을 두되 경제성 검토와 복구에 이르는 개발과정에 대하여 기술한다.

1.4 노천채굴과 지하채굴

지하자원의 채굴방법은 그 자원의 부존상황과 경제성에 따라 달라지겠지만, 기존 광산은 물론이고 새로이 탐사되는 광체들도 점차 노천보다는 지하채굴로 전환해 가는 과정이다. 그림 1.1은 Rio Tinto 사의 구리 광체 개발의 패턴을 보여주는 것으로, 2004년에는 노천채굴이 전체 생산량의 85%에 달하였으나 점차 감소하였고 2014년 이후 노천채굴을 종료하고 블록케이빙(block caving) 법을 주로 하는 지하채굴로 완전히 전환됨을 보여주고 있다.

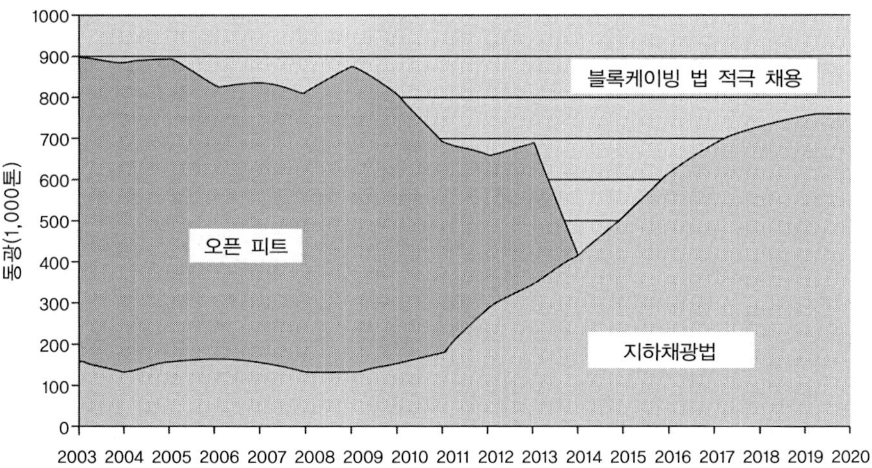

그림 1.1 노천채굴과 갱내채굴에 의한 구리 생산량 추이(Rio Tinto 사)

이와 같이 개발이 심부화함에 따라 노천채굴은 점차 경제성이 떨어지고 지하화하겠지만 여전히 새로운 대규모 광체의 개발은 노천채굴이 주를 이룰 것이다. 특히 경제성 있는 해외의 전략광종들은 대규모로 부존하며 이의 개발은 노천채굴일 개연성이 높다. 따라서 오픈 피트(open pit)과 오픈 캐스트(open cast) 등 주요 노천채굴 기술을 확보해야 할 필요가 절실하다.

우리나라의 경우는 대규모 금속 광체에 대한 국내 개발 경험이 거의 없어서 노천채굴에 대한 연구나 출판이 부족하다. 집필에 있어서 주로 외국의 저술들에 의존하였으나 국내 자료로서 해외개발 경험을 갖춘 한국광물자원공사 기술진들의 교육 자료와 자원개발 아카데미의 단기 교육과정 자료들도 참조하였다.

1.5 용 어

국내의 여러 문헌을 보면 노천채광에 대한 용어가 불분명하다. 'open pit mining'과 'surface mining'을 공히 노천채광으로 혼용하는 경우가 많다. open pit은 노천채광 생산량의 약 60%를 차지하는 부분집합이므로 이를 바로 노천채광이라고 쓰는 것은 오해의 소지가 많다. 혼돈을 피하기 위하여 용어를 재정립하여야 할 것이나 관계자들의 합의가 필요한 부분이라 선불리 정의하기는 어려워 우선 'surface mining'을 넓은 의미의 노천채광으로, 'open pit'는 오픈 피트, 'open cast'는 오픈 캐스트로 통일하여 썼다.[1)]

---

1) 우리나라에서 노천채광만을 다룬 책이 거의 처음이다시피 하여 용어의 선택이 매우 어려웠다. 가급적 『자원용어사전』(KORES, 2012)이나 『자원개발용어집』(해외자원개발협회)의 용어로 통일하였으나 서로 일치하지 않는 경우나 명백하게 이상한 것은 필자들 간에 논의하여 정리하였다. 『자원용어사전』은 오랜 실무경험을 중심으로 편찬되어 자원개발 전 주기에 걸쳐 용어가 잘 정리되어 있으나 지질, 탐사, 역학이나 선광에 비해 개발 부문은 상대적으로 용어가 적고 누락된 것이 많다. 이는 우리나라 광업의 현실과 무관하지 않은 것으로 보여 안타깝다. 『자원개발용어집』은 출판 주체의 특성상 외국의 영어 용어에 해당되는 우리말로 옮긴 형식을 취하고 있는데, 역시 탐사나 석유에 비해 개발 분야의 용어는 잘 정립이 되어 있지 않다.
일례로 『자원용어사전』에서는 open pit, open pit mine, open pit blasting을 노천채광, 노천광산, 노천발파와 병기하고 surface mining에 대한 언급은 없어 사실상 open pit을 노천채광 전체와 동일시하고 있다. 한편 자원개발용어집에서는 open pit mine을 노천광산으로, surface mining을

1.6 이 책의 구성

전술한 바와 같이 자원개발은 자본의 효율적인 투자를 위하여 광체에 대한 다양한 탐사 및 평가 과정과 그 경제적 개발을 위한 검토가 포함되며 광체의 최적 개발을 위해서는 암반공학에 입각한 과학적인 접근도 필요하다. 또 적절한 장비를 선택하고 관리하여야 하며 개발된 광물의 처리와 정제를 위한 과정이 또한 포함되어야 한다. 그뿐만 아니라 모든 개발의 과정이 끝나면 자연환경을 복원하는 과정이 또한 수반되어야 한다. 이렇듯 자원개발은 그 전 주기 과정에서 다양한 학문적·기술적 접근이 필요하다.

이 책은 그중에서도 지하자원의 노천개발방법을 다루었다. 먼저 자원개발을 위해 필수불가결한 사업타당성 조사를 별도로 다루었다(제2장).

편의상 오픈 피트(계단식 채광법)와 오픈 캐스트 및 기타 노천채광법으로 대분하여 다루었다.

오픈 피트는 지표에 노출되거나 지표 가까이 부존하는 경사층 광체의 개발에 가장 많이 적용되는 방법이므로 이를 중점적으로 다루었다. 특히 오픈 피트의 계획과 설계에 중점을 두었고(제3장), 오픈 피트 건설 중에 형성되는 사면의 안정과 주로 계단식으로 이루어지는 노천발파를 각각 별도의 장으로 다루었다(제4, 5장). 또 건설 중과 가동 중인 오픈 피트의 운영을 다루었다(제6장).

오픈 캐스트는 특히 층상 광체에 주로 적용되는 방법으로 유연탄이 대표적인 광체이다. 오픈 캐스트는 그 중요성에 비하여 기술적인 점이 비교적 단순하여 하나의 장으로 마무리 지었다(제7장). 한편 전통적인 노천채굴방법에 더하여 새롭게 시도되고 적용되고 있는 기타 방법들을 하나의 장으로 묶었다(제8장). 여기에는 고벽채광(high wall mining)이나 수력채탄과 함께 용해채광법(solution mining)을 다루었다. 이들 방법은 경우에 따라서는 최선의 대안이 될 수 있는 채굴법들이다.

노천채굴은 특히 거대 장비에 크게 의존한다. 각 채굴법마다 부분적으로 장비를

노천채광으로 옮겨서 사실상 같은 것으로 취급하고 있다. 또 자원용어사전에서 'open pit mining method'에 대해서는 계단식 채굴법이라 따로 정의하고 있으며 open pit와 함께 노천채광의 한 축을 이루는 open cast(또는 strip) mining에 대하여 오픈 캐스트 채광법으로 쓰고 있다.

다루었으나 책의 말미에 별도로 묶어 강조하였다(제9장). 마지막으로 최근의 추세에 따라 복원을 별도의 장으로 다루었다(제10장).

•참고문헌•

권현호, 남광수, 2007, 광해방지공학, 동화기술, p.373.

정소걸, 선우 춘, 조성준 역, 2010, 자원개발공학(Hartman H.L. and J.M. Mutmansky, 2002, Introductory Mining Engineering, 2nd ed.), 도서출판 씨아이알, p.538.

김남인, 2011, 사업 타당성 조사, 자원아카데미 교재.

심찬섭, 2010, 자원개발공학, 자원아카데미 교재.

한국광물자원공사, 2012, 자원용어사전, p.1067.

해외자원개발협회, 2012, 자원개발용어집, p.625.

Hustrulid, W and Kuchta, M., 1998, Open Pit Mine Planning & Design. A.A. Balkema, Netherlands, pp.287～295.

02

사업타당성 평가

노·천·광·산·개·발·공·학

02 사업타당성 평가

2.1 사업타당성 평가 개요

사업타당성 평가(Feasibility Study, F/S)란 프로젝트의 최종 투자 여부 결정까지 발굴된 프로젝트를 대상으로, 미래에 예상되는 경제적 가정을 전제로 관련된 모든 요소와 이들의 상호관계를 고려하여 프로젝트의 성공 가능성을 조사·분석하는 일련의 과정을 말한다. 특히 자원개발은 막대한 투자비와 투자회수의 장기성, 높은 리스크 때문에 잘된 사업타당성 평가는 좋은 투자 결정을 유도하여, 성공하였을 때는 고수익이 창출되나 투자에 실패하였을 때는 낮은 잔존가치 때문에 큰 손해를 볼 수 있으므로 다각적이고 엄밀한 분석이 필요한 분야이다.

사업타당성 조사는 특정 프로젝트에 대하여 정보를 수집 분석하고 그 투자진행의 결과를 사전에 추산·예측하여 기술적으로 타당하고 경제적으로 이익 실현이 가능하다는 것을 보여주어야 한다. 그러기 위해서는 광상부존 상태를 정확히 파악하고 가장 적정한 채굴법과 제품 판매방법을 규명하여야 하며, 이에 수반되는 모든 원가를 추산하여 적정 투자이익이 보장되는 판매가 실현 가능한지를 증명하여야 한다. 이때 보통 선정된 개발대상 광체 및 이의 생산기간에 발생할 투자실행 결과에 대한 예측만 수행하고 그 이후의 잔존 매장량이나 잔존가치는 무시한다.

일반적인 사업타당성 모델은 그림 2.1과 같이 실제 광산 운영에 필요한 모든 과정을 포함하여야 한다.

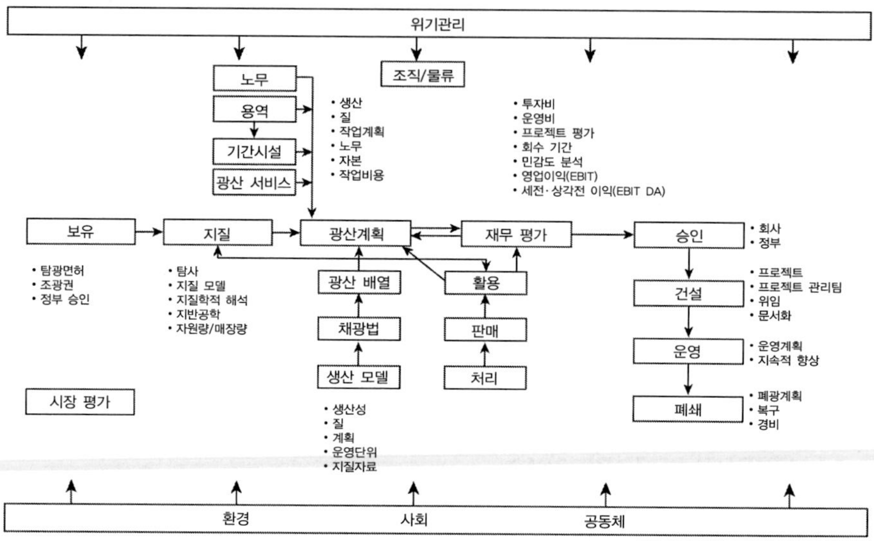

그림 2.1 일반적인 사업타당성 모델

또한 사업타당성 조사는 그림 2.2와 같이 단계별 계획을 염두에 두고 특정광상의 모든 가능한 개발 및 운영 방법을 도출하여 대안을 작성하고, 각 대안의 운영 결과에 영향을 미치는 외부 요인들을 검토한 후 각 대안에 수반되는 원가, 이익 및 위험을 분석하여 그중에서 가장 양호한 투자수익을 가져다줄 대안을 선택 가능하게 하는 것이다. 사업타당성 조사는 대개 몇 단계로 나누어 수행되는데, 단계가 진행됨에 따라 정보량이 많아지며 정확도는 향상된다. 최근에는 자료의 수집, 저장 및 처리에서 컴퓨터와 관련 프로그램을 사용함으로써 수많은 대안과 그 변화 양상을 평가하고 최적인 대안을 보다 쉽게 규명할 수 있다.

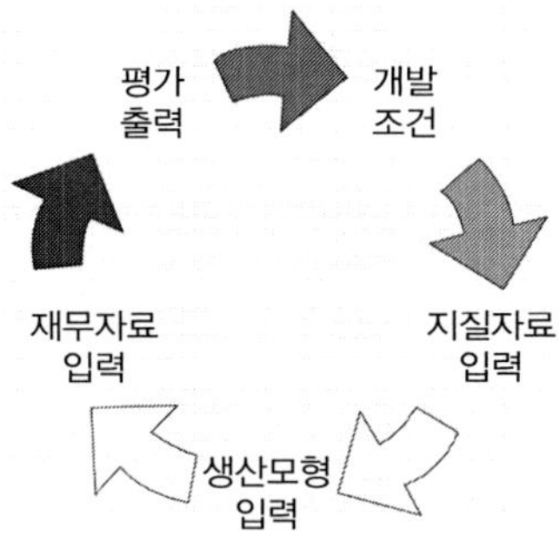

그림 2.2 단계별 광산계획

각 단계의 조사가 완료될 때마다 프로젝트가 여전히 목표하는 투자수익을 얻을 수 있을 것인가? 있다면 이를 증명하기 위해 다음 단계로 어떤 추가 작업이 필요할 것인가에 대한 결정이 가능하다. 조사 최종 단계에서 여전히 해결되지 않은 문제가 있거나 여러 개의 해결방법이 존재할 경우, 각 방법이 가져다줄 결과(sensitivity)를 제시함으로써 투자자가 각 방법에 수반되는 위험도(risk)를 계량화할 수 있도록 한다. 즉, 사업타당성 조사의 궁극적 목적은 프로젝트에 대한 투자자의 자신감과 열정을 정당화하고 계속 유지토록 하는 것이다.

사업타당성 조사는 투자 결정을 위한 기초를 제공할 뿐만 아니라, 프로젝트 범위를 한정하고 개발계획과 그 일정을 제공하며, 모든 예상원가와 절차를 규명하여 프로젝트의 경제성 평가가 가능하도록 한다. 각 단계의 조사가 진행될 때마다 문제를 규명하고 그 해결을 위해 필요한 정보가 무엇인지 확인한다. 전체적으로 모든 가능한 대안을 조사하고 하나씩 취사선택하여 가장 최적인 대안을 도출한다.

사업타당성 조사 주요 항목들(그림 2.3)은 각각 개발허가 신청, 환경영향 평가, 광물공급 계약, 자금조달 협상 시 자료로 활용되므로 광상 부존과 채굴법에 대한 조사뿐만 아니라 기반시설, 생산 광산물에 대한 판매, 적절한 환경훼손 방지조치, 소요인력 조달, 기타 법령 준수사항 등 광업과 관련된 모든 측면을 검토하여야 하며 생산성, 원가, 품위, 판매량, 판매가 등이 프로젝트 수익성에 미치는 영향을 분석하여야 한다.

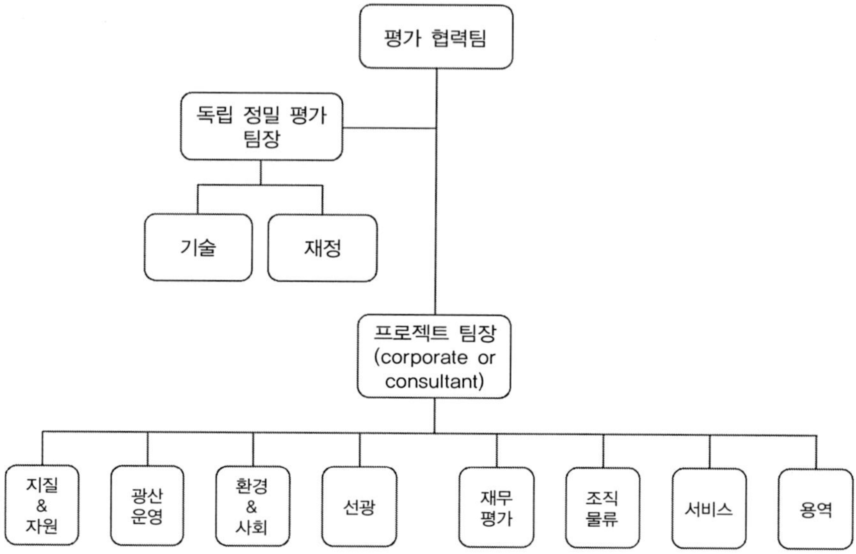

그림 2.3 사업타당성 주요 평가요소

2.2 사업타당성 평가 종류 및 특성

사업타당성 평가란 시장, 기술, 인력 및 재원 같은 요소를 기초로 하여 사업의 실행 가능성을 검토 또는 연구하는 것이다. F/S 비용은 총투자비의 0.5~1.5% 정도 소요되며, 최종 사업타당성 평가(bankable F/S[1]) 비용은 총예상투자비의 2~5% 정도 소요된다. F/S 소요기간은 규모에 따라서 표 2.1과 같다.

표 2.1 사업타당성 단계별 수행기간

프로젝트 규모	소규모	중규모	대규모	초대형
기간	6~8주	3~4개월	6~9개월	1년 이상

1) bankabe F/S는 금융기관의 의사결정을 위한 타당성 평가를 의미하며 bankable은 '돈벌이가 되는' 또는 '확실한'의 의미가 있다.

광산프로젝트의 F/S 수행 과정은 그림 2.4와 같이 탐사 단계에서 최종 사업타당성 평가 단계로 진행됨에 따라 위험은 감소되고 성공 확률이 증가된다.

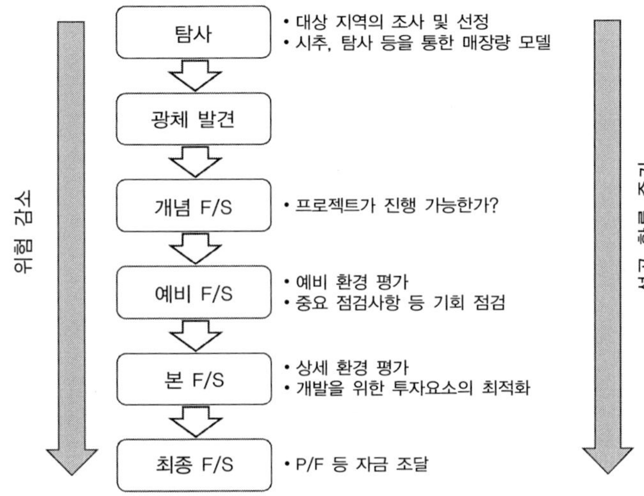

그림 2.4 광산 프로젝트의 F/S 수행과정

사업타당성 평가는 시장 분석, 기술 분석, 재무 분석 등을 통하여 프로젝트 관련 투자비 산정, 수익, 생산원가 및 일반관리비 등의 비용을 산출한 후 추정재무제표를 작성하고 현금흐름을 파악하여 경제성 분석을 통해 사업가치를 평가하여야 한다.

설계가 15% 완료되었을 때 투자비에 대한 정밀도는 ±15%로서 최대 오차는 30%이고, 설계가 50% 완료되었을 때의 정밀도는 ±10%로서 최대 오차는 20%, 설계가 100% 완료되었을 때의 정밀도는 ±5%로서 최대 오차는 10% 정도이다. 따라서 설계가 완전하게 이루어지지 않은 단계에서 투자를 하게 되면 개발 단계에서는 초기 비용보다 훨씬 더 증가하는 경우가 많다.

표 2.2는 사업타당성 단계별 각 요소의 신뢰성을 나타낸 것으로 투자 결정은 환경 영향 평가가 완료된 본 F/S 단계에서 이루어진다.

표 2.2 사업타당성 평가 단계별 요소별 신뢰성

구분	개념 F/S (탐사 전)	예비 F/S (탐사 진행, 완료)	본 F/S (환경영향 평가 완료)
자원량	예상+잠재	추정+예상	확정+추정
매장량	무	추정	확정+추정
광산설계	무/개념	개념	정밀
오차범위	30~50%	20~30%	5~10%
경제성 분석	Yes	Yes	Yes
투자 결정	No	No	Yes

2.2.1 탐사 전

탐사 이전의 사업타당성 평가로 개념적 사업타당성 조사(conceptual F/S) 단계라 한다. 프로젝트에 대한 최초 수준의 조사검토 단계로서 여지조사(scoping study)라고도 한다. 이 단계는 프로젝트 잠재성을 검토하는 단계로서 예비 사업타당성 조사(pre-F/S) 단계의 필요성을 검토하는 단계이다. 1~2명의 기술자가 수행하며 기술적 사항은 타 광산과 비교하여 개념적으로 접근하는 것으로 오차범위는 30~50% 정도이다.

주로 맹지에 대한 탐사 허가 및 승인을 취득하기 전에 이루어지는 경우가 많으며 허가 신청 여부를 결정할 수 있는 기초 자료를 제공하여야 한다. 기존 광산의 재개발과 같은 경우에는 작업 방식의 변경 등 광산의 미래 경제성에 영향을 끼치는 요소의 변화 예측에 대한 대응책을 마련하기 위해 조사를 수행한다.

개념적 사업타당성 조사 단계에서는 한정된 정보에 기초하여 이루어지는 경우가 많으며 프로젝트 엔지니어는 광산시설 배치, 공정표를 스케치하거나 장비 목록을 작성하여 기존 견적에서 비례적으로 원가를 추정한다. 인건비는 전형적인 인력 소요, 최저 임금률(award rate), 초과 근무수당, 유지비용(oncost), 결근율, 기타 변동 요인들의 평균을 감안한 급여로부터 산출하여야 한다.

프로젝트 소재지와 인근의 이용 가능한 기반시설 등 주변 시설을 파악하고, 지질 자료가 전무한 경우는 드물기 때문에 정부의 탐사 파일로부터 광역지질을 조사하며, 과거나 현재 가행 중인 인근 광산의 자료를 조사함으로써 대상 프로젝트의 가

능한 개발 방식이나 향후 생산 광물에 대한 개략적인 추정에 필요한 기초 자료를 확보한다. 장비공급자나 정부 관리, 업계 관계자에게서도 광범위한 자료를 수집한다.

개념적 사업타당성 조사는 서로 다른 프로젝트와 비교 검토하여 개발을 긍정적으로 결정할 수 있는 기초를 제공하기는 힘들지만 사업추진대상에서 제외할 근거는 충분히 밝힐 수 있다. 본 단계의 조사에서 얻을 수 있는 정보는 극히 한정되지만 다양한 전문지식을 갖춘 경험 있는 프로젝트 엔지니어는 지질과 도면 작성에서 약간의 도움만 받는다면 능히 대부분의 평가 관련 작업을 수행할 수 있다. 기반시설 등 주변 설비 관련 사항은 권위자에게 문의하거나 비슷한 프로젝트에서 비례적으로 추산함으로써 충분히 검토 가능하다. 이 단계에서 분명한 선택을 하기에 자료가 불충분한 점이 있다면 몇 가지 사업대안을 고려할 수 있다.

이 단계에서는 매장량 및 품위, 광상특성, 채광설계, 투자비와 운영비 산출, 재무평가, 향후 계획 등을 평가하는 것으로 의사결정이나 매장량 보고용으로는 부적합한 단계이다.

개념적 사업타당성 조사에서는 적어도 투자비, 운영원가, 생산량, 판매 기회 등을 대략적으로 산출하여 다음 단계의 조사·평가 작업 수행 여부를 추천할 수 있어야 하며, 이들을 동종업계의 평균치와 비교하여 미래의 개발 가능성에 대한 잣대로 사용한다. 조사결과 다음 단계의 평가 작업을 계속하기로 결정하였다면 예비 사업타당성 조사에 필요한 자료의 수집 목표치를 설정하고 그에 소요될 경비를 추산하여 향후 현금 소요액과 그 시기를 밝힌다.

2.2.2 탐사진행·완료

탐사진행 또는 탐사완료의 사업타당성 평가로 예비 사업타당성 조사 또는 사전 F/S (pre feasibility study) 단계라고 한다. 프로젝트에 대한 중간수준의 조사로 예비환경 평가, 중요점검 사항 등 기회점검 단계로서 투자 결정에는 적합하지 않은 단계이다.

예비 F/S 단계는 프로젝트의 치명적인 결함 여부를 확인하여 최종 F/S(고비용, 정밀도 향상) 진행 여부를 판단하기 위한 단계로, 광상부존의 주요 특징과 개발계획을 분명히 하고 발생 가능한 여러 원가 및 투자 이익을 추산하여야 한다. 부존자원에 대한 보다 많은 정보를 가지고 가장 적합한 개발 및 처리 방법을 규명함으로써 추산의 정확도를 15～20% 이내로 높여야 한다.

개념적 사업타당성 조사로부터 예비 사업타당성 조사를 완수하는 데 소요되는 기간은 보통 부존자원에 대한 지질학적 조사와 그 데이터의 평가에 소요되는 시간에 좌우된다. 개념적 사업타당성 조사가 탐사권 신청 여부 판단을 위한 경우라면 그 신청과 권리 부여에 소요되는 기간이 추가된다.

탐사가 진행되는 데 따라 각 조사 작업과 보고서 작성 작업을 균등하게 배분함으로써 자원의 편중 시기가 없도록 한다. 지질 데이터와 필연적 관계가 없는 항목은 탐사 기간 중에 배치하고, 관련 항목은 탐사 완료 시점 이후로 미룬다. 지질 데이터는 생산 즉시 데이터 뱅크화하여 생산계획 검토가 가능한 한 빨리 개시 가능하도록 한다.

예비 F/S 단계는 경험 있는 전문 컨설턴트 3～4명이 수행하며, 기술적 사항은 시험 및 연구결과 등의 자료를 이용하고, 경제성 항목은 엔지니어링 및 공급업자의 견적서를 이용하는 것으로서 오차범위는 20～30% 정도이다.

이 단계에서는 프로젝트의 목적과 기술적 개념, 광량 및 품위, 채광 및 생산계획, 투자비와 생산원가 추정, 수익 추정, 세금과 금융비용 추정, 현금흐름 등이 조사·평가된다.

표 2.3은 이상에 대한 사항에 대한 세부 항목들로 각 세부 항목은 프로젝트의 규모와 생산방식에 따라 변동 가능한 것이다.

예비 F/S 단계 조사가 완료되면 프로젝트 개발 추진 여부를 보다 높은 확률로 결정할 수 있도록 경제성이 분명히 드러나야 한다. 부존자원에 대한 조사는 매장량과 품위에 관한 데이터가 축적되어 광산 수명이 다할 때까지의 가채 매장량과 생산광물을 정확히 예측할 수 있어야 하고 층서, 구조, 매장량에 관한 정보는 적정 채광법을 선택하고 부존 제약 조건이나 시장 예측, 자금조달 여건이 허락하는 범위에서의 다양한 생산 스케줄을 작성하는 데 부족함이 없어야 한다.

광물취급이나 선광 제련에 관한 조사는 기본 설계와 개략적 원가 추정이 가능할 정도여야 하고, 지표시설, 기반시설, 환경훼손 방지 등에 관한 조사도 비슷한 수준으로 이루어져야 한다. 경제성 부문에서는 투자비, 현금흐름, 세후 이익, 민감도 등이 분석되어야 하고, 시장기회가 분명할 경우 개발의 구체적 일정표까지 작성되어야 한다. 이후의 조사에 대한 일정, 개발개시 일자, 예상 시장 진입을 위한 개발 활동계획 등도 제시되어야 한다.

표 2.3 예비 사업타당성 단계 조사항목

구분	세부 항목
기업목표	시장점유율, 수익성, 성장
시장조사	수요와 공급, 가격 예측, 기회
광상	매장량, 품위, 층서, 가변성, 물성, 암반조건, 위험요인, 구조
채광	채광법, 개발계획, 생산량 추정, 원가 추정, 장비 선택, 품질 관리, 위험요인, 지구과학적 제약, 환경적 제약, 채광자재, 정비요소
인원	가용 인력, 신규 채용, 훈련, 고용 조건, 지역 특성
선광	저광장, 광체 특성, 선광법 선택, 관리, 폐석, 서비스, 환경적 제약
품위	품위특성, 물성, 입도, 수분, 화학 조성
지상구조물	워크숍, 창고, 사무실, 목욕탕, 주차장, 환경적 측면
기반시설	전력, 용수, 도로, 철도, 항만, 주거지, 환경적 필요사항
법, 제도	안전 법규, 광업권 조건, 개발 허가, 고용법, 회계법
경제성 평가	투자비, 운영원가, 판매가, 물가상승률, 세제, 수익성, 민감도, 현금흐름, 수익률

2.2.3 환경영향 평가 완료

환경영향 평가 완료 단계의 사업타당성 평가를 사업타당성 또는 본 F/S 단계라고 한다. 프로젝트의 마지막 단계의 정밀조사 및 검토 단계로 투자 결정에 필요한 기술, 환경, 경제적 판단자료를 제공하며, 프로젝트의 투자 여부를 결정하기도 한다.

광산 개발 시 개발계획의 기준이 되기도 한다. 다수의 경험 있는 전문가들이 수행하며, 광산회사가 직접 수행하거나 외주(전문 컨설턴트)를 주어서 기술적 사항에 대한 정밀도 높은 시험/연구 및 설계를 실시한다. 투자비 및 생산원가 등 세부 단위를 작성하므로 오차범위는 5～10% 정도로 매우 높은 수준의 사업타당성 평가 단계이다.

예비 F/S 조사에서 확립된 프로젝트에 대한 가장 적절한 개념들을 하나하나 세밀히 조사하여 여러 대안들 중에서 하나를 선택하고 엔지니어링 설계 측면에서 가능한 최고의 정확도로 각종 추정을 검증한다. 이 단계에서는 세부 설계까지는 이르지 않지만 일반적 설계 수준까지 엔지니어링이 이루어진다. 즉, 프로젝트 개발 진행 시 장비공급업자나 건설업자에 제공할 시방은 만들어져야 하고 정확도는 ±15% 수준 이상이어야 한다. 특히 투자장비 구입비용은 ±5% 수준으로 정확해야 한다.

본 F/S 단계 조사는 처리정보가 방대하여 소요비용이 예비 F/S 단계 조사보다 훨씬 크며 광범위한 전문가적 지식을 요구하기 때문에, 아주 작은 범위의 한정된 조사 이외에는 대규모 광산회사가 아니면 외부 전문 컨설턴트의 도움 없이 조사를 수행하기가 힘들 것으로 보인다.

본 F/S 단계 조사가 완료되면 예상 개발계획에 대한 기술적·경제적 분석과 함께 프로젝트의 세부적인 명세서가 제공된다. 각 조사 항목 분야별로 주제, 작업 내용, 수집 사용된 데이터와 그 데이터의 처리 방법을 기술한 보고서가 작성되고, 여러 대안 중에 하나가 선택됐다면 그 근거도 밝혀야 한다. 모든 추산에 대해서는 그 판단 요소들과 장비공급자 등 외부로부터 제공된 추산의 근거 자료 및 기초들이 제시되어야 한다. 각 보고서의 핵심 요소들은 향후 개발 청사진이 될 소위 개발계획서라는 이름으로 따로 집대성되어 후에 이루어질 모든 작업들이 규정되고 투자계획· 생산계획·인원계획·원가계획·매출계획·현금흐름표 등 프로젝트의 향후 가행 추정치가 제공된다. 이 단계에서는 투자실행을 위하여 다양한 분야에 대한 검토가 이루어지며 표 2.4와 같다.

표 2.4 사업타당성 평가요소

구분	내용
일반사항	지형, 기후, 인구, 교통 및 기반시설 등 입지여건
지질조사	구조, 광화작용, 성인, 시추결과 분석 등
지질자료 처리	전산자료처리, 통계 분석, 지질매장량 및 품위
채광	광산설계, 가채광량, 개발·채광계획, 장비·인원계획
제련연구	품위 분석, 선광법, 파워플랜트, 회수율·품위 산출
제련설계	선광계통도, 회수율 및 최종산물 품위, 선광장 설계
서비스 및 필수장비	운반, 전력, 용수, 통신, 작업장, 사무실 등 기반시설
투자비 추정	채광 및 선광장, 주요장비(시설), 건설 및 구축물, 건설일정, 부품 재고량 등
운영비 추정	인건비, 재료비, 경비 등
마케팅	시장 분석, 미래가격 예측 및 원가 상승 요인 등
광업권, 사용권, 법률문제	광업권, 토지사용권, 각종 권리, 인허가 등
재무 및 회계	법인세 및 각종 세제 공과금, 감가상각 조건, 환율, 융자금 상환 및 이자율 등
환경영향	관련 규정, 환경 검토, 조업 중 필요사항, 폐광 후 복구계획 등
총수입 및 이윤 분석	생산량 및 매출액, 현장생산원가, 감가상각, 법인세, 현금 흐름표 작성 및 경제성 분석, 민감도 및 위험도 분석

예측 결과에 대한 경제적 타당성을 분석하여 프로젝트의 개발투자 여부를 결정한다. 투자 결정을 위해서는 프로젝트가 예측 가능한 위험수준 범위에서 단시일 내에 투자자 입장에 부합되는 목표 수익률을 달성하고 그를 계속 유지할 수 있다는 것이 경제성 분석에서 확인되어야 한다.

투자자는 프로젝트가 일정 수준의 내부 수익률을 달성할 수 있는지 여부와 다른 프로젝트 투자기회와 내부수익률 우열을 비교하게 되므로 그 경제성 분석은 투자자가 가용자본을 가장 효율적으로 집행할 수 있도록 결정하는 데 도움을 줄 수 있어야 한다.

2.2.4 은행융자

은행융자를 위한 사업타당성 평가 단계를 최종(final, bankable) F/S 단계라 한다. 프로젝트의 자기자본 비율은 사회 통념, 회사 등에 따라 상이하지만 100%인 경우는 거의 없어서 대부분 외부 차입에 상당 부분 의존하게 된다.

보통 은행 컨소시엄인 융자자는 실사(due diligence) 수준의 광산 기술적인 감수를 필요로 하며, 대부분 은행 내부에 광산기술자를 보유하기도 하지만 대부분의 은행은 위험 분석 작업을 위해 독립 컨설턴트를 이용하기도 한다. 이런 감수를 통하여 융자자는 사업타당성 조사에 예측의 근거로 사용한 모든 전제조건을 확인하고, 예측결과에 대해 약간의 보수적인 관점에서 모든 변동 요인에 대한 민감도를 분석하며, 주어진 현금흐름에 대하여 자기 나름의 위험도 평가를 실시하여야 한다.

이 작업은 컨설턴트의 내부 능력, 판단과 실적에 의존하는 경우가 많고, 보통 제한 시간 내에 실시하여야 한다.

2.2.5 단계별 특성

표 2.5는 사업타당성 평가의 단계별 요소들의 특성을 나타낸 것으로 F/S를 통해서 은행자금 조달 단계까지 가면 모든 요소들에 대한 엄밀한 검토와 평가가 이루어진다.

그림 2.5는 광산투자에서 F/S 단계까지 점차적으로 투자가치는 높아지며, 개발착수에서 시운전 단계까지 시설비용 등의 증가로 가치가 약간 저하되나, 정상적인 생산이 이루어지면 가치는 급상승하게 되는 것을 나타내는 것이다.

표 2.5 사업타당성 평가 단계별 특성

구분	세부항목	개념 F/S	예비 F/S	본 F/S	최종 F/S
광산현장	도면 및 측량	불필요	불필요	필요	상세자료
	지반안정성 평가	불필요	불필요	필요시	필요
	현장방문	가능 시	추천	꼭 필요	담당자 전원
광석처리	선광흐름도	가정	예비	최적안	확정
	선광시험	가능하면	추천	꼭 필요	꼭 필요
	P/P 선광시험	불필요	가능하면	추천	꼭 필요
갱외건물 시설물	장비 선정	이론적	예비	최적안	확정
	시설 배치	불필요	최소한	예비	확정
	배관, 전기배선	불필요	불필요	예비	확정
	시설장비	불필요	장비이론사양	일반	상세사양
초기 투자비	수행자	P/J 담당자	전문가	전문가	담당팀
	제작견적서	예비/구두견적	단일견적	다견적	경쟁견적
	간접비	총금액의 수 %	총금액의 수 %	총금액의 수 %	실제 계산치
	예비비	20～30%	15～20%	15～20%	10% 이내
생산원가	인건비단가	가정/실제단가	실제단가	기존단가	실행단가
	동력비/연료비	가정	실제단가	실제단가	계약단가
	소모품	가정	구두견적	실제/견적서	실제/견적서
	시약류	가정	구두견적	견적서	실제/정가
	부품	일정비율	일정비율	견적/일정비율	견적서
정밀도		40～50%	30～40%	20～30%	10% 미만
경제성검토(DCF)		불필요	필요	필요	필요

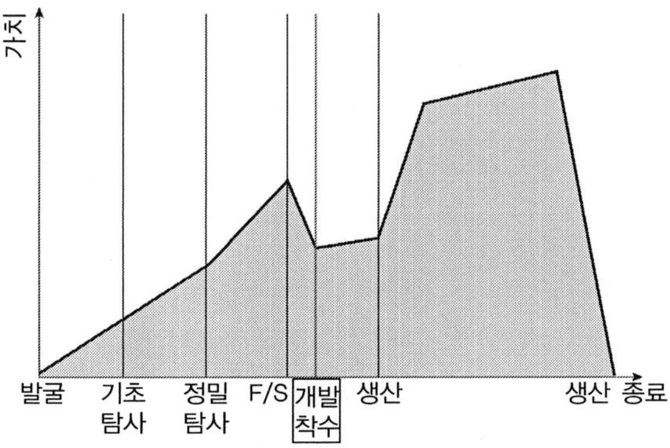

그림 2.5 프로젝트의 가치변화

2.3 사업타당성 평가

사업타당성 평가는 어떤 사업이나 계획들을 연속적으로 가공 분석하여 하나의 체계적이고 완성된 보고서를 만들고, 가장 가능한 수행결과를 도출하는 일련의 프로세스이다. 사업타당성 평가의 수행도구는 정보와 기술인데, 주로 미래의 가치를 판단하기 때문에 객관적이고 적절한 판단이 필수적이다.

따라서 사업타당성 조사는 투자의사 결정에 필요한 기초자료 제공을 목적으로 시행하는 조사 및 연구로서, 기술, 재무, 법무 및 기타 정치적·사회적·환경적 타당성 등을 조사하여 종합적인 분석을 실시하여야 하며, 또한 사업타당성 조사와 비슷한 맥락으로 투자자금의 조달, 대부, 지분 인수 등의 타당성을 조사하기 위하여 실사를 하기도 한다.

이러한 판단은 체계적으로 기록된 자료가 없는 주제에 대하여 관련 정보를 수집, 분석하고 이해함으로써 최적의 판단을 수행하여 리스크를 줄여야 한다. 예측에 관한 한 최선의 방법은 사실 정보에 입각한 예측이다.

그림 2.6은 사업타당성 조사에 사용되는 일반적인 처리절차를 나타낸 것으로 지질탐사 분석 작업으로부터 다른 프로그램이나 지질 데이터 뱅크를 이용하거나 독자적으로 서로 연관성을 가지고 처리할 수도 있다.

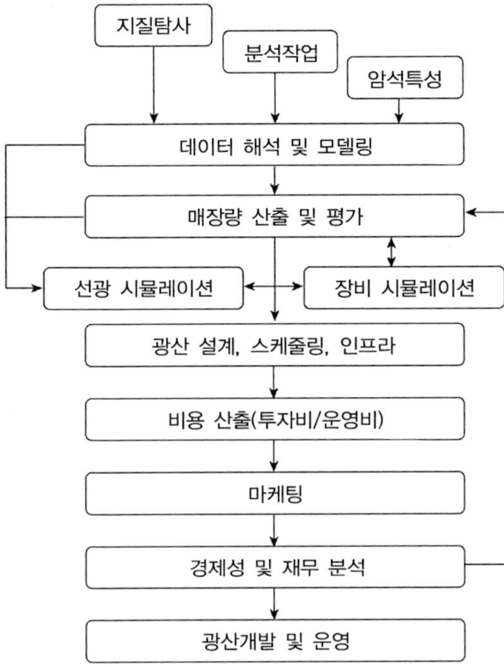

그림 2.6 프로젝트 평가 절차도

사업타당성 분석을 위한 세부과정은 프로젝트 관련 투자자금 산정, 수익 및 생산원가와 일반 관리비 등의 비용을 산출한 뒤에 이를 바탕으로 추정재무제표를 작성하고, 해당 프로젝트의 현금흐름을 파악한 뒤, 경제성 분석을 통한 사업의 가치를 평가한다.

2.3.1 수행방법

사업타당성 평가는 관련 소프트웨어를 이용하여 작업을 수행하는 것이 일반적이다. 대용량 자료를 처리할 수 있는 컴퓨터 장치와 전문가를 보유한 큰 회사는 시장에 이미 나와 있는 소프트웨어 패키지를 이용하고 여러 종류의 프로그램을 조합하여 독자적인 업무를 수행할 수 있는 능력을 가지고 있다. 반면 내부 시설이 부족하거나 인력이 부족한 경우 외부의 시설이나 용역에 의하여 처리할 수도 있는데, 이는 각각 회사의 방침이나 효율성 측면에서 다양한 선택이 가능하다.

어떤 전산작업에 어떤 방법으로 그 작업을 시행할 것인가 하는 결정은 프로젝트 실현 가능성이 아직 불확실한 1단계 조사 전이나 그 도중 또는 직후에 하며, 이 불확실성은 그 선택에 영향을 미치기도 한다.

데이터 처리 시스템에 있어 가장 중요한 특징 중 하나는 그것이 지질전문가, 엔지니어, 회계전문가, 계획입안자 또는 컴퓨터에 해박한 지식이 없는 어떤 사람이라도 사용할 수 있어야 한다는 것이고, 오늘날 소프트웨어와 하드웨어는 이 점을 충분히 반영하고 있다.

표 2.6은 사업타당성 평가 시 주요 검토요소들을 나타낸 것으로, 다양한 종류의 항목들이 시스템에 통합되고 여러 사람이 이용하기 때문에 특히 입력 데이터의 포맷과 내용을 효율적으로 관리할 필요가 있다.

표 2.6 사업타당성 평가 시 주요 검토요소

법적 부문	지질 부문	채광 부문	선광 부문	기타 부문
소유권	조사방법	광산 설계	생산품위	경영 관리
광업권	자료 파악	채광법	선광장 설계	기반시설
선취권	광상 모델링	장비 선정	품위 관리	투자비
합작사업	지질구조	광석/폐석 운반	광미 관리	원가
운영권	피복층	생산계획		경제성
판매권	한계품위	인원계획		환경피해
	박토비(S/R)	지원시설		
	매장량			

또한 현장과 실험실 데이터는 서로 부합되는 양식으로 기록되고 공통의 단위가 사용되어야 하며, 데이터뱅크에 입력되기 전에 검증을 거쳐야 한다. 데이터뱅크의 크기는 기억용량과 관계 있을 뿐만 아니라 자료추출시간에 영향을 미치기 때문에 필요 없는 데이터의 입력을 방지할 수 있는 관리 시스템이 필요하다.

주제가 서로 연관 있는 프로그램들 사이에서도 비슷한 통합이 발생하는데, 채광계획 프로그램은 지질 데이터뱅크에서 구조, 층서, 원광 등에 관한 데이터를 가져오기도 하고, 반대로 개발기간 중 생산량과 광체의 품위변화에 관한 데이터를 선광계획 프로그램에 보내기도 한다.

데이터뱅크에서 최종산물 자료와 선광특성 실험실 데이터를 종합함으로써 선광법 선택과 최종산물 생산예측을 가능하게 한다. 이와 같은 방법으로 시스템에 포함되어 있는 관련 프로그램을 이용하여 각 분야별로 조사 분석을 완성해나간다. 시스템에 저장된 정보는 적당한 하드웨어를 통해 지도, 도면, 표, 층서도, 암석분포도 등으로 변환되어 보고서에 사용되거나 컴퓨터 시설을 이용하지 않는 조사의 다른 분야에서 사용된다.

2.3.2 법적 분야

법적 분야는 주로 광업의 소유권과 광업권에 대한 사항으로 사업성 이전에 검토하여야 할 주요한 사항이다. 소유권으로서 합작사의 구조(shareholding, joint venture structure)는 매우 중요하며 다음 사항을 면밀하게 검토하여야 한다.

- 사업형태(type of holding)
- 선취권(pre-emptive rights)
- 운영권(management rights)
- 판매권(marketing rights)
- 경영계약(JVA, management agreements)

광업권에 대한 조사는 재산 가치를 분석하고, 향후에 분쟁 소지를 없애기 위해서는 확실한 조사가 필요하다. 이를 위하여 프로젝트 구역의 매장량에 대한 소유권이 확실한가에 대한 다음 사항이 조사되어야 한다.

- 광업권의 법적근거, 광업권 발급일 및 유효기간
- 광업권에 대한 특약조항 유무
- 광업권에 대한 제반 법적 필요사항을 만족하는지 여부
- 법적인 광업권소멸 조건
- 제3자 및 국가와 분쟁 여부

광산개발을 위해서는 기반시설이나 선광장 등 각종시설이나 광미 등을 처리하기 위한 지상의 토지를 소유하고 있어야 한다. 따라서 다음 사항이 확인되어야 한다.

- 채굴구역, 프로젝트 구역 및 임차 구역
- 프로젝트 구역 토지 중 국가소유가 아니고 개인소유가 있는지 여부
- 탐사 또는 개발을 위해 프로젝트 구역의 접근성
- 광산개발, 지표침하, 토지보상/폐광복구와 관련된 법적 근거

인근지역 광상 부존 가능성이 있는가는 향후 개발과정에서 추가 매장량 확보에 중요한 요소가 되며, 추가 매장량 확보에 따라 가행기간이 늘어날 수도 있다.

- 인접 광업권 소유자의 프로젝트 구역 내 선취권 여부
- 인접 광업권 소유자의 프로젝트 구역 내 개발 여부
- 인접 광업권 소유자와 프로젝트 구역 내의 광량 교환 여부

프로젝트 수행에는 예기치 않은 많은 변수가 있으며, 가장 중요한 것은 지역주민에 대한 민원이다. 따라서 프로젝트 진행상 지연사유가 있는지를 면밀하게 조사하여야 한다.

- 원주민 보상 문제
- 채굴권 즉시 발급 가능 여부
- 주요 환경규제요인 여부
- 채굴권을 신청한 적이 있는가와 거절되었다면 그 이유

2.3.3 지질조사

1) 탐사방법

개발난이도와 수리적인 판단이 가능한 지형도, 광체의 규모를 판단할 수 있도록 시추자료를 포함한 탐사보고서 등 탐사활동과 관련된 프로젝트 전 지역에 대한 기본적인 자료가 제공되어야 하며 다음 사항을 체크하여야 한다.

- 세부적인 지형도
- 지표지질도 및 피복층(overburden)이 제거된 지질도

- 시추로깅 및 공내 물리검층 자료들을 기술한 기본적인 시추자료
- 품위 및 매장량 관련 자료들을 기술한 탐사보고서

수행된 탐사방법, 탐사의 정밀도, 탐사로 밝혀진 광상 등 지역적인 범위가 확인되어야 하는데, 이에는 다음 사항들의 수행 여부가 확인되어야 한다.

- 항공사진
- 위성사진 탐사 및 해석
- 지표 및 지하 지구물리탐사
- 시추탐사
- 공내 물리 검층
- 지반의 역학적인 조사
- 지하수 및 수리조사

시추자료 검토 시 확인해야 할 사항으로 탐사의 기본목적과 방향, 탐사자료 수집기간, 탐사자료 수집 및 평가의 일관성 등을 포함하여 다음 사항이 기술되어야 한다.

- 시추방법(코어, 코어 없음, 기타)
- 코어회수 구간
- 시추공의 공경
- 총 시추공 수
- 시추공 간격, 최대 시추공 간격과 최소 시추공 간격
- 시추공 자료의 신뢰성
- 공내 물리검층 실시 방법

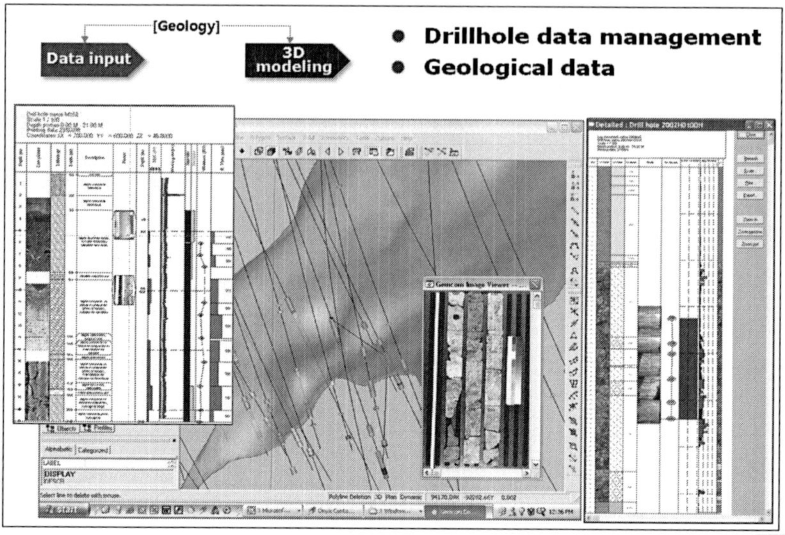

그림 2.7 탐사자료 분석

코어로 확인된 시추공의 심도와 물리검층에 의한 시추공의 심도가 일치하는지 확인하고, 광체 부존구간에서 코어 회수율이 일정한지와 전반적인 코어 회수율 등이 기술되어야 한다.

코어 검층(logging) 시 주요 사항들은 다음과 같다.

- 광체 종류
- 개략적인 광체의 경사
- 광체의 두께
- 산출광물 및 광물의 산출형태
- 코어의 회수율 및 코어 사진
- 암질, 입도, 색, 입자성분, 입자조직
- 광체형태, 풍화양상, 변질상태, 암석의 강도 및 절리
- 단층, 단층활면(slickenside), 파쇄면, 층리 등 불연속면의 양상과 간격
- 특별한 표시층 또는 암층의 협재
- 코어가 회수되지 못한 부분의 위치 및 광량
- 광체의 풍화대, 파쇄대, 단층면, 단층대

• 절리 및 기타 불연속면

기타 사항으로서 확인되어야 할 것은 다음과 같다.

• 검증을 위한 보관용 코어의 이용 가능 여부
• 시추공의 x, y, z 좌표상의 측량 여부와 측정방법
• 현재의 탐사정도가 지질구조해석에 적합한지 판단
• 다른 전문적인 추가 탐사 여부
• 수리조사
• 기 채굴 광체에 대한 벌크 샘플링(bulk sampling)
• 특별한 추가 탐사계획 여부와 목적

2) 광상 모델링

적용된 모델링의 적정성과 모델링의 구조에는 매장량(가채매장량, 회수 가능 매장량, 판매 가능 매장량) 등의 입력 자료와 모델링 후 해석결과의 신뢰성이 중요하다. 광상 모델링에 있어서 기본적인 가정은 다음과 같다.

• 계산방법
• 탐사거리
• 시료채취의 조밀도 등

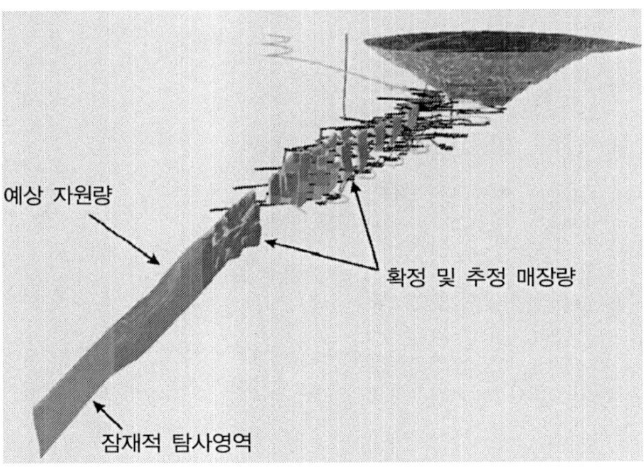

그림 2.8 매장량 모델링

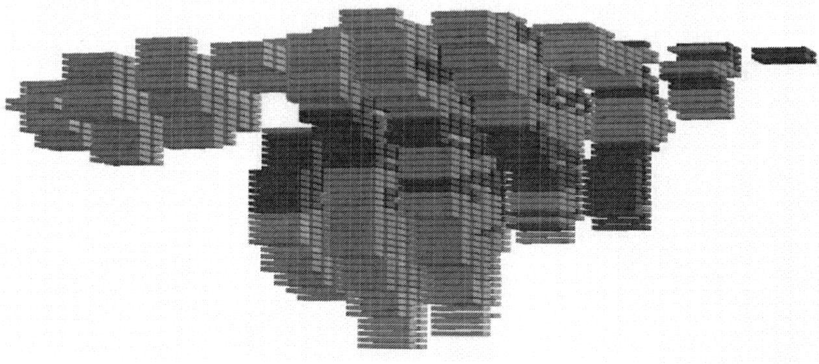

그림 2.9 복합적인 광체 모델링

가채매장량 및 품위 결정 시 적용된 기준으로 최소 광폭, 최소 협층(parting)의 두께, 채광 시 손실량으로서 혼입률(dilution)[2]을 고려하여야 한다. 구축된 모델이 기 해석된 지질구조(경사, 습곡, 단층)를 잘 반영하는지가 확인되어야 하며 지표 토양부와 풍화대, 화성관입 암류에 의한 영향 등에 대한 것도 모델링에서 검토되어야 한다.

3) 지질구조

대상 광산지역에서 습곡이나 단층 등의 지질구조는 중요하다. 이러한 지질구조의 일반적인 주향 및 경사 결정방법과 시추코어, 지표노두 등에서 확인되는 경사와 일관성 여부와 광역지질과의 연관성 등이 잘 분석되어야 한다. 주요 구조적인 요소들은 다음과 같으며, 실례는 그림 2.10과 같다.

- 습곡의 경사, 방향, 연속성
- 단층의 형태, 방향, 연속성, 변위
- 단층의 해석상 수준별 확실성
- 단층의 확인과 해석의 적절성
- 단층에 영향을 미치는 지질구조의 확인
- 채광 시 단층이 광산 안정성에 미치는 영향

2) 매장량, 비중, 품위 등에 영향을 미침.

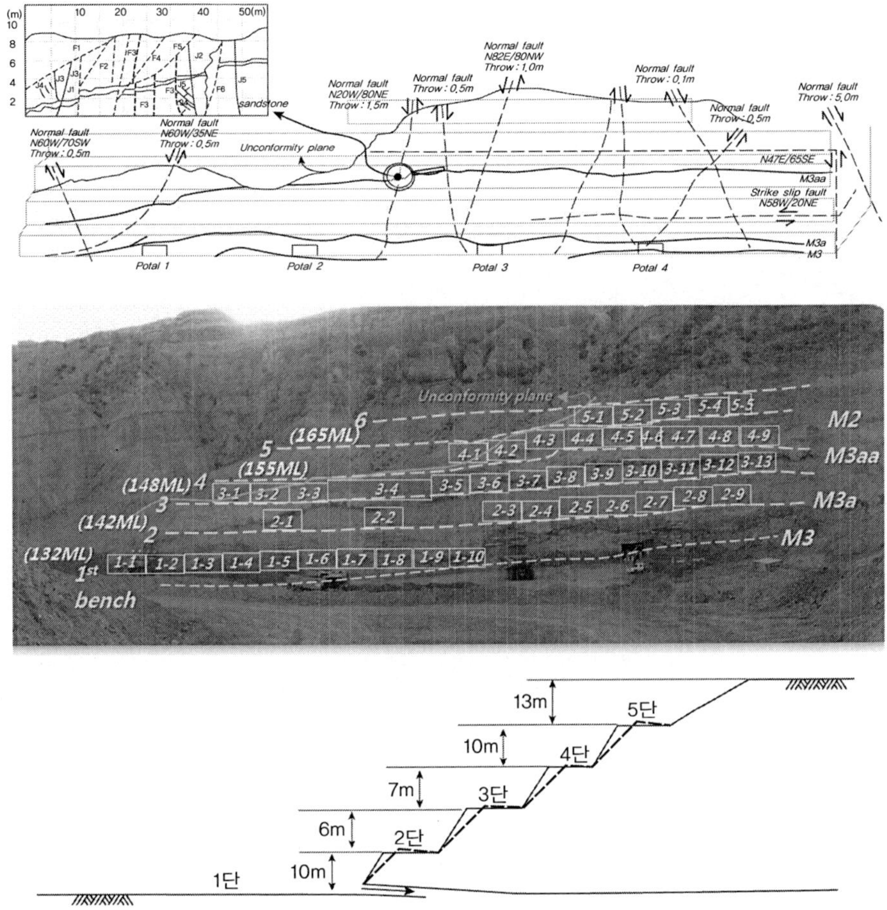

그림 2.10 단층구조선 조사

구조요소의 평가를 위해서 1×1km, 500×500m, 250×250m, 100×100m 격자망으로 시추를 시행하고 단층 착맥이 의심스러운 곳에서는 단층면의 방향을 확보하기 위해서 탄성파 탐사와 단층면 굴착을 목표로 타켓 시추방법의 적용이 필요하다. 각 시추선에서 1 : 2,000, 1 : 1,000 단면도 작성, 구조발달 등이 파악되어야 한다.

연속 시추공에서 경사가 없어지거나 역전 시 개발대상 탄층 하반심도에 대하여 1m 간격의 등고선도(contour map)가 작성되어야 한다. 균일하게 연결되는 등고선 교란은 단층에 의한 층교란을 의미하며 구조해석은 시추간격에 의해 상당한 영향을 받는다.

- 1km 간격 : 큰 변위의 단층 인지
- 500m 간격 : 시추선에 크로스되면 10m 이상 변위의 단층 인지
- 250m 간격 : 시추선에 크로스되면 5m 혹은 그 이하의 단층 인지

특히 석탄광일 경우 시추공에서 다음과 같은 단층의 징후를 직접 확인하여야 한다.

- 개발탄층이 사암 등 암층과 고각도로 접촉되면, 탄층의 소규모 부분만 잔류
- 탄층이 착탄된 시추공의 인접공에서 개발대상 탄층이 완전 소실
- 개발대상 탄층과 상하위의 탄층 또는 지시층과의 거리가 아주 짧아지거나 비정상적으로 두껍게 나타나는 경우
- 시추공에서 단층면이 직접 굴착되는 경우

4) 피복층

광상 지표부의 특징은 평균적인 토양두께, 풍화면의 심도와 함께 광체 직상부와 상하부의 피복층의 특성을 포함한다. 이들에 대한 암반공학적인 특성들은 다음과 같다.

- 비중
- 응력
- 파쇄 체적 증가(bulking)
- 강도
- 마모경도(abrasiveness)
- 슬레이크 내구성(slake durability)

암석역학적인 특성파악을 위해 사용하는 시험방법과 시추코어를 이용한 암석역학적인 특성 시험법들은 다음과 같다.

- 현장 초기 응력 측정
- RQD
- 점재하 강도시험(point load test)
- 일축압축시험

• 슬레이크(slaking) 시험

광산개발을 위해서는 피복층 또는 중간층(interburden) 내의 대수층들에 대한 설명과 대수층의 시험 평가 여부, 지표 또는 지하 대수층이 채광지역과 관련이 있는지 알 수 있어야 한다.

• 대수층들에 대한 적절한 시험 수행 여부
• 피복층 또는 중간층 내 지하수위
• 채굴될 광체 중 최하부 광체의 하부에 큰 대수층 존재 여부

5) 자원량과 매장량

자원량(resources)[3]은 광상지역에 부존된 개발 가능성이 있는 모든 광체의 매장량으로서 예상자원량,[4] 추정자원량,[5] 확정자원량[6]으로 구분한다. 가채 매장량으로도 불리는 매장량(reserves)[7]은 매장량 중에서 채굴계획이 수립된 광체의 매장량을 말하는 것으로서 각 광물마다 매장량을 산출하는 방식이 다르다.

그림 2.11은 F/S 시 매장량 평가 개념도를 나타낸 것으로 탄층일 경우 확정자원량(measured resources)은 다음과 같다.

• 매장량 추정 시 광체의 폭, 품위, 부존심도 등에 대한 확실한 정보 제공
• 탄층은 확인지점이 보통 1km 이상 떨어지지 않아야 할 것
• 지질학적인 조건이 양호할 경우 최후 탄층확인 지점에서 500m 지점까지 한정

---

3) 이하의 자원량과 매장량 분류는 지식경제부고시 제2012-324호(해외자원개발사업에 소요되는 자금의 융자 기준, 2012년 12월 28일)에 따름.
4) 광체 확인지점의 간격이 넓어 매장량 추정의 신뢰성이 높지 않은 부존량.
5) 광체노두의 확인이 조밀하게 이루어져 매장량 추정에 충분한 자료를 제공할 수 있는 부존량.
6) 조사가 충분히 이루어져 신뢰성 있는 매장량 추정에 충분한 자료를 제공할 수 있는 부존량.
7) 개략적인 광산개발계획을 수립할 수 있을 정도의 충분한 자료가 제공될 수 있는 부존량.

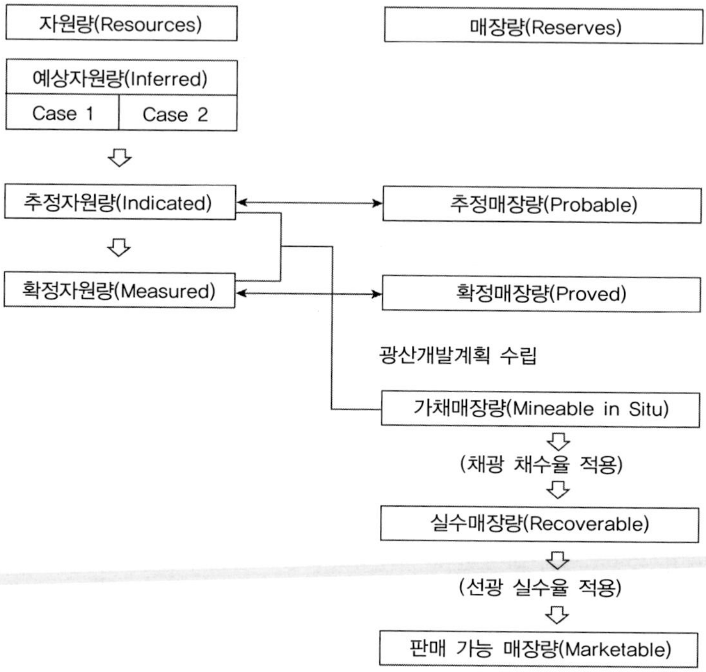

그림 2.11 매장량 구분 개념도

추정자원량(indicated resources)은 다음과 같다.

- 더욱 정밀한 탐사가 수행되어도 매장량 추정이 크게 변하지 않을 지역의 매장량
- 탄층 확인지점이 보통 2km 이상 떨어지지 않아야 할 것
- 지질학적인 조건이 양호할 경우 최후 탄층확인 지점에서 1km 지점까지 한정

예상자원량(inferred resources)은 2가지 case로 나눌 수 있는데, case I은 다음의 조건을 만족해야 한다.

- 석탄부존이 명확하게 규명될 수 있을 것
- 탄층 확인지점의 분포가 탄폭 추정 및 일반적인 탄질 추정을 할 수 있을 것
- 탄층 확인지점이 보통 4km 이상 떨어지지 않아야 할 것
- 지질학적인 조건이 양호할 경우 최후 탄층 확인지점에서 2km 지점까지 한정

case II는 조사가 미비하여 자료가 제한적이어서 매장량 추정의 신뢰성이 낮은 지역의 매장량을 말한다.

가채매장량(mineable in situ reserves)은 확정 및 추정자원량으로부터 계산되며 광산개발 이전에 추가적인 탐사가 필요할 때도 있다. 가채매장량 중에서 채굴될 부분만의 매장량을 실수매장량(實收, recoverable reserves)이라고 하는데, 이는 회수율 관련 요소를 적용하며, 통상적으로 갱내채굴의 경우 50%, 노천채굴의 경우 90%를 적용하는 데 혼입률을 고려하기도 한다.

가채매장량 중에서 판매 가능한 매장량을 판매가능매장량(marketable reserves)이라고 하는데(그림 2.12), 원탄으로 판매된다면 판매가능매장량은 실수매장량에 혼입율이 고려된 것이고, 선광과정이 필요하다면 실수매장량에 예상되는 회수율(yield)을 적용하여 계산한다.

그림 2.12 자원량과 판매 가능 매장량

호주의 매장량 산출 규정은 JORC(Australian Joint Ore Reserves Committee) code, 캐나다의 매장량 산출 규정은 NI 43-101(National Instrument 43-101)이다. 매장량은 크게 자원량(resources)과 매장량(reserves)으로 구분되고(그림 2.13), 자원량은 모든 생산 활동의 투입요소, 광의적으로 '기술적·경제적으로 이용 가능하며, 인간에게 유용하고 가치 있는 것'으로 지질학적 정보에 따른 매장량을 의미한다. 또한 매장량은 부존이 확인된 광상 중에서 현재의 기술과 경제여건으로 이용 가능한 자원, 즉 채광의 경제성에 따른 매장량이다.

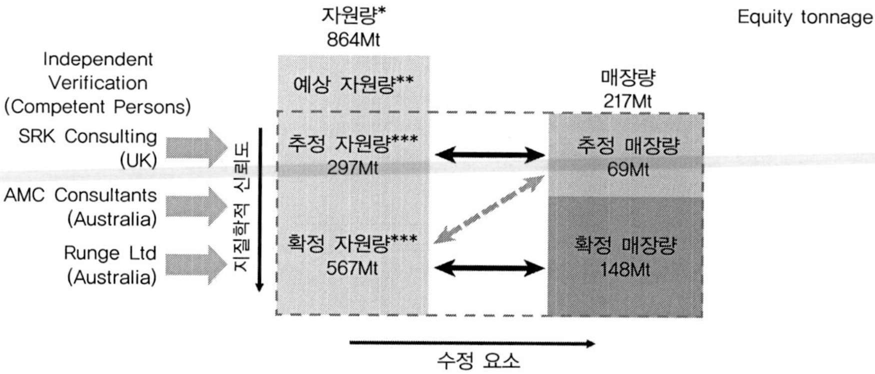

*석탄자원의 경우 추정과 확정 자원량에 한함.
**예상 자원량은 보고되지 않음.
***확정 자원량과 추정 자원량은 석탄매장량을 결정하는 데 포함됨.

그림 2.13 매장량산출 개념도

호주와 캐나다의 경우, 상기 매장량 산출 규정은 주식시장의 공시 규정에 포함되어 있기 때문에 호주 및 캐나다에 상장된 자원개발회사의 주식시장에 정보를 공시할 때 매장량 관련 사항은 상기규정에 맞게 산출된 것을 공시하여야 한다. F/S 평가에서 매장량 산출 시 기술되어야 할 사항은 다음과 같다.

- 광체별 매장량, 심도별 매장량
- 광체 두께별 매장량
- 매장량 계산에 사용된 최소 광폭에 대한 사항
- 광체에 포함된 폐석층의 최대 두께

매장량 평가 시 지질학적 손실률은 제외되는데, 이러한 것이 광상의 복잡성과 연관되어 적절한 것인지 규명되어야 하며, 가채매장량 산출에 대하여는 상기한 사항들 이외에 계획된 채광법에 대한 개요와 채광요소로서 다음 사항이 기술되어야 한다.

- 최대 및 최소 채굴구간
- 광폭 및 광층의 분리
- 광체의 최대 경사
- 지질구조 및 채굴제한 구역

채굴을 제한하는 광체의 기준으로 판매가능매장량과 선광이 필요한 경우 예상되는 회수율 및 생산광체의 품위 등에 대하여 다음 사항이 분석되어야 한다.

- 채굴지역의 가채매장량 대 피복층의 박토비
- 채굴이 계획된 심도
- 채굴이 계획된 지역의 매장량 중 가채매장량의 범위(%)

6) 한계품위

한계품위(cut-off grade)란 특정한 목적을 위하여 두 가지 과정으로 분류하는 특정 품위를 말한다. 즉, 광석과 폐석으로 구분되는 어느 특정한 품위로 정의하고 있다. 한계품위를 결정하는 주요한 이유는 대개 프로젝트의 경제적 특성을 내포하고 있다.

채광작업 시 다음 블록을 채광해서 선광장으로 보내야 할지, 폐석처리장으로 보내야 할지, 아니면 전혀 채광작업을 포기해야 할지를 결정해야 하며, 이때 그 블록의 품위가 이런 결정에 사용되게 된다. 주 채광 블록의 경우에는 그 블록의 가치가 채광비, 선광비, 판매비 등을 충분히 변제할 수 있는 값이 되어야 한다. 이런 비용을 변제할 수는 있으나 박토비용을 변제할 수 없는 품위를 손익분기 채광한계품위(break-even mining cut-off grade)라 한다.

2차 한계품위는 채광한계품위(mining cut-off grade) 이하의 품위로서 블록 자체값에 의해서는 채광될 수 없는 블록으로 채광한계품위를 적용하여 채광구역이 결정되면 채광구역 내에 있는 블록 중 선광비용과 판매비용의 수익만 얻을 수 있다면 상품화를 위한 처리가 가능하므로 통상 선광한계품위(milling cut-off grade)는 채광한계품위보다 낮게 된다.

한계품위의 계산은 광산 가행기간 동안 한계품위 결정의 관점에서 이루어진다. 광산의 마지막 단계에서 한 블록 더 채광해야 할지의 결정은 자금에 대한 기회비용을 반영한 현금운영비와 최소 이익을 분석한 후에 이루어져야 한다. 1년 이상 가행하게 되는 경우 이 결정에 사용되는 비용은 단지 현금운영비 외에 필요 또는 대체자본비용 및 이에 관련된 일반관리비를 포함하는 비용이 되어야 한다.

계획 단계에서 사용되는 비용은 더욱 복잡하므로 보다 더 세밀한 검토를 하여야 하며 채광비, 선광비, 판매비 등의 직접비용을 비용계산에 포함하여야 한다. 채광 단계에서 이런 비용은 천공, 발파, 적재, 운반 등의 비용을 포함한다.

선광비용은 파분쇄, 운반, 마광, 정광생산 등의 비용을 포함하게 된다. 생산품의 최종 형태에 따라 마켓 비용은 정광운반, 제련, 정련 및 운반비 등을 포함할 수도 있다. 또한 추가적인 직접비용으로서는 로열티, 세금 등을 고려할 수도 있다.

간접비도 또한 한계품위 계산에 부가시켜야 한다. 채광, 선광 및 사무실 관리직원 비용 등을 반드시 포함시켜야 한다. 노천채광 규모의 결정 및 관련 간접비가 산출되기 전까지 한계품위 계산에 사용되는 비용은 단지 추산적으로 결정되며 후에 다시 세밀하게 검토해야 한다. 감가상각 비용은 노천채광장 규모를 결정하는 목적에 이용되기도 한다.

2.3.4 채 광

1) 생산 규모

개발계획 수립 시 생산 규모의 변동에 따라 개발투자비, 가행 시의 연간 현 금융비용, 가행년수는 표 2.7과 같이 변화된다.

표 2.7 생산 규모에 따른 투자비 변화양상

생산 규모 변동	변화 양상			극한 상황 시
	개발투자비	현금유입액	가행년수	
증가 시	증가	증가	감소	자본투자비가 부존매장량의 잠재가치를 상회
감소 시	감소	감소	증가	광산 가행에 최소한으로 필요한 기반시설 등의 고정자본 투자비를 회수 불가

생산 규모의 추정은 매장량, 최소 투자비, 판매 가능성, 사업추진자의 자금조달 능력 등을 감안하여야 하며 다음 사항을 고려하여야 한다.

- 추정 생산 규모에 따른 투자비 및 생산원가 추정
- 개발계획안에 의한 투자비 및 생산원가 추정
- 생산 규모 대안 중 경제성이 가장 양호한 생산 규모를 최적 규모로 선택하여야 하며, 민감도 분석 등을 통해 기대수익률이 가장 높은 안을 채택하여야 함
- 사업추진자(투자자)의 자급조달 능력에 따른 생산 규모의 조정 및 확정

최적 생산 규모를 추정하기 위해서 먼저 고려되어야 할 사항은 다음과 같다.

- 광상 내적 요인 : 한계품위별 매장량 및 광상의 형상
- 외적 제약 요인 : 판매 가능성, 사업추진자의 자금조달 능력, 정부의 환경정책, 광상의 위치와 관련 기반시설 건설기간 등

이 중 실제 생산과정에서 봉착되는 기술적인 제약요인은 생산 작업장 확보 문제가 가장 크다. 따라서 갱내광산의 경우 광체의 주향연장 및 폭의 영향이 크고, 노천광산의 경우 장비 규격은 생산성을 좌우하게 된다. 상기와 같이 생산 규모–투자비 및 생산원가는 상호 연관되어 변동되므로 어느 한쪽을 먼저 정하고 반복 계산하여 구하는 시행착오법이 가장 이상적이나 현장에서 자주 적용되는 생산 규모의 단순 산출 방법으로서 테일러 공식(Taylor's rule, 매장량에 의한 가행년수와 생산 규모 추정 방법)이 사용되기도 한다.

$$\text{광산 가행년수} \fallingdotseq (1 \pm 0.2) \times 6.5 \times \sqrt[4]{\text{매장량(백만 톤)}} \tag{2.1}$$

$$\text{일 생산 규모(톤)} \fallingdotseq \text{매장량(톤)} \div (\text{가행년수(년)} \times 300(\text{일/년})) \tag{2.2}$$

2) 광산설계

광산설계는 지질학적 원 자료로부터 가채광량, 기반시설, 채광법, 장비 선정, 생산계획, 인원계획, 지원시설과 사면안정성 등 많은 부분에 대한 분석이 이루어져야 한다.

이러한 인자들을 활용하여 광산을 설계하기 위해서는 다음과 같은 사항들을 고려하여야 한다. 그림 2.14는 일반적인 광산 개발 모형도로서 연도별 생산 규모가 적절한지가 검토되어야 한다.

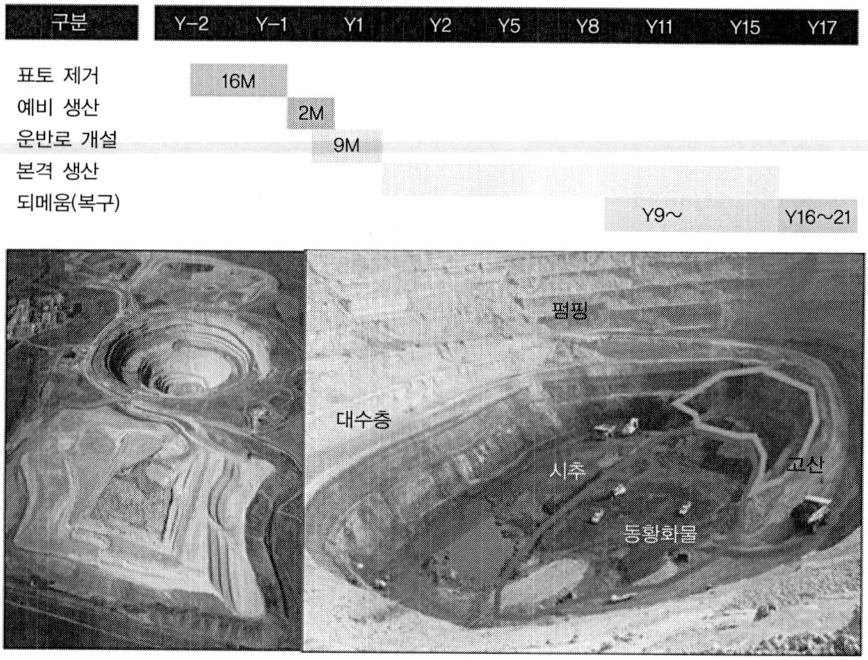

그림 2.14 개발모형도

- 전산처리 모델의 적용 여부
- 가채율 및 폐석혼입률 산출방법과 실제 적용값
- 벤치 경사 설계 시 암반의 역학적 특성 고려 여부

- 지하수 문제의 고려 여부
- 운반도로 개설 및 벤치 설계 시 적용사항 확인
- 폐석장 위치 선정방법
- 폐석장 안정성 유지를 위한 고려사항 확인
- 광산설계 시 환경적 요인의 충분한 반영 여부 확인
- 최근자료를 이용 광산설계 내용을 주기적으로 변경하고 최근 보고서 유무
- 광산개발 완료 후 복구작업까지 전체적인 광산운영 마스터플랜 유무

3) 박토비와 채광설계

채광장 설계에 영향을 미치는 요소로는 지질여건, 품위, 광화대의 위치 및 연장, 지형, 광구 경계, 생산량, 벤치고, 채광장 경사(pit slope), 운반로 경사(road grades), 운영비(operating costs), 시장여건(marketing considerations), 박토비(stripping ratio), 한계품위 등이 있으며 이러한 요소들에 의하여 피트의 크기와 형태가 변화한다.

노천채광의 형태는 광체의 부존 여건과 주변 지형에 따라 다양하게 나타난다. 즉, 노천채광 설계 시 광상의 규모, 형태, 방향 및 심도를 고려해야 하고 지질·지형학적 특성은 반드시 고려해야 할 기본 요소다.

일반적으로 노천채광에서 광체를 채광하기 위하여 개설된 수평의 작업장을 벤치라 하며, 일정한 높이로 상하 벤치가 구분되어 있다. 채광작업은 최정상의 벤치로부터 시작하여 벤치의 바닥공간을 충분히 확보하여 채광 및 운반 장비의 투입을 원활히 한 후, 다음 층의 벤치로 채광작업이 수행된다.

박토비는 광석 1톤을 채광하기 위하여 처리하여야 할 폐석 톤 수의 비율을 말한다. 광산설계에서 채광장에 있는 폐석과 광석의 톤 수가 결정되며 폐석과 광석의 비율은 채광장에 대한 평균 박토비를 나타내게 된다. 이 평균 박토비는 채광장 설계에서 사용되는 손익분기 박토비(Breakeven Strip Ratio, BESR)의 의미와는 상당히 다르다. 손익분기 박토비는 단지 채광장 벽면의 최종 증가분만을 의미한다.

박토비는 손익분기점에서 계산되며 필요한 박토비는 채광되는 광석의 순수익 값으로부터 지불된다. 손익분기 박토비는 식 (2.3)과 같이 계산한다. 여기서 A는 광석 톤당 수익(revenue), B는 광석 톤당 생산비, C는 폐석 톤당 박토비용 등이다.

$$BESR = \frac{A - B}{C} \tag{2.3}$$

판매 단계에서 모든 비용을 포함하고 박토비용은 포함하지 않는 경우가 있으며, 최소이익을 고려하기 위하여 아래 사항을 고려하기도 한다.

- 채광법 선정배경, 채광법 대안이 있는지 여부
- 피복층과 광체 각각에 대한 채굴방법
- 현재 기술수준이나 통념상, 계획 중인 채광법이나 장비가 적정한 것인지 여부

노천채광장의 기본적인 벤치 외형은 그림 2.15와 같다. 여기서 비탈끝(toe)과 마루(crest)를 연결한 사선이 수평면과 이루는 각을 벤치의 사면경사(berm slope angle 또는 batter angle)라 부른다. 벤치의 사면경사는 암석특성, 작업 방향, 발파방식 등에 따라 상당히 변화되나, 경암의 경우 초기에는 약 65° 정도를 적용하고 이후 벤치에서는 약 55~80° 정도를 적용한다. 벤치의 사면경사는 채광장 경사에 큰 영향을 미치기 때문에 적용 시 상당한 주의를 기울여야 한다.

일반적으로 벤치 높이는 대규모 광산에서 약 15m 정도이고 소규모 광산에서는 약 12m 정도로 설계한다. 소규모 금속광의 경우에는 7.5m 정도로 설계하는 경우도 있다. 일반적으로 벤치의 높이는 광석적재장비를 참고하여 결정한다.

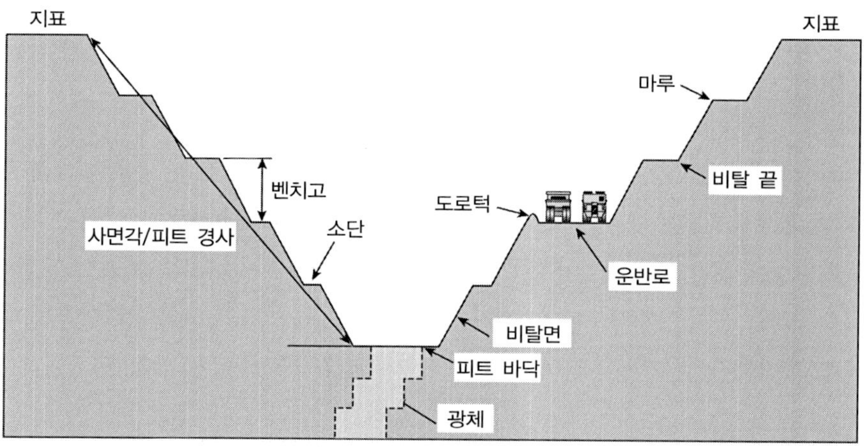

그림 2.15 벤치 모형

노천채광장 설계 시 가장 중요한 부분은 채광장의 사면경사를 결정하는 일이다. 최적화 작업을 통하여 우리가 얻고자 하는 채광 최적 한계선(optimal outline)은 사면안정을 고려한 최고의 경제적 가치를 창출할 수 있는 개발 한계 심도와 최종 사면이다.

일반적으로 사면설계에 있어서 사면경사를 증가시킬 경우 박토량이 감소하거나 또는 채광량이 증가하여 보다 높은 투자수익을 기대할 수 있기 때문에 허용하는 범위의 최고치까지 사면경사를 증가시키려 한다.

- 사면경사가 커지면 채광한계선은 증가하며 가채량은 늘어난다.
- 사면경사가 작아지면 채광한계선은 감소한다.

그러나 사면의 안정성은 사면경사에 반비례하기 때문에 지나친 욕심은 대규모의 사면붕괴를 불러와 이전의 경제적 이익을 상쇄시킬 것이다. 따라서 지질학적 특성, 암석의 물리적 성질 등이 시·공간적으로 일정하지 않은 개발지역 내 모든 암반에 대하여 광산설계 이전에 반드시 암반사면의 안정성 평가를 실시하고, 그 결과에 따라서 암종별, 지역별 또는 심도별 사면경사를 적용해야 할 것이다.

4) 생산계획

- 연생산 규모 산출의 적정성
- 박토비에 큰 변화가 있는지 여부
- 광산에서 급광 품위를 맞추기 위한 광석의 혼합(blending) 필요성
- 생산관리를 위해 적용한 관리방법
- 관리방법의 기술 수준 정도

5) 인원계획

- 계획수립에 적용한 생산성 요소(톤/인, 교대당)
- 직종별 인원 구분
- 작업인원과 보수인원과의 비율
- 감독인원과 작업인원과의 비율

6) 지원시설

- 장비 서비스를 위해 필요한 시설
- 수리 및 공작소(workshop) 시설이 적절한지 여부
- 지표 운반도로에 대한 유지보수계획의 적정성 여부
- 광산장비에 필요한 동력공급 방법

7) 폐석처리장

폐석처리장은 경제성과 실용성을 바탕으로 채광장과 폐석처리장 간의 운반거리를 최소화할 수 있도록 최종 채광한계선(ultimate mining limit) 가까이에 피트의 크기와 위치 등을 고려하여 부지를 선정한다. 부지 선정 시 고려사항은 다음과 같다.

- 개발에 따른 채굴장의 위치와 크기
- 지형
- 개발기간과 출처에 따른 폐석의 부피
- 토지 등 권리 경계선
- 하천 등 수계망
- 복구계획
- 기초 지반 상태와 조건
- 폐석처리장비

폐석처리장의 설계 및 실제 폐석을 처리할 때 가장 중요시되는 요소는 암석의 체적 증가율과 안식각(그림 2.16)이다.

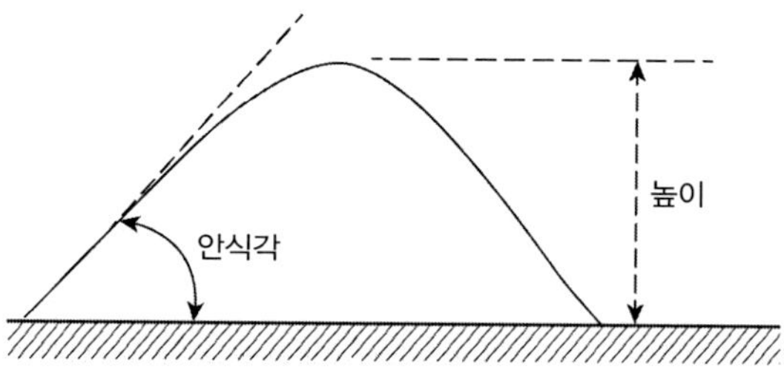

그림 2.16 폐석처리장의 안식각 모형도

발파 파쇄석은 일반적으로 발파 전 원래의 암석에 비하여 체적이 약 10～60% 정도 증가하나, 실제 광산설계 및 개발계획 수립 시 적용되는 암석의 체적 증가율은 30～45% 내외를 적용한다.

또한 안식각은 건조한 암석의 경우, 보통 34～37° 내외이나 실제 폐석처리장의 설계 시에는 일반적으로 34°를 적용한다. 특히 안식각은 폐석처리장 총사면설계에서 매우 중요한 요소이다.

2.3.5 선광제련

선광이란 채취된 광석을 선별 처리하는 것으로 처리과정은 제련의 전 단계로 선광장에서 실시된다. 선광은 채굴된 조광을 채취하여 주로 기계적·물리적·물리화학적 조작에 의해 가치가 낮은 맥석과 유용광물을 선별하여 광석의 가치를 향상시키고, 연속된 공정에서 사용, 처리가 가능하도록 하는 준비과정이라 할 수 있다(그림 2.17). 즉, 선광내용은 ① 광석의 품위를 높임, ② 연속된 제련공정에서 발생 가능한 유해물질 제거, ③ 복합광의 단체 분리를 실시하는 것이다.

그림 2.17 선광제련 플랜트 모습

이와 같이 선광은 채굴과 제련공정 사이에 반드시 실시되는 조업과정이나 선별과정이라 할 수 있다. 물리선별은 품위가 낮은 저품위광을 대상으로 물리적 방법에 의해서 그 광석의 품위를 향상시키는 방법이다. 금속광에 흔히 적용되는 여러 가지 선광법 중 주로 구성광물의 형상, 비중, 자성 및 표면 성질의 차이를 이용하는 체질, 분급, 비중선광, 자력선광, 부유선광법이 널리 채택되고 있다.

일반적인 광석의 선광제련 과정은 광석마다 그 특성이 다르기 때문에 각 광석의 특성에 맞는 선광제련을 적용하고 설계를 실시한다.

특히 석탄광의 경우 채광에서 선탄과정을 거쳐 판매 시까지 품질관리가 매우 중요하다. 따라서 석탄의 F/S 과정에서 엄밀하게 분석하여야 할 사항은 다음과 같다.

1) 급광탄질

- 폐석혼입률 범위 및 폐석혼입이 선탄 특성에 미치는 영향
- 예상되는 입도분포, 미분탄 문제가 있는지 여부
- 회분, 회수율, 열량 상관관계가 판매탄 생산을 최대화할 수 있는지 여부
- 제공자료의 신뢰도

2) 생산탄질

- 주요 탄질요소에 대해 정밀하게 탄 분석이 이루어졌는지 여부
- 계획된 생산탄질을 쉽게 달성할 수 있는지 여부
- 탄질을 향상시킬 경우 야기되는 회수율 등에 미치는 영향 파악
- 탄질규격범위 한계에 있는 탄질요소가 있는지 여부
- 시장에서 요구할 경우 생산탄질 변화가 가능한지 여부

3) 선탄장 설계

- 물질수지(material balance) 확인
- 채택된 선탄방법의 기술적·경제적 적절성

- 작업관리계획의 적절성과 달성 가능성
- 시설 유지보수 방법의 적절성
- 주요 선탄장비 선정 기준

4) 탄질관리

- 생산계획과 생산 탄질 간 상호 관련성
- 생산탄질 변화폭과 허용 범위
- 생산탄질의 유지방법
- 생산탄 혼합의 필요성과 혼합방법
- 판매탄의 과도한 폐석 중 유실 여부
- 대괴와 광미 처리방법 및 생산 단계별 탄질관리 방법
- 분석실 시설 및 기술 정도의 적절성
- 시료채취 및 탄질 분석 등 탄질관리 방법

5) 석탄 및 폐석운반

- 채탄작업부터 최종탄 출하 시점까지 총물질수지
- 저탄방법 및 저탄 규모의 적정성 여부
- 정탄저탄에서 수출까지 운반형태의 적정성 여부, 운반능력이 충분한지 여부
- 화차 적재방법 및 적재방법의 신뢰성이 있는지 여부
- 국내 판매용의 경우 운반용량과 저탄용량 적정성 확인
- 대괴 폐석처리 방법의 적정성
- 계획된 운반방법이 정탄의 탄질에 영향을 미치는지 여부
- 계획된 정탄과 폐석의 운반 및 처리방법이 환경에 영향을 미치는지 여부

2.3.6 경제성 평가

자원개발 투자의 궁극적 목적은 광산가행 기간 동안 자본비용과 세금 등을 공제한

최적 이윤을 확보하는 데 있다. 프로젝트의 경제성은 생산된 제품의 판매가격과 생산단가, 초기 투입자본의 규모를 기초로 하여 평가한다. 자본비용과 세금은 회사나 프로젝트마다 달라 그 장기적 효과를 분석하는 간단한 방법이 없기 때문에, 사업타당성 평가에 있어 세전 이익만 고려하고 자본비용 및 세금 등은 투자자의 자금계획에 따른 자체 판단에 맡기는 경우가 일반적이다. 광산개발을 위한 초기 투자비는 생산 개시 전 투자비와 운영자본으로 구별되는데, 생산 개시 전 투자비는 다음과 같이 구성된다.

- 토지 구입, 토목, 사수갱 또는 피복층 제거
- 장비, 워크숍, 창고, 목욕탕, 사무실 등
- 선탄장, 석탄취급 설비
- 철도, 동력, 용수, 주거지 건설 등

운영자본은 생산 개시 후 판매대금이 처음 회수될 때까지의 초기 운영자본으로서 프로젝트 종료 시 양(+)의 현금흐름으로 환수된다. 광산 가동 중 수명이 다하거나 더 이상 소용없게 된 장비에 대한 감가상각에 대한 투자비가 소요되고, 설비를 확장하거나 노천에서 갱내로의 작업방식 전환 같은 종류의 신규투자도 필요하다.

투자비는 기존 및 신규광체 확인을 위한 탐사에서부터 채광 및 선광에 걸치는 전체 생산 공정에 최신기술과 외주경영기법을 도입함으로써 광산개발에 따른 초기 비용뿐만 아니라 생산비용을 최소화하여 사업의 경제성을 극대화할 수 있도록 계획한다. 투자비는 생산준비를 위한 각종 건설작업 및 채광/선광장비 구입을 위한 시설비와 매장량 확인을 위한 탐사비용으로 구분한다.

사업타당성 조사는 투자비가 투입될 시점과 소요 액수를 나타내는 일정을 작성함으로써 투자비 조달을 가능하게 하고 미리 그 비용의 액수를 정할 수 있게 한다. 투자비 투입 시점으로부터 향후 물가 상승이 프로젝트 비용에 영향을 미치는 정도를 정할 수도 있다. 통상 비용은 특정 시점의 가격을 현재 화폐가치로 표시하는데, 프로젝트의 경제성을 평가하여 순 할인 현금흐름과 수익률을 정하기 위해서는 광산 수명 전체에 걸쳐 원가와 매출액 양쪽 모두의 물가 상승을 예측하여 프로젝트 가치를 미래가치로 산출하여야 한다.

향후 예상되는 세후 이익을 각 시점에서의 화폐가치로 표시하고 이를 다시 현재의 화폐가치로 할인하면 프로젝트의 순 현가가 된다. 프로젝트의 가치를 미래 시점의 화폐가치로 먼저 산출하고 이를 현재 가치로 할인함으로써 광산 가행기간 동안 분산되는 세금과 감가상각비를 순 현가 산출 시에 충실히 반영하여야 한다.

대부분의 사업결정은 여러 가지 투자 대안 중에서 가장 좋은 안이라고 여겨진 것을 선택하여 이루어진다. 그러므로 여기에서의 문제점은 '대안선택문제'라 할 수 있다. 단계적이고 정량적인 결정이 대안을 비교하기에 적합하지 않기 때문에 많은 상황에서 투자 결정은 투자자의 직관에 의하는 경우가 많다. 이런 방법은 대부분 투자 결정에 관계된 경제적 고찰사항 등을 평가하는 사례가 되서는 안 될 것이다. 단계적 경제성 결정은 개별투자 프로젝트 및 대안투자 프로젝트를 평가하는 데 이용 가능하다.

아주 복잡다단한 현 시대에서 투자가 성공하기 위해서는 초기 경제성 평가 기준을 선택하고 투자대안의 선택에 이용하는 것이 절박한 현실이다. 따라서 전술한 대로 이윤을 극대화하는 것이 투자의 목적이 되는, 즉 투자금액의 미래가치를 극대화하는 경제성 평가 기준에 대한 세부적인 기초개념을 갖는 것이 중요한 작업이 된다.

많은 분석법이 있지만 복리이자수익률법(compound interest rate of return), 순 현가법(net present value) 등이 가장 많이 사용되고 있다. 많은 개별투자나 기업 및 정부 등에서 초기에 투자 결정을 내리기 위해서는 수익률법(Rate Of Return, ROR)을 사용하고 있으며 두 번째로서 순 현가법(NPV)을 이용하고 있다. 다음과 같은 많은 수익률법을 예로 들 수 있다.

- 초기 투자수익률(Return On Investment, ROI): 초기 투자, 평균 투자, 다른 일부 투자에 기초
- 총자산이익률, 자산수익률(Return On Asset, ROA): 회계수익률로서 대개 비감가상각자산의 평가에 기초
- 자기자본이익률(Return On Equity, ROE): 개인이나 주주의 납입자본에 대한 수익률
- 매출수익률(Return On Sales, ROS): 투자가 아닌 판매에 대한 수익률
- 배당 현금 할인율(Discounted Cash Flow Rate Of Return, DCFROR): 프로젝트의 수익과 비용을 주어진 한 시점에서 같게 하는 이자율

상기와 같은 많은 수익률법 중에서 투자대안을 분석하는 데 DCFROR이 유효하게 사용되고 있으며 다른 방법들은 회계 분석 등 다른 상황에서 이용된다.

1) 생산·판매 규모

생산·판매 규모는 연도별 채광계획, 선광계획, 판매계획에 따른다. 세부항목은 채광량, 급광품위 및 급광량, 선광실수율, 선광장 처리 규모, 최종생산물(제품)의 품질 및 물량, 판매처 및 판매물량 등에 대한 다각적인 분석 후 결정한다.

이러한 생산 판매 규모는 시장개척 가능성과 품질 적합성, 유통 특성, 수급현황 및 전망 등에 대한 분석이 이루어져야 한다. 일반적으로 생산 규모의 매장량별 적정 가행년수 및 생산 규모는 전술한바 테일러 공식을 적용하기도 한다. 이를 다시 쓰면 다음과 같다.

$$\text{가행년수} \fallingdotseq (1 \pm 0.2) \times 6.5 \sqrt[4]{\text{백만 톤}}\,(\text{년}) \tag{2.4}$$

표 2.8은 가채매장량별 가행년수와 생산 규모를, 표 2.9는 광종별 일반적인 매장량별 생산 규모를 나타낸 것이다.

표 2.8 생산 규모 결정

가채매장량(백만 톤)	가행년수(년) 식 (2.1) 참조	생산 규모(천 톤/년) 식 (2.2) 참조	비고
1	5.2～7.8	192～128	변수는 0.8～1.2
5	7.8～11.7	643～429	
10	9.2～13.9	1,081～721	
25	11.6～17.4	2,150～1,433	
100	16.4～24.7	6,081～4,054	
500	24.6～36.9	20,334～13,556	

표 2.9 광종별 일반적인 매장량별 생산 규모

광종별	가채매장량(Mt)	연생산 규모(Mt)	광석품질
유연탄	10	1	발열량(ARB) > 4,600Kcal/kg, 유황(ADB) < 1.2%
우라늄	10	1	ISL : U > 0.05%
철	100	5	자철광 : Fe > 35%, 기타 : Fe > 58%
동	10	1	SXEW : Cu > 0.3%, 황화광 : Cu > 0.5%
아연	10	1	Pb + Zn > 3%
니켈	30	1	라테라이트 : Ni > 1.0%, 황화광 Ni > 0.5%

*ARB(As Received Basis, 도착기준) : 상업적 거래용으로 널리 사용되는 기준으로 석탄이 함유하고 있는 전체 수분을 포함한 분석.
ADB(Air-Dried Basis, 공기건조기준) : 석탄을 실험실의 오븐(약 40°C) 또는 공기 중에서 수분을 제거한 것으로 부착수분은 포함하지 않으나 고유수분은 포함.
ISL(In-Situ Leaching, 용해채광법) : 현장에서 용매를 주입하여 회수하는 채굴방법.
SXEW(Solvent Extraction Electrowinning, 용매추출법) : 제련방법의 종류.

2) 판매가 예측·결정

판매가의 예측과 결정은 경제성 평가에 있어 가장 예측하기 힘든 요소 중 하나이다. 판매가격 적정성은 과거 시장 사이클의 평균 가격 또는 기간별 평균 가격, 향후 단기 전망 가격(시장사이클 가격) 및 장기 전망 가격(평균 가격) 등에 의한다. 광종별 정광(정탄) 판매가 적정기준을 산정하는 방법은 다음과 같다.

유연탄 = 산지별 기준가격 × 열량보정치 − 패널티 (2.5)

우라늄 = (계약 시 시장가격 + 판매 시 시장가격) ÷ 0.5 (2.6)

철 = 산지별 단위가격 × 광석품위(%) (2.7)

동 = (정광품위 − 공제율) × 금속가격 − 정제련비 (2.8)

아연 = (정광품위 − 공제율) × 금속가격 − 정제련비 (2.9)

니켈 = 금속가격 + 생산자 프리미엄 (2.10)

판매가를 결정하기 위하여 통계학적 모델인 시계열(time series), 이동 평균(moving average), 경제 모델(economic model) 등을 사용하기도 하고, 결정 모델(deterministic model)로는 선형(liner), 대수(log), 포물선(parabolic) 등을 적용하기도 한다.

많은 예측법에도 불구하고 실제 프로젝트 검토 및 적용에는 한계가 있기 때문에 전문 가격예측기관 및 컨설턴트의 자료를 이용하는 것이 보통이다.

3) 투자비 및 생산원가

투자비(capital cost, 자본비)는 채광, 선광, 기반시설 등에 요구되는 초기 투자비와 생산원가(operating cost, 운영비)로서 채광, 선광, 폐석처리, 운반, 적재, 판매수수료 등 변동비용과 인건비, 재료비, 일반경비 등 고정비용이 있다.

따라서 생산원가 작성 시 항목별 정확한 의미와 포함범위를 명확하게 결정하여야 하며, 각 프로젝트의 특성 및 여건을 무시한 절대비교는 의미가 없다. 일부 기관의 원가분석 자료, 최근 거래된 유사 프로젝트의 투자비 및 생산원가를 추정하여 적용할 수도 있다. 일반적인 투자비용 요소는 다음과 같다.

① 채광 관련 투자비용

- 생산 이전 폐석의 처리비용
- 채광장비의 구매(천공기, 트럭, 백호우 등)
- 장비유지보수시설, 통신 및 전기시설, 유류공급시설 등

② 선광 관련 투자비용

- 1차, 2차 파쇄설비 및 선광, 제련 시설비용
- 컨베이어 벨트 등 광석의 운반시설비용
- 저광시설 및 광미 저장시설비용

③ 일반설비 투자비용

- 용수 및 전력 공급 시설투자
- 사무실 등 기타 시설투자

④ 기타 투자비용

- 광산운용 관련 관리비용 등 간접비용
- 운영자금 : 생산 후 약 10주간의 운영자금

4) 현금흐름

현금흐름(cash flow)은 월별이나 연간별 등 일정한 기간 동안 발생하는 금전의 순수 유입 및 유출을 의미한다. 제품판매 수입으로부터의 현금유입, 운영비, 조세비, 자본비 등과 같은 현금 유출로부터 주어진 기간 동안의 프로젝트 현금흐름과 같게 된다. 재정 모델에 대한 검토는 경제성 평가에 있어 가장 중요한 요소로서 다음과 같은 과정에 의한다.

- 과거 추세 자료(historical data)
- 유사 규모의 프로젝트 자료와 비교
- 프로젝트의 시장, 기술, 비축 등 컨설턴트 각종 보고서 원리금 상환 능력

프로젝트 투자자의 입장에서는 내부수익률법(Internal Rate of Return, IRR)과 자기자본이익률(Return On Equity, ROE) 등 수익성 비율 분석에 관심의 초점을 두지만 대출 금융기관에서는 프로젝트에서 발생하는 현금흐름의 원리금 상환능력이 주요 관심사항이기 때문에 다음과 같은 비율 분석 심사에 초점을 둔다.

- 투자자 : IRR, ROE 등 수익성 비율 관점
- 금융기관 : 원리금 상환능력(DSCR, LLCR, PLCR) 실무검토 시 주의사항(표 2.10)

표 2.10 원리금 상환능력

종류별	정의 및 계산방법
DSCR (Debt Service Coverage Ratio)	• 매년 원리금 상환능력을 나타내는 지표로 1.3 이상 • DSCR = 원리금 상환 시 현금흐름(cash flow available for debt service) ÷ 해당년도의 원리금 상환(debt service)
LLCR (Loan Life Coverage Ratio)	• 대출 만기까지의 원리금 상환능력 지표로 1.5 이상 • LLCR = 대출 만기까지의 원리금상환에 이용될 수 있는 현금흐름의 현재 가치의 합계 ÷ 대출원금
PLCR (Project Life Coverage Ratio)	• 프로젝트 기간의 원리금 상환능력 지표로 2.0 이상 • PLCR = 프로젝트 기간의 원리금 상환에 이용될 수 있는 현금흐름의 현재 가치의 합계 ÷ 대출원금

재정 모델에 대한 검토는 프로젝트 경제성 평가에 있어 가장 중요한 심사항목이다. 이는 프로젝트의 각종 정보를 종합적으로 포함하고 있으므로 이에 대한 면밀

한 검토만으로도 프로젝트를 이해하는 데 큰 도움이 된다. 표 2.11은 현금흐름 구성에 대한 설명이다.

표 2.11 현금흐름의 구성요소

현금유입 cash in(+)	현금유출 cash out(−)
판매수익(sales revenue) 로열티 수익(royalty income) 이자수입(interest income) 용역수입(service fee income) 자산의 처분(sales of assets) 세액공제(tax credit)	자산취득(purchase of assets) 자재취득(purchase of materials) 인건비(labor) 소모품 및 전력(supplies and power) 로열티 지출(royalty expenses) 용역료(service fee expenses) 지급이자(interest expense) 부채상환(debt repayment) 지방세(local taxes) 외국세(foreign taxes) 연방세(federal taxes)

만일 유출이 유입을 초과하면 현금흐름은 음(−)이 되며 반대로 유입이 유출을 초과하면 양(+)이 된다. 현금흐름 실무검토에 있어 가장 중요한 검토사항은 사용된 가정들이 타당성이 있는가를 검토·확인하는 일이다. 프로젝트 경제성을 높이기 위해 지나치게 낙관적인 가정을 적용하는 사례 또는 순 현가를 높게 만들기 위하여 가행 초기에 무리한 생산 규모를 설정, 과잉 시설투자를 해놓고 가행 중반에는 생산 규모를 가행 초기에 비해 현저히 낮게 계획함으로써 설비된 시설을 활용하지 못하는 경우 등은 특히 주의를 요한다.

또한 현금흐름은 프로젝트 및 투자자 기준으로 나누어 작성하여 사업성 여부를 검토하며, 특히 프로젝트 파이낸스의 경우에는 현금흐름상의 원리금 상환과 관련 각종 금융약정계약서 상의 계약 및 이행조건을 충족시키는지의 여부 등을 검토해야 한다.

5) 할인율

할인율(discount rate)은 화폐의 시간가치로 인해 미래에 받게 될 금액을 현재 시점에서의 금액가치로 환산할 때 사용되는 이자율을 말한다. 자본비용은 자본조달 대가로 자본 제공자에게 지불해야 하는 비용(이자, 배당)을 말한다.

투자자 입장에서는 현재의 100만 원과 1년 뒤의 100만 원의 가치는 동일할 수 없다. 따라서 합리적인 투자자라면 1년 뒤에 100만 원을 받는 것보다는 현재 시점에 100만 원을 받는 것을 더 선호하게 된다.

미래에 받게 될 100만 원의 가치를 현재 시점에서 평가할 경우, 화폐의 시간가치(time value of money)로 인해 그 가치가 100만 원보다 낮을 수밖에 없는데, 이때 미래의 100만 원을 현재 시점에서의 금액가치로 환산할 때 사용되는 이자율을 통상 할인율이라고 부른다.

광산개발 프로젝트는 다양한 방법으로 투자금을 조달하고 통상 10~30년의 가행기간을 가지는 장기적인 현금흐름이 발생하기 때문에 미래에 발생할 현금흐름을 현재 시점의 가치로 적절히 변환하는 것이 가장 중요하다. 따라서 프로젝트의 경제성을 평가할 경우, 할인율의 산정은 매우 중요한 요소라고 할 수 있다.

광산개발 프로젝트의 경제성을 분석할 때에는 이러한 할인율의 개념으로 통상 가중평균자본비용(Weighted Average Cost of Capital, WACC)을 사용하는데, 가중평균자본비용이란 자기자본과 타인자본(차입금)의 자본비용을 모두 고려한 할인율로서 투자프로젝트의 경제성 평가에 적용하는 할인율로 주로 쓰이고 있다.

가중평균자본비용은 다음 식과 같다.

$$k_0 = \frac{S}{S+\beta}k_e + \frac{\beta}{S+\beta}k_i \tag{2.11}$$

S : 자기자본 금액

β : 타인자본 금액

k_e : 자기자본 조달비용

k_i : 타인자본 조달비용

위와 같이 자본원천별 자본비용을 반영하여 계산된 가중평균자본비용을 광산 프로젝트에 단순 적용할 경우에는 다음과 같은 한계가 있다.

- 베타(β)는 시장과 비교하여 해당 주식가격의 변화량을 측정하는 것으로 베타의 변동으로 할인율(자본비용)은 변화된다.
- 베타는 회사 전체 주식가격의 변동이므로 개별 프로젝트와는 관련성이 적다.
- 회사 또는 산업의 베타 가치는 시간에 따라 변동하는 것으로서, 이는 특정 프로젝트의 가치가 주식가격의 변동과 함께 시간에 따라 변동하는 것을 의미한다.
- 광산 프로젝트 평가 시 고려해야 할 각종 비재무적 리스크를 적절히 반영할 수 없다.

따라서 광산 프로젝트의 경우에는 가중평균자본비용에 반영된 원천별 자본비용 외에 여러 가지 리스크를 추가로 할인율에 반영할 필요가 있다. 즉, 사업별 고유 리스크 및 국가 리스크 등 특정 광산 프로젝트와 관련된 각종 리스크 프리미엄을 계량화하여 가중평균자본비용을 보완한 새로운 할인율을 산출하여 경제성 평가에 적용하는 것이 합리적인 방법이라 할 수 있다.

적정 할인율(%)은 자본비용 외에 무위험 수익률, 프로젝트 위험 프리미엄, 국가 리스크 등의 3가지 요소를 합산한 것으로 일반적인 각 국가별 프로젝트 단계별 수익률은 표 2.12와 같다.

표 2.12 국가별 프로젝트 단계별 수익률

구분		호주 (0.65%)	중국 (0.95%)	한국 (1.45%)	인도 (3.0%)	페루 (4.0%)	파푸아 (4.5%)	인니 (6.5%)
사전조사	(15.0%)	16.85	17.15	17.65	19.2	20.2	20.7	22.7
예비 F/S	(10.5%)	12.35	12.65	13.15	14.7	15.7	16.2	18.2
최종 F/S	(8.8%)	10.65	10.95	11.45	13.0	14.0	14.5	16.5
개발	(6.5%)	8.35	8.65	9.15	10.7	11.7	12.2	14.2
생산	(6.0%)	7.85	8.15	8.65	10.2	11.2	11.7	13.7

출처 : KORES Hurdle Rate(2010)

무위험 수익률(1.2%)은 미국 국고채의 실질이자율, 프로젝트 위험 프리미엄(6.0~15%)은 사업 성숙 단계별 위험률이고, 국가 리스크(0~7.5%)는 사업소재국과 미국 국고채의 이자율 차이를 말한 것으로 변동요소가 된다. 예를 들어, 현재 미국 국고채 5년 만기, 만기 수익률 6%일 경우와 한국의 국고채 5년 만기, 만기 수익률 8%라고 가정할 경우에 한국의 국가 리스크 프리미엄은 2%가 된다.

6) 투자 분석

투자 분석(investment analysis)에는 경제성 분석(economic analysis), 재무 분석(financial analysis), 무형 분석(intangible analysis) 등이 있다.

경제성 분석은 수익과 비용 측면에서의 투자가치의 분석을 말하며 재무 분석은 제안된 투자안의 자금을 어떻게 운용하는가에 대한 분석을 의미한다. 재정투자안은 개인이나 법인의 자금, 은행으로부터의 융자, 주식이나 사채 등으로부터 빌리는 등의 사용방법을 말한다. 무형 분석은 투자에 영향을 미치나 경제적 가치로 수량화되지 않는 사항에 대한 분석을 의미한다. 전형적인 무형 분석의 요소로서는 법률 및 안전조항, 여론, 외국투자에 대한 정치적 고려사항, 환경적 요소, 세금조항 등이 있다.

경제적으로 최고로 선택된 투자안이 재무 및 무형 분석의 이유 때문에 기각되는 경우도 상당히 많다. 예를 들면 투자이익이 많이 예상되는 프로젝트도 만일 내부 자금이 프로젝트에 대한 자금을 대기가 힘들고 또한 외부자금을 구할 수 없어 기각되는 경우도 있다. 경제적으로 양호한 프로젝트를 기각하는 무형요소는 무수하게 많으나 여론, 법률문제 및 대기·토지·용수 등에 대한 공해 문제가 제일 심각한 문제가 될 것이다. 투자 결정 시 경제적 요소에 관련하여 재정 및 무형 분석의 중요성을 평가절하해서는 절대로 안 될 것이다. 이 문제들은 종종 경제적 숙고사항으로서 중요한 역할을 차지하게 된다.

7) 불확실성 및 위험도 분석

합리적인 투자 결정자는 투자 결정 시 많은 사람들의 전문지식, 축적된 정보, 경험 및 기술을 체계적으로 조합하여 투자 결정을 해야 한다. 투자대안에 대한 프로젝트를 평가하고 선택하는 데 있어서 모든 투자 결정자는 자신이 항상 올바른 결정을 내리지는 못한다는 사실을 충분히 깨달아야 한다. 비록 미래의 사건을 정확히 알 수는 없더라도 높은 성공확률을 가진 투자대안을 선택할 수 있는 능력에 의해 회사의 미래가 달려 있으므로 올바른 투자 결정은 회사경영에 중대한 영향을 미치게 된다. 위에서 다룬 경제성 분석의 방법들은 모두 투자위험이 없는 조건에 의해 이루어졌다. 즉, 성공의 확률은 각 평가된 투자안에 1.0이 된다. 이것은 숫자의 개념으로 위험도와 불확실성을 수량적으로 표시하면 평가된 투자안의 이윤을 추구할 확률이 1.0이 된다는 뜻이다. 그러나 수많은 위험도와 불확실성 요소 때문에 투자의 성공확률이 절대 1.0이 되지 않는다는 것을 알아야 한다.

불확실성의 상황 하에서 투자 결정에 직면하게 되는 경우 투자 결정자는 투자안에 대한 비공식의 위험도 및 불확실성 분석을 이용하거나, 정량적인 방법으로 위험도 및 불확실성 분석(uncertainty & risk analysis)을 하게 된다.

비공식 분석은 결정자의 경험, 직관력, 판단, 요행에 의존하는 경우가 많으며 정량분석은 논리적인 결정방법을 이용하여 투자 상황의 위험도와 불확실성의 영향을 분석하는 데 기초하고 있다. 위험도와 불확실성에 대한 정량 분석의 목적은 결정자에게 어느 특정한 투자 상황에 관계된 많은 정보를 가능하면 많이 제공하여 투자 결정자가 경험, 직관력, 판단을 이용하여 최적의 결정을 내리게 해주는 것이다.

불확실성 하의 경제적 입장에서 투자 결정의 목적은 미래의 최대 이익을 유발할 수 있는 가장 높은 확률을 가진 안에 이용 가능한 자본을 투자하는 것이다. 위험도와 불확실성을 분석결과로 병합하는 정량적 접근은 결국 가장 성공적인 결론을 얻을 수 있는 방법이다.

위험도 및 불확실성에 대한 정량 분석에 사용되는 몇 가지 분석방법이 있다. 이런 방식으로는 프로젝트의 변수에 따라 가능한 변화추이와 관련된 불확실성을 설명하는 민감도 분석(sensitivity analysis) 및 확률적 민감도 분석(probabilistic sensitivity analysis), 실패확률과 관련된 위험도를 설명하는 기대이익 분석(expected value analysis) 및 위험도 분석이 있다.

민감도 분석은 대부분의 경제성 분석에 사용되나 기대이익 분석은 프로젝트에 대한 위험이 존재하고 있을 때만 사용되고 있다.

민감도 분석은 경제성 평가의 결과에 영향을 미치는 인자가 변화함에 따라서 투자이익이 어떻게 변화하는지를 평가하는 방법으로 전형적인 변수들은 아래와 같다.

- 초기 투자비(initial investment)
- 판매가(selling prices)
- 운영비(operating cost)
- 프로젝트 기간(project life)
- 잔존가액(salvage value)
- 연간수익(profit per year)

각 변수들의 변동치에 발생확률을 적용한 민감도 분석은 확률적 민감도 분석이라고 한다. 참고로 불확실성이란 투자 평가에 영향을 미치는 인자들의 가능 변화성을 의미하며, 위험도 분석이란 성공과 실패의 확률과 각 투자인자의 다른 값을 병합하는 방법을 이용하여 투자를 평가하는 것을 말한다. 불확실성과 위험도는 모든 투자 결정에 영향을 미치게 되지만 특히 광물, 석유, 가스 등에 대한 탐사 및 관련 산업의 연구개발에도 큰 영향을 미치게 된다.

8) 가치 평가 방법

투자안에 대한 추정 현금흐름 작성이 완료되면, 그 투자안을 선택할 것인지 아니면 기각할 것인가의 여부를 결정해야 한다. 경제성 평가 방법에는 전통적인 기법으로 화폐의 시간적 가치를 고려하지 않은 회수기간(payback period)법과 회계적 이익률(return on book value)법이 있으며, 화폐의 시간적 가치를 고려한 방법으로 순 현가(Net Present Value, NPV)법과 내부수익률(Internal Rate of Return, IRR)법이 있다.

(1) 회수기간법

회수기간은 투자안을 수행하기 위해 최초에 지출된 투자비를 회수하는 데 소요되는 기간을 의미하며, 회수기간법의 산출은 회계이익이 아니라 현금흐름을 기준으로 한다.

예를 들어 t 시점에서의 현금흐름을 C_t 라고 하고, 초기 투자비용을 C_0 라고 한다면

$$\sum_{t=1}^{T} C_t = C_0 \tag{2.12}$$

를 만족시키는 T가 회수기간이 된다.

표 2.13과 같은 현금흐름을 가지는 경우, 이 투자안의 초기 투자액 40만 달러를 회수하는 데 소요되는 기간은 2년이 된다.

표 2.13 연도별 현금흐름

연도별	0	1	2	3
현금흐름(천 달러)	−40	30	10	20

회수기간법을 이용하여 투자의사 결정을 하는 방법은 독립적인(independent) 투자안인 경우, 투자안의 회수기간이 설정한 최장 목표 회수기간(cut-off period)보다 짧을 경우에 그 투자안을 채택하는 반면, 투자안의 회수기간이 목표 회수기간보다 길 경우에는 그 투자안을 기각한다.

또한 상호 배타적인(mutually exclusive) 투자안의 경우에는 여러 투자안들 중에서 회수기간이 가장 짧은 투자안이 최적 투자안이 된다.

그림 2.18은 회수기간(payback) 모형을 나타낸 것으로 초기 투자(−)를 시작으로 연간 현금흐름의 합계가 0이 되는 해가 투자금을 회수하는 연도가 되는 것을 의미한다.

경제성 평가와 관련, 회수기간법의 사용은 다음과 같은 단점이 있다.

- 회수기간 내 현금흐름에 대한 시간적 가치를 무시한다.
- 회수기간 이후의 현금흐름을 무시한다.
- 적절한 목표 회수기간의 선정이 자의적이다.
- 어떤 회수기간을 의사결정 기준으로 하여 투자안을 평가하여야 하는지에 대한 합리적인 근거를 찾기 어렵다.

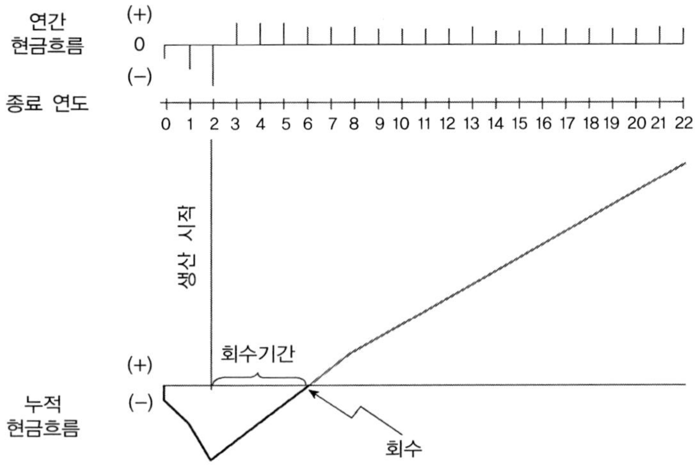

그림 2.18 회수기간(payback) 모형

표 2.14는 상호 배타적인 3개의 투자안에 대한 설명이다. 어떤 기업의 목표 회수기간이 4년이라고 가정할 경우, 회수기간법으로 평가 시에는 아래의 3개 투자안 모두가 회수기간이 3년이므로 어떤 투자안이든지 채택 가능하다.

표 2.14 상호배타적인 투자안

구분	당해년	1년	2년	3년	4년
P/J(A)	−10,000	6,000	2,000	2,000	4,000
P/J(B)	−10,000	2,000	2,000	6,000	4,000
P/J(C)	−10,000	6,000	2,000	2,000	0

그러나 현금흐름의 시간적 가치를 고려하면 A가 B보다 더 좋은 투자안이 되며, 회수기간 이후의 현금흐름을 고려할 경우에는 A가 C보다 더 좋은 투자안이 된다. 종합적으로 회수기간 전·후의 모든 현금흐름을 고려할 경우에 최적 투자안은 A가 된다. 회수기간법은 다음과 같은 장점이 있다.

- 회수기간의 산출방법이 단순하여 쉽게 계산할 수 있다.

- 위험지표(risk indicator)로서의 정보를 제공할 수 있다. 즉, 짧은 회수기간을 가진 투자안을 선택함으로써 미래의 불확실성을 어느 정도 감소시킬 수 있다.
- 산출된 회수기간은 투자안의 자금 유동성(liquidity)을 측정하는 자료가 될 수 있다.

(2) 평균회계이익률법

평균회계이익률(average return on book value)은 투자안의 내용연수기간 중의 세후 평균 순이익을 투자의 연평균 장부가치, 즉 연평균 투자액으로 나눈 값으로 그다지 사용되지 않는 가치 평가법의 하나이다.

다음은 새로운 제품을 생산하기 위하여 새 기계를 구입하려고 하는 투자안에 대한 설명이다. 새 기계의 구입비용은 9,000만 원, 내용년수 3년, 잔존가치가 0으로 가정할 경우, 투자기간 동안의 투자안에 대한 추정 손익계산서는 표 2.15와 같다.

표 2.15 투자안의 추정 손익계산서

구분 (백만 원)	매출액	현금지출 비용	세전 현금흐름	감가 상각비	세전 순이익	법인세 (세율 40%)	세후 순이익
1년도	120	60	60	30	30	12	18
2년도	100	50	50	30	20	8	12
3년도	80	40	40	30	10	4	6

위의 표로부터 3년간의 세후 평균 순이익은 $(18+12+6)/3=1{,}200$만 원으로 총투자액이 9,000만 원이고 매년 일정액을 상각하는 정액법(straight line depreciation method)에 따라 감가상각하는 경우, 각 연도 말 투자의 순 장부가치는 표 2.16과 같다.

표 2.16 연도 말 투자의 순 장부가치

연도	투자의 총장부가치	감가상각 누계액	투자의 순 장부가치
0	90	0	90
1	90	30	60
2	90	60	30
3	90	90	0

위의 표에서 제시된 자료를 이용하여 연간 평균 투자액을 계산하면 (90＋60＋30＋0)/4＝4,500만 원이 된다. 이 결과를 이용하여 이 투자안의 평균회계이익률은 세후 평균 순이익/평균 투자액＝12/45＝27%가 된다.

평균회계이익률법을 통한 의사결정 방법은 독립적인 투자안의 경우, 투자안의 평균회계이익률이 기업 자체에서 설정한 최소 목표 평균회계이익률(target book rate of return)보다 클 경우 투자안을 채택하는 반면, 투자안의 평균회계이익률이 목표 평균회계이익률보다 작을 경우에는 투자안을 기각한다.

또한 상호 배타적인 투자안의 경우, 여러 투자안들 중 최적 투자안은 평균회계이익률이 가장 높은 투자안을 의미한다. 즉, 투자안의 평균회계이익률이 목표 평균회계이익률보다 높은 투자안들 중에서 평균회계이익률이 가장 높은 투자안을 선택한다. 이러한 평균회계이익률법은 다음과 같은 장점이 있다.

- 간단하고 이해하기 쉽다.
- 예산편성 시에 작성되는 회계자료를 추가 가공 없이 바로 이용할 수 있어 편리하다.

또한 단점은 아래와 같다.

- 평균회계이익률법은 현금흐름이 아닌 회계적 이익을 이용한다. 회계이익은 단지 장부상의 이익을 나타내는 인위적인 수치로서 현금흐름을 나타내는 것은 아니다.
- 화폐의 시간적 가치를 무시한다.
- 적절한 목표 평균회계이익률의 선정이 자의적이다.

기존 투자안의 이익률을 목표 평균회계이익률로 설정할 경우에는 이미 높은 이익률을 실현하고 있는 기업에 있어서는 좋은 투자안이라고 할지라도 높은 목표 평균회계이익율에 미치지 못하므로 기각시킬 위험이 높아지며, 반대로 기존 투자안이 낮은 이익률을 실현하고 있는 경우에는 나쁜 투자안을 채택할 위험이 높아지게 된다.

(3) 순 현가법

순 현가(Net Present Value, NPV)는 투자의 결과 발생하는 현금유입(cash inflow)의 현가에서 현금유출(cash outflow)의 현가를 차감한 것을 의미한다. 즉, 순 현금유입(net cash flow)의 현재가치 합계를 의미한다. 투자안의 순 현가는 다음과 같다.

$$NPV = \text{현금 유입의 현가} - \text{현금 유출의 현가} \tag{2.13}$$

$$NPV = \frac{R_1}{(1+k)^1} + \frac{R_2}{(1+k)^2} + \cdots + \frac{R_n}{(1+k)^n} - C = \sum_{t=1}^{n} \frac{R_t}{(1+K)^t} - C \tag{2.14}$$

R_t : t 시점의 현금유입

C : $t=0$ 시점의 순 현금 유출(순 현금 유출의 현가)

k : 자본비용(=적정 할인율)

위 식에서 적정 할인율(appropriate discount rate) k는 해당 투자안이 가지는 투자위험에 상응하는 할인율을 뜻하며, 그 투자안이 벌어들여야 하는 최소한의 수익률로서 소요자본의 요구수익률(required rate of return)을 의미한다. 이것은 투자자본의 기회비용으로서 자본비용(cost of capital)이라고도 한다.

그림 2.19는 NPV를 사용함에 있어 사용되는 할인율(=요구수익률)이 높아짐에 따라 NPV가 적어지는 관계를 보여준다.

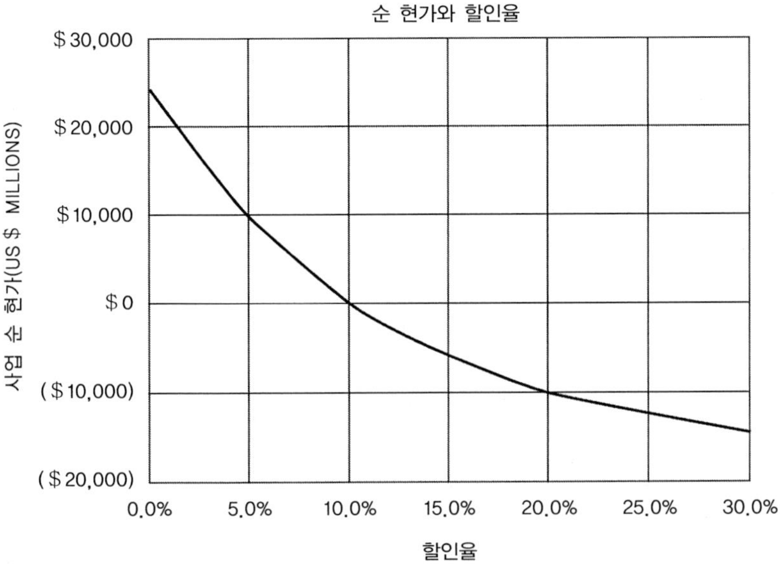

그림 2.19 할인율에 따른 NPV

순 현가법은 독립적인 투자안의 경우, NPV > 0인 투자안을 채택하고, NPV < 0인 투자안을 기각하는 데 반해, 상호 배타적인 투자안의 경우에는 순 현가가 0보다 큰 투자안들 중에서 순 현가가 가장 높은 투자안을 최적 투자안으로 선택한다.

순 현가법은 다음과 같은 특성을 가지고 있다.

- NPV는 회계적 이익이 아닌 현금흐름을 기준으로 한다.
- NPV는 화폐의 시간적 가치를 고려한다.
- NPV는 현재 시점에서의 가치를 의미하므로 그것들을 합칠 수 있다.

즉, 가치의 가산원칙(value additivity)이 성립한다. 예를 들어, 투자안 A와 투자안 B에 모두 투자할 경우의 순 현가는 각 투자안의 순 현가를 합한 것과 동일하다.

$$NPV(A+B) = NPV(A) + NPV(B) \tag{2.15}$$

따라서 NPV에 의한 가치평가법은 가치의 가산원칙이 성립하므로 모든 개별 투자안을 독립적으로 평가할 수 있게 된다.

(4) 내부수익률법

내부수익률(Iinternal Rate of Return, IRR)은 투자 결과 발생하는 현금유입의 현가와 현금유출의 현가를 같게 하는 할인율로서 장기 투자안의 평균 투자 수익률을 의미하며 다음 식으로 구할 수 있다.

$$\frac{R_1}{(1+IRR)^1}+\frac{R_2}{(1+IRR)^2}+\cdots+\frac{R_n}{(1+IRR)^n}=C$$

$$\sum_{t=1}^{n}\frac{R_t}{(1+IRR)^t}-C=0 \tag{2.16}$$

식에서 R_t는 t 시점의 순 현금유입, C는 $t=0$인 시점의 순 현금유출(순 현금유출의 현가)이다. 위의 식에서 IRR은 NPV를 0으로 만드는 특정 할인율을 의미한다.

즉, NPV 법에서는 위에서 언급한 할인율 k를 시장에서 결정된 자본비용 및 기타 요소를 감안하여 산출한 수치(할인율)를 가져다 사용하는 반면, IRR 법에서는 단순히 NPV를 0으로 만드는 특정 할인율의 값을 구하는 것이다(그림 2.20).

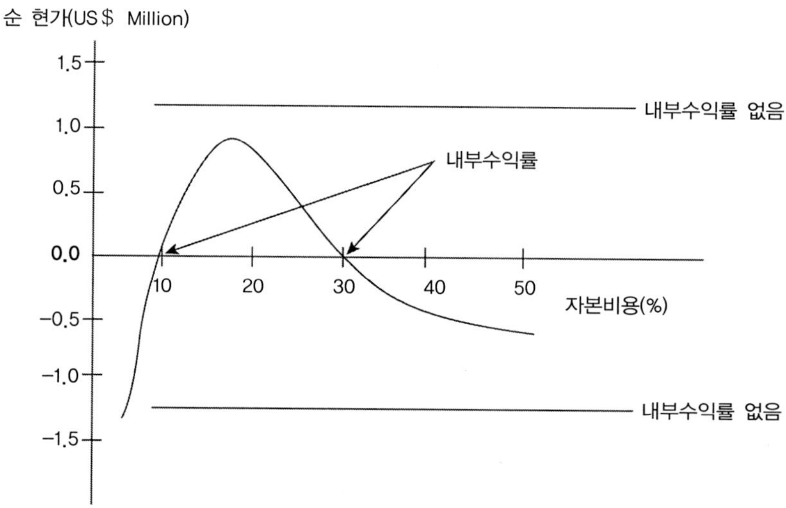

그림 2.20 내부수익률(IRR)과 순 현가(NPV)

이러한 투자안의 내부수익률은 다음과 같은 식에 의해서 구할 수 있다. IRR 법은 NPV 법과 더불어 실무에서 가장 많이 활용되고 있는 가치 평가법으로, 대개의 경우는 NPV 법과 IRR 법이 동일한 결과를 가져오지만, 특정한 경우에는 두 평가법에 의한 결과가 상이할 수도 있다. IRR 법은 다음과 같은 문제점이 있다.

- IRR 계산이 불가능하거나 복수의 IRR이 존재할 수 있다.

투자안으로부터 예상되는 현금흐름의 양상에 따라서 어떤 때에는 IRR이 존재하지 않을 수도 있고, 어떤 때에는 여러 개의 IRR이 존재하기도 한다. 즉, 투자안에서 비롯되는 현금흐름의 방향이 한 번만 바뀔 때에는 IRR이 한 개 존재하지만, 여러 번 바뀔 때에는 복수의 IRR이 존재하거나 존재하지 않는 경우가 있는데, 이는 경제적 의미가 없는 것이다.

- 재투자 수익률[8)]의 가정이 비합리적이다.

IRR은 투자안으로부터 유입되는 자금을 투자수명이 끝나는 시점까지 내부수익률로 재투자할 수 있다고 가정한다. 그러나 투자안을 수행하는 시점에서 산출된 내부수익률은 환경의 변화로 인해 결코 계속 유지된다고 볼 수 없다. 이로 인해 IRR은 지나치게 낙관적이고 비현실적인 재투자수익률의 가정을 내포하고 있기에 비합리성을 띤다.

일반적으로 가치 평가 방법에서는 NPV에 의한 가치평가법이 IRR보다 이론적으로 우수한 평가 방법으로 알려져 있으나 IRR 법은 실무상 요구수익률과 간단하게 비교할 수 있어 많은 프로젝트 평가에 사용되고 있다.

---

8) 재투자 수익률 : 투자자본의 운용으로부터 투자기간 만료 전에 발생한 이자, 배당 등의 과실수입(income, cash inflow)을 자본의 운용과정에 투입하는 것을 재투자(reinvestment, plow-back)라고 하며, 그 재투자자본의 운용효율(수익률, rate of return on investment)을 재투자 수익률이라고 한다.

•참고문헌•

김학수, 2009, 광물자원탐사와 개발 및 광산운영을 위한 IT Solution 활용 프리젠테이션.

대한광업진흥공사, 1992, 해외자원개발실무.

대한광업진흥공사, 2002, 자원용어사전.

대한광업진흥공사, 2004, 해외사무소 광산현지조사 업무지침서.

대한광업진흥공사, 2006, 기초직무교육교재.

서울대자원아카데미, 2008, 2008년도 자원개발아카데미(광업 분야) – 해외자원개발.

이의경, 이상우, 2000, 알기 쉬운 재무관리, 명경사.

지식경제부, 고시 제2012-324호 해외자원개발사업에 소요되는 자금의 융자기준(2012. 12. 28).

한국광물자원공사, 2010, 해외철광사업 실무집, p.340.

한국광물자원공사, 2011, 사업타당성개요(Presentation).

한국광물자원공사, 2012, 해외단기실무연수 결과보고(노천채광설계부문).

Boyd, K., 1997, Crushing Plant Design and Layout Considerations, Lawrence Devon Smith, Discounted Cash Flow Analysis : Methodology and Discount Rates, CIM bulletin, p.29.

Dolbear, B., 2014, Ranking of Countries for Mining Investment : "Where Not to Imvest", p.9.

Gentry, D. W. and T. J. O'Neil, 1984, Mine Investment Analysis, SME, p.510.

Hartman, H. L., 1987, Introductory Mining Engineering, John Willey & Sons.

Hartman, H. L., 1992, SME Mining Engineering Handbook, 2nd Edition Vol. 1, Vol. 2, SME.

Hustrulid, W. and M. Kuchta, 1995, Open Pit Mine Planning & Design, Vol. 1-Fundamentals, A. A. Balkema.

Jack de la Vergne, 2003, Hard Rock Miner's Handbook, McIntosh Eng.

Kennedy, B. A., 1990, Surface Mining, 2nd Edition, SME.

KORES, 2010, 해외철광사업 실무집, p.340.

Lowrie, R. L., 2002, SME Mining Reference Handbook, SME.

Michael Noakes and Terry Lanz, 1993, Cost Estimation Handbook for the Australian Mining Industry, The Australasian Institute of Mining and Metallurgy.

Nell J. and P. Craven, 2006, 광업 프로젝트 평가, 개발 및 이해(대한광업진흥공사 직무교육 교재).

Noakes, M. and T. Lanz, 1993, Cost Estimation Handbook for the Australian Mining Industry, The Australasian Institute of Mining and Metallurgy.

Schoning, W., Feasibility Studies(Presentation), Snowden.

Smith, P. M., Introduction to Project Evaluation and Due Diligence, PDAC.

Stermole, F. J. and J. M. Stermole, 1996, Economic Evaluation and Investment Decision Methods-Nine Edition, Investment Evaluation Corporation.

Stone, I., 2005, Total mining management services, Mine Feasibility Study Training presentation.

Surface Mining Engineering

오픈 피트 계획과 설계

03 오픈 피트 계획과 설계

3.1 개 요

노천채광은 지표면 가까이에서 광석을 채굴하는 방법을 말하며, 채광장은 광산을 운영하는 기간 동안 지표면에 노출되어 있다. 광석을 채굴하기 위해서는 일반적으로 암반을 굴착하고 방대한 양의 폐석을 처리해야 한다. 상업적인 차원에서 광산 운영의 주목적은 가능한 최소 비용으로 광상을 개발하여 이익을 극대화하는 것이다. 채광에 관련된 물리적 설계 인자들을 선택하고 광석 및 폐석 채굴 프로그램을 수립하기 위해서는 경제성이 고려되어야 하기 때문에 다양한 공학적 판단이 필요하다. 따라서 노천채광계획을 수립하는 것은 기본적으로 특정 지질과 자원개발 공학 측면을 고려한 경제학적 활동으로 볼 수 있다.

생산량의 증대, 노천채광에 대한 관심의 증가, 광석 품위 및 원자재 품질 저하, 그리고 노동 생산성 증가 등을 통해 노천채광의 경제적 기술적 변화를 파악할 수 있다. 생산량이 증대되는 이유는 인구 및 일인당 소비량 증가에 따른 광물자원 수요가 증가하기 때문이다.

역설적으로 품위와 품질이 저하되는데도 불구하고 생산성은 증가해왔으며, 이는 노천채광 분야에 있어 급속한 기술 향상이 있었음을 의미하는 것이다. 이러한 변화는 고품위 광석들로 증가하는 수요를 충족시키기에 부족하기 때문에 지표 근처에서 나타나는 저품위의 광물자원을 개발할 수 있게 했다.

회수율, 품위 조절, 경제성, 광산운영의 유연성, 안정성, 그리고 작업환경과 관련하여 노천채광은 지하 채광보다 훨씬 유리하다고 인정되었다. 그러나 심도가 너무 깊거나 규모가 작고 불규칙해서 경제적으로 노천채광법을 적용하기 어려운 광상들도 많이 존재한다. 게다가 심지어 매우 깊은 심도까지 광화작용이 이루어진 광상에 노천채광법을 적용할 경우에는, 급속한 폐석양의 증가로 인하여 채광을 포기하거나 노천채광에서 지하채광으로 전환해야 하는 경제적 한계에 대한 문제가 발생한다. 앞으로의 자원개발에서는 광상의 물리적 특성 차이나 기술, 시장, 공공정책 변화로부터 발생하는 새로운 인자들이 이러한 경제적 한계보다 더 중요할 것이다.

노천채광장 설계는 여러 단계로 수행된다. 기술적으로는 하나의 계획 혹은 다수의 후보계획들의 수립, 계획들의 검토 및 평가, 그리고 최적 계획을 선택하는 단계로 구성된다(그림 3.1).

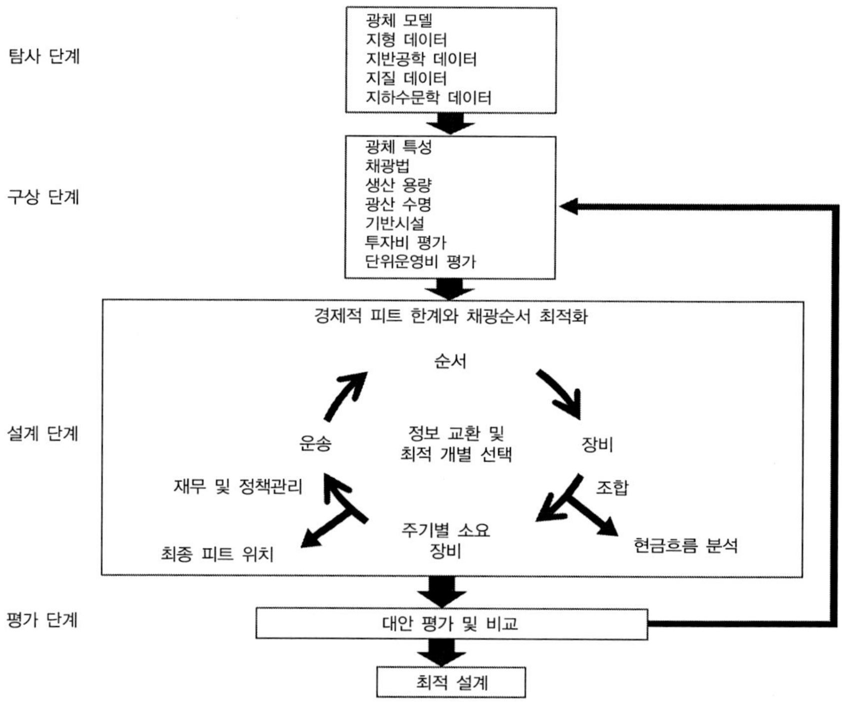

그림 3.1 설계 과정의 흐름도

최종 채광장 설계는 광체의 형상, 광체 내의 광석 분포, 지형, 최대 허용 사면각 등과 같은 자원개발공학자가 조절할 수 없는 인자들에 의해 종종 결정된다. 그러나 채광 프로그램의 경제성은 자원개발공학자에 의해 결정되는 채광속도(mining ratio), 생산속도(production rates), 장비의 선택에 따라 좌우된다.

3.2 노천채광 용어

채광장 설계에 영향을 미치는 주요한 항목들로는 지질조건, 품위, 광화작용의 지역화, 광상의 규모, 지형, 광구 경계(property boundary), 생산속도(production rate), 벤치 높이, 채광장 경사, 도로면 경사(road grade), 채굴비용, 선광비용(processing cost), 금속 회수(metal recovery), 시장 여건(marketing considerations), 박토비(strip ratio), 한계품위(가행최저품위, cut-off grade) 등이 있다. 여기서는 특히 주요하게 다루어야 할 몇 가지 용어들에 대해 설명한다.

3.2.1 벤치 높이

벤치 높이(bench height)는 채광장의 각 수평면 사이의 수직 거리이다. 벤치의 구성은 그림 3.2와 같다. 지질조건이 다르지 않다면, 벤치 높이는 모두 같아야 한다. 벤치 높이는 광상의 물리적 특성에 따라 결정할 수 있는데, 이 물리적 특성은 적재 장비로 광체와 폐석을 분리할 때 요구되는 선택성(degree of selectivity), 생산속도, 생산 요구조건을 충족하는 장비의 크기 및 형태, 기후 조건 등을 의미한다.

벤치 높이는 장비 크기와 형태의 허용 범위에서 가능한 높게 설정되어야 한다. 반면, 발파 파쇄암이나 미파쇄암 혹은 겨울철 결빙층이 쌓여서 발생하는 문제들이 없도록 벤치 높이를 고려해야 한다. 노천채광장의 벤치 높이는 통상적으로 대규모 구리광산의 경우인 15m(49ft)에서 우라늄 광산의 경우인 1m(3.3ft)의 범위를 가진다.

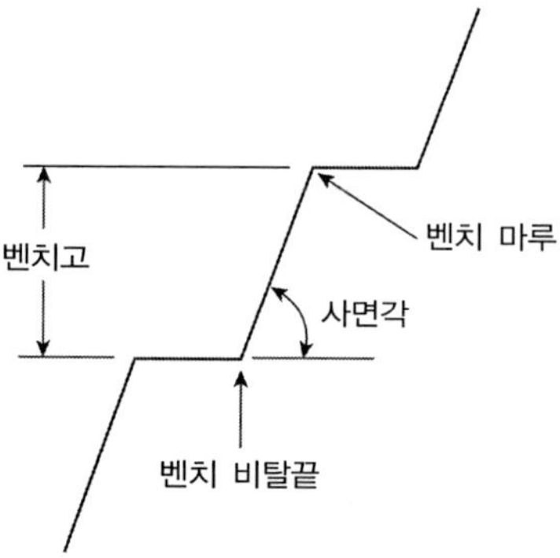

그림 3.2 벤치 단면 명칭

3.2.2 채광장 사면 기울기

채광장 사면 기울기(pit slopes)는 채광장의 규모와 형태에 영향을 미치는 주요 인자들 중 하나이다. 채광장 전체 사면 기울기는 광체를 채굴하기 위해 제거되어야 할 폐석량을 결정하는 데 도움이 된다. 이 기울기는 수평면을 기준으로 각도로 표현한다.

채굴 활동이 진행되는 동안 채광장 사면을 안정하게 유지해야 하며, 이를 위해 사면의 안정성을 신중하게 분석해야만 한다. 암석 강도, 단층, 절리, 지하수, 여타 지질 정보 등은 적절한 사면 경사각을 평가하는 데 주요 인자들이다. 사면의 경사각은 채광장에 대한 전체 평균 기울기로 명시할 수 있지만, 보다 세부적으로 살펴보면 광상의 물리적 특성으로 인하여 사면 각도는 채광장 내 암종, 단면 위치, 고도 혹은 방향에 따라 다르다(그림 3.3).

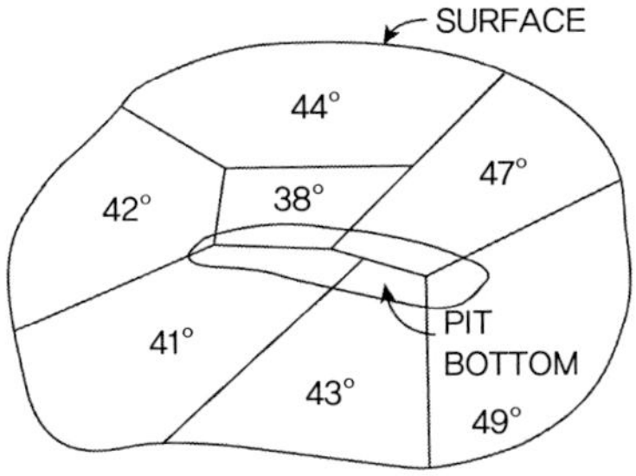

그림 3.3 광상 내 채광장 사면의 기울기 변화

적정 사면 기울기의 평가로부터 채광장 사면의 안정성을 유지할 수 있는 기울기를 얻을 수 있다. 채광장 사면은 박토비를 최소화할 수 있도록 가능한 가파르게 해야 한다. 채광장 사면 기울기의 분석을 통해 채광장 내 운반로 간의 기울기를 결정할 수 있다. 설계에 적용된 전체 채광장 사면 기울기는 최종 채광장 내 도로계통(road system)을 수용하기 위해서는 보다 편평해야 한다. 그림 3.4와 3.5는 운반로를 수용하기 위해서는 보다 낮은 기울기의 채광장을 설계해야 함을 보여준다. 그림 3.4는 채광장 사면의 기울기를 45°로 설계한 경우이며, 그림 3.5는 동일한 채광장 바닥부 조건과 램프 간의 경사각이 45°인 램프 및 운반로를 추가한 경우이다. 그 결과 보다 큰 채광장이 필요함을 알 수 있으며, 채광장 바닥을 채굴하기 위해서 약 50%의 추가 폐석량을 제거해야 한다.

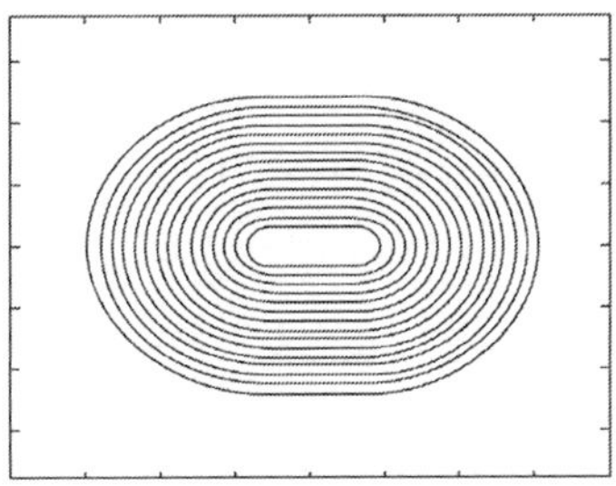

그림 3.4 사면 기울기를 45°로 설계한 채광장

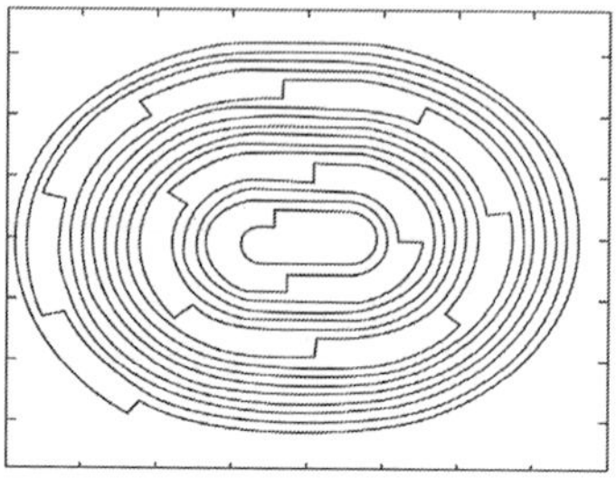

그림 3.5 운반로를 수용하고 램프 간 사면 기울기를 45°로 설계한 채광장

초기 설계 단계에서 운반로를 수용하기 위해서는 보다 낮은 채광장 사면을 이용할 수 있다. 그림 3.6의 채광장은 전체 사면 기울기를 38°로 설계하였으며, 이 기울기는 운반로의 폭, 노면 경사, 예상 노선배치에 따라 달라질 수 있다.

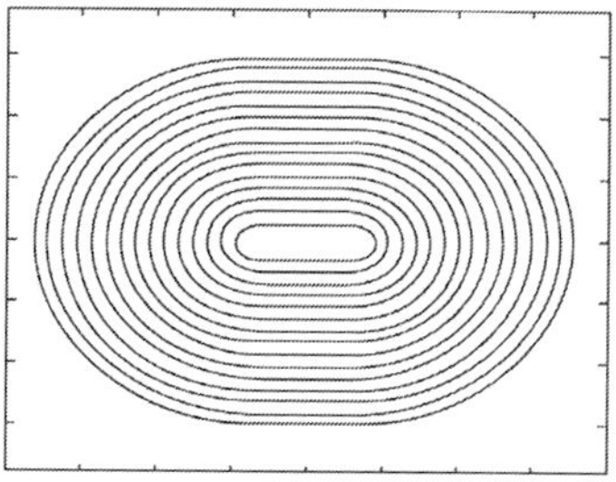

그림 3.6 운반로를 수용하고 45°의 램프 간 사면 기울기를 형성하기 위한 전체 사면 기울기 38°의 초기 설계

그림 3.5의 채광장 사면으로부터 얻은 수직 단면은 그림 3.7과 같다. 채광장 바닥으로부터 램프 간 사면 기울기로 원지반 상부까지 연장하면 지점 B에서 교차한다. 채광장 바닥 벤치의 비탈끝(toe)에서 최상부 벤치의 마루(crest)까지를 연결한 전체 사면 기울기로 원지반 상부까지 연장하면 지점 A에서 교차한다. 즉, 전체 사면 기울기는 램프 간 사면 기울기보다 낮으며 이에 입각한 피트 한계는 훨씬 더 크다.

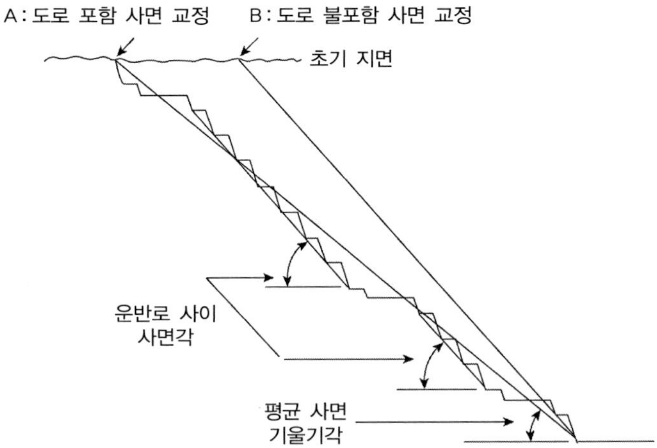

그림 3.7 채광장 사면을 가로지르는 수직 단면

3.2.3 한계품위

테일러(Tayler, 1972)에 의하면 한계품위(가행최저품위)는 어떤 특정 근거로 임의의 두 가지 상반된 자원개발활동 과정으로 분류하는 데 이용할 수 있는 품위를 말한다. 즉, 광석과 폐석으로 구분할 수 있는 어느 특정 품위로 정의하고 있다. 가행최저품위를 결정하는 주요 근거는 대개 프로젝트의 경제적 특성을 내포하고 있다.

채굴 시 운영자는 다음 블록을 채굴해서 선광장으로 보내야 할지, 폐석처리장으로 보내야 할지, 아니면 채굴 작업을 포기해야 할지를 결정해야 하는데, 이때 그 블록의 품위가 이런 결정에 이용된다.

계획적으로 채굴해야 하는 블록의 경우, 그 블록의 가치가 채굴비, 광석처리비, 판매비용 등을 충분히 지불할 수 있어야 한다. 이런 비용들을 지불할 수는 있으나, 박토비용을 지불할 수 없는 품위를 손익분기 채광한계품위(채굴 가능 최저품위, breakeven mining cutoff grade)라 한다.

2차 한계품위는 채광한계품위보다 낮은 품위로서 블록 자체의 가치로는 채굴될 수 없는 블록에 적용하는 개념이다. 이들 블록들은 보다 깊이 위치한 광석 블록을 위해 채굴되는 폐석으로 취급한다. 따라서 이들 블록의 최종 운명은 채굴비용에 따라 결정된다. 즉, 광석처리비용과 판매비용을 지불할 수 있는 가치를 가진다면 선광 처리가 가능할 수 있다. 이 블록을 채굴함으로써 발생하는 수입(revenue)으로 채굴비용을 감당할 필요가 없기 때문에 선광한계품위(milling cutoff grade)는 채광한계품위(mining cutoff grade)보다 낮다.

한계품위의 계산은 광산가행 기간 동안 최저품위 결정의 관점에 따라 달라질 수 있다. 광산의 마지막 단계에서 추가 블록을 채굴해야 할지 판단을 위한 비용은 자금의 기회비용을 반영한 영업비용(cash operating costs)과 최소 이익(minimum profit)이다. 1년 이상 채굴을 결정하기 위한 비용은 영업비용에 필요한 대체 자본과 일반 관리비용이 포함되어야 한다.

계획 단계에서 비용은 보다 복잡하고 신중히 검토되어야 한다. 채광, 선광, 판매비용 등 직접비용이 비용 산정에 포함되어야 한다. 채광 단계에서의 비용은 천공, 발파, 적재, 운반 등의 비용을 포함한다. 선광비용에는 파쇄비용(crushing cost), 이송비용(conveying cost), 분쇄비용(grinding cost), 정광비용(concentrating cost) 등이 있다. 생산품의 최종 형태에 따라 정광취급(concentrate handling), 제련(smelting), 정련(refining) 및 운송(transporting) 등을 포함할 수 있다. 또한 로열티 및 세금과 같은 추가적인 직접비용이 포함될 수 있다.

가행최저품위의 계산에 이용된 비용에는 간접비용도 포함되어야만 하며, 채광장, 선광장, 사무실 직원에 대한 일반 관리비용 역시 포함되어야만 한다. 채광장의 규모가 결정되고 관련 간접비가 산출될 때까지, 가행최저품위 계산에 사용되는 비용들은 단지 추정치이며 후에 재조정할 수 있다.

감가상각(depreciation)은 채광장 규모를 정하는 목적에 이용된다. 그림 3.8과 같이, 어떤 비용의 부담을 없애면 채광장 규모는 증가할 것이다. B보다 C에서 가행최저품위는 낮은데, 이는 가행최저품위를 결정할 때 이용한 비용이 낮기 때문이다.

C의 광석은 플랜트의 감가상각 후 경제성을 가지고 채굴될 수 있다. 수입이 플랜트 비용을 포함하지 않기 때문에 C의 광석을 처리하기 위한 플랜트는 인정되지 않는다. C가 채굴될 시점까지 완전히 감가상각 되었다면, 이 광석들은 처리할 가치가 있게 된다.

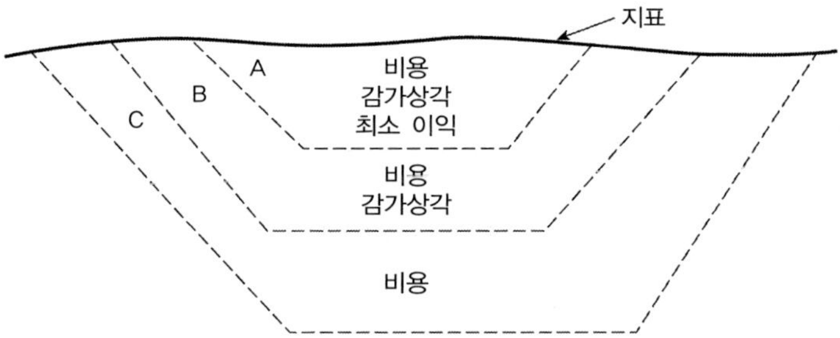

그림 3.8 비용 정도에 따른 상대적 채광장 규모

최소 수익은 가행최저품위를 계산하는 데 이용될 수 있다. 최소 수익을 고려하면, 그림 3.8의 A와 같이 채광장 규모가 작아진다. 최소 수익을 고려하는 목적은 이익을 남기면서 채광 및 선광할 때의 블록을 광석으로 인정하기 위한 것과 회사가 보다 매력적인 대안 투자를 찾기 위한 경제적 한계를 설정하기 위한 것이다.

최소 수익에 따라 다른 결정을 내릴 수 있는데, 실제 수익 계산에는 감가상각, 광석의 채진(採盡), 그리고 세금의 영향을 고려한다. 설계 단계에서는 이들에 대한 정보가 없기 때문에, 단순히 비용을 증가시킴으로써 수익의 추산이 가능하다. 만약 정보가 있을 경우, 다른 비용과 수입의 변화를 포함시킬 수 있다. 즉, 광석 품위 변화에 따른 회수율, 운반 거리 및 고도, 광석 채굴 및 분리에 걸리는 시간 등의 변화에 따른 채굴비용을 포함할 수 있다.

표 3.1은 다음의 인자들을 가지는 구리 광산 개발 프로젝트에 대한 채굴 최저품위의 계산 사례이다.

- 일 생산량 : 30,000톤(가행년수 : 20년)
- 자본비용(대체 자본 포함) : 300,000,000달러
- 톤당 채광비용 : 1.00달러
- 톤당 폐석처리비용 : 0.95달러
- 광석 톤당 선광비용 : 3.00달러
- 광석 톤당 일반 관리비용(G&A cost) : 1.00달러
- 구리 1kg당 운반, 제련 및 정련비용(Freight Smelting Refining cost, FSR cost) :

0.75달러

- 전체 구리회수율 : 85%

표 3.1 한계품위(0)의 계산

초기 품위(head grade)	0.80% Cu		0.70% Cu	
회수율(recovery)	85%		85%	
톤당 회수 가능량	6.80kg		5.95kg	
비용(달러)	**광석 1톤당**	**구리 1kg당**	**광석 1톤당**	**구리 1kg당**
채광비	1.00		1.00	
선광비	3.00		3.00	
일반관리비	1.00		1.00	
감가상각	1.40		1.40	
소계	6.40	0.94	6.40	1.08
운반, 제련, 정련비용	5.10	0.75	4.46	0.75
총계	11.50	1.69	10.86	1.83
가격($1.75/kg)	11.90	1.75	10.41	1.75
순수익	0.40	0.06	(0.45)	(0.08)
한계 품위(cutoff grade)	**0.753% Cu(보간법에 의한 계산)**			

초기 품위(head grade)를 0.8%로 가정하였을 경우, 1일 수익은 광석 1톤당 순수익 0.4달러와 일 생산량 30,000톤을 고려하면 12,000달러/일이며, 0.7%로 가정하였을 경우, 1일 수익은 1톤당 순 손실(0.45달러)을 고려하여 －13,500달러/일이 된다. 이를 통해 얻은 두 개의 1차 방정식으로부터 수익과 품위 간의 관계식을 구하면 $y = 25,500,000x - 192,000$ 이며, 이를 통해 손익분기 채광 한계품위는 0.753% Cu임을 알 수 있다.

또한 구리 가격별 광석의 톤당 가격과 가행최저품위의 관계는 그림 3.9와 같다.

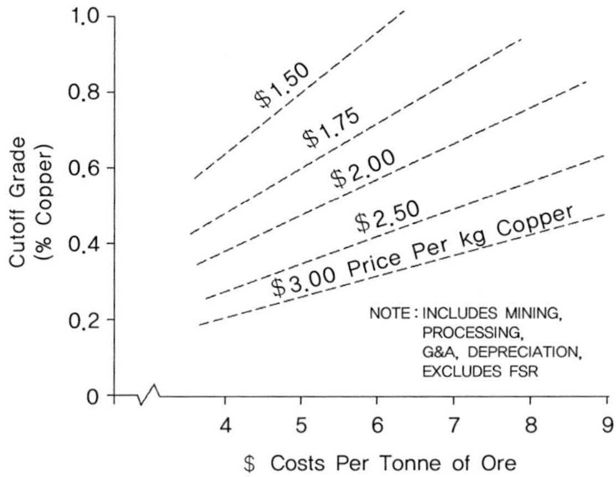

그림 3.9 비용 및 금속가격에 대한 가행최저품위

비용 증가에 따라 가행최저품위가 증가함을 확인할 수 있다. 또한 채굴최저품위와 선광최저품위 간의 차이는 그림 3.10과 같다.

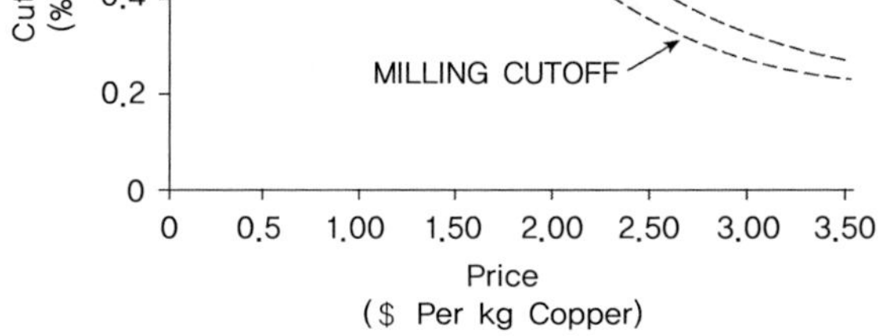

그림 3.10 채굴최저품위 및 선광최저품위

3.2.4 박토비

박토비(strip ratio)는 광석 1톤이 채굴되기 위해 제거해야 할 폐석의 톤 수(tonnes)와 광석량의 비를 의미한다. 채광장 설계를 위해서는 채광장에 존재하는 광석과 폐석 톤 수를 결정하게 되는데, 설계에서 폐석과 광석의 비로부터 채굴장의 평균 박토비를 얻을 수 있다. 이는 채광장 설계에 사용되는 손익분기 박토비, 즉 한계박토비(Breakeven Strip Ratio, BESR)와는 다르다.

한계박토비는 채광장 채굴면을 따라 채굴된 마지막 증분량(increment)만을 고려한다. 한계박토비는 손익균형이 발생하는 시점에 대해 계산되며, 필요한 박토비용은 광석의 순 가치로 지불된다.

한계박토비(BESR)에 대한 계산은 다음과 같다.

$$BESR = (A - B)/C \tag{3.1}$$

여기서, A는 광석의 톤당 매출, B는 광석 톤당 생산비용(박토를 제외한 모든 비용을 포함), C는 톤당 폐석처리비용이다.

학자에 따라서는 최소 수익 요건을 위의 식에 포함시키기도 한다.

$$BESR = [A - (B + D)]/C \tag{3.2}$$

여기서, D는 광석 톤당 최소 수익이다.

표 3.2는 앞서 가행최저품위의 계산에 사용된 예에 대한 박토비 계산을 위한 자료들이며, 계산 결과는 그림 3.11과 같다.

표 3.2 박토비 계산을 위한 자료

초기 품위 (% Cu)	1.0		0.9		0.8		0.7		0.6		0.5	
광석 1톤당 회수된 kg Cu	8.50		7.65		6.80		5.95		5.10		4.25	
	tonne Ore	kg Cu	tonne Ore	kg Cu	tonne Ore	kg Cu	tonne Ore	kg Cu	tonne Ore	kg Cu	tonne Ore	kg Cu
비용												
채광	$1.00											
광석처리	3.00											
일반관리	1.00											
	$5.00	$0.59	$5.00	$0.65	$5.00	$0.74	$5.00	$0.84	$5.00	$0.98	$5.00	$1.18
FSR*	6.38	0.75	5.74	0.75	5.10	0.75	4.46	0.75	3.83	0.75	3.19	0.75
	$11.38	$1.34	$10.74	$1.40	$10.10	$1.49	$9.46	$1.59	$8.83	$1.73	$8.19	$1.93
감가상각	1.40	0.16	1.40	0.19	1.40	0.20	1.40	0.24	1.40	0.28	1.40	0.33
비용 합계	$12.78	$1.50	$12.14	$1.59	$11.50	$1.69	$10.86	$1.83	$10.23	$2.01	$9.59	$2.26
한계박토비												
@ $1.75/kg Cu												
	$14.88		$13.39		$11.90		$10.41		$8.93		$7.44	
	2.10		1.25		.40		(0.45)		(1.30)		(2.15)	
	2.2:1		1.3:1		0.4:1		–		–		–	
@ $2.00/kg Cu												
	$17.00		$15.30		$13.60		$11.90		$10.20		$8.50	
	4.22		3.16		2.10		1.04		(0.03)		(1.09)	
	4.4:1		3.3:1		2.2:1		1.1:1		–		–	
@ $2.25/kg Cu												
	$19.13		$17.21		$15.30		$13.39		$11.48		$9.56	
	6.35		5.07		3.80		2.53		1.25		(0.03)	
	6.7:1		5.3:1		4.0:1		2.7:1		1.3:1		–	
@ $2.50/kg Cu												
	$21.25		$19.13		$17.00		$14.88		$12.75		$10.63	
	8.47		6.99		5.50		4.02		2.52		1.04	
	8.9:1		7.4:1		5.8:1		4.2:1		2.7:1		1.1:1	

*FSR(freight, smelting, refining) : 운반, 제련 및 정련.

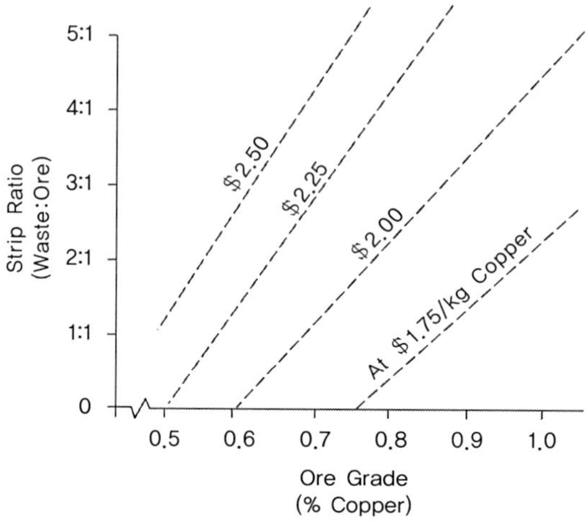

그림 3.11 광석 품위 및 가격에 따른 박토비

3.3 채광장 설계

3.3.1 설계를 위한 입력자료

성공적인 탐광 프로그램은 광산 운영 인자, 지반공학적 설계, 지하수 조건, 그리고 광물 처리나 야금 추출에 유용한 시추 및 샘플링 정보로 구성된다. 본 절에서는 채광장 설계에 있어 중요한 지질공학 및 수리지질학 조사에 대해 다루도록 한다.

1) 지반공학 조사

지반은 종종 균질하고 상대적으로 등방성의 성질을 가지는 반면, 암반의 경우는 그렇지 않다. 암반이 불균질하고 이방성의 성질을 보이는 것은 어디에서나 존재할 수 있는 불연속면들에 기인한다. 암반의 거동 및 안정성은 이들 불연속면의 성질과 방향에 주로 영향을 받는다. 반면 지반의 안정성은 주로 지반 강도에 의해 결정된다.

노천채광장 운영에 있어 지반공학 및 수리지질학적 인자들의 중요성은 관련 분야

연구자들의 주 관심사였으며 아무리 강조해도 지나치지 않다. 그럼에도 불구하고, 지반공학적 자료 취득 과정을 미리 규정하는 데 있어 이용 가능한 명확한 체계는 존재하지 않고 있다. 이런 이유로 인해 광산 회사들은 초기 탐사 단계에서 지반공학적 고려사항들을 염두에 두지 않고 있으며, 시추조사 종료 후 시추코어를 보존하지 않는 결과를 낳는다. 지반공학자들은 프로젝트 평가의 직전 단계(advanced stage)에 컨설팅을 하게 되는데, 이때 충분한 정보를 얻기 위해 추가적인 비용을 투입하게 된다.

효과적인 지반공학 조사용 시추를 위한 요구사항은 다음과 같다.

- 가능한 시추공은 하반(footwall) 속으로 최소한 10m까지 도달하도록 시추해야 한다. 깊은 심도에서 투수성이 높은 영역이 의심스러울 때, 시추공 심도는 더 깊게 해야만 한다.
- 코어는 최소한 직경 60mm가 되어야 하며, 트리플튜브 코어배럴(triple-tube core barrel)을 이용하여 코어 교란을 최소화하도록 시추를 해야 한다.

아래 목적들에 따라 수직시추공보다는 경사시추공이 선호될 수 있다.

- 코어 방향을 이용하거나 층리 트레이스로부터 코어 방향을 결정할 때
- 수직 시추공에 의한 샘플링이 어렵거나 편평하게 놓인 퇴적층에서 일반적인 급경사 절리를 교차시킬 때

지반공학 조사용 시추 밀도는 제안된 광산 지역에서 지반의 변화되는 정도에 따라 주로 결정된다. 시추는 시추 깊이, 코어 손실, 그리고 시추 동안 발생하는 특이점 등을 기록하기 위해 숙련된 탐광기술자들에 의해 감독되어야 한다. 탐광기술자와 광산계획 엔지니어와의 지속적인 소통은 모든 채광 관련 자료를 취득하는 데 있어 중요하다.

각 코어런(core run : 코어 배럴을 한 번 올리는 것을 말함)을 회수할 때, 코어는 보관함으로 신중히 옮겨야 한다. 컬러 사진, 암종, 풍화도, 연약대의 기술, 코어의 불연속 위치, 특성, 방향 등을 검층하고, 재료실험을 위한 샘플링 이후에는 코어가 건조되어도 무방하다. 컬러 사진은 원래 코어의 상태를 알 수 있는 매우 유용한 기록이다.

넓은 채광 영역에 걸쳐 변화하는 지질특성들을 쉽게 이해할 수 있도록 지질자료는

도해형태로 제시되어야만 한다. 암석 강도와 층리 혹은 절리 빈도는 시추공을 따라 히스토그램 형태로 도시될 수 있다. 이와 같은 그림들은 적절한 상세 정보를 제공하기 위해 수직 스케일을 확대해서 작성할 수 있다.

재료 실험의 기본 프로그램은 주요한 재료 성질을 결정하고, 코어를 검층하는 동안 육안 예측치를 확인하기 위해 필요한 과정이다. 노천광산에 필요한 시험들은 다음과 같다.

- 폐석장과 채광장 안정성에 영향을 미칠 수 있는 풍화대나 연약대로 의심되는 재료에 대한 슬레이킹 및 분류 실험
- 채광장 안정성 분석에 이용하기 위해 강한 슬레이킹 거동을 보이는 피복층이나 채광장 바닥의 연약층에 대한 전단강도 실험
- 피복층과 광채 채굴 특성을 추정하기 위해 압축강도, 점하중 강도, 천공용이도(drillability) 실험

2) 수리지질학 조사

노천채광장 주변 암반에 존재하는 지하수는 다음 이유들로 인하여 채광장 운영에 장애가 될 수 있다.

- 수압은 잠재적 파괴면의 전단강도를 감소시켜서 노천채광장 사면의 안정성을 저해한다. 인장 균열 혹은 수직에 가까운 열극(fissure) 내 수압은 사면 붕괴를 유발하는 외력을 증가시킴으로써 안정성을 감소시킨다.
- 높은 함수율(moisture content)은 암반의 단위 중량을 증가시키며, 이는 운송 비용을 증가시킨다. 셰일과 같은 암석에서는 함수율의 변화로 인해 풍화가 가속되어 안정성을 감소시킨다.
- 동절기의 지하수 동결은 얼음의 온도 의존적 체적변화를 발생시켜 포화된 열극의 파괴를 유발할 수 있다. 또한 사면의 지표수 동결은 배수 경로를 막고 사면 내 수압을 증가시켜서 결과적으로 안정성을 감소시킨다.
- 표층토와 열극 충진물의 침식은 지하수 흐름을 빠르게 한다. 침식은 안정성과 배수 시스템의 성능을 저하시킨다.
- 채광장 내로 유입되는 지하수는 채광장 밖으로 펌핑을 해야 하고 젖은 지반

위에서 중장비를 운용해야 하기 때문에 운영비용을 증가시킨다. 또한 지하수는 발파공을 침수시켜 발파문제뿐 아니라 발파비용을 증가시킨다.

- 융기력이 지반 자중을 초과하는 수준의 간극수압이 존재하는 곳에서는 피복토나 폐석장의 액상화(liquefaction) 현상이 자주 발생한다. 액상화는 지진과 같은 지반 진동 하에서 지반이 급격한 체적 변화를 보이거나 배수로가 막혔을 경우 발생할 수 있다.

지하수의 가장 중요한 영향은 암반 불연속면 내 지하수압으로 인한 안정성 저하이다.

암반 내 수압에 대한 자료를 얻을 수 있는 두 가지 가능한 방법이 있다.

- 암반의 투수계수와 지하수 공급원을 고려하여 전체 지하수 유동 패턴 유추
- 시추공 속에 설치된 수압계에 의한 지하수압 혹은 시추공이나 관정의 지하수 수위의 직접 측정

두 방법 모두 적용하는 데 실질적인 어려움이 많다. 그러나 사면안정성에 미치는 수압의 영향은 매우 중요하기 때문에 채광장 안정성의 상세 분석이 이루어지기 전에 수압에 대한 최상의 예측치를 얻는 것은 필수적이다.

3.3.2 노천광 설계

노천광산의 채광 한계는 시추공 평가에서 얻은 경제적 한계를 정확히 따르지는 않는다. 다양한 작업, 재정 및 안전 등의 제약들로부터 노천광산의 경계 설정은 변경될 수 있다. 실제로는 광산 경계를 보다 잘 정의하고 채광 작업을 어디에서부터 시작할 것인지에 대한 정보를 얻기 위해 근접 개발 시추를 결국 수행할 것이다. 또한 광체의 하부 발달상태가 크게 변하면 하부 채광은 인접한 시추 조사 결과에 따라 달라질 수 있다.

1) 운영 효율

돌출부 및 불규칙한 형상을 제거하여 평면도를 평활하게 만듦으로써 효율(operation

efficiency)이 증대된다. 예상 수익의 양의 값이 음의 값을 상쇄하도록 노천광 사면들을 평활하게 구성하면, 폐석량을 결정할 수 있다(그림 3.12).

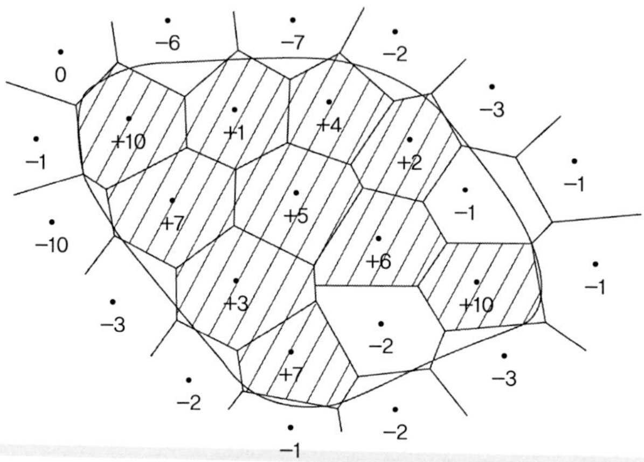

그림 3.12 광석 블록 평활화

2) 피트 총경사

특정 노천광에 대해 적용할 수 있는 것으로 생각되는 안전율에 입각하여 경사가 가장 급한 노천광 사면을 채택한다.

피트 총경사(노천광 총사면 각, overall pit slope)는 맞닥뜨릴 수 있는 실제 암반 상태와 전체 수직고(lift)뿐만 아니라 노출 기간 및 원래 존재하거나 이후 유입된 물의 양과 관련한 함수이다. 특히 노출 기간 및 물과 관련하여 적절한 되메움과 배수 및 지표수 우회 방식을 통해 그 영향을 줄일 수 있다.

높이가 최종 설계에 영향을 미치는 경우, 사면의 파괴 가능성이 높으나 회사 지침 내에서 위험도 관리 표준 기준을 충족하는 안전율에 대해 높이와 사면각의 관계를 표현하는 그래프를 활용할 수 있다(그림 3.13). 대략적인 지형 내에서 지표로부터 경제성을 가진 노천광 바닥까지의 고도 차이가 최종 사면 각을 결정한다.

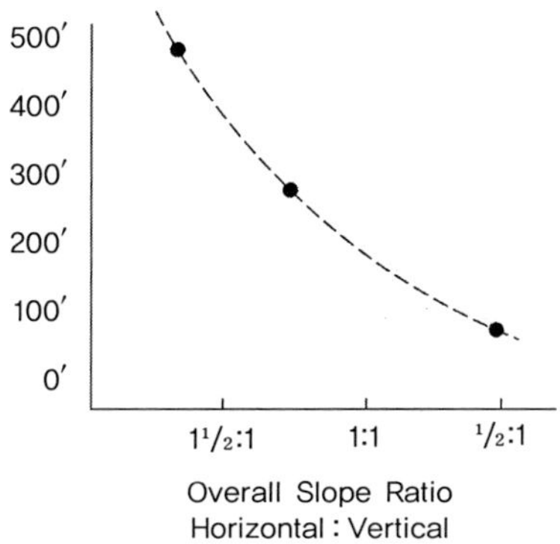

그림 3.13 노천광 사면 각의 결정(변환 계수 : 1ft = 0.3024m)

3) 설계

광석과 폐석을 분리하기 위해서는 운용성(maneuverability)과 다양한 채광기술의 적용에 필요한 적절한 작업 공간(operating room)을 마련해야 한다. 설계 목적으로 벤치 간 0.5 : 1의 사면 경사를 사용한다. 바람직한 전체 사면각은 벤치 폭을 조정하여 얻을 수 있다.

$$\text{벤치 폭} = \frac{\text{수평부분 길이}}{\text{필요 벤치 수}} \tag{3.3}$$

$$= \frac{\text{수직 높이} \times (\text{전체 경사 비} - \text{벤치 간 경사비})}{(\text{수직 높이} \div \text{벤치 높이}) - 1}$$

이 예에서는,

$$\text{벤치 폭} = \frac{500\text{ft} \times (1.5 - 0.5)}{(500\text{ft} \div 50\text{ft}) - 1} = \frac{500\text{ft}}{9(\text{벤치})}$$

$$= 56\text{ft}(17\text{m})$$

총 벤치 폭을 유지하는 범위에서 개별 벤치 폭들을 램프와 암종 변화 등을 감안하여 조정할 수 있다.

사전 설계를 통하여 광산 매장량, 폐석량, 그리고 채광량 등을 결정할 수 있다.

3.4 폐석처리와 폐석장 설계

폐석장(waste dump)은 노천광산 운영 시 높은 품위의 광석을 채광하기 위해 제거해야 하는 저품위 광석 혹은 폐석을 처리할 수 있는 지역을 말한다.

폐석장 설계의 첫 단계는 광산 수명 동안 제거될 폐석량을 충분히 처리 가능한 부지들을 선정하는 것이다. 부지 선정은 많은 인자들을 고려하여야 하며, 중요한 인자들은 다음과 같다.

- 채광장 위치 및 규모
- 지형
- 폐석량
- 광구 경계
- 배수 경로
- 광해복구 요구사항
- 기초지반 상태
- 광석처리장비

폐석장 후보지 및 대안 부지들을 선정하고 나면, 폐석장 설계를 시작할 수 있다. 폐석처리계획의 목적은 폐석발생 위치와 폐석장 간의 수직 및 수평 거리를 최소화할 수 있도록 일련의 폐석처리 과정을 설계하는 것이다. 폐석처리비용은 대개 채광비용의 가장 큰 단일 비용항목이기 때문에, 폐석장 설계는 전체 운영비용에 영향을 미치며 매우 중요한 역할을 한다.

투자 회수를 극대화하기 위해 노천채광 과정과 생산 일정은 폐석장 설계에 앞서 완료되어야 할 것이다. 따라서 폐석장 설계에 미치는 가장 중요한 두 인자인 노천채광장의 위치 및 규모와 폐석발생 위치는 설계를 시작하기 전에 결정되어야 한다. 이들 두 인자는 폐석장이 어디서 시작하고 얼마나 빠르게 진행하여 폐석장이 수용해야만 하는 최종 폐석량을 정의한다. 폐석처리가 시작되는 위치는 반드시 노천광산 경계 밖일 필요는 없다. 예를 들면, 내부 폐석처리는 폐석처리장까지 운반도로를 만드는 데 있어 가장 경제적이고 실질적인 방법일 수 있다. 이에 대한 경제적 잇점을 증명한다면 폐석장까지 거리를 단축시키고 미래에 광석을 재처리하는 것이 현명할 수 있다. 그러나 폐석장 인근에서 채광되는 단계는 당초 설계보다 높은 박토비가 요구될 수 있다는 점에서 노천광산 설계에 영향을 미칠 수 있다. 따라서, 폐석장까지 거리를 줄임으로써 얻는 운반비용 절감 효과를 잠재적 매장량 손실과 비교해서 이들 폐석장 지역을 상세히 검토해야만 한다.

노천채광 순서는 폐석의 발생량과 발생원을 정의한다. 일반적으로, 높은 지역에서 발생한 폐석은 보다 높은 곳에 위치하는 폐석장으로 운반해야 하고 낮은 지역에서 발생한 폐석의 경우 낮은 위치로 운반해야 한다. 이는 운반비용을 최소화한다는 측면에서 일리가 있다. 비록 운반비용 최소화가 이상적인 목적임에도 불구하고, 지형, 광구 경계, 배수 경로, 폐석장 안정성, 환경 고려사항, 그리고 다른 제약조건들은 이런 목적 달성을 어렵게 하거나 불가능하게 할 수 있다.

지형은 이용 가능한 영역을 제한하며, 대개 폐석장의 형태와 종류를 결정한다. 일반적으로 폐석장은 계곡을 부분적으로 혹은 완전하게 채우는 형태, 사면을 활용한 쐐기, 부채꼴(fan), 단구(terrace) 형태, 그리고 이들의 복합적 형태가 된다.

노천채광 순서상 한 지역이 여전히 가행 중인 동안 채광이 끝난 인근 지역을 폐석으로 되메움이 가능하다면 이 대안은 폐석장을 새로운 지역에 걸쳐 확장하는 것보다 운반 및 복구 비용 측면에서 더 바람직하다.

또한 폐석장 영역은 배수 경로와 광구 경계에 제한을 받는다. 배수 경로 변경 혹은 추가적 광구 확보와 같은 제약을 제거해서 얻는 잠재적 비용 절감 효과를 각각에 대한 비용과 비교하여 결정해야만 한다.

폐석장 설계를 시작하기 전에, 추가적인 검토사항이 있다. 광석의 부피증가율(swell factor)과 안식각은 매우 중요한 인자로서, 필요한 폐석장의 규모와 전체 폐석장의 사면각을 결정한다. 채굴 결과 현장 광석은 10~60% 정도 체적이 늘어나는데, 이는 광석의 종류 및 균열 밀도와 관계된다. 경암반 채굴 시, 부피증가율은 일반적으로 30~45%이며, 이는 현장의 광석이 채굴 후 1.30~1.45배로 체적이 늘어남을 의미한다.

부피 증가 예상치를 얻기 위해서는 이완밀도시험(loose density test)을 수행해야만 한다. 이들 수치는 먼저 적재장비 버킷과 운반 트럭 적재함의 크기를 결정하는 데 사용된다. 느슨한 폐석은 폐석장으로 옮겨진 후 어느 정도까지 다져지는데, 이는 폐석 종류, 크기, 입도분포, 수분함량, 폐석처리 방법 폐석장 높이에 따라 그 정도가 다르다. 일반적인 다짐 지수(compaction number)는 5～15%의 범위를 가진다. 파쇄되어 컨베이어로 이송된 폐석은 154-t(170-st[1]) 운반 트럭에 의해 옮겨진 폐석의 다짐 지수보다 작다.

두 번째로 결정해야 하는 인자는 느슨한 폐석더미의 안식각이다. 건조상태인 광석의 안식각은 34～37° 범위이다. 폐석장의 높이가 낮을수록, 폐석더미가 쌓이는 속도가 빠를수록, 암편이 불규칙한 형상일수록, 안식각은 높아진다. 설계 목적으로, 안전하게 예상 사면선단을 투영하기 위해 보수적인 사면 구배 1.5 : 1(34°)을 추천한다. 애추(崖錘, talus) 사면이 있을 경우, 이를 측정하여 장기적 폐석장 사면각의 좋은 지표로 활용할 수 있다.

폐석장의 배치는 운송방법과 안정성, 그리고 광산복구 고려사항들에 영향을 받는다. 광석을 운반하는 방식에는 트럭, 컨베이어, 철도 등이 있다. 유연성과 낮은 자본비용 때문에 많은 경우 트럭 운송법을 사용한다. 특별한 경우, 많은 양의 폐석을 먼 거리로 운송하거나 낮은 운영비용으로 폐석을 처리하고자 할 때 컨베이어가 훨씬 경제적일 수 있다. 채광장 내 이동식 파쇄기 개발에 따라, 컨베이어에 의해 취급되는 광석양은 상당히 증가할 것이다. 철도에 의한 운송법은 몇몇 오래된 노천채광 운영에서 사용되고 있으나, 앞으로는 대안으로서 고려되지 않고 있다.

안정성 고려사항은 폐석장 최종 높이를 낮추거나 전체 사면각을 낮춤으로써 폐석장 설계에 영향을 미칠 수 있다. 압토(dozing)하거나 폐석더미를 소단(berm)으로 쌓음으로써 사면각을 낮출 수 있으며, 가끔은 광산복구 과정에서 두 가지 방식을 혼용하여 적용할 수 있다.

폐석더미 처리의 중간 단계에서 계획된 최종 폐석더미의 배치보다 훨씬 큰 규모로 변경될 수도 있다. 안정성을 이유로 보다 폐석을 낮게 쌓거나 혹은 바닥부를 초기 단계에 만들어야 한다. 광산 운영 중 보다 낮은 폐석더미 위에 폐석을 추가적으로

---

1) long ton은 British ton(영톤)이라고도 하며, 2,240파운드가 되고, short ton은 U.S ton으로 2,000파운드이다. 미국에서는 1헌드레드웨이트가 100파운드이고 영국에서는 112파운드이기 때문에 이런 차이가 난다고 할 수 있다. 이를 구별하기 위해 미톤은 숏톤으로, 영톤은 롱톤으로 부른다. 메트릭 톤이 있는데, 이것이 바로 1,000킬로그램이다(약 2,204파운드). 메트릭 톤이 바로 공식적으로 쓰이는 톤이다.

쌓을 수 있다. 이는 광산복구를 가능케 하거나, 안정성을 이유로 전체 사면을 낮추거나, 혹은 미래 폐석처리지역으로 운반 도로 진입을 위한 충분한 폭을 남겨두기 위해 낮은 폐석더미 상에 남겨진 소단은 적절한 설계 폭을 가져야만 한다.

광산 개발은 다양한 지형이나 기후조건에서 이루어지는데, 이러한 다양한 조건들을 고려하여 안전한 폐석 작업과 폐석더미 유지를 위한 기술들을 신축성 있게 적용해야 한다. 예를 들면, 견고한 암반으로 된 기초 상에 폐석 작업을 할 경우, 건조기후에서 높은 쇄기형태의 폐석더미가 안전할 수 있다. 똑같은 형태의 폐석더미는 젖은 비탈진 토양층이나 동토층에서 형성된다면 쉽게 붕괴될 수 있다. 이런 이유에서 중간 및 최종 단계의 폐석처리에서의 안정성을 예측하는 데 있어 지반공학적 연구가 매우 중요하다. 동일한 상황과 관련하여, 붕괴가능성이 높은 경우에 폐석더미에 대한 안정성을 모니터링하는 것 또한 매우 중요하다. 모니터링 수준은 붕괴 결과 및 위험도에 따라 다르다.

연속적인 모니터링은 인명피해 위험과 장비 손상을 줄일 수 있다. 이런 위험이 최소화되고 붕괴가 아래에 위치한 설비, 장비, 그리고 인명에 영향을 주지 않는다면, 붕괴가 일어나더라도 큰 문제가 되지 않는다. 어떤 경우에는 붕괴가 일어난 지반을 이용하여 운송이나 복구의 방법으로 활용하기도 한다. 이는 붕괴가 운송거리를 단축하고 전체 폐석더미 사면을 낮춰서 복구를 가능케 하기 때문이다.

중간 및 최종 단계의 폐석처리를 설계할 때 배수는 매우 중요하다. 운반 트럭(haul truck)을 이용하여 쌓게 되는 폐석더미는 거의 불투성의 표면을 가지게 된다. 이로 인하여 폐석더미 설계나 쌓기에 주의를 기울이지 않으면 강우나 융설에 의해 생성된 폐석더미 상단의 연못에 고인 물이 한꺼번에 쏟아질 수도 있다. 따라서 폐석더미는 다음 세 가지 이유로 인하여 약간 높은 기울기를 가지도록 쌓아야 한다.

① 사면 마루(crest)로부터 빗물을 멀리 흘려보낸다.
② 오르막 경사(positive gradient)는 운반 트럭이 폐석더미 마루를 무동력으로 내려가기보다 동력을 가지고 오른다는 의미로, 안전측면에서 정차된 장비가 마루 쪽으로 미끄러지거나 넘어가는 것을 방지할 수 있다.
③ 대부분 광산 운영에서 제한속도는 적재된 운반 트럭이 달성할 수 있는 속도보다 낮게 설정한다. 이런 이유로 1～2%의 상향 구배는 운반 속도를 저하시키지

않으며, 또한 폐석장 용량을 증가시키고, 운반 거리를 단축시킬 것이다.

또한 폐석으로 배수로를 메우도록 폐석장을 설계할 때 특별히 고려되어야 할 사항들이 있다. 폐석장 끝단으로부터 폐석을 마지막으로 쌓고 폐석장 높이가 충분히 형성된다면, 파쇄암들은 중력에 의해 분급된다. 일반적으로 입도가 큰 폐석은 폐석장 아래로 굴러 떨어져서 매우 투수성이 높은 바닥을 형성할 것이다. 입도가 미세한 폐석들은 폐석장 상부에 모여서 불투수성의 표면을 형성하며, 특히 대형 운반 트럭의 다짐작용에 의해 더욱 그러하다.

바닥을 이루는 폐석들이 풍화가 급속하게 일어나지 않아 시간이 지나면서 투수율이 작아지지 않으면 폐석장은 별도의 배수로를 필요로 하지 않으며, 포화될 가능성 또한 매우 낮다. 폐석장 바닥의 높은 투수성으로 인해 작은 배수로 위에 폐석을 쌓더라도 배수로로 침투되는 유수를 막지 않는다. 유량이 큰 배수로의 경우, 폐석 쌓기가 진행됨에 따라 폐석장 바닥에 가해지는 하중은 암거와 같은 배수 구조물에 문제를 일으킬 수 있다. 따라서 장기 배수를 해야 할 경우에는 우회 터널이 바람직할 수 있다.

폐석장의 파괴가 발생하는 경우, 다양한 방법으로 이를 예방할 수 있다. 예방법으로는 지표 배수로의 재조정 혹은 폐석을 쌓는 속도를 늦추는 방법 등 간단한 방법들과 폐석장 단면 및 설계를 수정하는 고비용의 방법들이 있다. 폐석장을 안정화시키고 계속 활용하기 위한 가장 일반적인 방법들 중 하나는 파괴면 하단부에 추가적인 폐석을 쌓는 것이다. 고도 차이로 인하여 폐석장 하단부로의 진입이 어려운 경우, 폐석을 하단부 아래 방향으로 밀어 넣도록 도저(dozer) 작업을 해야만 한다.

새로운 폐석 쌓기작업을 시작할 때, 비교적 가파른 지대에서의 쐐기형 폐석쌓기는 소규모의 파괴를 초래할 수 있다. 따라서 신규 폐석쌓기는 천천히 진행하여야 하며, 한 지역에 모든 폐석을 처분하는 것은 피해야 한다.

폐석장의 초기 안정성을 제고하기 위해서는 가능한 낮은 벤치를 사면에 노치형으로 위치시켜 폐석더미의 바닥(base)과 일치할 수 있도록 해야 한다. 또한 주변 식생을 정돈할 필요가 있으며, 폐석더미 바닥의 불안정성이나 위험을 초래할 수 있는 토양 및 미고결층(unconsolidated materials)에 대해서도 점검하여야 할 것이다.

폐석장 설계에 필요한 또 하나의 요소는 운영과 관련한 사항이다. 만약 사면 허리에서 도저로 폐석처리작업을 하고자 할 때에는 도저를 이용해 미리 초기 운반로를 만들어야 한다. 이 운반로는 폐석더미의 마루보다 약간 낮은 높이에 형성되어, 배수 집수, 수준 조정(level control), 추가적인 폐석더미 폭 확보 등의 역할을 할 수 있을 뿐만 아니라 폐석 하차 대기장 등 부대적인 서비스시설로도 활용할 수 있다. 이때 초기 운반로가 사면 허리를 자르지 않도록 주의가 요구된다.

폐석장 진입로는 폐석더미 정면에 대한 시야가 잘 확보되도록 설계되어야 한다. 많은 경우, 진입로는 비교적 넓게 설계되어 작업 교대, 주유, 적재중량 측정을 위한 공간으로 활용되며, 폐석을 비우는 장소로 이용할 수 있다.

경험에 의하면, 운반로의 너비는 이를 이용하는 트럭보다 5배는 넓어야 한다. 이는 배수로와 소단을 포함한 크기로 트럭이 이 길을 통과할 때에도 도로의 유지관리 차량이 안전하게 작업할 수 있도록 한다. 가급적이면, 운반 트럭이 다른 길을 이용하는 동안 그레이더(grader)가 도로를 정비하는 것이 좋으나 현장에서는 항상 이러한 상황이 허용되는 것은 아니다. 만약 폐석장 진입로의 운영 수명이 길다면 안전을 위해 영구적인 조명시설을 설치할 수도 있다.

폐석장 초입(tip head)의 너비는 운반 트럭이 한 바퀴를 충분히 회전할 수 있을 정도가 적당하며, 대형 트럭의 경우에 60～90m 정도이다. 실제 폐석쌓기 작업장의 길이는 이 지역으로 운반하는 트럭 수에 따라 달라진다. 보통 폐석장 초입까지 운반 트럭당 30m의 거리가 필요하다. 높은 소단은 폐석더미 마루의 총길이에 맞춰 유지되어야 한다.

대부분의 경우, 폐석의 지지강도(supportive strength)는 현장 암반과 차이를 보이며, 특히 습윤기후에서는 더욱 그런 경향이 크다. 주행저항(rolling resistance)은 운송차량 통행량에 따라 증가할 수 있다. 운반로를 유지하기 위해 폐석장 표면에는 추가적으로 훨씬 강한 암석을 얇게 쌓아야 한다.

중간 폐석장과 최종 폐석장 환경에서의 운영은 큰 차이를 보인다. 예를 들면, 광체 취급 방식들은 거리가 증가함에 따라 트럭운반에서 파쇄 및 이송까지 변화할 수 있다. 폐석장을 설계할 때에는 경제성을 가장 우선적으로 고려해야 하기 때문에, 초기 폐석장은 가장 짧은 운반거리 내에 있어야 한다. 채광이 진행됨에 따라 운반거리는 점점 길어질 것이며, 수직 방향의 운반은 과도하게 될 것이다. 설계를 통해 향후 광석취급비용 증가율을 줄이는 것이 폐석처리계획의 중요한 목적 중의 하나이다. 미래의 절감된 할인 금액과 현재의 초과비용이 균형을 맞추려면 잠재적인 폐석장 지역으로 향후 진입구로 보다 낮은 경로를 남겨두는 것이 유리하다.

3.5 생산계획

생산계획(production scheduling)은 광산계획의 중요한 부분이다(그림 3.14).

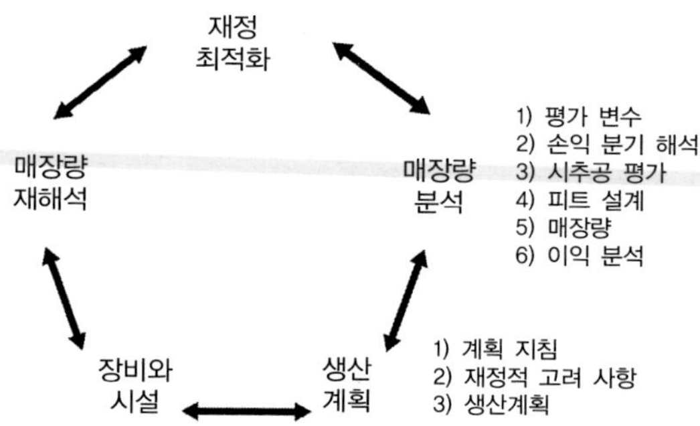

그림 3.14 생산계획(production scheduling)

분쇄기 급광품위(mill feed grade)가 결정이 되면, 자산의 순 현재가치(NPV)를 최대로 만드는 것은 전적으로 생산계획에 따라 결정된다. 또한 생산계획은 광산 수명을 결정하고, 이는 자금수요(capital requirement), 운영비(operational costs), 그리고 수익(revenue)을 포함한 현금흐름을 결정한다.

한계 분석 매장량, 채광장 개념설계에 기초한 운송 분석(haulage study), 그리고 계략적인 광산 시설 레이아웃에 근거하여 초기 생산계획을 수립한다.

운영계획을 위한 지침은 다음과 같다.

① 생산준비비용(preproduction costs, 원가) 최소화

② 적정 작업장 보장

③ 박토비의 평활화
④ 적절한 시기의 착맥(ore exposure)
⑤ 광산 복구 의무
⑥ 생산 극대화

1) 생산준비비용 최소화

생산준비비용은 생산이 개시되기 전에 발생하기 때문에 자본경비로 취급한다. 이들 비용은 할인되지 않고 사용 기간 동안 이자로 평가되어야 한다.

다음 예시는 단지 화폐의 시간가치를 보여주는데, 여기서 총 생산비용(5백만 달러)과 발생한 매출(7.5백만 달러)을 가지는 두 사례들을 약간 다른 생산계획에 대해 비교한다.

두 사례는 2년 동안 준비기간과 1년간 준비기간으로, 각 전체 5년간 매출발생 기간을 가진다. 두 사례 모두 최종 생산일로부터 1년 전에 박토가 완료되는 것으로 하여 균형 생산 속도(balanced production rate)를 적용한다.

(사례 1) 2년간 생산준비

전체 비용

- 박토비용(stripping) : 3백만 달러 ÷ 6년 = 5십만 달러/년
- 채광 및 선광비용 : 2백만 달러 ÷ 5년 = 4십만 달러/년
- 전체 매출 : 7.5백만 달러 ÷ 5년 = 1.5백만 달러/년

(사례 2) 1년간 생산준비

전체 비용

- 박토비용(stripping) : 3백만 달러 ÷ 5년 = 6십만 달러/년
- 채광 및 선광비용 : 2백만 달러 ÷ 5년 = 4십만 달러/년
- 전체 매출 : 7.5백만 달러 ÷ 5년 = 1.5백만 달러/년

재무적 가용현금흐름 모델(Actual Cash Flow, ACF)은 연간 지출된 현금인 반면, 현금흐름할인 모델(Discounted Cash Flow, DCF)은 미래가치에 대한 현재가치를 의미한다.

서로 다른 준비기간으로 인한 현금흐름의 차이는 표 3.3과 같다.

표 3.3 현금흐름

Discount Factor @ 13%(end of period)			$ in thousands			
			Case I 2-yr preproduction		Case II 1-yr preproduction	
			ACF	DCF	ACF	DCF
Year	1	0.87	$ −500	$ −435	$ −600	$ −522
	2	0.76	−500	−380	+500	+380
	3	0.66	+600	+396	+500	+330
	4	0.57	+600	+342	+500	+285
	5	0.50	+600	+300	+500	+250
	6	0.43	+600	+258	+1100	+473
	7	0.38	+1100	+418		
Net Present Value				$ +899		$ +1196
Undiscounted Value			$ 2500		$ 2500	

이 예시는 준비과정을 줄임으로써 현금흐름을 최대화할 수 있음을 강조하고 있다. 흑자 현금흐름(positive cash flow)이 가능한 시점에 적용한다면, 박토 작업은 도급발주(contract stripping)하는 것이 유리할 것이다. 그러면 장비 및 시설에 대한 출자(capital commitment)를 연기할 수 있다. 다시 강조하지만 현금흐름 분석이 가장 중요한 요소이다.

2) 적정 작업장 보장

특히 박토비의 변화가 심한 채광장에서는 채광장 경계에 접할 때까지 작업 사면(working slope)의 경사를 완만하게 해야 한다. 평탄화는 벤치를 확폭하는 것으로,

이렇게 형성된 작업장은 비교적 혼잡하지 않으며, 운영 과정을 원활하게 하고 운송 위험을 최소화한다.

배면 경사가 낮을수록 사면안정성은 향상된다. 사면 평탄도를 표토비율(overburden ratio)에 따라 변화하도록 하면 생산속도를 일정하게 유지시킬 수 있고 광석 생산량을 예측할 수 있다(그림 3.15).

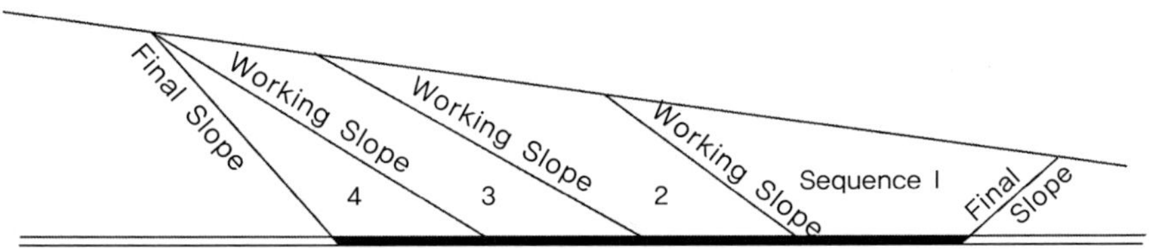

그림 3.15 작업 사면들

3) 박토비의 평활화

운영 초기 계획에 있어 작업장 이전과 요구장비 결정을 위해 평균 박토비(톤 수 기초)를 사용한다. 운영계획 혹은 자금수요(capital requirement)가 과도해질 수 있기 때문에 가급적 박토비가 정점에 도달하는 것을 피해야 한다. 그러나 예외적인 경우도 있다. 생산 개시 전의 표토제거 작업 시 광석 대비 표토 비율이 낮은 지역에서 먼저 작업을 시작하는 것이 좋다. 그 이유는 작업에 필요한 광산장비의 수를 최소화시켜줄 수 있기 때문이다. 또한 미래 어느 시점에서 장비를 투입하거나 철수시킬 수 있도록 박토비가 예측 가능한 범위에서 변화할 때, 각 지역의 평균 박토비는 생산계획 근거가 될 수 있다.

4) 적절한 시기의 착맥

노천광의 증분설계(incremental pit design)[2)]를 통해 적절한 순서를 밟을 수 있다.

---

2) 이 설계는 오류의 발견이 쉽고, 설계 노력이 지속적으로 분산되는 장점을 갖는 시스템 설계를 할 때 동시에 모든 부분을 설계하지 않고, 일단 가장 기본적인 기능만 설계하여 구현한 후 계속 필요한 기능을 추가해나가는 방식이다.

각 증분은 특정 시간 제약 내 광석분쇄(mill) 요건과 직접 관련한다. 채광 순서를 잠정적으로 결정한 후, 가장 논리적인 개발 프로그램을 결정하도록 분석한다. 광산 개발 순서를 통해 분쇄기 투입량을 예측할 수 있다.

5) 광산 복구 의무

적절한 생산계획과 광산 복구와 관련한 비용을 최소화하도록 일정을 정할 필요가 있다. 효율적인 일정 관리를 통해 ① 지형 윤곽을 개발 전 지형에 가깝게 복구하고, ② 가능한 최대 범위에 걸쳐 지표 침하를 최소화하며, ③ 교란된 지역을 다시 녹화시키는 일련의 광산 복구를 효과적으로 수행할 수 있다.

되메움(backfilling)은 노천채광장 내에 새로운 사면각을 형성할 수 있으며, 어떤 경우에는 원래 지형 윤곽에 가깝게 만들 정도로 노천채광장을 완전히 메울 수도 있다. 일반적으로 되메움은 운반로 경사(haul grade)와 거리를 줄여서 운반 폐석 운반 사이클을 단축시킨다. 최소한의 압토 작업(dozer work)으로 사면의 안식각보다 평편하게 할 수 있도록 폐석 쌓기를 뒤로 물리면서 바로 폐석장을 건설할 수 있다.

광산 복구를 미리 고려한 일정 관리와 설계를 통해 운영 효율을 향상시킬 수 있다. 그다음에 그 작업에 필요한 장비 및 운영 인력은 전체 분석에서 추가할 수 있다.

6) 생산 극대화

효율적인 생산계획과 장비 운용을 하기 위해서는 쇼벨의 과도한 이동을 억제하고 작업장 수, 소단의 높이, 운반거리, 램프의 기울기 등을 최소화하여야 한다.

3.6 한계품위 설정을 위한 경제성 평가

개발 고려 대상이 광체인지 단순히 광화된 암석, 즉 폐석인지 구별하기 위해서는 수지타산(수익과 경비)을 검토해보아야 한다. 이뿐만 아니라 개발계획과 설계 및 운영계획에 이르기까지 경제성 평가는 대단히 중요하다.

3.6.1 현금흐름의 경제적 개념

생산계획과 관련하여 생산속도와 광산 수명 등은 경제적 개념으로 설명되어야 한다.

1) 현재가치와 미래가치

현재가치 PV에 대해서 n년 후의 미래가치 FW는 원리금을 감안하면

$$FW = PV(1+i)^n \tag{3.4}$$

이 된다. 여기서 i는 이자율이다. 그러므로 미래의 가치 FW에 대한 현재가치는

$$PV = \frac{FW}{(1+i)^n} \tag{3.5}$$

이다. 매년 일정한 배당을 주기 위한 현재 가치는 다음과 같다.

$$PV = PV_1 + PV_2 + \cdots + PV_n$$

$$= \frac{FW}{(1+i)} + \frac{FW}{(1+i)^2} + \cdots + \frac{FW}{(1+i)^n}$$

$$PV = FW\left[\frac{(1+i)^n - 1}{i(1+i)^n}\right] \tag{3.6}$$

2) 상환기간

이자율 i로 대출하고 매년 일정액(YP)을 상환하기로 하였다면 순수 현재가치 NPV는 $NPV = PV(\text{loan}) + PV(\text{payments})$이다.

그러므로 상환기간은 $NPV \geq 0$, 즉

$$PV(loan) + YP\left[\frac{(1+i)^n - 1}{i(1+i)^n}\right] \geq 0$$

이 되는 n으로 결정된다. 이때 $PV(\mathrm{loan})$은 $-$가치이다.

3) 자본이익률

자본이익률(ROR)은 초기 투자의 미래가치

$$FW = PV(1+i)^n$$

와 매년 일정액 A_m을 배당받는 경우의 미래가치

$$FW = A_m\left[\frac{(1+i)^n - 1}{i}\right] \tag{3.7}$$

가 같도록 하면 구한 i이다.

4) 현금흐름(현금수지)

현금흐름(CF)은 주어진 기간 동안에 현금의 순 유입 또는 순 유출을 말한다.

총수입 − 운영비 = 총소득(과세소득)

총소득 − 세금 = 순이익

순이익 − 자본 경비 = **현금흐름** (3.8)

5) 현금할인(DCF)

할인은 현재가치를 구하기 위해 사용된다. 이는 어음할인이 어음의 현재가를 의미하는 것과 같다.

6) 배당 현금 할인율

배당 현금 할인율(DCFROR)은 순수 현재가치(NPV)가 0이 되도록 하는 할인율 i를 말하며 내부배당률(ROR)이라고도 한다. 이때의 할인율은 과세 후 배당률이다.

7) 현금흐름, 현금할인 및 감가상각을 고려한 현금할인

감가상각을 고려할 경우

총수입－운영비－감가상각＝과세소득

과세 소득－세금＝순이익

순이익＋감가상각－자본경비＝**현금흐름** (3.9)

감가상각(Dep)을 결정하는 여러 가지 기법이 있지만 투자금($\in v$)이 년한 Y 동안 매년 단순히 선형적으로 감가하도록 하는 것이 단순명료하다.

$$Dep = \frac{\in v}{Y} \tag{3.10}$$

8) 감모상각

감모성 자산에 대한 가치의 감소분을 말한다. 이를 계산하는 방법에는 두 가지가 있다.

① 경비 감모상각
② % 감모상각

보통은 백분율 감모상각이 더 많이 공제된다. 따라서 둘 중 더 큰 쪽을 허용 감모상각 공제로 택한다.

감모상각을 고려한 현금흐름은 다음과 같다.

총수입－운영비－감가상각－감모상각＝과세소득

과세소득－세금＝순이익

순이익＋감가상각＋감모상각－자본경비＝**현금흐름** (3.11)

3.6.2 수입 평가

1) 현재광물가

현재의 광물가를 알 수 있는 출판물은 여러 가지가 있다. 대표적인 것을 열거하면

Metals Week, *Skillings Mining Review*, *Metal Bulletin*, *Industrial Minerals* 등이 있다. 이들은 보통 금속, 비금속 광물, 기타 금속, 철 합금, 광석 및 정광으로 구분하여 수록한다.

가격은 질, 양, 산지, 형태 및 포장에 따라 달라진다. 광종에 따라 단위도 다른데, 다음은 대표적인 단위들을 해당 광물과 함께 보였다.

① ton : 철광, 황, 망간 광석(long ton)
 예) X $/ltu for Y %Fe. 여기서 ltu는 long ton 단위를 말한다.
② lb 또는 kg : 대부분의 금속
③ 온스(troy ounce) : 금, 은, 백금 및 로듐. 1온스는 31.1035g이다.
④ 플라스크(flask=76lbs) : 수은
⑤ lb : 산화 몰리브덴 또는 황화 몰리브덴
⑥ 모양 : 벌크, 푸대, 전기동, 주괴(ingots), 봉재(rods), 판재(slabs) 등
⑦ 순도

또한 매도 시점에 따라 가격 조건이 다르다.

① 본선인도가격(Free On Board, FOB)
② 운임보험료 포함가(Cost, Insurance and Freight, CIF)

2) 과거 광물가격

광물의 가격은 변동이 격심하지만 대체적으로 주기적으로 변동하면서 상승하는 경향을 가지고 있다. 주기마다 기간과 변동폭이 크게 다르므로 어떤 시점을 잡느냐에 따라 평가가 크게 달라질 수 있다.

그림 3.16은 1950년부터 50여 년간의 구리와 알루미늄 가격변동 추이를 보인 것이다.

평가 계산에 있어서 기준가를 정하는 것이 어렵다. 대개 현재가는 기준가로 쓰기가 적절하지 않다. 따라서 몇 개의 주기를 참조하여 가격과 추세 상승각을 설정하고 감가상각 기간을 최소로 하여 기획해야 한다.

가격 예측의 방법으로는 추세 분석과 계량경제 모델을 사용하는 두 가지 방법이 있다.

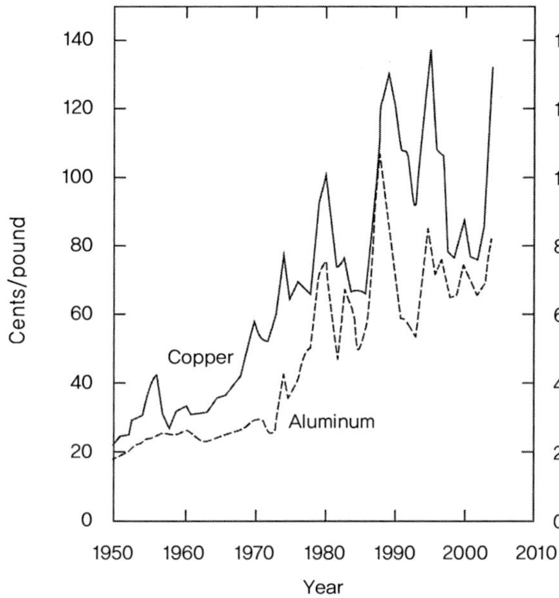

그림 3.16 1950~2004년 구리와 알루미늄 가격변동 추이

3) 추세 분석

다음 식은 추세식으로 널리 사용되는 수학 모델이다.

$$y = a_0 + a_1 x + a_2 x^2 + \cdots + a_m x^m \tag{3.12}$$

여기서, y는 가격, a_i는 계수, x는 경과년수이다. 이 식은 일반적으로 외삽하여 적용할 수 없다. 이 계열의 식 중에서 가장 간단한 양식은 1차식이다.

$$y = a_0 + a_1 x \tag{3.13}$$

그림 3.17과 그림 3.18은 구리의 가격 추세로부터 식 (3.8)의 모델을 이용하여 가격을 예측하는 과정을 보인 것이다.

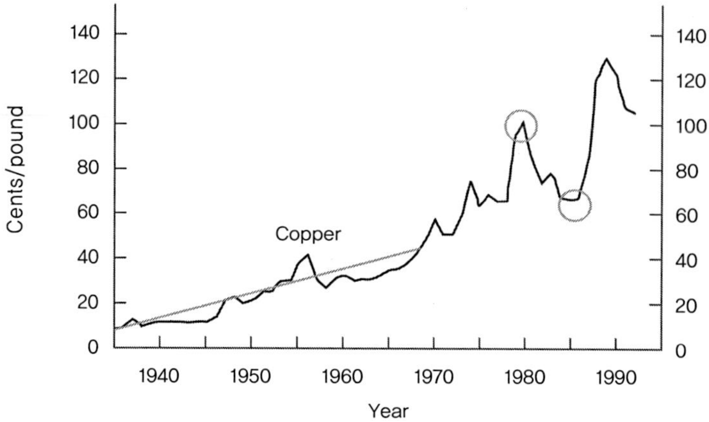

그림 3.17 1935~1992년 구리의 평균 가격

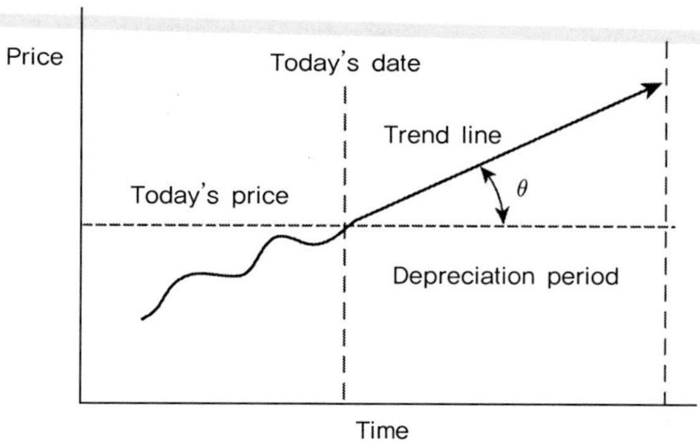

그림 3.18 가격 예측 과정

가격의 변동이 비선형적일 때는 다른 모델을 쓰기도 한다.

$$y = ae^{bx} \tag{3.14}$$

양변을 로그처리하고 최소 자승법으로 정리하면 좀 더 선형적인 그림을 얻을 수 있다. 그림 3.19는 그림 3.17을 로그 처리한 것이다.

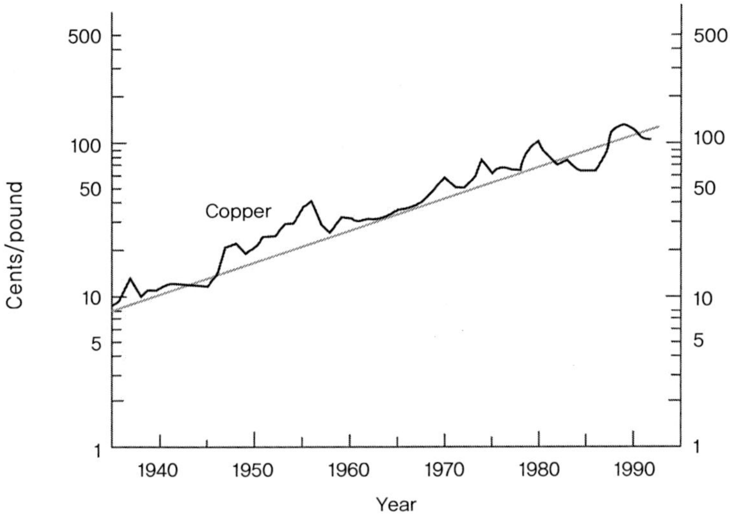

그림 3.19 로그 처리한 구리 가격 추이

상관계수(correlation coefficient) r과 신뢰구간(confidence limits) CL은 다음과 같다.

$$r = \frac{S_{xy}}{\sqrt{S_{xx}S_{yy}}} \tag{3.15}$$

$$CL(y) = ae^{bx \pm c} \tag{3.16}$$

$$c = t_{a/2}(1-r^2)^{1/2}\left[S_y^2 + \frac{(n-\overline{x})^2}{(n-2)S_x^2}\right] \tag{3.17}$$

4) 계량경제 모델

계량경제 모델은 공급과 수요뿐만 아니라 경제, 정치 및 사회적 현상까지도 인자로 분석한다.

시장 모델은 미세경제 모델의 기본적 유형으로 수요 공급과 가격, 대체재의 가격, 가격 지체(price lags), 재고, 수입 및 활동 수준, 기술요인, 지질요인, 정책요인 등

많은 인자들을 포함하고 있다.

이 모델들은 a) 과거의 추세에 대한 설명, b) 정책 분석, c) 예측 등 다양한 분야에 적용된다.

5) 광석대(Net Smelter Return, NSR)

동, 연, 아연 등과 같은 비철금속의 광석(정광)가격은 공시되는 것이 아니라 국제 금속가격을 기준으로 제련소로부터 받을 수 있는 가격을 산출하게 되는데, 이러한 판매가격을 광석대(NSR)라 한다.

광석대의 계산 과정은 다음과 같다.

(1) 1톤 정광 내의 금속함유량 CM(Contained Metal, kg)

$$CM = \frac{G}{100}1000 \tag{3.18}$$

G : 정광 품위(% metal)

1000 : kg/ton 환산계수

(2) 함유가 CV(Contained Value, $/ton)

$$CV = \frac{G}{100}1000P \tag{3.19}$$

P : 현재 시장가($/kg)

(3) 유효 정광 품위 GE(Effective Concentrate Grade, %)

GE는 제련소에서 회수 손실을 위한 공제이며 % 공제, 단위 공제 또는 복합 공제로 나뉜다.

$$GE = \frac{C}{100}(G-u) \tag{3.20}$$

C : 신용정광품위(credited percentage of the metal content, %)

u : 고정 단위 공제(fixed unit deduction)

(4) 지불금속함량 Me(Payable Metal Content, kg)

$$Me = \frac{C}{100}\frac{G-u}{100}1000 \tag{3.21}$$

(5) 총가격 GV(Gross Value, $/ton)

$$GV = MePf \tag{3.22}$$

f : 가격요소(price factor)

(6) 기초광석대 BSR(Basic Smelter Return)

$$BSR = Me(Pf-r) - T \tag{3.23}$$

r : 정련 및 판매경비(the refining & selling cost, $/kg)

T : 취급 수수료(treatment charge, $/ton)

(7) 광석대 NSR(Net Smelter Return)

부산물과 처리위약금(penalty, 즉 treatment charge)을 감안 광석대는 다음과 같다.

$$NSR = Me(Pf-r) - T - X + Y \tag{3.24}$$

X : 특정 원소 과대 함유로 인한 처리비

Y : 유용 부산물 가격

유효 금속가(effective metal price)로 표시하면

$$Pe = Pf - r \tag{3.25}$$

$$NSR = MePe - T - X + Y \tag{3.26}$$

비용변동을 감안하면

$$NSR = Me(Pf - r \pm e_1) - (T \pm e_2) - X + Y$$

가 된다. e_1, e_2는 각각 제련비와 처리비 변화폭이다.

(8) 광산가 AMR(At Mine Revenue)

AMR은 모든 처리가 되기 전에 광산 시점에서의 가치로서 광석대에서 실현경비를 제한 가격이 된다.

$$AMR = NSR - R \tag{3.27}$$

여기서 실현경비라 함은 운임, 보험, 판매대행업체 수수료, 시료채취 및 계중비용 등을 포함한다.

(9) 지불률 PP(Percent Payment)

총가격에 대한 광산가 AMR의 백분율이다.

$$PP = 100 \times \frac{AMR}{CV} \tag{3.28}$$

6) 가격과 경비의 관계

가격 예측은 최소한 감가상각(투자 회수) 기간을 포함하도록 하여야 한다.

광석대를 간편하게 쓰면 다음과 같다.

$$NSR = \frac{C}{100} 20(G - u)\frac{P - r}{100} - T \tag{3.29}$$

이로부터 소득(revenue)은 $k(P-r) - T - F$과 같음을 알 수 있다.

3.6.3 경비 예측

1) 경비의 종류

경비에는 자본적 경비, 운영비, 일반 관리비 등이 있다. 자본적 경비는 광산이나 선광장에 대한 투자와 관련된 경비를 말하며 운영비는 천공 발파 등 광물 생산에 관련된 것으로서 톤당 경비 개념의 비용이다.

운영비는 노무비, 재료비 및 동력비, 기타로 분류할 수도 있다.

경비는 생산수준과의 연계성에 따라 고정경비와 변동경비로 나눈다. 따라서 경비는 유의깊게 정의되어야 한다.

2) 과거 지표를 이용한 증가율 적용

미래의 경비를 예측하기 위하여 과거 자료로부터 추정할 수 있다. 이때 에스컬레이션은 과거 자료를 현재에 비추어 증가율을 구하고 이를 미래 예측에 사용하는 방법이다. 증가율을 구하는 예로서 Engineering News Record(ENR) 등 가격지표를 이용하는 방법이 있다. 그 일반식은 다음과 같다.

$$\text{Cost of year } B = \text{Cost of year } A \times \frac{B \text{ index}}{A \text{ index}} \tag{3.30}$$

장시간에 걸친 지표가 있다면 유사한 방법으로 증가율을 구할 수 있다.

3) 오하라 추정 도표(1992)

오하라(O'Hara)는 하루 처리량에 기초하여 작업인부 수와 자본경비를 추정하는 그래프를 제안하였고(1980) 여러 가지 경우에 대하여 이를 개정하였다(1992).

예로서 하루 처리량의 식은 다음과 같다.

$$T = \frac{5}{7} T_o = 0.71 T_o \tag{3.31}$$

T : 하루 선광처리량(tons/day)

T_o : 하루 채광량(tons/day)

이 처리량으로부터 구할 수 있는 항목들은 노동 소요량 , 광산부지 조성, 생산 전 표토 제거비 등 광산 관련 자본 경비, 광산장비, 사면작업비, 선광장 관련 자본 경비 등 자원개발 전 과정에 걸친 환산 그래프이다. 그림 3.20은 처리용량에 따른 처리인력 소요를 나타낸 O'Hara 추정 그래프의 예이다.

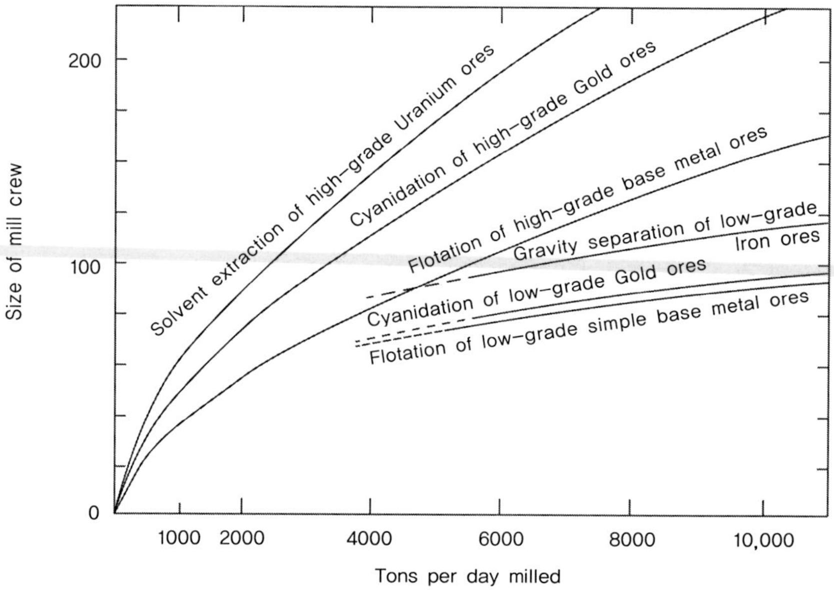

그림 3.20 선광장 인력 소요량

O'Hara의 추정 도표를 이용한 경비 산출의 과정은 다음과 같다.

- Step 1. 1일 생산율 결정
- Step 2. 기초장치 선택
- Step 3. 예상 생산률 및 장비류 수 결정. 유지장치 수요 결정
- Step 4. 생산 및 지원인력 수 결정
- Step 5. 지분 소유 및 운전 경비 계산

- Step 6. 기타 경비 계산
- Step 7. 톤당 총 경비 계산

3.7 오픈 피트 설계

3.7.1 개 요

- 최종 피트 : 광산의 마지막 단계에 형성된 피트
- 중도 피트(intermediate pit) : 오픈 피트 운영 중에 과도적으로 형성되는 피트
- 굴착물질(mineable materials) : 피트 경계 내의 물질
- 잔존물질(mineral inventory) : 피트 경계 밖의 물질(material outside pit boundaries)

피트 한계 결정법으로는 수작업(hand methods), 이동 콘 기법(floating cone technique), Lerchs-Grossmann 알고리즘 등이 있다.

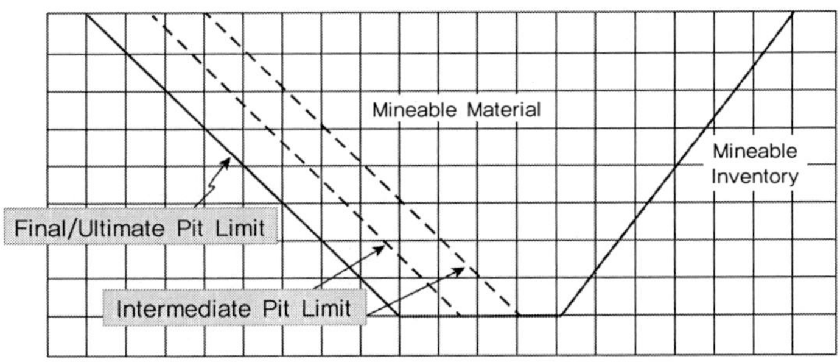

그림 3.21 피트 경계

3.7.2 수작업

수작업법은 광체를 단순화하고 그 단면에 대하여 박토비를 계산하는 방식이다. 피트에서 추가로 생산되는 광체에 대한 폐석의 비를 한계박토비(Instantaneous

Stripping Ratio, ISR)라 하며 한계피트에서의 한계박토비는 손익분기점, 즉 이득이 0이 되는 상태이다.

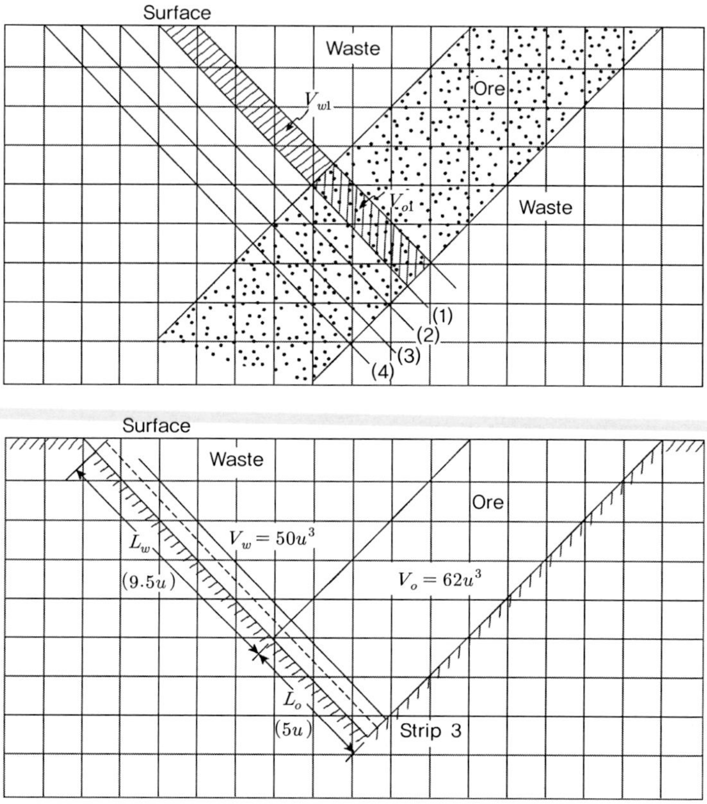

그림 3.22 한계박토비

그림에서 심도가 깊어질수록 한계박토비는 증가하며 손익분기점 박토비에 달할 때까지 개발을 지속할 수 있다.

총박토비(Overall Stripping Ratio, OSR)는 다음과 같이 정의된다.

OSR = 폐석면적/광체면적 (3.32)

일정 두께로 가정했을 때, 단면 순 가치는

$$NV = 광체면적 \times 광체\ 순\ 가치 - 폐석면적 \times 폐석처리비 \tag{3.33}$$

이다. 따라서 총 박토비는 항상 피트 경계의 순간 박토비보다 작다.

순 가치 계산의 방식은 다음과 같다.

많은 광상에서 광석과 폐석의 구별이 모호하므로 컷 오프 품위(cutoff grade)가 필요하다. 컷 오프 품위는 광물자원을 처리해도 더 이상 수익을 얻을 수 없는 품위를 말하며, 채굴 물질의 행선지와 관련이 있다. 행선지는 선광장, 리칭용 더미, 폐기물 폐석더미 등이다. 순 가치가 0인 품위를 특히 손익분기 품위(break even cutoff grade)라 한다.

순 가치 계산에는 선광회수율(mill recovery rate), 정광품위(mill concentrate grade), 제련 손실(smelting loss), 정제 손실(refining loss), 광체품위(ore grade) 등의 자료가 필요하며 모든 경비와 수익은 광석 1톤당으로 계산하면 편리하다.

먼저 판매 가능한 광물의 양을 계산한다. 이는 광물의 함량과 선광장에서 회수되는 광물의 양, 농축비, 제련소 및 정련소에서 회수되는 금속의 양을 각각 산정한다. 다음에 광체의 가치 총액(Gross Value, GV)을 계산하는데, 이는 정련소 생산 금속의 양에 가격을 곱하여 구하고 부산물의 가치도 포함한다.

한편 경비로는 박토비를 뺀 생산 경비(Production Cost, PC), 즉 채광비와 선광비 및 일반관리비를 포함한 경비를 산정해야 하고, 상환금 및 감가상각비(Amortization And Depreciation, A&D), 그리고 처리, 정제 및 판매비(Treatment Refining and Selling cost, TRS)를 각각 계산한다. 처리 정제에는 정광 운반비, 제련비, 정련비, 판매 및 공급비, 일반 공장비 등이 포함된다.

광석 1톤당 경비(Total Cost, TC)는 다음과 같다.

$$TC = PC + A\&D + TRS \tag{3.34}$$

이때 광석 1톤당 순 가치

$$NV = GV - TC \tag{3.35}$$

이며 몇 가지 품위의 광체에 대하여 반복 계산한다. 대체적으로 순 가치는 품위에 선형적으로 비례한다고 볼 수 있으므로 $yu = ax + b$의 식으로 유도하여 손익분기점 한계품위를 결정하고 이로부터 피트 경계를 설정할 수 있다.

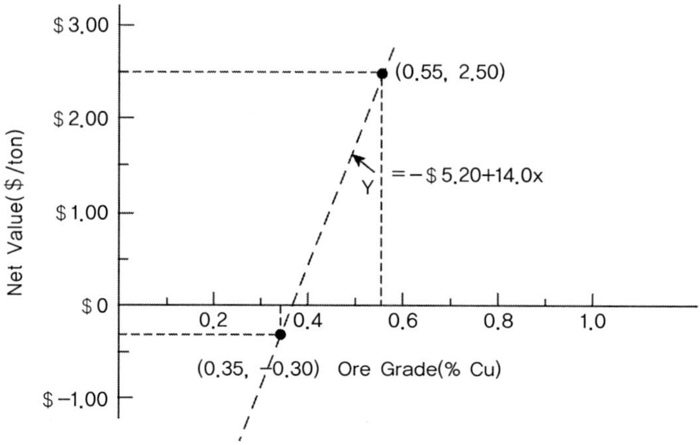

그림 3.23 한계품위

한계품위는 순 가치가 0이 되는 품위이며 이때 박토비를 지불할 수 없다. 즉, 손익분기 박토비=0이다. 이는 광석 순 가치와 박토비의 관계로부터 식을 유도할 수 있고 박토비 선(SC)을 추가하면 박토비–품위 관계도 작성할 수 있다.

SC-NV 교차점 이하에서는 선광의 관점에서 폐석이다. 수작업법에서는 손익분기 품위 이하를 폐석으로 간주한다. 컴퓨터를 이용하는 경우에는 교차점과 손익분기 품위 사이도 고려할 수 있다.

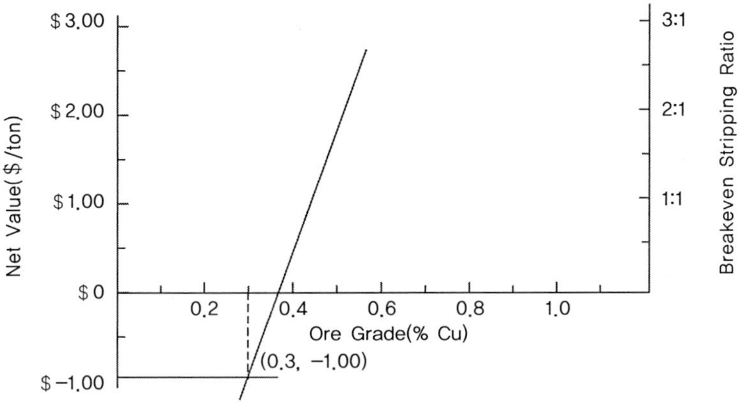

그림 3.24 순 가치와 박토비

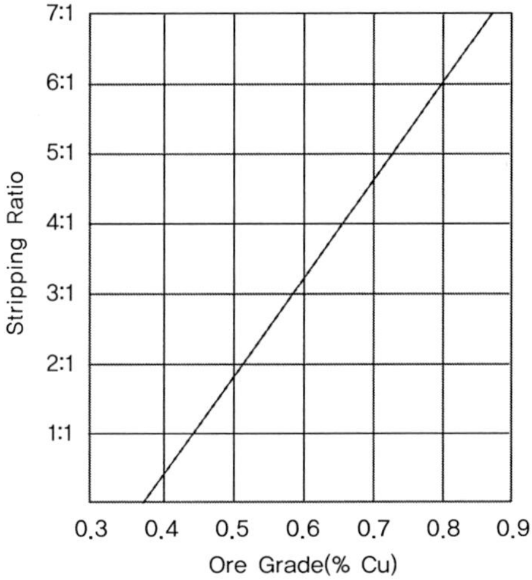

그림 3.25 박토비-품위 관계

3.7.3 블록 경제성 모델

오늘날은 컴퓨터의 발달로 단면모델 보다는 블록 모델을 사용하여 피트 한계를 결정한다. 각 블록별로 광물, 금속, 경제성 데이터가 결합되어 개별 블록의 경제적 가치가 고려된다. 그러므로 이동 콘(floating cone)이나 Lerchs-Grossmann 알고리즘을 채택하는 컴퓨터 프로그램도 블록의 초기 경제 평가가 선행되어야 한다.

블록 모델에서 대부분 광종의 품위는 %로 나타내지만 고가 금속인 금은의 경우는 톤당 온스(oz/st)로 표시한다.

가치나 경비 계산에서 트럭 및 도로운반을 제외하면 모두 톤 단위비용으로 고정한다. 채광 및 선광비는 운영비, 유지비, 감가상각비를 포함한다. 트럭 및 도로운반비는 도로 형상과 노선길이 및 고도에 따라 변동하므로 먼저 시간당 비용을 산출한 후 톤당 경비로 환산한다(haulage simulators). 이 때문에 채굴비는 고정요소와 수준(벤치 위치)에 좌우되는 요소로 나누어 고려해야 한다.

표 3.4 한계 피트 분석을 위한 비용 요약(Crawford & Davey, 1979)

	Stripping(waste)	Mill feed(Ore)
Mining($/st)	$aL^{*}+b$	$cL^{*}+d$
Processing and other		X
Ore haulage($/st ore)		X
Concentrating($/st ore.)		X
Concentrate delivery($/st conc.)		X
Smelting($/st conc.)		X
Blister casting loading and freight($/st blister)		
General plant		
$/st ore		X
$/st waste	X	X
$/st blister		X
Refining($/st blister)		X
Selling and delivery($/lb Cu)		X

*Level elevation.

표는 피트 한계 설정을 위해 계산해야 하는 비용을 망라한 것이다. 채굴된 물질은 선광하거나 폐석처리해야 하는 것이므로 두 가지 모두에 대해서 순 가치가 계산되어야 한다. 이러한 계산이 완료되면 각각의 블록에 대해서는 계산된 순 가치를 데이터로 부과하며 이것이 이후의 채굴 시뮬레이션에서 직접 사용되는 유일한 데이터이다.

3.7.4 이동 콘 기법

단면 피트 형상을 회전시키면 절두 원추가 형성된다. 피트 폭이 0인 경우에는 원추가 형성되는데, 이러한 원추들을 이동시키면서 포함되는 블록들의 순 가치합이 최대이거나 경계 블록들의 순 가치 팝이 0이 되는 적절한 피트 한계를 찾는 기법을 이동 콘 기법이라고 한다.

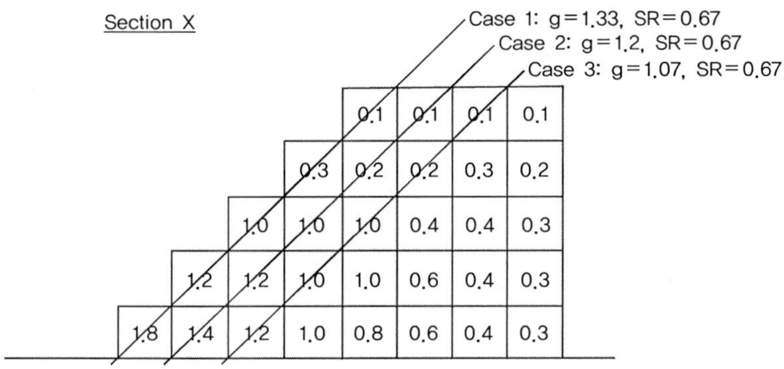

그림 3.26 품위에 따른 피트 한계 결정

그림은 피트의 경사가 45°인 3개의 잠재적인 피트 경계를 보인 것이다. 블록의 숫자는 품위를 나타낸 것이다. 각각의 경계에 대한 평균 품위와 박토비를 표기하였는데, 이 경우 최종 피트는 case 3이 될 것이다.

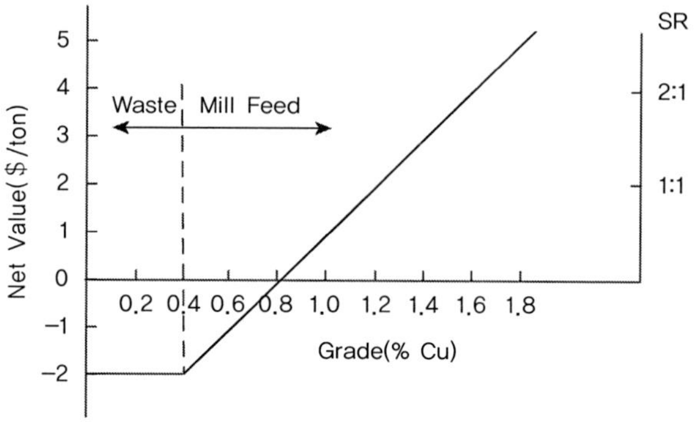

그림 3.27 품위-순 가치 도표

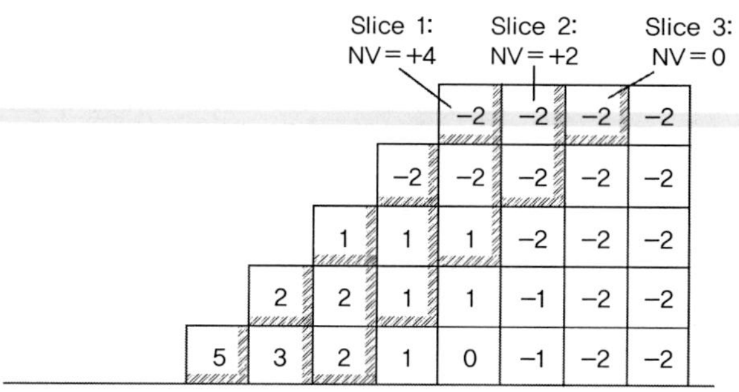

그림 3.28 순 가치에 의한 피트 한계 결정

품위-순 가치 도표를 이용하면 블록 경제 모델로 전환된다. 블록 내의 숫자는 그 블록의 순 가치이다. 간편성을 위하여 단위를 1,000달러와 같이 조정할 수 있다. 이제 함께 채광될 블록들의 순 가치를 조사하면 피트 경계를 결정할 수 있다. 즉, 순 가치가 0 이하일 때 채광이 종료되므로 그때의 경계가 피트 한계가 된다. 그림에서 NV=0이 되는 case 3가 피트 한계로 된다.

이해를 위해 2차원 블록에서 피트 경계 결정 원리를 설명하면 다음과 같다(Barnes, 1982).

- 1단계 : Cone은 단면 최상단 열을 따라 왼쪽에서 오른쪽으로 이동하며 양의 블록은 제거한다.

• 2단계 : 첫 번째 열을 다 횡단한 후 Cone 꼭짓점은 다음 열로 이동한다. 왼쪽에서 출발해서 오른쪽으로 이동하는 동안 양의 블록을 만나면 중지한다. 콘 내부 모든 블록의 합이 양(또는 0)이면 이 블록들은 제거(채굴)하고, 음이면 그 블록은 남겨두고 콘은 이 열의 다음 양의 블록으로 이동한다. 이 과정을 반복한다.
• 3단계 : 이동 콘은 좌에서 우로, 위에서 아래로 움직이면서 더 이상 채굴할 블록이 없어질 때까지 계속한다.
• 4단계 : 이 단면의 수익성은 제거된 블록의 값을 합산하여 구한다.
• 5단계 : 총 박토비는 양(+)의 블록과 음(−)의 블록 수 비로 구할 수 있다.

그림 3.29는 2차원 블록에서 위의 단계별 과정을 거쳐 피트 경계를 결정한 예이다. 채굴 총가는 −1×5+1−2×2+4+7= +3이며 총박토비는 7/3이 된다. 최종 피트는 최적 피트이다. 여기서 최적이라 함은 최대의 이익을 창출하거나, 최대의 순현가를 실현하거나 최대의 추출이 이루어지는 것을 의미한다.

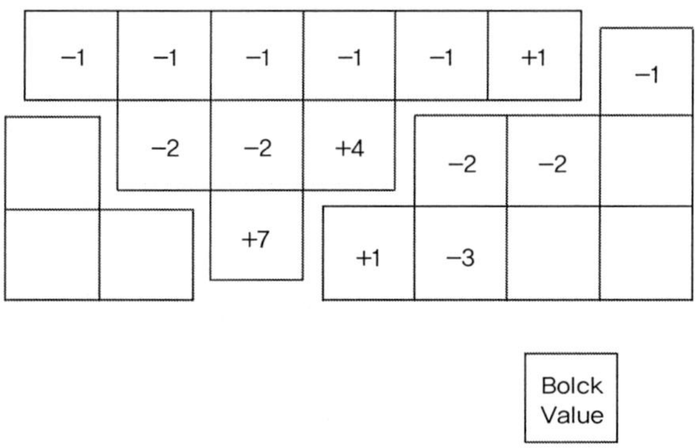

그림 3.29 피트 결정 사례

그러나 이 알고리즘으로 항상 최적의 방법에 도달하는 것은 아니다. 즉, Floating cone으로 최적의 피트가 되지 않는 경우의 문제가 있을 수 있다.

• 문제 1. 수익성 있는 블록의 조합이 누락되는 경우 : 광체가 각각 조사되는 경

우 개별 광체는 경쟁력이 없으나 두 블록을 함께 개발하면 수익성이 있다(the mutual support problem-Johnson, 1982).

- 문제 2. 최적 피트 이상으로 최종 피트를 확장하는 경우 : 이동 콘 알고리즘으로는 피트의 순 가치를 감소시키는 블록을 포함할 수 있다. 정점 아래 연속된 양의 블록을 개발하여 연결되는 폐석의 개발이 유도된다.
- 문제 3. 문제 1, 2의 조합

이동 콘 기법의 장점(Barnes, 1982)은 ① 수작업을 전산화한 것이므로 채광기술자들이 이해하고 쓸 수 있고 결과에 대해 안도할 수 있다. ② 전산학적으로 알고리즘이 대단히 간단하다. 이동 콘 프로그램의 개발이나 적용에 있어서 작동법이나 컴퓨터에 대한 복잡한 지식이 필요하지 않다. ③ 이동 콘 기법은 일반화된 피트 사면에 적용할 수 있다. 어떤 블록이 개별 광체 블록 위에 존재하는가를 결정하는 명확한 규칙만 있으면 된다. ④ 공학적인 계획에 매우 쓸 만하고 정밀도도 충분한 결과를 얻을 수 있다.

3.7.5 Lerchs-Grossmann 2D Algorithm

이 방법은 Lerchs와 Grossmann이 1965년에 발표한 오픈 피트 채광의 최적설계 논문에 수록된 것으로 2차원 피트의 프로그래밍 알고리즘과 3차원 피트를 위한 그래프 알고리즘으로 구성되어 있다.

2차원 알고리즘에서 먼저 해야 할 일은 적절한 사면 경사각에 맞춰서 블록의 규격을 결정하는 일이다. 먼저 블록의 높이(H)를 정한다. 통상 12～15m 정도이며 여기서는 12m로 한다. 사면의 경사는 암반의 물성에 따라 다르다. 여기서는 35.5°라고 하자. 블록에 의해 경사가 결정되므로 사면의 경사는 다음과 같다.

$$\alpha = \frac{H}{B} = \tan\theta \tag{3.36}$$

따라서 블록의 너비(B)는

$$B = \frac{H}{\tan\theta} = \frac{12}{\tan 35.5} = 16.8\,\mathrm{m} \tag{3.37}$$

로 된다. 즉, 블록은 5 : 7의 길이가 되도록 그리드를 작성하고 각각의 블록에 대해 순 가치를 표시한다. 각각의 블록은 i행과 j열로 표시한다.

1 \ 1	0	1	2	3	4	5	6	7	8	9	10	11	12	13	14	15	16	17	18
①	−4	−4	−4	−4	−4	8	12	12	0	−4	−4	−4	−4	−4	−4	−4	−4	−4	−4
②		−4	−4	−4	−4	0	12	12	8	−4	−4	−4	−4	−4	−4	−4	−4	−4	
③			−4	−4	−4	−4	8	12	12	0	−4	−4	−4	−4	−4	−4	−4		
④				−4	−4	−4	0	12	12	8	−4	−4	−4	−4	−4	−4			
⑤					−4	−4	−4	8	12	12	0	−4	−4	−4	−4				
⑥						−4	−4	0	12	12	8	−4	−4	−4					
⑦							−4	−4	8	12	12	0	−4						
⑧								−4	0	12	12	8	−4						
⑨									−4	12	12	12	0						

그림 3.30 설명을 위한 사례 모델

Lerchs-Grossmann 2D 알고리즘은 다음과 같이 구성된다.

- 1단계 : 블록의 각 행렬의 누적 수익을 위에서부터 아래로 이동하며 계산한다. 이때 각 수직 열은 다른 열과는 무관하다.

$$M_{ij} = \sum_{k=1}^{i} m_{kj} \tag{3.38}$$

M_{ij} : 블록 (i, j)까지 한 열을 개발할 때의 실현 수익

m_{kj} : 블록 (k, j)의 순 가치

- 2단계 : 맨 상부에 모든 값이 0인 열 $(i = 0)$을 추가한다. 0열에도 0을 추가한다.

	0	1	2	3	4	5	6	7	8	9	10	11	12	13	14	15	16	17	18
⓪	0	0	0	0	0	0	0	0	0	0	0	0	0	0	0	0	0	0	0
①	–4	–4	–4	–4	–4	8	12	12	0	–4	–4	–4	–4	–4	–4	–4	–4	–4	–4
②	–8	–8	–8	–8	–8	8	24	24	8	–8	–8	–8	–8	–8	–8	–8	–8	–8	
③	–12		–12	–12	–12	4	32	36	20	–8	–12	–12	–12	–12	–12	–12	–12		
④				–16	–16	0	32	48	32	0	–16	–16	–16	–16	–16	–16			
⑤					–20	–4	28	56	44	12	16	–20	–20	–20	–20				
⑥						–8	24	56	56	24	–8	–24	–24	–24					
⑦							20	52	64	36	4	–24	–28						
⑧							16	48	64	48	16	–16	–32						
⑨									60	56	28	–4	32						

그림 3.31 누적 수익 행렬

- 3단계 : 단면을 가로질러 왼쪽에서 오른쪽으로 이동하며 총누적합을 조사한다. 좌상귀에서 출발하여 직좌상, 좌, 직좌하의 3개 블록값을 조사한다. 현재 블록에 더해질 블록의 값은 가장 긍정적인 합이 된다(가장 큰 값을 더한다). 합해진 블록으로부터 더해준 블록 쪽으로 화살표를 연결한다. 원래의 값 자리에 합을 대입하며 이 값은 다음 계산에 사용된다.

그림 3.32는 7열까지 진행한 상태를 보여주고 있다. 그림에서 44, 60, 72 등은 그 블록까지를 개발했을 때의 누적 순 가치를 의미한다. 7열에서는 최적 피트가 84블록까지 개발하는 것이다.

	0	1	2	3	4	5	6	7	8	9	10	11	12	13	14	15	16	17	18
⓪	0	0	0	0	0	0	0	0	0	0	0	0	0	0	0	0	0	0	0
①		–4	–4	–4	–4	2	20	44	0	–4	–4	–4	–4	–4	–4	–4	–4	–4	–4
②			–12	–12	–12	4	32	60	8	–8	–8	–8	–8	–8	–8	–8	–8	–8	
③				–24	–24	–8	36	72	20	–8	–12	–12	–12	–12	–12	–12	–12		
④					–40	–24	–24	84	32	–16	–16	–16	–16	–16	–16	–16			
⑤						–44	4	80	44	12	16	–20	–20	–20	–20				
⑥							–20	60	56	24	–8	–24	–24	–24					
⑦								32	64	36	4	–24	–28						
⑧									64	48	16	–16	–32						
⑨										56	28	–4	32						

그림 3.32 7열 계산 중 누적합 행렬

그림 3.33은 전체 영역에 걸쳐서 작업이 끝난 상태를 보인 것이다. 최적 피트는 최대의 누적 가치를 가진 피트이므로 1열 오른쪽에서 왼쪽으로 이동하면서 최대치인 블록을 찾고 거기서 화살표를 따라 연결하면 최적 피트 윤곽이 형성된다.

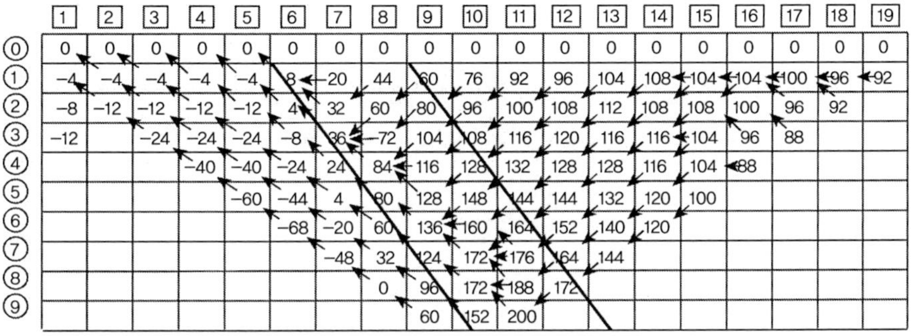

그림 3.33 총누적 순 가치 행렬

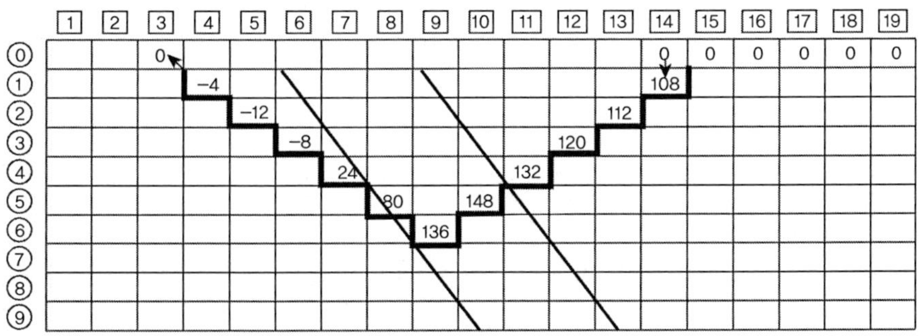

그림 3.34 최적 피트

그림과 같이 최적 피트 윤곽이 결정되었으며 누적 순 가치는 108이다. 이 윤곽은 블록 순 가치의 블록도로 표기하면 다음과 같다.

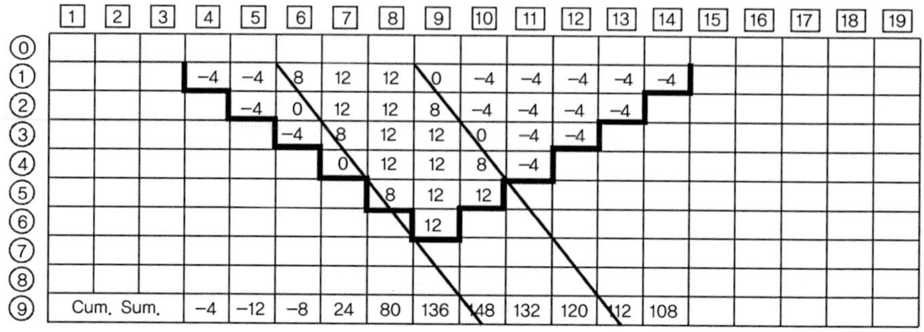

그림 3.35 최적 피트의 누적 순 가치

최적 피트가 결정되면 이로부터 채굴 순 가치, 총채굴량, 총광량, 총폐석량, 톤당 수익이 계산되고 이로부터 박토비를 구할 수 있다. 그림에서 광물 블록 20개, 폐석 블록 16개이므로 박토비는 0.8이다.

Lerchs-Grossmann 2D 알고리즘을 수식으로 표시하면 다음과 같다.

$$P_{ij} = \begin{cases} 0 & i = 0 \\ M_{ij} + \max\limits_{k=-1,0,1} P_{i+k,\, j-1} & i \neq 0 \end{cases} \tag{3.39}$$

3.7.6 Lerchs-Grossmann 3D Algorithm

직교 블록세트에서 오픈 피트를 모사하는 두 가지 방법은 다음과 같다. 하나의 블록을 개발하기 위하여 상위 9개 블록을 제거하는 방법과 5개를 제거하는 방법이 있는데, 이를 모식도로 나타내면 다음 그림과 같다.

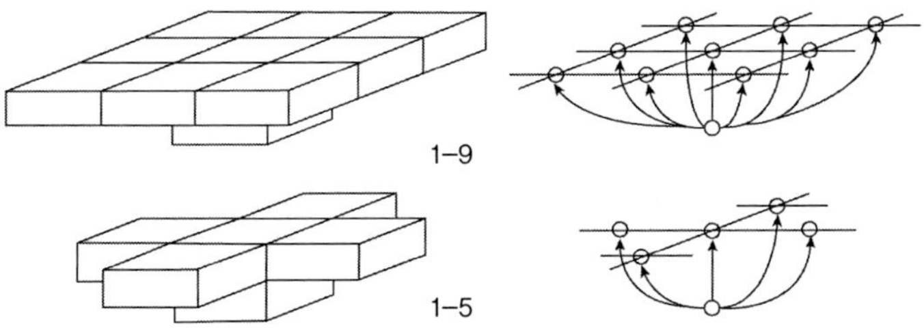

그림 3.36 3차원 개발을 위한 모식도

3D 알고리즘에 사용되는 용어와 개념을 다음과 같이 정의한다.

절점 위치 벡터 파일 : $X = (x_i)$

블록을 절점으로 간주한다.

절점 연결선, 모서리 : $e_{ij} = (x_i,\ x_j)$

연결선 전체를 나타내는 매트릭스 : $E = (e_{ij})$

호(弧) : $a_{kl} = (x_k,\ x_l)$

연결선에 화살표로 방향성을 표시한다.

전체 호 매트릭스 : $A = (a_{kl})$

모든 호의 조합을 나타낸 매트릭스이다.

지시 그래프 : 절점{X}와 호{A}로 구성된 그래프(G)

지시 부그래프 : G(Y) 전체 지시그래프 G(X, A)의 부분집합이다.

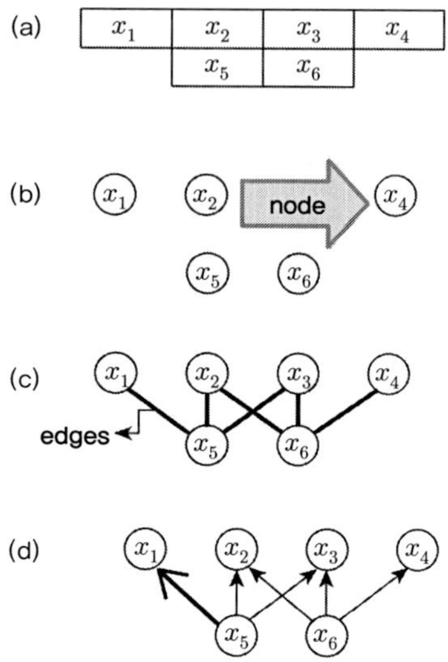

가중치(m_i) : 각각의 블록에 매겨지는 순 가치를 말한다.

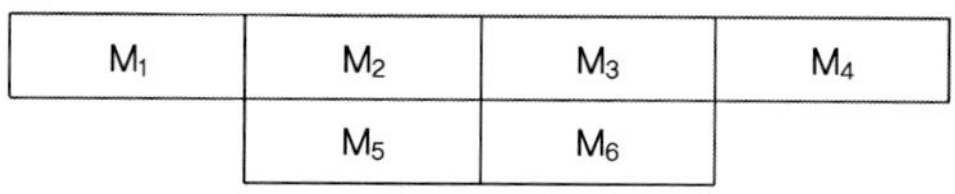

나무(tree) : 나무는 순환부가 없이 연결된 지시그래프이며 나무의 절점수는 호보다 한 개 더 많다.

뿌리(root) : 나무에서 선택된 한 절점이다. 나무에는 뿌리가 하나뿐이다.

가지(branch) : 호 a_{kl}을 제거하여 나무가 둘로 나누어졌을 때 뿌리가 없는 쪽을 말한다.

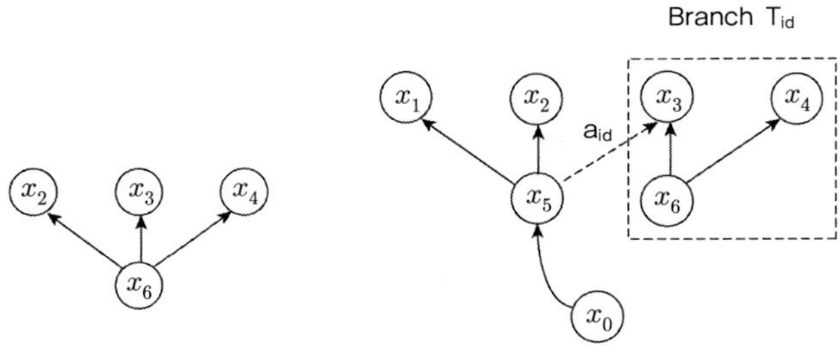

나무를 구성하는 데는 두 가지 방법이 있다.

- Approach 1 : 뿌리에 한 절점만 연결되는 임의 나무 구성법
- Approach 2 : 모든 절점이 뿌리에 직접 연결되는 방법

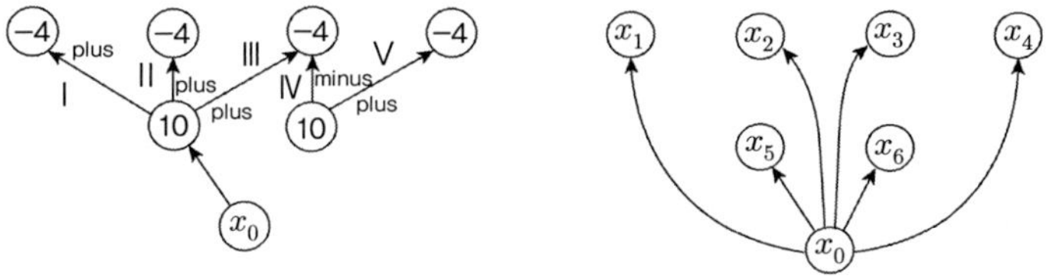

임의 나무 구성법은 다음과 같다.

Step 1 : 연결 가능성을 염두에 두고 지시 그래프에 x_0 절점을 더하여 나무를 구성한다.

Step 2 : 각각의 호에 뿌리로부터 멀어지는지(+) 가까워지는지(−)에 따라 부호를 부여한다.

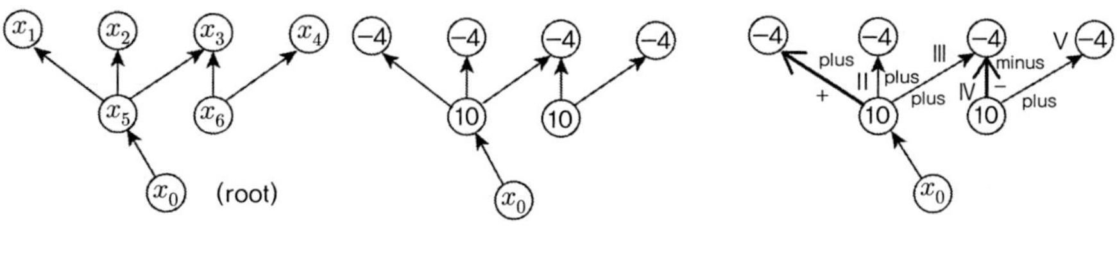

Step 3 : 각 가지의 말단으로부터 줄기를 향해 각각의 호가 지지하는 가중치를 합산하여 강 또는 약을 표시한다.

표시에 사용되는 부호의 정의는 다음과 같다.

케이스	방향	누적가중치	표기
1	+	+	강 strong
2	+	0 또는 −	약 weak
3	−	+	약 weak
4	−	0 또는 −	강 strong

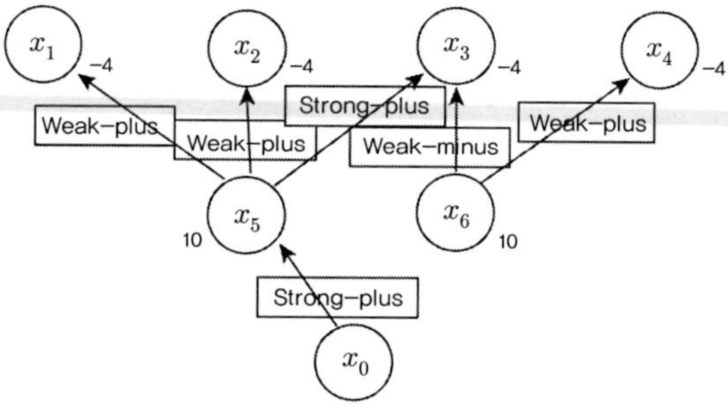

그림은 3단계 작업이 완성된 나무의 모습이다.

Step 4 : 강한 호를 식별하기 위한 조사 단계이다.

두 가지 action이 가능하다.

- Action 1 : 강−(strong minus)호 : 호(x_q, x_r)을 대체 호(x_0, x_q)로 교체
- Action 2 : 강+(strong plus)호 : 호(x_k, x_l)을 대체 호(x_0, x_l)로 교체

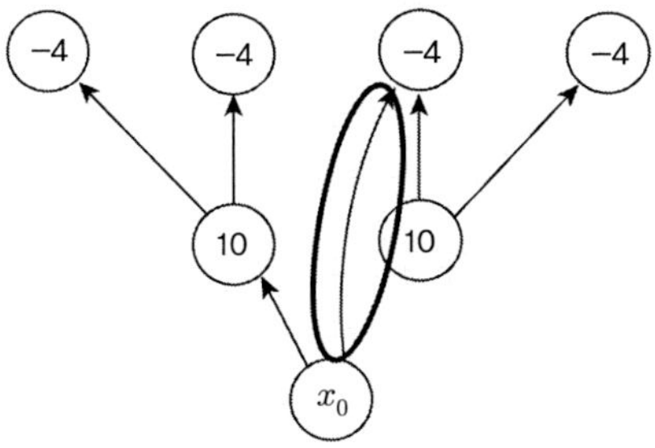

Step 5 : 새로운 나무 T^1에 대해 같은 방법으로 검사하여 강약, + −를 표시한다.

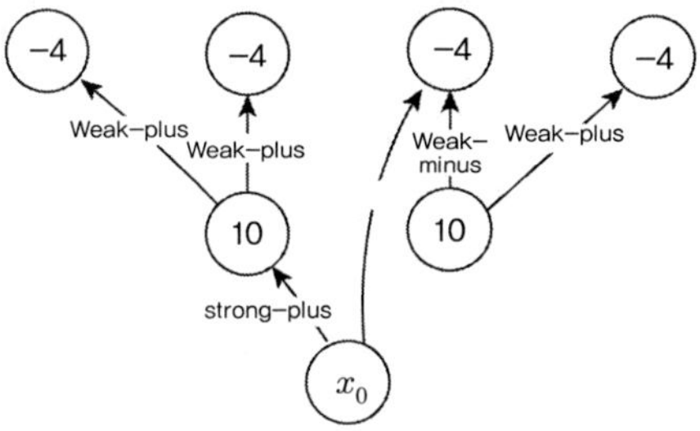

Step 6 : 새로운 나무에서 강한 가지가 직접 뿌리에 연결되지 않은 경우 Step 4 과정을 실행한다. 뿌리에 연결된 강한 가지가 하나도 없어지면 그 나무는 정규화되었다고 하고 과정을 종료한다.

Step 7 : 강한 호로 뿌리에 연결된 절점들로 구성된 최대치로 종결한다.

뿌리연결법도 유사한 과정을 거쳐 정규화된 트리 구축하고 강한 가지로 구성된 최종 결과를 도출한다.

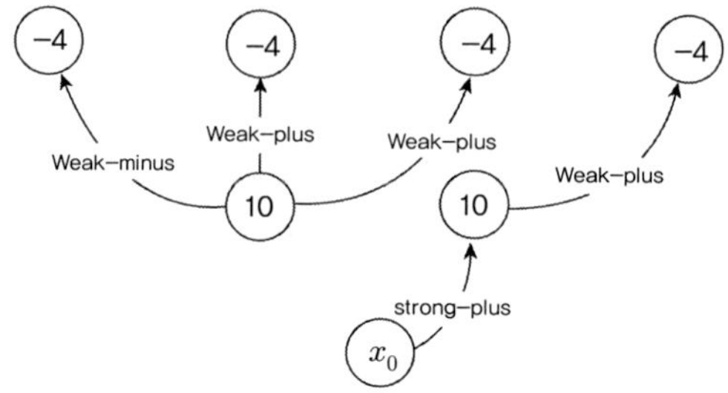

다음 그림은 또 다른 예이다.

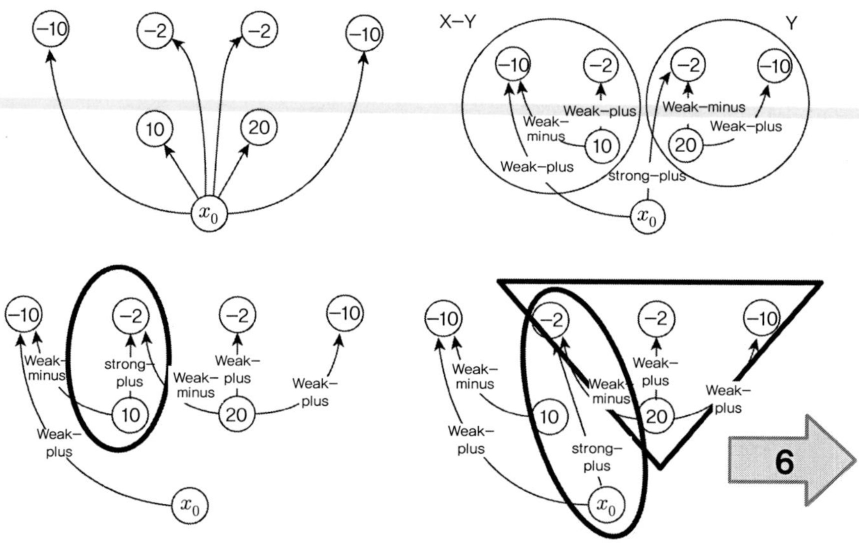

좀 더 복잡한 예를 도시하였다.

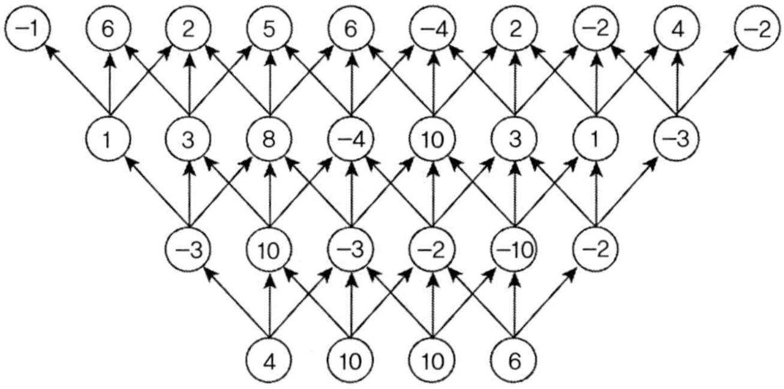

이 예에 대한 해는 다음과 같다.

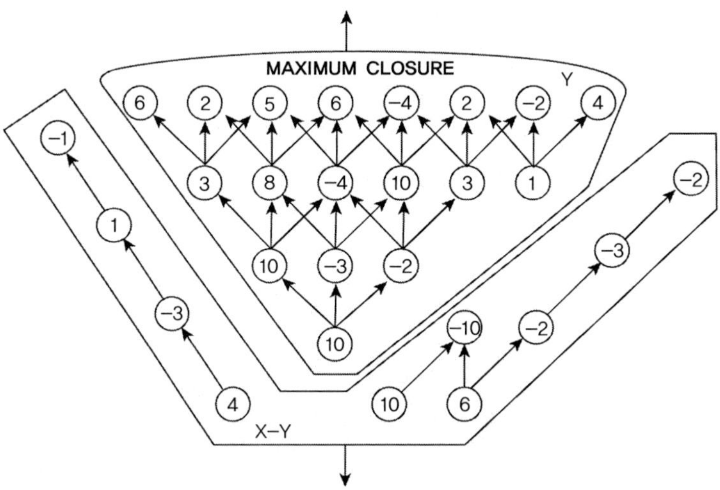

3.7.7 몇 가지 상용 프로그램

다음은 세계적으로 사용되고 있는 상용 프로그램들의 예이다.

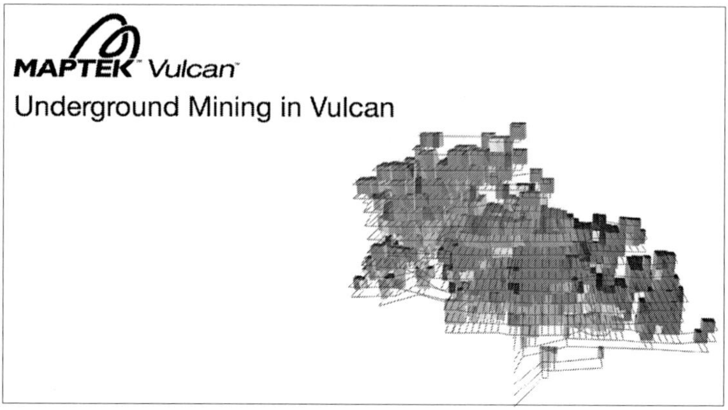
MAPTEK Vulcan
Underground Mining in Vulcan

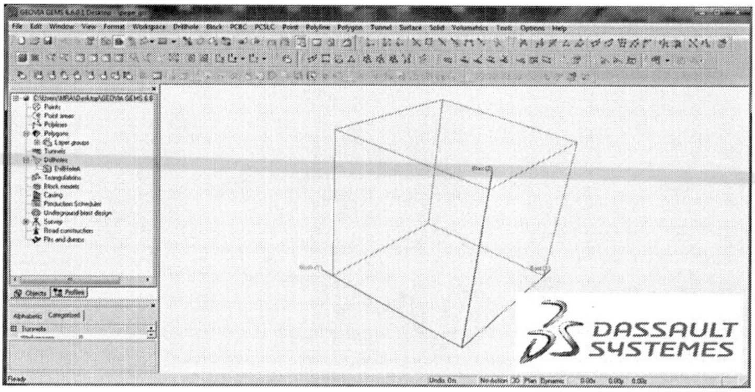
DASSAULT SYSTEMES

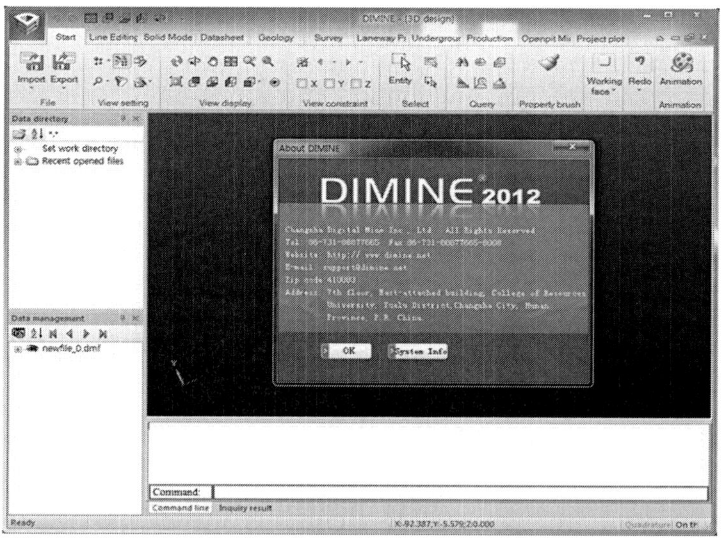
Start
Import
Export
File
View setting
View display
View constraint
Select
Query
Property brush
Working face
Redo
Animation
Data directory
Set work directory
Recent opened files
About DIMINE
DIMINE 2012
OK
System Info
Data management
newfile_0.dmf
Command:
Command line
Inquiry result
Ready

•참고문헌•

정소걸, 선우 춘, 조성준 역, 2010, 자원개발공학(Hartman H.L. and J.M. Mutmansky, 2002, Introductory Mining Engineering, 2nd ed.), 도서출판 씨아이알, p.538.

Anon, 1976, World mining, Aug., p.60.

Bucyrus-Erie Company. 1976. Mining Supervisory Training Program, pp.1.1~5.13. South Milwaukee, WI : Bucyrus-Erie, Co.

Center, G.W. and A. Zlaten, 1982, Development of Systematic Waste Disposal Plans for Metal and Nonmetal Mines, OFR 183-82, US Bureau of Mines, Washington, DC, p.614.

Chironis, N.P., 1975, Coal Age, Oct., p.156.

Crawford, J.T. and W.A. Hustrulid (eds.). 1979. Open Pit Mine Planning and Design, New York : SME-AIME. p.367.

Hartman, H.L. 1987. Introductory Mining Engineering. New York : John Wiley & Sons, Inc. p.633.

Hartman, H.L. and J.M. Mutmansky, 2002, Introductory Mining Engineering, 2nd ed., New York, John Wiley & Sons, p.570.

Hustrulid, W.A. and M. Kuchta. 1995. Open Pit Mine Planning and Design, Vol. 1. Rotterdam : Balkema. p.636.

Hustrulid, W. and M. Kuchta, 1998, Open Pit Mine Planning & Design. A.A. Balkema, Netherlands, pp.287~295.

Mathieson, G.A., 1982, Open Pit Sequencing and Scheduling, Preprint 82~368. Fall meeting, SME-AIME, Honolulu. p.15.

Peck, J. and J.H. Gray, 1995, The total mining system (TMS) : The basis of open pit simulation., CIM Bulletine, vol. 88, no.993, pp.38~44.

Terex Corporation, 1981, Production and cost estimation of material movement with earthmoving equipment. Hudson. OH : Terex Corporation. p.82.

S u r f a c e   M i n i n g   E n g i n e e r i n g

04

사면안정

04 사면안정

4.1 개 요

노천채광을 설계할 때 사면의 경사를 높이게 되면 박토비가 작아지거나 광석 채취율이 증가될 수 있어 수익이 향상되고 자본금 회수율이 늘어난다(그림 4.1). 그러나 사면의 경사를 높이게 되면 안정성의 확보가 어렵다. 지질구조와 암석 물성의 다양성 때문에 사면의 경사각이 몇 도 이하이면 안전하고 또 몇 도 이상이면 암반의 파괴가 일어나게 되는 유일한 사면의 경사각은 있을 수 없다. 좀 더 구체적으로 말하면 사면의 경사각이 커지면 사면이 파괴되는 횟수, 크기, 그리고 운동속도가 증가하는 것이다. 이러한 사면의 파괴로 인해 파괴된 사면의 정리 작업에 경비가 소요되거나 생산량의 감소 또는 광체의 미회수 등에 의해 이득이 감소하게 된다.

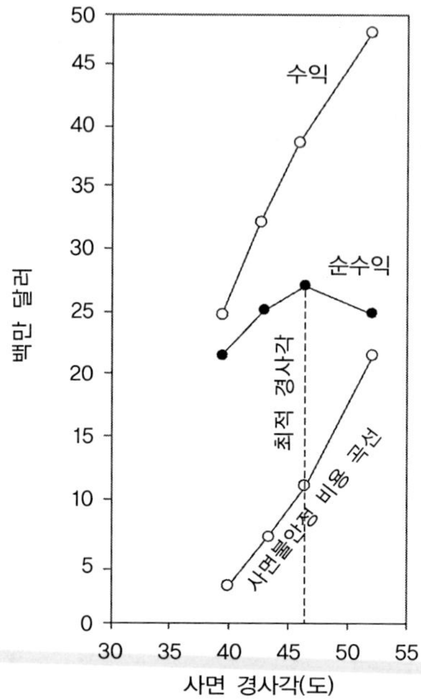

그림 4.1 비용수익 곡선

사면의 경사각이 크면 클수록 사면의 불안정성을 해소하는 데 소요되는 비용이 수익보다 더 가파르게 증가한다. 이와 같이 전체 수익으로부터 사면불안정에 소요되는 비용을 뺀 차액이 최대가 되도록 순수익 곡선을 구하게 된다. 완만한 경사각으로 채광을 하면 박토비가 증가하고 채광 실수율이 감소하기 때문에 최대의 수익이 발생하는 사면의 경사각, 즉 최적 경사각으로 설계하는 것이 바람직하다. 또한 최적 경사각보다 큰 경사각으로 채광을 하면 채광실수율의 증가로 얻은 이득보다 사면의 불안정성 해결에 더 많은 비용을 지출하게 된다.

사면을 설계한다는 것은 노천채광 설계에 필요한 최적 경사각을 결정하는 과정을 말한다. 사면의 설계에 있어서 사면안정성을 분석한다는 것은 사면의 불안정성을 사면 경사각의 함수로 예측하는 것이다.

단순히 역학적인 관점에서 볼 때, 사면의 안정성은 사면을 구성하는 재료의 강도와 사면에 작용하는 응력 사이의 비이다. 만약에 응력이 강도보다 더 크면 사면이 불안정하고, 반대로 강도가 응력보다 크면 사면이 안정하게 된다. 이 비를 안전율이라 하며 오래전부터 토목공학에서는 안정성 해석의 기준이 되었다. 사면의 안정성 해석에 이용되는 암석 물성의 다양성과 이들 물성을 측정하는 데 있어서의 불확실성, 그리고 지진과 강수량 등 거의 임의로 일어나는 사건들의 영향 때문에 응력과 강도는 단 하나의 값을 사용하기보다는 어느 집단의 대표적인 예측치를 사용한다. 그러므로 사면 설계에서는 1보다 큰 안전율을 사용하였다. 또 다른 사면안정성 해석 방법으로는 신뢰성 해석이 있는데, 이 경우에는 입력 자료의 분포로부터 사면의 안정성 여부에 대한 확률을 계산한다.

노천광산 운영측면에서 볼 때 사면의 불안정성은 반드시 사면의 파괴를 의미하지는 않지만 사면에 발생한 변위가 1m 이하인 경우에도 사면이 불안정해지는 경우가 드물지 않다. 사면의 불안정성으로 인하여 막대한 운영비가 소요될 것인지에 대한 평가는 변위 속도, 채광작업 형태, 그리고 불안정한 재료와 채광작업 사이의 관계에 따라 결정된다. 변위의 속도가 100mm/일인 불안정한 사면의 경우도 트럭과 쇼벨 작업을 성공적으로 할 수 있다. 이와는 반대로 크러셔, 컨베이어 혹은 건물 아래의 암반에서는 비록 몇 mm의 변위만 발생하여도 상당한 보수작업을 할 수도 있다. 변위 속도가 커서 작업에 지장을 초래하거나 채광 시설을 손상시키게 되면 운영상의 사면파괴로 본다. Varnes(1958)는 이와 유사한 개념을 크립과 산사태를 구분하는 데 사용하였다.

사면의 관리 또한 사면안정성 측면에서 중요한 요소이다. 여러 지역에서 불안정성이 예상되는 경우에도 파괴가 예상되는 정확한 지점과 시간을 예측하기란 매우 어렵다. 몇 몇 예외를 제외하고 노천채광에서의 사면안정성 해석은 정적인 해로서 변위의 속도나 크기는 예측할 수 없다. 그러므로 안전한 조업 조건을 제공하고 사면안정성의 경제적인 영향을 최소화하기 위해서는 사면의 주요 변위에 대한 정보와 대처 방안을 설계할 수 있도록 변위를 모니터링하는 프로그램이 운영되어야 한다. 사면안정성에 대한 불확실성이 있음에도 불구하고 노천채광에서의 안전 관리는 타 산업에 비하여 우수한 것으로 나타났다(표 4.1). 사면의 관리 프로그램을 적절히 운영하면 노천채광장을 높은 각도의 사면 경사로 안전하게 채광할 수 있다.

표 4.1 사망재해율 비교표(노출시간 백만 시간당)

고속도로 통행		1.9
항공기 여행		2.4
모터사이클 운전		4.4
흡연		2.6
노천채광 작업		0.42
낙석	0.01	
경석운반, 적재 등	0.03	
추락	0.05	
차량사고	0.10	
기타	0.23	
벌목		0.94
건설		0.26

벤치의 형태는 벤치면 각도, 벤치의 높이, 그리고 벤치의 폭으로 정의된다. 인터램프 사면각(램프 간 경사)은 위에 있는 램프의 마루(crest)와 아래에 있는 램프의 비탈끝(toe)을 잇는 직선과 수평면이 이루는 각을 말한다. 램프와 램프 사이에는 여러 개의 벤치가 형성된다. 전체 사면각은 채광장 전체 사면 바닥으로부터 사면의 마루까지 연결하는 선이 수평선과 이루는 각이다. 전체 사면각은 인터램프 사면각보다 완만하다(그림 4.2). 사면을 설계하기 위해서는 이들 구성 요소들을 숙지할 필요가 있다. 예를 들어 지층의 층리면이 채광장 바닥 방향으로 40°의 각을 가지는 경우 전단파괴가 이 면을 따라 일어나기 때문에 사면의 경사를 40°로 맞추어야 한다. 이 경사각을 전체 사면각으로 설정을 하였을 경우 운반로가 전체 사면을 절단하게 되어 인터램프의 불안정성을 초래한다. 그리고 벤치면의 각도가 층리면보다 가파르기 때문에 벤치에 낙석이나 흘러내림을 방지하기 위한 캐치(catch)를 만들 수 없게 된다.

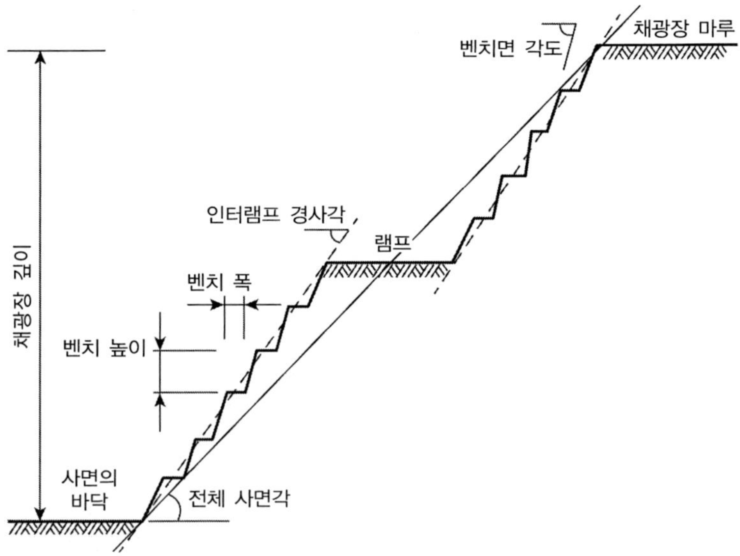

그림 4.2 노천채광장 사면을 구성하는 전체 사면각, 인터램프 사면각 및 벤치의 형상 (Duncan & Mah, 2004)

4.2 사면안정성 해석 및 평가

채광장 사면의 설계 기준을 설정하기 위해서는 안전율 혹은 파괴가 일어날 확률을 분석함으로써 사면의 안정성이 기대 수준 이상 확보되도록 해야 한다. 안정성 해석은 예상되는 파괴 유형과 사면의 규모, 분석에 필요한 자료, 그리고 프로젝트의 수준 등에 의해 크게 좌우된다. 안정성 해석 과정은 반복적으로 수행되는데, 채광 설계팀과 협의를 거쳐 다음과 같은 안정성 해석 방법을 활용할 수 있다.

- 동적인 해석 방법으로서 이 방법은 평사투영해석을 기초로 하며 주로 벤치 설계에 적용된다.
- 한계평형법은 다음과 같은 경우에 적용된다.
  → 지질구조적인 조건에 의해 파괴가 예상되는 벤치와 램프의 설계와
  → 사면의 안정성이 지질구조적인 이방성의 유무에 상관없이 암반의 강도에

의해 결정되는 램프 및 전체 사면의 설계이다.

- 램프 및 전체 사면의 평가와 설계를 위한 유한요소법과 개별요소법을 이용한 수치해석이다.

사면안정성 해석은 사면의 위험도를 평가하는 기준이 되며 안전성과 경제성 측면에서 사면의 위험도를 수용 가능한 수준으로 낮추는 데 필요한 요소가 여기에 포함된다.

4.2.1 평사투영법 및 파괴 유형

노천채광장의 사면 설계에 앞서 우리는 항공사진, 지표 지질조사 자료, 시추 자료와 같은 정보를 바탕으로 사면의 안정성에 대한 사전 분석을 수행하게 되는데, 이때 불연속면 혹은 사면이 채광에 어떠한 영향을 줄 것인가에 대해서는 검토하지 않는다. 채광작업의 효율성 측면에서 사면의 각도를 결정하고 만약에 채광작업에 불리한 불연속면을 가진 사면이나 파괴가 예상되는 사면이 확인되면 채광 작업을 진행하면서 정밀하게 안정성을 해석한다. 많은 지질 정보를 바탕으로 사면의 안정성을 해석하는 방법 중의 하나가 바로 평사투영법(stereographic projection)에 의한 해석이다. 최근에 DIMINE, Vulcan™, Gems 등 채광대상 구역을 3차원으로 모델링할 수 있는 시스템이 많이 보급되어 있다. 하지만 3차원 모델에 포함된 기하학적 자료로부터 안정성을 해석하는 것은 그리 용이한 일이 아니다. 평사투영법은 이러한 어려움을 해결해줄 수 있는 방안으로서 기하학적으로는 구(sphere)면 위에 있는 정보를 평면(plane) 상에 나타내는 방법이며 3차원 공간 상의 정보를 2차원으로 표현하는 편리한 방법이다. 평사투영법은 지층 내에 단층, 층리, 절리, 취약면 등을 각각 하나의 불연속면으로 가정을 하며 공간 상에서 하나의 면이 구면과 만나는 곡선을 평사투영도에 투영하면 타원과 유사한 형태로 나타나는데, 이것이 불연속면을 나타내는 대원(great circle)이다. 또한 공간상에서 하나의 면은 그 면에 직교하는 법선벡터로 나타낼 수 있어 불연속면에 직교하는 벡터가 구면과 만나는 점을 평사투영도(stereonet) 상에 투영한 것이 극점(pole)이다(그림 4.3).

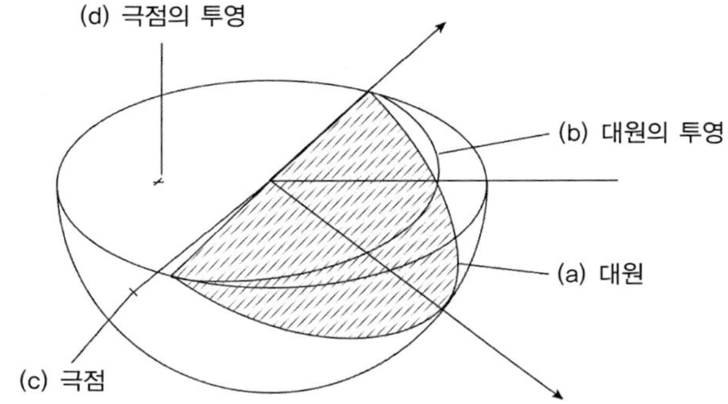

그림 4.3 평면과 극점의 투영(Giani, 1992)

평사투영법에는 상반구 투영(upper hemisphere projection)과 하반구 투영(lower hemisphere projection)이 있는데, 일반적으로 이 둘 중 하반구를 주로 이용한다. 수많은 불연속면을 동시에 하나의 평사투영도 상에 그리기 위해서는 편의상 극점을 이용하여 통계적 처리를 한 후 대표적인 불연속면을 도출하고 사면의 안정성을 해석하는 단계에서는 도출된 주요 불연속면과 사면의 대원을 이용하는 것이 일반적으로 평사투영법에 의한 사면안정성 해석 과정이다. 이 과정에 불연속면이 사면의 안정성에 미치는 영향, 즉 점착력과 마찰각 등의 전단 특성의 중요도에 따라 투영도 상에서 분석하는 대상 그룹의 중요도를 달리 하는 것이 바람직하다. 최근에 와서 상업적 평사투영 소프트웨어 패키지가 개발되었는데, 이들 중 노천채광에 가장 보편적으로 활용되고 있는 프로그램 중의 하나가 DIPS™(Rocscience, 2003)이다.

평사투영법에 대한 내용을 공부하고자 하는 독자들은 앞서 출간된 문헌(Hoek & Bray, 1981; Ragan, 1985; Lisle & Leyshon, 2004; Wyllie & Mah, 2004 등)을 참고하기 바라며 본 장에서는 이를 이용한 사면안정성 해석에 대해 중점적으로 다루고자 한다.

도출된 지질구조 모델은 유사한 지질구조를 가지는 영역을 하나의 세부 구역으로 하여 전체 광산을 몇 개의 세부 구역으로 나누고 하나의 세부 구역 내에 속한 암반과 불연속면은 대체로 유사한 물성을 가진다. 구역을 구분하는 데는 다음과 같은 암반의 특성이 고려 대상이 된다.

- 암석의 기원에 따라 화산암, 화성암, 퇴적암 등으로 구분하고 이들의 풍화 정도와 변질 상태의 파악
- 광산을 전체적으로 구분 짓게 하는 규모가 큰 단층의 파악
- 광산 규모의 습곡구조와 습곡 방향의 변화상태 파악
- 광산 규모의 변성구조와 변성구조의 방향 변화상태 파악
- 벤치 규모의 단층, 습곡 및 변성 규모/램프 규모의 단층, 습곡 및 변성 규모
- 대규모 습곡의 윙 부근에 발달된 벤치 규모의 절리, 벽개 및 마이크로 구조의 파악

세계적으로 가장 큰 규모의 동광산 중의 하나인 칠레 북부의 Chuquicamata 광산의 경우에는 앞서 언급한 지질구조적 및 암석역학적 특성의 유사성을 고려하여 채광장 전체를 그림 4.4와 같이 8개의 세부 구역으로 구분하여 사면안정성을 해석하였다. 채광장 내 각 구역은 서로 다른 이름으로 명명되었는데, 실제로는 이름보다 번호를 붙여 구분하고 있다. 이들 세부 구역을 나누는 데는 암상과 채광장의 형태를 고려하지만 이보다 중요한 기준이 되는 것은 규모가 큰 주요 단층들이다.

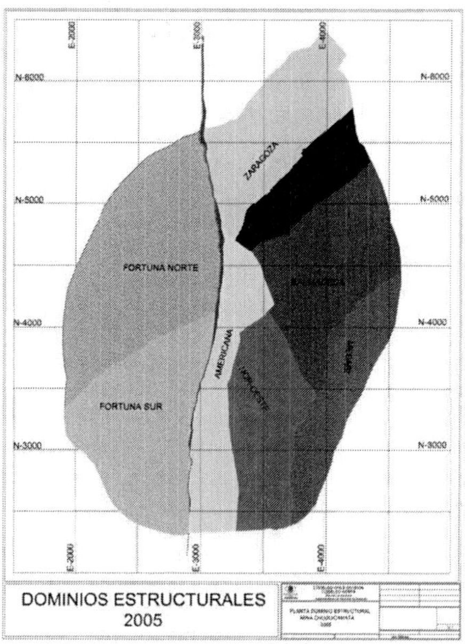

그림 4.4 Chuquicamata 동광산의 구조지질 분포(2005)

이 단층들에 대한 자료는 과거 여러 해에 걸쳐 수행한 지표 지질조사 결과, 여러 방향의 시추공으로부터 채취된 코어의 로깅 자료, 그리고 지난 2003년부터 2005년까지 수행된 갱내 지질조사로부터 얻은 것이었다.

그림 4.5는 평사투영 해석을 통하여 일어날 수 있는 사면의 예상 파괴 유형(failure mode)에 대한 조건을 평사투영도 상에 단순화하여 나타낸 것이다. 평사투영도 상에서의 각 점은 하나의 불연속면에 대한 극점을 나타내며 이 극점들의 분포로부터 앞서 언급한 DIPS와 같은 상용 프로그램을 이용하여 대표적인 불연속면 그룹 또는 군(群)을 도출할 수 있다. 평사투영도 상에는 대표적인 불연속면 그룹뿐만 아니라 사면안정성에 영향을 미치는 사면의 대원도 포함된다. 실제 채광장 내 암반은 이 그림보다 더 복잡한 여러 지질 구조들로 구성되어 있고 다른 유형의 파괴가 예상될 수 있다.

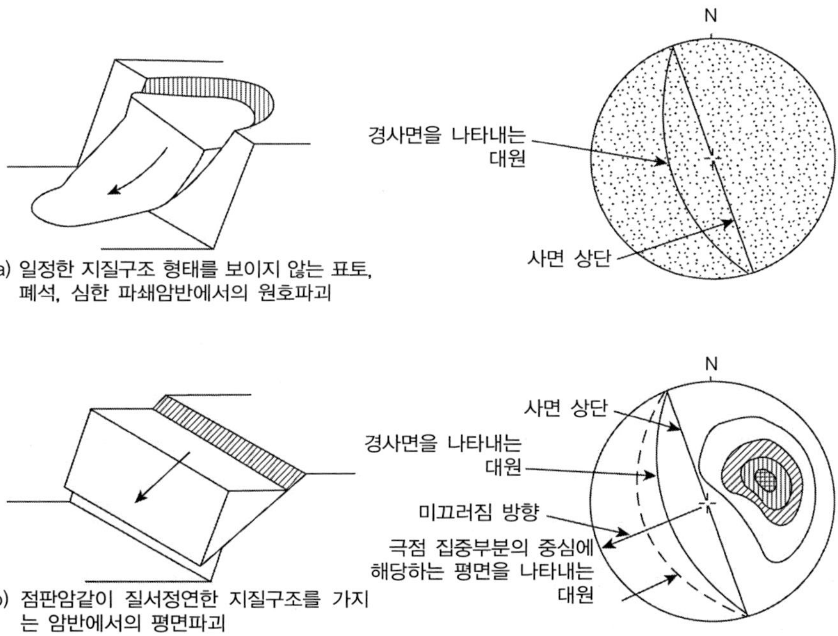

(a) 일정한 지질구조 형태를 보이지 않는 표토, 폐석, 심한 파쇄암반에서의 원호파괴

(b) 점판암같이 질서정연한 지질구조를 가지는 암반에서의 평면파괴

그림 4.5 사면파괴의 주요 유형 및 지질구조적인 조건을 보여주는 평사투영도 (Hoek and Bray, 1981)

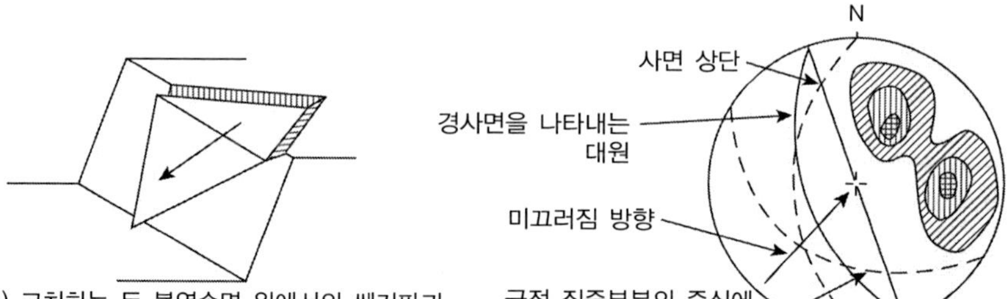

(c) 교차하는 두 불연속면 위에서의 쐐기파괴

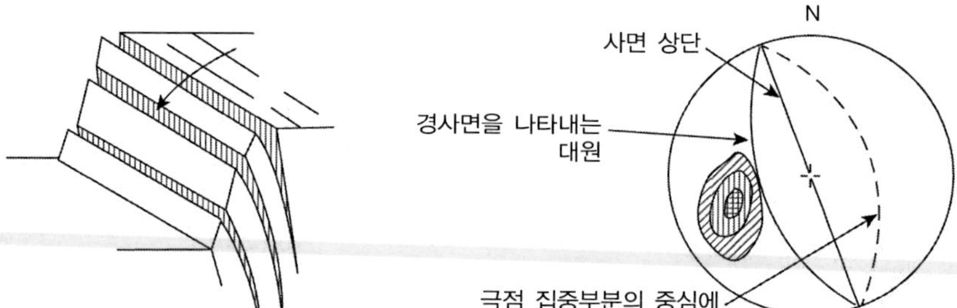

(d) 급경사 불연속면에 의해 분리된 주상(柱狀) 구조를 형성하고 있는 경암암반에서의 전도파괴

그림 4.5 사면파괴의 주요 유형 및 지질구조적인 조건을 보여주는 평사투영도 (Hoek and Bray, 1981)(계속)

그림 4.5에서 제시된 노천채광장 사면의 일반적인 파괴 유형에는 크게 4종류가 있는데, 여기에는 ① 원호파괴(circular failure), ② 평면파괴(plane failure), ③ 쐐기파괴(wedge failure), ④ 전도파괴(toppling failure) 등이 있다. 원호파괴는 암반 내 파쇄 밀도가 크거나 풍화정도가 심해 잔류토의 특성을 가지는 경우 또는 지층의 고결도가 낮아 토사와 같은 물성을 가지는 경우로서 이때 평사투영도 상의 불연속면 군의 극점 분포는 상당히 분산된 형태를 가진다. 평면파괴는 어느 한 불연속면이 사면과 유사한 경사 방향을 가지면서 불연속면의 경사각이 사면의 경사각보다 작고 불연속면의 마찰각보다 큰 경우에 일어날 가능성이 있다. 그리고 평면파괴가 일어나려면 불연속면의 활동을 가능하게 하는 조건으로서 파괴 예상 불연속면의 양 단에 불연속면과 직교하는 또 다른 불연속면 군이 있어야 한다. 쐐기파

괴는 두 개의 불연속면 군이 만드는 교선이 사면의 경사 방향과 유사한 방향을 가지면서 교선의 경사각이 사면의 경사각보다 작고 불연속면의 마찰각보다 큰 경우에 일어날 수 있다. 전도파괴는 불연속면의 경사각이 큰 경우로서 평사투영도에서 불연속면의 경사 방향(을 나타내는 대원)이 사면의 경사 방향(을 나타내는 대원)과 반대 방향으로 나타날 때 일어날 수 있다. 이상과 같이 평사투영법은 사면의 파괴 가능성을 그래픽에 의해 손쉽게 정성적으로 분석할 수 있는 장점을 가지고 있지만 정량적인 분석은 다음 절에서 소개된 여러 방법들에 의해 수행되어야 한다.

평사투영도 상에 나타난 대표적인 불연속면 그룹과 사면을 나타내는 대원으로부터 실제로 사면의 파괴를 유발할 가능성이 있는 불연속면 그룹과 그렇지 않은 그룹을 구분할 수 있는 방법이 여러 문헌(John, Panet 및 McMahon)에서 제시된 바 있는데, Hoek & Bray는 Markland가 개발한 방법을 추천하고 있다. Markland가 제안한 방법에 의하면 그림 4.5에서 보는 바와 같이 두 개의 불연속면(군)이 만드는 교선 방향으로 쐐기파괴가 일어날 가능성의 판단에 대한 것으로서 두 불연속면에 의해 교선이 형성되는 경우 일반적으로는 쐐기파괴가 일어나지만 특수한 경우에는 오직 하나의 면을 따라 평면파괴가 일어나는 경우를 판정할 수 있음을 알 수 있다(그림 4.6). Markland의 제안에 따르면 일반적으로 쐐기파괴가 일어나는 경우에는 사면의 경사 방향과 두 불연속면이 만드는 교선의 경사 방향이 두 불연속면의 경사 방향 사이에 위치하는데, 그림 4.6에서 두 불연속면의 교선이 회색 부분(사면의 대원과 마찰각을 나타내는 소원이 이루는 반달 모양)에 위치하고 두 불연속면 중 어느 한 불연속면의 경사 방향이 사면의 경사 방향과 교선의 경사 방향 사이에 위치하게 되면 이때에는 교선을 따른 쐐기파괴가 일어나지 않고 이 불연속면을 따라 평면파괴가 일어남을 보여주고 있다.

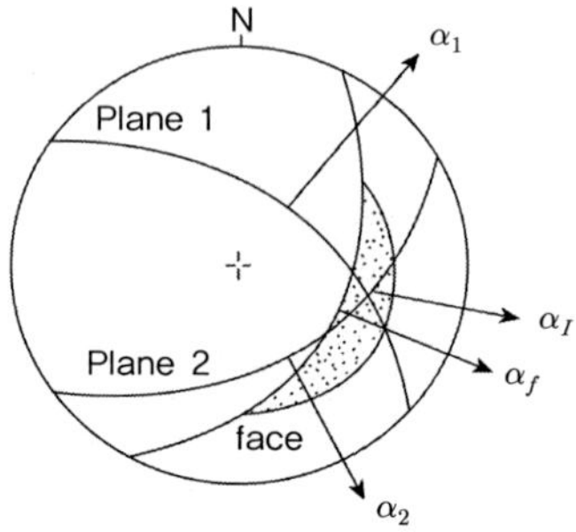

Wedge failure along α_I

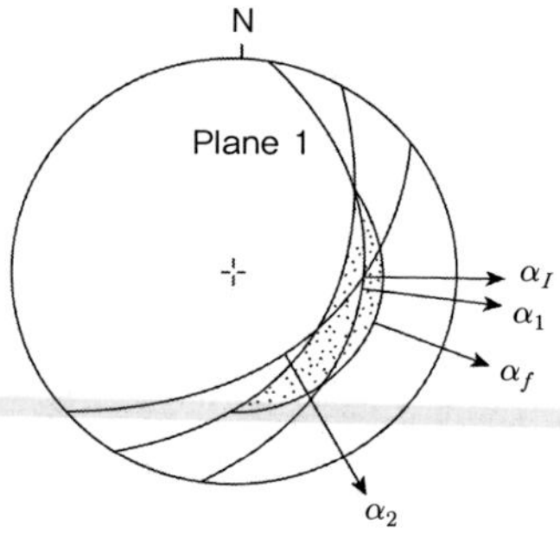

Sliding on plane 1 only

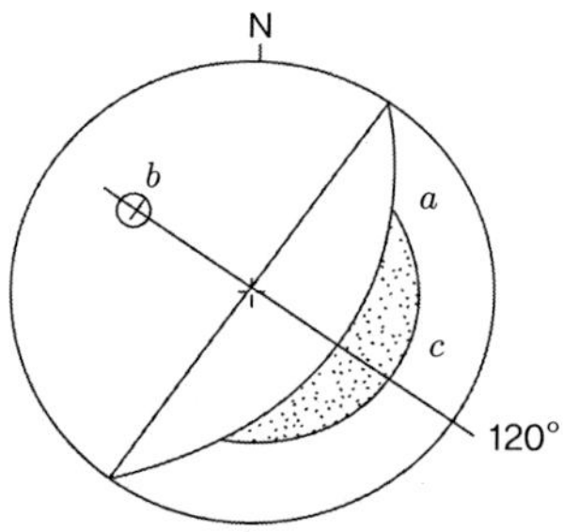

Overlay for checking wedge failure potential

그림 4.6 쐐기파괴 가능성을 검토 하기 위한 평사투영법(Hoek & Bray, 1981)

4.2.2 경험적 방법

사면설계 초기 단계에는 자료의 분량이 제한적이고 지질공학적 모델 또한 완성도가 떨어지기 때문에 사면의 예비설계를 위해서는 그래프를 이용하는 경험적 방법이 아주 유용하다.

1) 사면의 각도와 높이의 관계

사면의 각도와 높이의 관계를 나타내는 도표는 많은 문헌에서 제안되었는데, 그중에서 Hoek(1970)과 Sjöberg(1999)가 제안한 도표가 좋은 예이다. Hoek는 그림 4.7과 같이 많은 사례에 적용하였다. Sjöberg(2000)는 단순히 사면각과 사면의 높이를 비교하여 사면의 안정성을 검토하는 Hoek의 방법을 이용하여 암석이 가지는 경도를 이용하여 안정성을 평가하였다. 그림 4.8은 Sjöberg가 제시한 두 가지의 사례를 보여주고 있는데, 이 그림에서 빈 사각형과 마름모는 안전한 사면이고 채워진 사각형과 마름모는 파괴된 사면을 나타낸다. 이 그림에서는 Hoek가 제안한 사면각과 사면의 높이 사이의 관계에서 대략적인 안전율에 대한 경향을 볼 수 있다. 그런데 사면각/사면의 높이 관계에서 파괴가 예상되었던 몇 개의 사면이 안전한 것으로 나타나고 있는 반면에 안전한 것으로 예상되었던 사면에서 파괴가 일어난 것을 발견하였다. 이는 Hoek의 연구 결과가 광범위한 불확실성을 내포하고 있음을 의미하며 이를 사면안정성 해석에 이용하는 데는 한계가 있다. 첫째, 암반의 강도를 측정하여도 서로 다른 특성을 가지는 사면들 간의 차이점이 부각되지 않고, 둘째, 지질 구조 혹은 암반에 따라 사면의 파괴 유형이 다름에도 불구하고 이와 같은 파괴 유형이 고려되지 않는다는 점이다. 이러한 한계가 있지만 실제 사면의 안정성을 분석하는 데 활용될 수는 있다. 예를 들면 그림 4.7의 높이 150～350m, 사면각 70°인 사면은 안전할 것 같지 않아 보이는데, 이는 사면안정성과 관련된 지반역학 분야의 문외한에게는 유용한 정보를 제공해줄 수 있다.

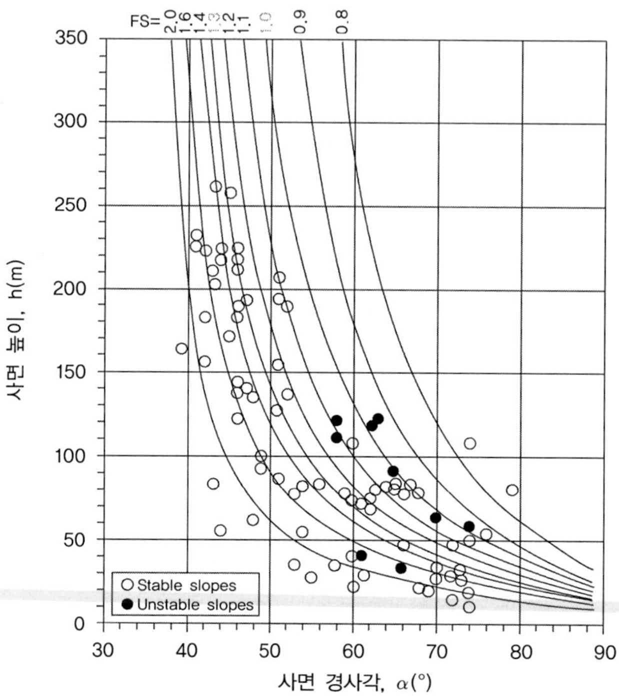

그림 4.7 안전율에 따른 암반사면의 경사각과 높이 관계

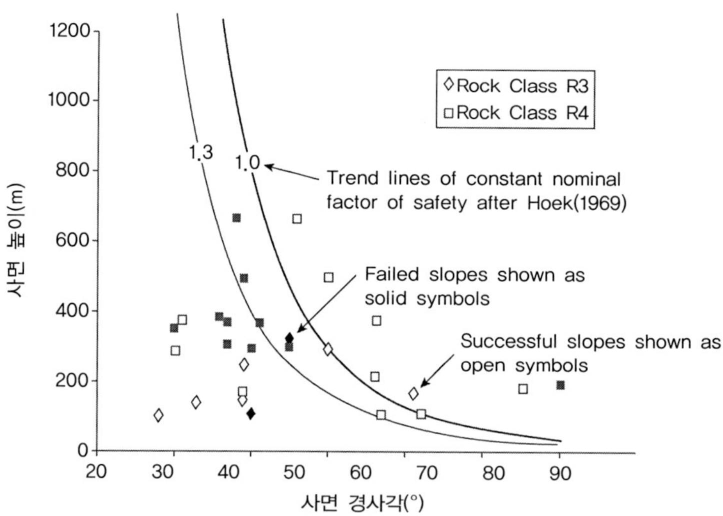

그림 4.8 암석의 강도에 따른 암반사면의 경사각과 높이 관계

2) 경험적 설계

여러 채광 현장 사면에서 수집된 정보를 분류함으로써 사면의 거동을 파악해온 경험을 바탕으로 하여 작성된 도표는 사면각과 사면의 높이를 설정하기 위한 지침을 제공한다. 가장 잘 알려져 있고 가장 널리 활용되고 있는 도표는 Haines와 Terbrugge (1991)가 발표한 것으로서 이 도표는 Laubscher의 MRMR의 암반 평가 체계를 기초로 하고 있다(그림 4.9). 경험적 설계에 활용되는 도표가 가진 단점은 이들이 경험을 기초로 작성되었다는 것과 준정량적인 특성이다. 이러한 단점은 Haines와 Terbrugge의 도표에서 잘 확인할 수 있으며 여기에서는 암반의 분류방법 체계인 MRMR에만 기초를 두고 사면각과 사면의 높이를 결정할 수 있는 경우와 안전한 사면이 예측되는 경우, 그리고 추가적인 안정성 해석이 필요한 경우가 모두 제시되어 있다. 도표는 개념설계와 예비 타당성 평가 단계에서 사면의 사전 안정성 평가에 유용한 기법이 된다. 그러나 타당성 조사 단계 혹은 설계 단계에서는 사면의 파괴 방식이 암반의 파괴만에 의해 결정된다는 확실한 수준의 신뢰성이 확보되지 않는 한 이 도표를 이용해서는 안 된다.

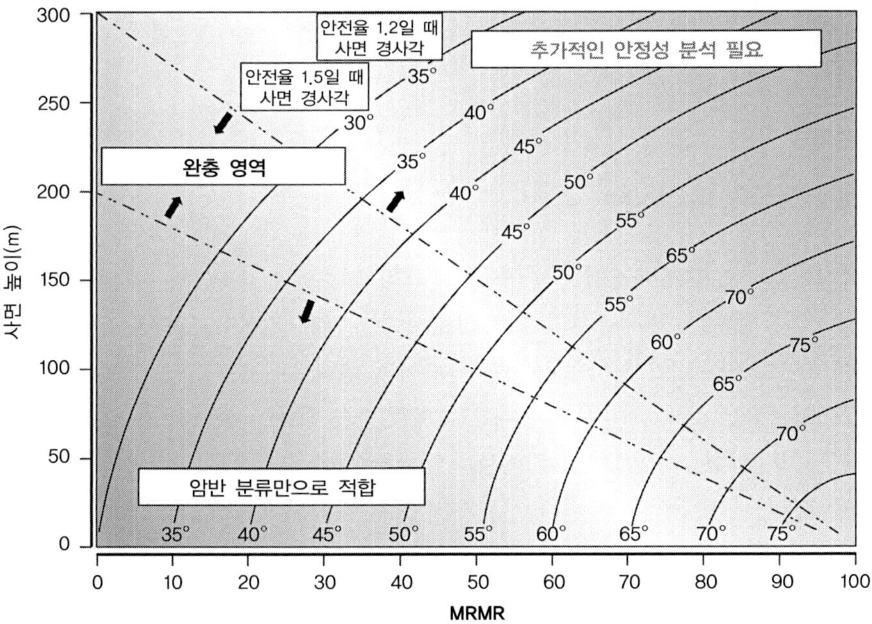

그림 4.9 Haines와 Terbrugg 도표에 의한 사면의 경사각과 높이의 결정

4.3 지반조사 및 물성시험

사면안정성 해석에 반드시 필요한 자료를 취득하는 것은 노천채광에 있어서 가장 중요한 과업 중의 하나이다. 사면안정성 해석 결과에 오류가 발생하는 것은 대부분이 파괴 유형의 분석이 잘못되었거나 암반의 강도나 지질구조와 관련된 입력자료의 예측이 잘 못되었기 때문이다. 자료의 취득은 채취된 시료의 물성시험을 통해서 이루어진다. 물성시험을 위한 시료의 채취 범위는 채광장 경계로부터 수평방향으로 채광장의 심도에 해당되는 거리까지이며 연직 방향으로는 채광장 바닥으로부터 채광장의 심도의 절반에 해당되는 거리까지가 적합하다. 그러나 이 범위의 넓은 지역을 대상으로 수많은 시료를 채취한다는 것은 불가능하기 때문에 시료는 대표성을 가지는 일부 지역에서 채취하고 그 결과로부터 물성의 분포를 추론할 수 밖에 없다. 이때 접근이 가능한 지표, 채광장 벽면, 지하 채굴장, 시추코어 등을 대상으로 시험에 필요한 시료를 채취할 수 있다.

불연속면의 방향, 길이 및 간격 등과 같은 지질구조와 관련된 자료는 한 점에서 취득하는 것이 아니라 방향성 혹은 길이와 같은 크기를 가지는 기하학적인 양을 취득하는 것이다. 그리고 자료의 용도와 목적에 적합하도록 적절한 양의 자료를 취득해야 한다.

4.3.1 지표지질 및 노두조사

지표지질조사는 암석의 종류와 풍화 정도, 그리고 주요 불연속면의 위치의 분포를 알 수 있게 해준다. 지질조사의 결과 보고서에는 지표 지질도, 단면도 및 수준별 자료 등이 포함되어야 한다. 도면은 두 가지의 형태로 구분되는데, 그중 하나는 현장에서 실제로 관찰된 내용만을 기재한 것과 다른 하나는 해석된 지질도와 단면이 그것이다. 최종 사면설계를 위해서는 채광장 벽면에 직교하는 방향의 임시 사면 설계도면과 단면이 기재된 지질도가 반드시 제작되어야 한다.

1) 암반조사

암반을 구성하는 요소 중 불연속면의 특성은 방향과 길이 및 인접하는 불연속면과의 간격에 의해 결정되는데, 이들 기하학적인 요소는 안정성 해석과 암반을 평가하는 데 활용된다. 실제로 채광장 전체를 대상으로 할 때에는 절리와 같은 불연속면을 모두 나타낼 수 없다. 따라서 불연속면에 대한 도면을 작성하기 위해서는 불연속면 전체를 몇 개의 부분집합(군)으로 나누어 측정하고 이들의 분포를 토대로 암반을 평가한다. 암반조사를 위한 방법으로는 육안으로 주요 불연속면 군의 방향, 길이 및 간격을 파악하는 방법과 조사선에 의한 방법(scan line method)이 주로 이용된다. 조사선에 의한 방법은 조사를 진행하는 방향, 즉 벤치면 혹은 노두면을 따라 줄자를 펼쳐두고 체계적으로 조사를 하는 것이다. 줄자를 따라 나타나는 모든 불연속면에 대하여 불연속면과의 교점, 방향, 길이, 거칠기, 충전물의 형태 및 두께를 기록한다. 조사결과가 대표성을 가지기 위해서는 100개로부터 150개의 불연속면을 측정해야 한다. 이들 두 방법을 조합한 방법으로서 셀에 의한 방법이 있는데, 이 방법은 벤치면을 조사할 때에 이용된다. 이 방법에서는 벤치면을 몇 개의 셀로 나누어 측정하는데, 여기서 단위 셀의 높이와 폭을 같도록 한다. 하나의 셀 안에 관찰되는 모든 불연속면 군에 대한 방향, 길이, 간격 및 특성을 기록하므로 이 방법은 길이와 간격에 대한 정보를 가장 자세하게 제공해준다.

2) 지반조사 항목

불연속면은 경사 방향(주향)과 경사로 평사투영도 상에 표시하는 것이 가장 편리한 방법이며 불연속면의 조사와 함께 사면안정성 해석에 필요한 지질정보에는 다음과 같은 항목들이 있다.

- 방향(경사, 경사 방향)
- 밀도 또는 간격
- 영속성
- 간극
- 충전물의 두께
- 거칠기

• 풍화 정도

이와 같은 지질정보를 사면의 안정성 해석에 정량적으로 이용할 수는 없지만 이들 정보를 바탕으로 가장 유력한 파괴 유형을 결정하고 현장을 대표하는 암반의 강도 특성을 결정할 수 있다. 이들 정보를 현장에서 야장에 체계적으로 기록하기 위해서는 조사 항목과 각 항목의 정량화가 요구된다. 각 항목에 대한 정량적인 지표는 ISRM에서 권장하는 시험법(Suggested Methods for the Quantitative Description of Discontinuities in Rock Masses 및 Suggested Method for Petrographic Description of Rocks)을 이용하여 결정할 수 있으며 그림 4.10은 호주에서 사용하고 있는 표준 조사양식으로서 현장에서 자료취득에 용이하게 작성되어 있다.

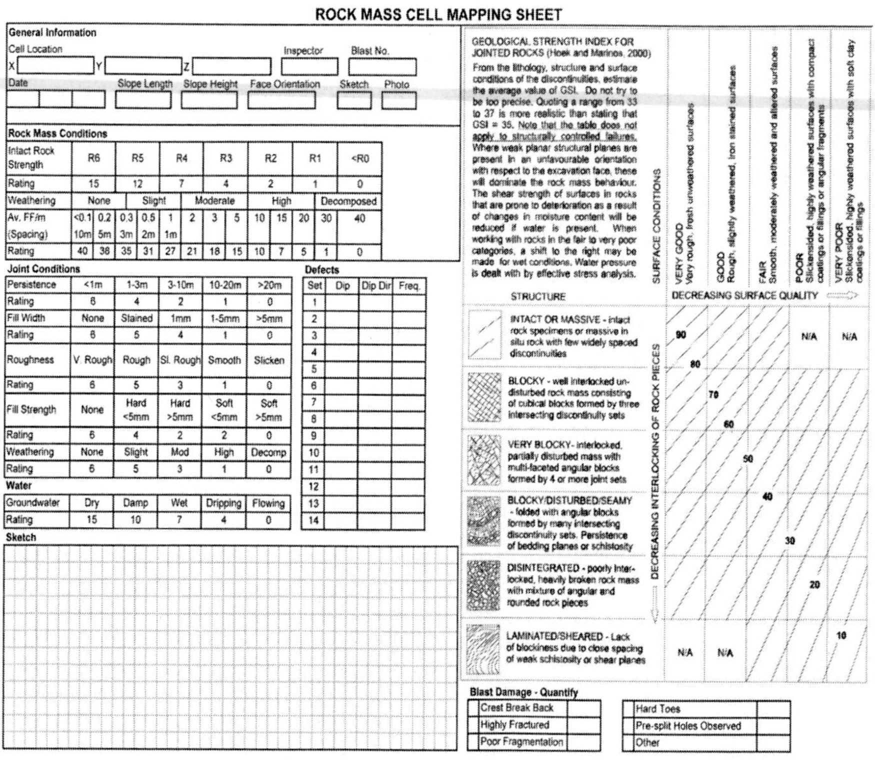

ROCK MASS CELL MAPPING SHEET

General Information

Cell Location X Y Z Inspector Blast No.

Date Slope Length Slope Height Face Orientation Sketch Photo

Rock Mass Conditions

Intact Rock Strength	R6	R5	R4	R3	R2	R1	<R0
Rating	15	12	7	4	2	1	0

Weathering	None	Slight	Moderate	High	Decomposed

Av. FF/m (Spacing)	<0.1 10m	0.2 5m	0.3 3m	0.5 2m	1 1m	2	3	5	10	15	20	30	40
Rating	40	38	35	31	27	21	18	15	10	7	5	1	0

Joint Conditions

Persistence	<1m	1-3m	3-10m	10-20m	>20m
Rating	6	4	2	1	0
Fill Width	None	Stained	1mm	1-5mm	>5mm
Rating	6	5	4	1	0
Roughness	V. Rough	Rough	Sl. Rough	Smooth	Slicken
Rating	6	5	3	1	0
Fill Strength	None	Hard <5mm	Hard >5mm	Soft <5mm	Soft >5mm
Rating	6	4	2	2	0
Weathering	None	Slight	Mod	High	Decomp
Rating	6	5	3	1	0

Water

Groundwater	Dry	Damp	Wet	Dripping	Flowing
Rating	15	10	7	4	0

Defects

Set	Dip	Dip Dir	Freq.
1			
2			
3			
4			
5			
6			
7			
8			
9			
10			
11			
12			
13			
14			

Sketch

GEOLOGICAL STRENGTH INDEX FOR JOINTED ROCKS (Hoek and Marinos, 2000)

From the lithology, structure and surface conditions of the discontinuities, estimate the average value of GSI. Do not try to be too precise. Quoting a range from 33 to 37 is more realistic than stating that GSI = 35. Note that the table does not apply to structurally controlled failures. Where weak planar structural planes are present in an unfavourable orientation with respect to the excavation face, these will dominate the rock mass behaviour. The shear strength of surfaces in rocks that are prone to deterioration as a result of changes in moisture content will be reduced if water is present. When working with rocks in the fair to very poor categories, a shift to the right may be made for wet conditions. Water pressure is dealt with by effective stress analysis.

SURFACE CONDITIONS

VERY GOOD Very rough, fresh unweathered surfaces

GOOD Rough, slightly weathered, iron stained surfaces

FAIR Smooth, moderately weathered and altered surfaces

POOR Slickensided, highly weathered surfaces with compact coatings or fillings or angular fragments

VERY POOR Slickensided, highly weathered surfaces with soft clay coatings or fillings

DECREASING SURFACE QUALITY

STRUCTURE

DECREASING INTERLOCKING OF ROCK PIECES

INTACT OR MASSIVE - intact rock specimens or massive in situ rock with few widely spaced discontinuities

BLOCKY - well interlocked undisturbed rock mass consisting of cubical blocks formed by three intersecting discontinuity sets

VERY BLOCKY - interlocked, partially disturbed mass with multi-faceted angular blocks formed by 4 or more joint sets

BLOCKY/DISTURBED/SEAMY - folded with angular blocks formed by many intersecting discontinuity sets. Persistence of bedding planes or schistosity

DISINTEGRATED - poorly interlocked, heavily broken rock mass with mixture of angular and rounded rock pieces

LAMINATED/SHEARED - Lack of blockiness due to close spacing of weak schistosity or shear planes

90 80 70 60 50 40 30 20 10

N/A N/A N/A N/A

Blast Damage - Quantify

Crest Break Back		Hard Toes	
Highly Fractured		Pre-split Holes Observed	
Poor Fragmentation		Other	

그림 4.10 노두 및 벤치의 표준 자료조사 양식

4.3.2 현지 암반 평가

한계평형법과 수치해석을 통한 사면의 안정성 해석을 할 때 안정성 여부를 판단하는 기본이 되는 기준으로 Mohr-Coulomb의 파괴기준을 이용하며, 이 기준은 암반의 마찰각(ϕ)과 점착력(c)에 의해 결정된다. 마찰각과 점착력은 3축 압축시험을 통하여 구할 수 있지만 시료의 채취와 성형과정이 어렵고 시험장비의 규격 또한 대형화할 수 없기 때문에 현지 암반 평가 결과를 이용하여 경험적인 방법으로 마찰각과 점착력을 구하는 것이 보편적이다.

사면의 안정성 해석에 이용되는 현지암반 평가 방법으로는 RMR(Rock Mass Rating; Bieniawski, 1989) 시스템과 GSI(Geological Strength Index; Hoek et al., 1995), 그리고 SMR(Slope Mass Rating; Romana 등, 2003) 등이 있다. RMR 값(Bieniawski, 1973, 1976, 1979, 1989)은 암반이 가진 5개의 요소(일축압축강도, 암질지수, 절리간격, 절리면 상태, 지하수 조건)에 의해 결정되며 각 요소가 암반의 역학적 특성에 기여하는 중요도에 따라 가중치를 주어 0으로부터 100까지의 범위의 값으로 나타내며 모든 암반은 이 분류에 따라 크게 5개의 등급으로 구분된다. RMR에 의한 암반 평가를 노천채광사면의 안정성 해석에 이용할 때에는 특히 지하수 조건, 절리의 방향성 및 암질지수의 평가에 유의해야 한다. GSI에 대한 개념은 1980년에 개발되어 암반의 경험적 파괴기준에 이용되었고 여러 차례의 수정과정을 거쳐왔으며 가장 최근(Marino & Hoek, 2000)에 제안된 방법은 그림 4.11과 같다. GSI는 암반 블록의 형태와 맞물린 상태를 나타내는 구조적인 특성과 절리면의 특성이 갖는 값의 범위에 의해 결정된다. GSI는 절리가 불규칙하게 발달된 암반의 특성을 비교적 잘 나타낼 수 있으나 뚜렷한 절리 그룹으로 구분되는 구조를 가진 암반을 대상으로 적용하지 않는 것이 좋다. SMR은 RMR에 기초를 두고 사면의 안정성을 평가하는 방법으로서 첫째 절리면의 주향과 사면의 주향이 이루는 각, 둘째 평면파괴가 예상될 때의 경사각, 셋째 사면의 경사각과 절리의 경사각이 이루는 각, 넷째 굴착작업이 노출된 사면에 미치는 영향 등 네 가지 요소를 고려한다. 여기서 넷째 요소의 값은 굴착영향이 사면에 미치는 영향이 작을수록 크며 일반적으로 무지보로 유지할 수 있는 사면은 75~100 범위의 SMR 값을 가진다.

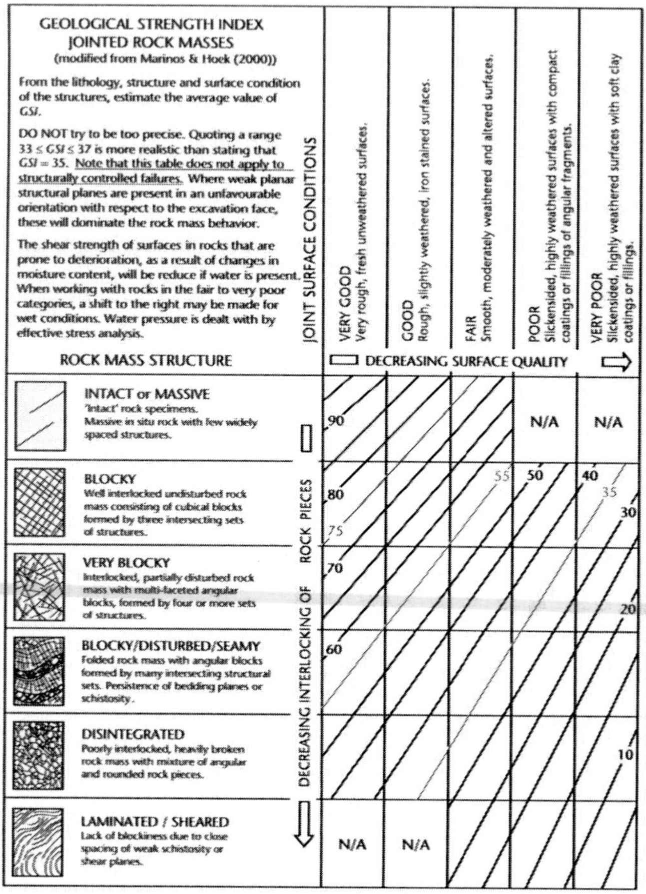

그림 4.11 Hoek-Brown의 GSI 암반 평가표

4.3.3 암반의 전단강도

현지 암반의 역학적인 특성은 채광장 내에서의 위치에 따라 많은 변화를 보이기 때문에 시료를 채취하는 장소에 따른 오차가 물성을 측정할 때 발생하는 오차보다 더 크다. 그러므로 하나의 시료를 대상으로 값비싼 시험을 하는 것보다 간편한 시험 방법을 사용하여 여러 시료에 대하여 측정하는 것이 더 바람직하다. 불연속면과 단층 충전물의 전단강도 특성이 노천채광 사면의 안정성 분석에 가장 중요한 암반물성 중의 하나이기 때문에 직접 전단시험을 하여 전단강도를 측정하는 것이

좋다. 불연속면의 전단강도와 불연속면의 법선 방향의 응력 사이의 관계는 비선형적인 관계이므로 실제로 대상 사면의 불연속면 내에 작용할 것으로 예상되는 법선응력의 크기에 부합하는 전단강도를 안정성 해석에 이용해야 한다. 예상되는 법선응력 값의 범위가 구해지면 각 법선응력을 가하면서 전단시험을 수행하며 이때 잔류 전단강도를 구할 수 있으려면 전단변위가 충분히 일어나도록 해야 한다. 그 이유는 노천채광 사면의 안정성을 해석할 때 이용되는 암반의 전단강도는 최대 전단강도보다는 주로 잔류 전단강도이기 때문이다. 전단응력과 법선응력 관계식을 구하려면 법선응력의 크기에 상응하는 전단응력을 나타내는 파괴포락선이 결정되어야 한다. 한계평형법 중의 하나인 Bishop의 수정 슬라이스법과 같은 해석 방법은 다음과 같이 직선형 포락선을 사용한다.

$$\tau = c + \sigma_n \tan\phi \tag{4.1}$$

여기서 ϕ는 마찰각을 나타내고, c는 점착력, 그리고 σ_n은 법선응력을 τ는 전단응력을 나타낸다. 이와 같이 직선형 파괴포락선이 잘 적용되며 특히 단층 충전물을 대상으로 할 때 유용하다. 일반적으로 매끄러운 불연속면의 전단강도는 Mohr-Coulomb의 파괴 기준을 이용하여 결정하며 불연속면에 작용하는 최대 전단강도의 값은 다음과 같이 주어진다.

$$\tau_{\max} = c_j + \sigma_n \tan\phi_j \tag{4.2}$$

여기서 ϕ_j와 c_j는 각각 불연속면의 최대 마찰각과 점착력을 나타내며 불연속면을 대상으로 주어진 법선응력(일반적으로 수직응력) 하에서 전단시험이 실시되었을 때 측정된 최대 전단응력 값으로서 이때의 전단변위는 아주 작다. 그리고 σ_n은 불연속면 상에 작용하는 평균 유효법선응력을 나타낸다. 그림 4.12는 전단시험 결과를 Mohr-Coulomb 기준에 따라 나타낸 개략도와 파괴포락선을 보여주고 있다. 또한 잔류응력 상태 혹은 최대 전단강도를 초과하여 불연속면을 따라 상당한 변위가 발생한 시점에서의 전단강도는 다음과 같이 주어진다.

$$\tau_{res} = c_{jres} + \sigma_n \tan\phi_{jres} \tag{4.3}$$

여기서 ϕ_{jres}와 c_{jres}는 각각 잔류응력 상태에서의 마찰각과 점착력을 나타내며 σ_n는 불연속면의 법선 방향으로 작용하는 평균 유효응력이다. 일반적으로 c_{jres}

은 0에 가까운 값을 가지므로 점착력 항을 무시하여 다음과 같이 주어진다.

$$\tau_{res} = \sigma_n \tan\phi_{jres} \tag{4.4}$$

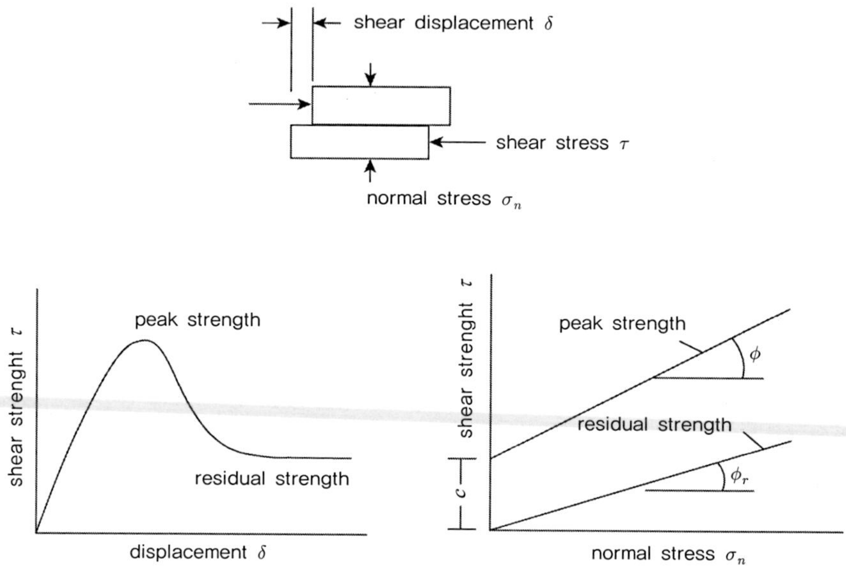

그림 4.12 절리면의 직접 전단시험에 의한 Mohr-Coulomb 전단강도

Patton(1966)은 노천 석회석 채광장에서 층리면의 거칠기가 클수록 사면의 경사가 증가하는 현상(그림 4.13)으로부터 불연속면의 거칠기가 클수록 마찰각이 커진다는 것을 밝혔다. Wyllie와 Norrish(1996)는 암반사면 내 불연속면의 전단거동 특성은 불연속면의 거칠기, 암석의 강도, 유효 법선응력 및 전단변위의 크기 등으로부터 복합적으로 영향을 받는다고 보고하였다.

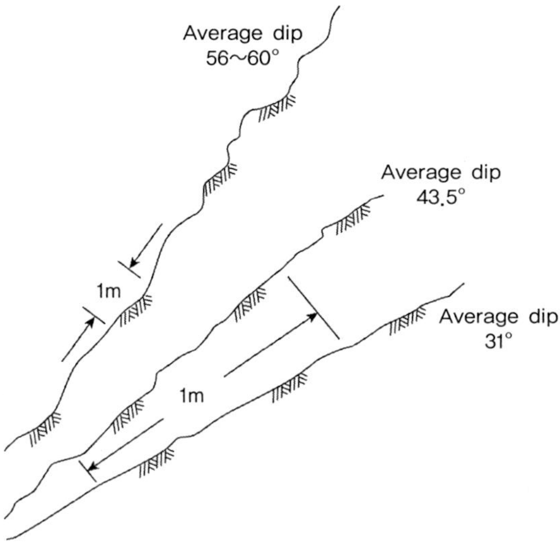

그림 4.13 불안정한 석회석 사면의 층리면 거칠기 영향

4.3.4 경험적 파괴기준

앞 절에서 살펴본 것과 같이 불연속면의 전단강도를 결정하는 과정에 실험 오차와 시료의 대표성 문제가 따르게 되어 보편적으로 사면안정성 해석에 활용될 수 있는 방법이 필요하다. 그리고 대부분의 수치해석 프로그램은 Mohr-Coulomb의 파괴기준을 따르기 때문에 암반에 대한 마찰각과 점착력을 결정할 필요가 있다. Hoek 등(1990, 2002)은 사면의 안정성 해석에 편리하게 이용할 수 있는 등가마찰각과 점착력을 구하는 방안을 제시하였다. Bieniawski(1989)가 제안한 암반 평가 방법(Rock Mass Rating)은 현장의 지질조건에 잘 부합되지 않고 특히 연약한 암반을 대상으로 할 때 한계가 있어 GSI 개념을 도입하게 되었다(Hoek, Wood & Shah, Hoek, 1992; Hoek, Kaiser and Bawden, 1995). Hoek가 제안한 암반의 경험적 파괴기준의 일반식은 다음과 같이 주어진다.

$$\sigma'_1 = \sigma'_3 + \sigma_{ci}\left(m_b \frac{\sigma'_3}{\sigma_{ci}} + s\right)^a \tag{4.5}$$

여기서 m_b는 무결암에 대한 재료정수 m_i를 암반에 대한 값으로 보정한 값으로서 다음과 같이 표현된다.

$$m_b = m_i \exp\left(\frac{GSI-100}{28-14D}\right) \tag{4.6}$$

위 식에서 암반에 대한 s와 a의 값은 각각 다음 식으로 주어진다.

$$s = \exp\left(\frac{GSI-100}{9-3D}\right) \tag{4.7}$$

$$a = \frac{1}{2} + \frac{1}{6}\left(e^{-GSI/15} - e^{-20/3}\right) \tag{4.8}$$

위 식에서 D는 굴착과정에 발생하는 발파와 응력이완으로 인한 손상영역을 나타내는 계수로서 전혀 손상을 받지 않은 경우의 값 0으로부터 가장 많이 영향을 받았을 때 1의 값을 가진다. 식 (4.5)로부터 그림 4.14와 같이 암반의 마찰각과 점착력을 구할 수 있으며 다음과 같은 식을 이용한다.

$$\phi' = \sin^{-1}\left[\frac{6am_b(s+m_b\sigma'_{3n})^{a-1}}{2(1+a)(2+a)+6am_b(s+m_b\sigma'_{3n})^{a-1}}\right] \tag{4.9}$$

$$c' = \frac{\sigma_{ci}\left[(1+2a)s+(1-a)m_b\sigma'_{3n}\right](s+m_b\sigma'_{3n})^{a-1}}{(1+a)(2+a)\sqrt{1+\left\{6am_b(s+m_b\sigma'_{3n})^{a-1}\right\}/\{(1+a)(2+a)\}}} \tag{4.10}$$

여기서 $\sigma'_{3n} = \sigma'_{3\max}/\sigma_{ci}$이며 $\sigma'_{3\max}$는 최대 봉압으로서 이보다 더 큰 봉압 조건에서는 Hoek-Brown 기준과 Mohr-Coulomb 기준 사이의 값을 선택한다.

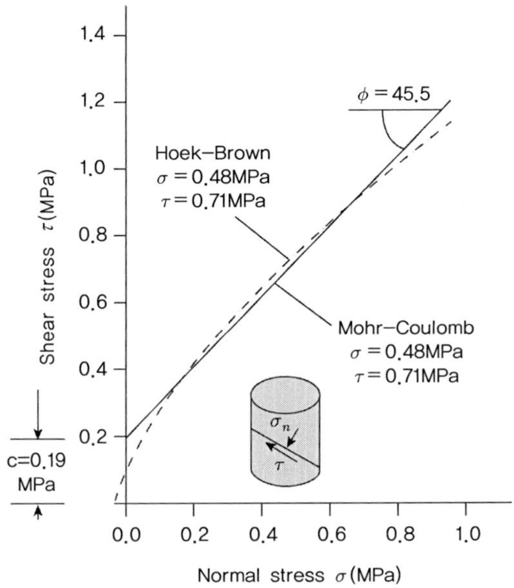

그림 4.14 식 (4.9) 및 (4.10)에 의해 결정된 암반의 비선형 Mohr 파괴 포락선. 최적 포락선으로부터 점착력과 마찰각 결정(Duncan and Mah, 2004)

4.4 사면안정성과 지진

지진의 영향을 사면안정성 해석에 고려하는 것에 대해 논란이 많은데 그 이유는 지금까지 지진이 경암으로 구성된 사면의 불안정성을 초래한 예가 그다지 많지 않기 때문이다. 지진 발생이 잦은 파푸아뉴기니의 Bougainville과 Ok Tedi 광산, 그리고 칠레와 페루에 있는 몇몇 광산들에서 관측된 결과는 다음과 같다. 지진이 일어나면 심도가 얕은 활동면을 가지는 작은 규모의 사면파괴와 낙석이 발생하지만 이들은 노천채광 작업에 지장을 줄 정도의 규모는 아니었다. Bougainville 광산은 태평양판 섭입대(subduction)로부터 약 60km 이내에 위치하고 있는데, 1975년 7월 규모 7.6의 지진을 3차례 경험한 바 있다. 하지만 이 광산에서 관찰된 것은 광미댐 몇 군데에서 액상화 현상이 일어났고 폐석더미에서 소규모의 사면 파괴가 일어났으며 채광장 사면 상부의 상부피복층에 일부 파괴가 일어났을 뿐 전체 사면에서는 문제가 없었다. Bougainville 섬 지역은 높은 수준의 지진활동이 일어나기 때문에 1981년 이 지역 동광산 회사에서는 이지역과 유사한 채광 역사와 지구조가 유사한 칠레의 경우와 비교하는 연구가 수행된 바 있다. 칠레의 서해안은 페루의 섭입대 남쪽부분에 위치하고 있다. 이때의 연구(Hoek & Soto, 1981)에 따르면 칠레의 노천광산은 Chuquicamata 광산의 동쪽 사면 붕괴를 제외(논란이 여지가 있음)하고는 높은 수준의 안전율을 보이고 있었다. 그 당시 Chuquicamata 광산의 사면의 높이는 550m였고 규모 7.0인 지진에도 안전하게 유지되었다. 진원지로부터의 거리는 약 30km이었고 지진으로 인한 수평 방향의 가속도가 최대 0.25g였다. Vallenar 부근의 Penoso 철광산은 Santiago와 Antofagasta 해변의 중간에 위치하고 있으며 지진 규모가 7.0인 진원지로부터 20km 떨어져 있었으나 높이 320m의 사면이 안전하게 유지되었다. 이 광산에서의 지반 가속도는 0.31g이었다. 2007년 11월에는 칠레의 북부에 규모 7.7의 지진이 일어나서 가옥과 인명 피해가 막대하였고 연이어 다음 날 규모 6.8 및 6.2의 여진이 일어났음에도 불구하고 지진으로 인해 이 지역의 노천채광장 사면이 붕괴된 사례는 없었다. 채광장 내에 매설된 변위 및 수위 관측장비는 지진에 반응을 보였지만 사면의 파괴는 보고된 바가 없었다. 이와 같은 관측 결과는 지진이 발생하였을 때 일반 지형에서 나타나는 산사태와 대조를 이루고 있는데, 산사태의 경우는 입사되는 지진파의 파장이 지형의 그것과 유사하기 때문인 것으로 조사된 바 있다(Murphy, 2008). Ashford & Sitar(1997)은 지진파가 사면의 하부로 전파될 때 지형의 최대 진폭은 최대 지반 가속도를 2배로부터 5배까지 증폭시킬 수 있다고 발표하였다. Meunier 등(2008)은 S파가 P파보다 지형에 의한 증폭이 더 큼을 증명하였으며 Ashford 등(1997)은 노천채광장의 경우에 사면의 마루로부터 사면의 높이에 해당하는 거리만큼 떨어진 곳에서는 지형에 의한 증폭현상이 현저하게 떨어지는 것으로 보고하였다. 이와 같은 연구 결과를 고려해볼 때 규모가 큰 광산에서는 지형의 영향에 의한 증폭현상과 이에 따른 사면의 파괴가 일어나지 않는다고 보아도 큰 무리가 없을 것이다. 왜냐하면 노천채광장의 사면은 지형에 의한 증폭 현상을 일으키는 영역 밖에 있거나 만약 증폭 현상이 일어날지라도 사면이라는 지형에 의해 증폭되는 값이 사면의 파괴를 일으킬 정도의 수준에 미치지 못하기 때문이다. 또 다른 이유는 암반이 견고하기 때문이다. 그러나 법적인 차원에서 지진에 의한 영향을 검토해야 할 경우 한계평형법에서 지진의 영향을 수평 방향의 가속도 값을 의사정역학적(pseudo-static)으로 중력 값을 적용하는 것과 같은 방식으로 고려할 수 있을 것이다. 대부분의 경우 수평 방향의 가속도는 설계 가속도 크기의 절반보다 작거나 같은 수준으로 본다. 지진이 정역학적인 특성을 가지고 있지 않기 때문에 일반적으로 일정한 수평 방향의 가속도 값을 이용하여 계산한 안전율은 보수적인 값을 가진다.

4.5 벤치 및 사면 설계

사면의 설계를 위해서는 다음과 같은 네 단계의 과정이 필요하다. 첫째, 채광장 구역의 설정, 둘째, 최대 인터램프 사면을 결정하기 위한 벤치의 설계, 셋째, 경제성 분석을 거쳐 인터램프 각도를 선택하기 위한 인터램프 설계, 넷째, 잠재적 불안정성을 분석하고 필요한 경우 설계를 변경하기 위한 전체 사면에 대한 분석이 그것이다. 설계 구역을 선정하기 위해 사면 설계를 대화형식으로 할 수 있는 시험 채광장을 필요로 하지만 시험 채광장의 개발을 위해서는 전체 사면 경사의 결정이 우선되어야 한다.

4.5.1 설계 구역 설정

채광장 설계에 필요한 자료를 입력하기 위해 사면의 안정성을 분석하고 최적 사면 경사각을 결정하기 위해서는 예정된 채광장을 유사한 지질조건과 작업특성을 가진 구역별로 나누어야 한다. 설계 구역을 나누기 위한 첫 번째 기준은 지질구조로서 동일 구역 내에서의 암반 물성과 조직의 분포 특성이 같아야 한다. 대표적인 지질구조 경계는 암반을 서로 다른 조직을 가진 영역으로 구분하는 암상의 경계와 조구조이다. 두 번째의 기준은 채굴면의 방향이다. 암반은 원래 이방성을 가지기 때문에 같은 지질구조를 가진 지역에서 서로 다른 채굴면의 불안정성 양상은 판이하게 다르며 최적 사면각도 다르게 나타난다. 극단적인 경우에 대한 예로서 층리가 발달한 석탄층을 노천채광법으로 개발하는 경우의 예를 들면 다음과 같다. 하반에서는 18° 경사의 사면이 판상으로 붕괴되지만 같은 층서를 가지는 45m의 고벽 벤치는 경사각이 70°에서도 소량의 흘러내리는 현상이 있을 뿐 안전한 것으로 나타났다. 세 번째의 기준은 작업 공정을 고려한 안정성 확보이다. 사면의 붕괴에 따른 비용의 지출 규모가 크기 때문에 채광장 내 크러셔, 컨베이어 혹은 운반로는 지질구조가 같은 구역에서의 동일한 채굴면일지라도 기준이 다른 안정성의 확보가 필요하다. 설계 구역을 결정하기 위해서는 채광장의 형태를 알아야 하기 때문에 사면의 설계는 채광계획 수립과 함께 대화 형식으로 진행되어야 한다. 각 설계 구역에 대해서는 암석 조직과 주요 선구조의 방향에 관한 자료를 평사투영도로 작성할 수 있다. 평사투영도 상의 자료는 사면의 파괴 유형을 파악하고 안정성 분석을 위한 불연속면 그룹을 선정할 때 이용된다.

4.5.2 벤치 설계

일반적으로 벤치의 경사각은 가능하면 크게 설계하기 때문에 채굴작업 과정에 낙석과 흘러내림을 예상할 수 있다. 따라서 캐치 벤치를 채굴벽면에 두어 낙석과 흘러내리는 암석을 막아주는 것이 관례적이며 광업법에서도 정하고 있다. 벤치 설계는 채굴 가능한 벤치면의 각도를 예측하게 하고 벤치의 폭과 높이를 결정하기 위해 사면의 안정성 분석을 수행하는 과정으로 볼 수 있다. 벤치의 높이는 채굴 작업 심도에 의해 좌우되지만 두 계단(level) 또는 세 계단마다 캐치 벤치를 둘 경우에는 벤치를 높게 할 수 있다. Ritchie(1963)는 낙석의 발생 기구를 토대로 고속도로에 낙석을 방지하기 위해 사면의 바닥에 파는 도랑의 폭과 깊이에 대한 기준을 만들었다. Ritchie의 설계 개념은 암석이 도랑에 충격을 주고 도랑의 측면은 낙석의 수평 방향 회전을 멈추게 하는 것이다. 실제로 노천채광장에 도랑을 파는 것은 실용적이지 못하므로 벤치의 소단(berm)이 도랑의 역할을 하게 한다. 개선된 Ritchie의 설계는 다음과 같이 벤치의 높이가 9m로부터 30m일 때의 최소 벤치 폭을 결정하는 데 이용할 수 있다.

$$\text{최소 벤치 폭 } 1.5\text{m} + 0.2 \times \text{벤치 높이} \tag{4.11}$$

이때 벤치의 가장자리에는 높이 1.2m의 소단을 둔다. 최근에 수치모사로 낙석을 연구한 사례를 보면 위의 기준이 보수적일 수 있다고 지적되었으며 수치 모델을 이용하여 현장 조건에 맞는 맞춤형으로 벤치 폭을 결정할 수 있을 것이다(Evans, 1989). 벤치의 높이와 이에 의해 결정된 벤치의 폭이 주어졌을 때 최대 램프의 각도는 벤치의 경사각에 대한 함수로 나타난다. 그러나 암석의 구성 요소가 다양해서 발파 후의 벤치 면에 과굴이 발생하기 때문에 벤치의 경사각은 유일한 값으로 주어지지 않는다. 벤치의 경사가 일정하지 않은 관계로 평균 벤치면의 각도를 사용하는 것보다 신뢰도 분석을 이용하는 것이 더 바람직하다. 즉, 최소 벤치 폭과 평균 벤치면의 경사각을 이용하여 인터램프 사면의 경사각을 계산한다. 신뢰도는 최소 벤치 폭보다 큰 벤치 폭을 가지는 벤치 길이의 합을 전체 벤치 길이로 나누어 구하며 이렇게 구한 신뢰도로써 벤치의 경사각, 최소 벤치 폭과 벤치의 높이, 그리고 인터램프의 경사각을 계산할 수 있다. 백분율로 나타내는 신뢰도로부터 어느 하나의 레벨에서 낙석을 막아줄 수 있는 최소 벤치의 폭을 가진 벤치의 양이 몇 퍼센트를 차지하는지를 알 수 있다. 이때 낙석의 발생 가능성과 인력 및 장비의 작업장 노출 시간을 고려하여 적절한 신뢰도를 채택하여야 한다. 예를 들면 견고한 암석을 박토하는 구역에서보다 암석이 흘러내리는 지반 내 운반로 상부에 위치한 캐치 벤치의 신뢰도는 더 커야 한다. 실제로 이 신뢰도의 범위가 60%에서 90%까지이면 충분하다. 가행 중인 노천채광장에서는 실제 벤치 사면을 측정할 수 있고 측정된 벤치의 사면각의 분포를 사면 설계에 이용할 수 있지만 가행 전인 광산에서는 사면각이 90°인 벤치의 안정성 분석을 통하여 벤치 사면각의 분포를 얻을 수 있다. 이를 위해서는 불연속면 자료를 이용하여 평면파괴, 쐐기파괴 등 유형별 분석을 단계적으로 실시한다. 이때의 사면각의 분포는 이론적인 것으로서 발파와 사면 정리 등의 영향이 포함되지 않는다. 그렇지만 층리나 엽리가 발달된 지질조건에서는 측정된 사면각의 분포와 이론적인 해석 결과와 일치한다. 구조적인 지배를 받지 않는 지질조건의 경우 이론적인 벤치 각도를 결정할 때 발파에 의한 영향을 고려해야 한다. 측정된 사면각과 이론치의 비교를 비교 분석하였을 때 조절발파의 여부에 따라 이론치를 10°로부터 20°까지 낮춰야 한다.

4.5.3 인터램프 설계

인터램프 사면의 안정성은 기본적으로 주요 불연속면의 형태에 좌우된다. 주요 불연속면은 공간상에 나타낼 수 있으며 사면과의 관계를 알면 사면의 안정성을 분석할 수 있다. 일반적으로 분석되는 불연속면의 양이 많고 불연속면의 측정 지역 사이의 거리가 멀리 떨어져 있을 뿐만 아니라 채굴 사면의 연장이 불연속면의 연장보다 길다. 이 경우에는 불연속면 자료를 통계적인 방법으로 나타내어야 하며 확률 분석이 필요하다. 사면안정성 분석을 위한 입력 자료를 얻기 위해서는 불연속면의 극점 및 구조선의 극점과 함께 채굴면의 방향을 평사투영도 상에 그릴 수 있다.

연속성이 큰 불연속면의 경우에는 불연속면의 파괴 유형의 예측에 따라 한계평형법 등을 이용하여 임의의 각과 높이를 가지는 사면에 대한 안전율을 계산할 수 있다. 신뢰도 분석법에 의하면 안전율의 분포를 구하기 위해서는 전단강도 분포의 샘플링에 Monte Carlo 법을 이용하여 사면의 파괴 확률을 계산할 수 있는데, 이때 안전율이 1 이하인 지역의 분포를 계산한다. 또 다른 방법으로는 점예측 방법(Harr, 1984) 혹은 안전율이 1보다 작게 되는 전단강도를 가질 확률을 계산하는 방법이 있다. 전단강도 값의 변화 폭이 심하기 때문에 안전율이 1보다 크면 사면의 불안정성에 대한 위험도가 감소된다. 여기서 안전율이 같은 경우에도 안전율을 계산할 때의 입력자료 분포의 분산 정도에 따라 실제의 위험도가 달라진다는 것에 유의해야 한다. 신뢰도 분석의 장점은 위험도를 직접 알 수 있다는 것이다. 비용수익 분석에 입력자료로서 파괴가 예상되는 사면의 수와 파괴 부피를 예측하기 위해서는 사면의 높이와 사면각이 가질 수 있는 범위의 값에 대한 잠재적인 파괴 유형별 확률을 계산하여야 한다. 파괴 사면의 수와 파괴 부피가 예상되면 사면 파괴에 따른 비용을 계산할 수 있다. 파괴에 따른 비용에는 파괴된 암석의 정리, 운반로의 보수, 시설의 보수, 작업 중지에 따른 생산 손실, 파괴로 인해 매몰된 유실광석 및 용역비용 등이 포함된다.

4.5.4 전체 사면 설계

램프 혹은 다른 통로가 개설되어 있기 때문에 전체 사면의 경사는 인터램프의 경사보다 낮다. 따라서 유도 응력에 의한 파괴 혹은 인터램프 안정성 분석에 고려되지 않은 파괴가 일어날 경우를 제외하고는 전체 사면은 인터램프의 사면보다 안전하다. 블록 유동의 가능성은 유한요소법으로 분석할 수 있으며 Coates(1981)가 제안한 도표를 이용해서도 블록 유동을 신속하게 분석해볼 수 있다. 만약 도표에 의한 분석에서 블록 유동이 일어나지 않는 것으로 나타나게 되면 사면을 구성하는 재료들의 강성이 크게 다를 경우를 제외하고는 굳이 유한요소해석을 할 필요는 없다. 그 이유는 도표 방법에서는 재료를 등방체로 가정하고 강성의 차이에 의한 응력 집중이 나타나지 않기 때문이다.

4.5.5 사면 보강

노천채광에서는 케이블 볼트와 같은 지반 보강 방법을 널리 적용하지 않았으나 갱내 채광과 토목 건설 분야에서는 이미 적용성이 잘 정립되어 있다. 노천채광에서의 최종 사면은 경제성의 한계, 자원재 가격의 변동 혹은 채광비 등에 따라 채광장 사면의 위치가 변동될 수 있기 때문에 최종적인 채광장의 기하학적 형상이 불확실하다. 케이블 볼트로 보강을 한 사면을 다시 채광할 경우 이미 보강된 사면을 다시 채굴해야 하기 때문에 손실된 케이블 볼트의 비용을 정당화하기가 어렵다. 또 다른 문제로는 볼트의 부식인데 특히 동 광산의 경우에 발생하는 산성 폐수는 상당히 부식성이 강하다. 채광장의 규모가 큰 경우에 예상 파괴면을 지나 안전한 암반까지 도달하기 위해서는 볼트의 길이가 150m 이상 되어야 하기 때문에 시공도 어렵고 비용 또한 많이 소요된다. 현재 호주 등에서 적용되고 있는 지보로서는 흘러내림 방지와 급경사면을 유지하기 위하여 벤치의 보강용으로 볼트를 사용하고 있다. 흘러내림을 방지하게 되면 캐치벤치의 폭을 줄일 수 있어 인터램프 각도를 높일 수 있다. 흘러내림 방지를 위해 볼트와 와이어 메시를 적용하면 캐치벤치를 만들지 않아도 되는 경우가 있다. 특별히 볼트의 시공이 반드시 필요한 경우도 있다. 크러셔와 컨베이어 등의 시설이 있는 곳에서는 작은 규모의 사면 파괴가 일어날 경우에도 손상된 장비를 수리하거나 교체하는 기간 동안 비용의 지출과 장기간 생산에 지장을 줄 수 있기 때문에 치명적일 수 있다. 이때에는 볼트를 시공하여 사면 안정에 대한 신뢰성을 향상시키는 것이 좋다. Ertsberg(Mealey & Nicholas, 1986) 노천채광장의 운반로 사면에 시공된 볼트를 예로 들 수 있다. 운반로는 광석의 운반에만 이용되기 때문에 벤치 규모의 쐐기파괴가 일어날 경우 생산에 차질이 생길 수밖에 없다. 또한 인터램프 사면이 급경사이기 때문에 운반로의 보수에 어려움이 따르므로 운반로의 안정성을 향상시키기 위해 하부 사면에 케이블 볼트를 설치하였다. 전단 저항력을 향상시키기 위해 설치되는 케이블 볼트 방법에는 다음과 같은 세 가지가 있다.

$$\text{tension} = B cos\alpha \tag{4.12}$$

$$\text{dowel} = 0.5B \tag{4.13}$$

$$\text{friction} = B\sin\alpha\tan\phi \tag{4.14}$$

여기서 B는 볼트의 인장강도, α는 볼트와 전단응력이 작용하는 면이 이루는 각이다. 다우얼 강도는 전단력이 작용할 때 볼트에 작용하는 강도로서 인장 강도의 절반이다. Tresca 파괴기준을 따르는 재료의 경우 인장 강도와 다우얼 강도의 상호작용에 의해 볼트의 전단 저항력은 다음과 같이 주어진다.

$$\text{net resistance} = (\text{tensile}^2 + \text{dowel}^2)^{1/2} + \text{friction} \tag{4.15}$$

인장력을 가하지 않은 전면 접착형 볼트는 인장볼트보다 설치하기 쉽고 저렴하다. 변위의 크기가 아주 작을 때 전면 접착형 볼트의 인장은 최댓값에 도달한다. 작은 규모의 흘러내림이 점진적으로 발생하는 것을 안정화시키기 위해서는 숏크리트를 시공한 경우도 있다.

4.6 사면 및 벤치 유지관리

경제성 측면에서 볼 때 노천채광의 최적 사면 설계에는 어느 정도의 불안정한 사면이 포함될 수밖에 없다. 신중한 채광계획과 우발적인 사태에 대비한 대책을 마련함으로써 불안정한 사면이 야기할 수 있는 문제들을 해결할 수 있다. 사면이 불안정할 때에 염두에 두어야 할 사면 공학적 측면의 원칙에는 다음과 같은 것들이 있다.

- 사면의 파괴는 동시에 일어나지 않는다. 즉, 암반은 외력조건의 변화가 없는 상태에서 이동하지 않는다. 노천채광에서 외력조건의 변화로는 채광작업에 의한 지보의 제거, 공극수압의 증가, 그리고 지진 등이 있다.
- 대부분의 사면파괴 이후에는 평형상태가 이루어진다. 사면의 미끄러짐, 바닥(toe)의 돌출 및 사면 마루(crest)의 침하 등은 흔히 관찰되는 현상들이다. 이

렇게 하여 발생하는 변위는 사면의 운동력을 감소시키고 저항력을 증가시킴으로써 활동면이 멈출 때까지 변위 속도가 줄어든다. 공극수압이 클 때에도 유사한 평형상태로 접근한다. 암반은 변위발생으로 인해 팽창하여 공극수압이 낮아지면 유효 전단강도가 증가하게 된다.

- 사면의 파괴는 사전 경고 없이 일어나지 않는다. 큰 규모의 파괴가 일어나기 이전에 인장균열의 발생과 같은 계측이 가능할 뿐만 아니라 관측할 수 있는 현상이 먼저 일어난다. 이러한 현상은 대규모 사면파괴가 일어나기 수 시간으로부터 수년 전에 일어난다. 그러나 작업과 관련된 벤치 규모의 사면 파괴는 순식간에 일어난다. 사면의 파괴가 항상 사전 경고 이후에 일어나지만 사전 경고가 있다고 해서 반드시 사면 파괴가 일어나는 것은 아니다. 대규모의 사면 파괴가 일어나지 않을 때에도 사면 내 변위와 인장균열이 발생할 수도 있다.

4.6.1 사면안전 모니터링

사면을 관리하기 위한 첫 번째 단계는 사면의 파괴면이 형성될 가능성을 가진 잠재적 파괴 영역인 단층, 단층 각력대, 절리 등을 파악하는 것이다. 이들 영역은 채광장에 대한 지질도를 작성함으로써 파악할 수 있다. 지하수위가 높은 지역 역시 잠재적으로 불안정한 지역이다. 두 번째 단계는 잠재적으로 불안정한 지역 혹은 변위와 인장균열이 나타나서 불안정한 것으로 판단되는 모니터링 대상 지역이다. 모니터링과 지질도 작성을 바탕으로 파괴의 형태를 판단할 수 있고 앞으로의 거동을 예측할 수 있다. 사면의 모니터링 프로그램의 목적은 다음과 같다.

- 인원과 장비를 보호하고 안전한 작업 공정을 유지
- 사면의 불안정성을 사전에 알려줌으로써 사면의 파괴가 주는 영향을 최소화할 수 있도록 채광계획을 변경
- 사면 파괴 기구를 분석하며 적절한 대책의 설계하고 미래의 사면을 재설계하기 위한 지반공학적 정보를 제공

효과적인 사면 모니터링 프로그램에는 사면의 불안정성에 대한 증거의 체계적인 감지, 계측, 해석, 및 보고 등이 있다. 계측은 사면 불안정성에 대한 정확한 평가결과를 제공하기 위하여 지표 및 지중 변위를 측정하는 것이다.

1) 지표 변위

지표변위로는 인장균열 측정, 내공변위, 측량 등이 가장 비용 효율적인 모니터링 방법이다. 아래의 세 가지 방법이 모두 적용되어야 하며 어느 한 방법만을 적용해서는 완전한 양상을 파악할 수 없다. 그림 4.15는 대표적인 지표 모니터링을 배치한 것이다.

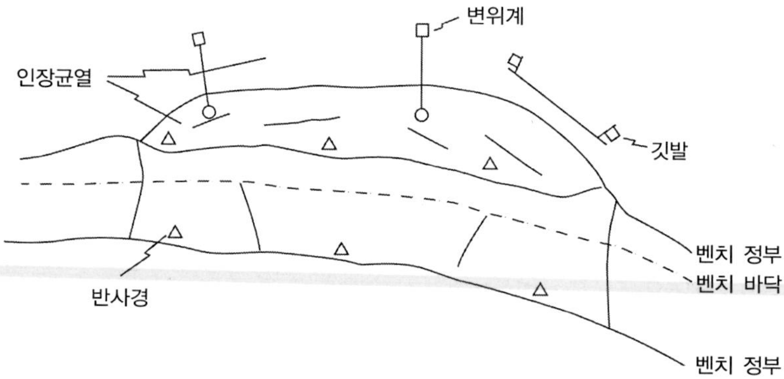

그림 4.15 인장균열 모니터링

(1) 인장균열 측정

인장균열은 초기 단계의 사면 불안정성에 대한 증거이다. 균열의 지도를 체계적으로 제작하면 파괴 양상을 손쉽게 파악할 수 있다. 외형적인 원인을 고려하지 않고 모든 균열을 그려야 한다. 가끔 부분적인 벤치 파괴 혹은 발파로 인해 발생한 균열을 그려보면 큰 규모의 파괴를 유발하고 있는 것을 발견할 수 있다. 균열의 양단에 깃발을 꽂거나 표시를 함으로써 새로운 균열의 발생과 기존균열이 확장하는 것을 파악할 수 있다.

(2) 내공변위계

휴대용 내공변위계는 인장균열 부근의 불안정한 영역에 대한 모니터링을 가능하게 한다. 내공변위계는 관측된 인장균열 중 마지막 것의 바깥쪽에 설치하고 계측

선은 불안정한 지역을 벗어나게 해야 한다. 경보에 이용하거나 활동 중인 암반의 변위에 대한 정보를 얻기 위한 경우에는 내공변위계를 목적에 부합하도록 어느 위치에 설치하여도 무관하다.

(3) 측량

지오디미터를 이용한 프리즘 타깃 모니터링은 불안정한 지역에서 일어나는 변위의 방향과 변위 속도 측면에서 가장 정확한 자료를 제공할 수 있다. 15mm 이내의 정밀도를 유지하기 위해서는 2″geodimeter를 이용하는데, 이때 측량 범위는 최대 1,500m가 되어야 한다. 보정을 위해서는 후시(backsight)를 다른 측량기지로부터 끌어오거나 채광장 밖의 기준점으로부터 끌어올 수 있다. 각 측량기지는 후시 외에 안정된 지반에 기준점을 두어야 한다. 이 기준점은 측량기의 안정성을 점검하고 EDM(electronic distance meter)을 보정하는 데 이용된다. 계측된 변위는 상대적인 값이므로 재현성이 절대적인 거리보다 더 중요한 경우가 허다하기 때문이다.

2) 지중변위

지중변위를 측정하여 지하의 불안정성을 규명할 수 있는 것은 아니지만 지중변위 벡터로부터 불안정성의 유추는 가능하다. 지중변위의 측정은 전단 스트립, 시추공 경사계 및 지중변위계 등에 의해 측정하는 것이 일반적이다.

(1) 전단 스트립

전단 스트립을 이용하여 시추공 내에서 시추공의 단절된 위치를 찾아낼 수 있다. 전단 스트립의 형태는 상용화되어 있는 분절형 스트립(segmented strip) 혹은 단층위치 파악이 가능한 동축 케이블(coaxial cable) 등이 있다. 이들 장비는 전단파괴가 일어난 지점의 파악이 가능하나 정량적인 측정이 어렵다.

(2) 시추공 경사계

시추공 경사계는 기본적으로 시추공의 휘어진 각도를 측정함으로써 시추공의 축에 법선 방향의 변위의 파악이 가능하다.

(3) 지중변위계

지중변위계에 의해 시추공에 나란한 방향의 변위를 파악할 수 있다.

3) 정밀도 및 신뢰도

사면의 모니터링에는 여러 가지의 모니터링 장비를 이용할 수 있는데, 이들 장비의 정밀도와 해상도는 모니터링 책임 엔지니어가 가진 독창성, 시간 및 예산에 의해 결정된다. 이들 조건은 제한적이므로 신중한 선택이 필요하다. 결정을 위해서 필요한 지침은 다음과 같다.

첫째, 확실한 대상을 먼저 측정하여야 한다. 지표 변위는 사면의 불안정성 판단에 가장 직접적이고 가장 결정적인 역할을 한다. 둘째, 측정은 단순하여야 한다. 측정 시스템의 신뢰성은 개별 요소의 신뢰성으로부터 나온다. 두 측점 막대보다 컴퓨터에 연결된 원격 측정장치를 갖춘 복잡한 전자장비나 기계장비를 이용하는 빈도가 더 낮을 것이다. 셋째, 측정장비의 가격은 대개 측정 정밀도가 클수록 멱함수적으로 상승한다. 예를 들어 10mm를 측정하는 것은 0.001mm를 측정하는 것보다 저렴하다. 사면의 활동 속도가 50mm/일인 경우 사면의 변위를 측정하기 위해 마이크로미터(μm)를 사용할 필요가 없는 것이다. 넷째, 중복 측정이 필요하다. 하나의 장비 혹은 기술을 적용하여 전체 변위 이력을 알 수 없다. 하나의 내공변위계 혹은 측량점에 의해 불안정한 지역을 판별할 수 없으며 계측 과정에 측정장비가 손망실되었을 때에는 계측 자료 역시 분실된다. 다섯째, 적기에 보고하여야 한다. 적절한 시기에 의사결정을 할 수 있는 정보를 제공하기 위해 측정자료의 수집과 분석은 신속해야 한다.

4) 모니터링 계획

모니터링 주기는 측정장비의 정밀도, 사면의 변위 속도, 대상 사면의 중요도 등에 따라 결정되는데, 일반적인 모니터링 주기는 표 4.2를 기준으로 할 수 있다. 강수량이 많거나 대발파 지역에서는 추가적인 계측을 해야 한다. 노천채광장의 작업자는 사면의 이상 징후를 발견하게 되면 이에 대한 대처를 신속히 하기 위해 즉시 모니터링 팀에 보고하여야 한다.

표 4.2 모니터링 계획

채광작업	속도		육안관측	변위측정	균열	측량	수위측정
	ft/일	mm/일					
Active (가행)	0	0	매일[1]	–	매월	매월	매월
	<0.05	<15	매일[1]	매일[2]	매주	매월	매주
	0.05~0.17	15~50	매교대[1]	매교대[2]	매일	매주	매일
	0.17~0.30	50~100	2교대	2교대	매일	매일	매일
Inactive (비가행)	0	0	매월	–	매월	매계절	매월
	<0.05	<15	매월	매월	매월	매월	매월
	0.05~0.17	15~50	매일	매일[2]	매주	매주	매주
	0.17~0.30	50~100	매일	매일[2]	매일	2주	매일
	<0.30	<100	2일	2일[2]	매일	2일	매일

*1. 교대 작업 시작 전에 작업면의 점검을 요구하는 광업법도 있음.
2. 내공변위계에 경광등 설치.
3. 내공변위계가 설치되지 않은 경우에는 내공변위 계측 시간에 측량 실시.

5) 자료의 정리 및 보고

모든 측정에서는 다음과 같은 계측과 계산이 수반되어야 한다.

① 측정 일시, 증가량, 측정 일수

② 측점의 좌표 및 고도

③ 수평 변위의 크기와 방향

④ 연직 변위의 크기와 경사
⑤ 총 변위의 크기, 방향, 경사

변위의 증가량과 누적 변위가 결정되어야 한다. 변위의 증가량을 합산하는 것보다 초기치로부터 누적 변위를 계산하는 것이 계측 오차의 영향을 최소화할 수 있다. 사면의 변위는 모니터링 자료를 그래프로 표현되었을 때 가장 잘 이해되고 분석될 수 있다. 공학적 측면에서 가장 유용한 그래프는 다음과 같다.

① 평면도 상의 위치
② 입면도 상의 위치(고도와 평면도 상의 위치 변화를 평균 수평변위 방향으로 향한 단면 위에 표시)
③ 변위 벡터
④ 시간에 따른 총누적변위
⑤ 시간에 따른 변위 증가 속도(속도의 단위 : m/일)

모든 그래프는 배포가 용이하도록 하고 가장 최근 자료로써 쉽게 재생산될 수 있어야 한다. 여러 그래프를 동시에 분석함으로써 특정 사면에 대한 변위 이력을 결정할 수 있다. 사면의 변위와 연관이 있을 가능성이 있는 강수량의 자료도 반드시 기록하여야 한다. 동절기와 해빙기를 파악할 수 있기 위해 일 평균 기온 역시 측정하여야 한다. 사면의 변위는 가끔 특정한 채광 활동과 관련이 있기 때문에 채광 구역의 위치와 채광 톤 수를 상시적으로 기록하여야 한다. 시간에 따른 채광 톤 수를 막대그림으로 나타내어 이를 총변위 그래프와 비교하는 방법도 유용하다. 월간 사면안정성 보고서(표 4.3)와 현재 불안정한 사면에 대한 대책을 마련해야 한다. 이렇게 함으로써 광산 경영진은 정확한 정보를 파악할 수 있게 되고 사면의 거동 관리를 지시할 수 있다.

표 4.3 모니터링 자료 작성

그래프 누적변위 : 시간 속도 : 시간(m/일, 반대수 방안지) 강수량 : 시간 수위 : 시간 채광:시간
도면 및 단면도 불안정한 지역을 포함하는 채광장 도면 변위 벡터를 포함하는 모니터링 위치도 인장균열도 시간에 따른 평면도 시간에 따른 단면도 지하수위 분포도 불안정한 지역의 단면도

4.6.2 사면 관리

사면이 불안정할 때 조치할 수 있는 방안으로는 다음과 같은 것들이 있다.

① 불안정한 지역의 방치

② 채광계획의 변경 없이 계속하여 채광

③ 추가적인 박토에 의해 파괴된 사면 제거

④ 일시적 방치(leave step-out)

⑤ 부분적인 정리

⑥ 파괴된 사면의 채광

⑦ 케이블 볼트에 의해 불안정한 사면의 보강

⑧ 불안정한 지역의 배수

위와 같은 조치 방안 중에서 어느 것을 선택하느냐는 사면의 불안정성 특성과 작업 영향에 의해 결정된다. 각 각의 경우는 개별적으로 평가를 하여 비용효율적인 방법을 선택해야 한다. 조치 방안을 선택할 때 다음과 같은 지침들이 이용될 수 있을 것이다.

① 폐광 혹은 가행이 중지된 지역에서의 불안정한 사면은 방치
② 변위 속도가 작거나 예측 가능한 경우로서 채광을 해야 할 때 변위가 일어나는 가운데에서도 지속적 채광
③ 불안정한 사면을 제거하는 것이 보편적인 방법이지만 일반적으로는 미흡한 결과를 초래하는데, 이때에는 공극수압이 커서 제거를 하더라도 사면의 안정성이 저하
④ 많은 광산에서 일시적 방치가 성공하였는데, 방치와 사면의 정리에 대한 선택은 방치로 인해 손실되는 광석의 값어치와 정리비용을 비교하여 결정
⑤ 파괴된 블록이 운반로나 작업장에 떨어진 경우에는 부분적인 정리가 가장 좋은 방안
⑥ 사면의 파괴가 어느 특정 구조에 의해 지배되고 이 구조 뒷면에는 견고한 암석이 있는 경우 파괴된 사면을 채광하는 것이 적절한 방안
⑦ 파쇄시설, 컨베이어 혹은 운반로를 보호해야 하는 경우에는 기계적 지보재를 적용하는 것이 비용 효율적 방안
⑧ 공극 수압이 높은 경우에는 배수와 함께 다른 조치를 병행하는 것이 가장 좋은 방법

•참고문헌•

Ashford S.A., & Sitar N., 1997, "Analysis of topographic amplification of inclined shear waves in a steep coastal bluff," Bulletin of the Seismological Society of America 87, pp.692~700.

Ashford S.A., Sitar N., Lysmer J., & Deng N., 1997, "Topographic effects on the seismic response of steep slopes," Bulletin of the Seismological Society of America 87, pp.701~709.

Armstrong D., 1990, "Planning and Design of Surface Mines," Chapter 5. Surface Mining, Society for Mining, Metallurgy, and Exploration, Inc. Littleton, Colorado, edited by Robert Laurich.

Bieniawski Z.T., 1973, "Engineering classification of jointed rock masses," Trans South African Institute of Minerals and Metallurgy 74, pp.312~320.

Bieniawski Z.T., 1976, "Rock mass classification in rock engineering," Exploration for Rock Engineering(ed. Z.T. Bieniawski), vol. 1, pp.97~106. Balkema, Cape Town.

Bieniawski Z.T., 1979, "The geomechanics classification in rock engineering applications," Proceedings of 4th Congress of International Society for Rock Mechanics, Montreux, vol. 2, pp.41~48. Balkema, Rotterdam.

Bieniawski Z.T., 1989, "Engineering Rock Mass Classifications," John Wiley & Sons, New York.

Call R.D., 1992, "Slope Stability," Chapter 10.4. SME Mining Engineering Handbook 2nd Edition Volume2, Society for Mining, Metallurgy, and Exploration, Inc. Littleton, Colorado, edited by Haward L. Hartman et al.

Coates D.F., 1981, "Pit Slope Manual," CANMET Report 77-5, CANMET Energy, Mines and Resources, Ottawa, Canada, p.126.

CSIRO Publishing, 2009, "Guidelines for Open Pit Slope Design," 496p(eds Read J., Stacey P.), Balkema, CRC Press Taylor & Group.

Evans C.L., 1989, "The design of catch bench geometry in surface mines to control rockfall," MSc thesis, University of Arizona, Tucson, p.160.

Fellenius W., 1927, "Erdstatische Berenchnungen mit Reibung und Kohaesion," Ernst, Berlin.

Fellenius W., 1936, "Calculation of the stability of earth dams," Transactions of 2nd Congress on Large Dams, Washington DC 4, pp.445~462.

Fourie G.A. & Gerald C. Dohm, Jr., 1992, "Open pit planning and design," Chapter 13. SME Mining Engineering Handbook 2nd Edition Volume2, Society for Mining, Metallurgy, and Exploration, Inc. Littleton, Colorado, edited by Haward L. Hartman et al.

Giani G.P., 1992, "Rock slope stability analysis," p.361, A.A. Balkema/Rotterdam/Brookfield.

Haines A. & Terbrugge P.J., 1991, "Preliminary estimate of rock slope stability using rock mass classification systems," In 7th Cogress of International Society for Rock Mechanics, Aachen, Germany, pp.887~892.

Harr M.E., 1984, "Reliability-Based design in civil engineering," 20th Annual Henry M. Shaw Lecture Series in Civil Engineering, School of Engineering, North Carolina State University, Raleigh, Apr., p.68.

Hoek E., 1970, "Estimating the stability of excavated slopes in opencast mines," Transactions of Institute of Mining and Metallurgy, Section A : Mining Industry 83, A109-A132.

Hoek E., 1990, "Estimating Mohr-Coulomb friction and cohesion values form the Hoek-Brown failure criterion," Int. J. Rock Mech. Mining Sci. & Geomech. Abstr. 12(3), pp.227~229.

Hoek E., & Bray J., 1981, "Rock Slope Engineering," 358p, The Institution of Mining and Metallurgy, London.

Hoek E., Carranza-Torres C., & Corkum B., 2002, "Hoek-Brown failure criterion-2002 edition," Proc. North Am. Rock Mech. Soc. Meeting, Toronto, Canada, July, pp.267~273.

Hoek E., Kaiser P.K., & Bawden W.F., 1995, "Support of underground excavations in hard rock," Balkema, Rotterdam.

Hoek E., & Soto C.A., 1981, "Collation of open pit slope behaviour under earthquake loading in Chile," Unpublished report(no. 812–1573) to Bougainvill Copper Ltd. Golder Associates, Vancouver.

Hoek E., Wood D., & Shah S., 1992, "A modified Hoek–Brown criterion for jointed rock masses," Proc. Rock Characterization, Symp. Int. Soc. Rock Mech. : Eurock '92(ed. J.A. Hudson), Brit. Geotech. Soc., London, pp.209～214.

Hungr O., 2002, "CLARA–W : Slope stability analysis in two and three dimensions," O. Hungr Geotechnical Research, Vancouver.

Hustrulid W. & Kuchta M., 2006, "Open pit mine planning & design," Vol. 2, p.36, Balkema.

Lisle R.J., & Leyshon P.R., 2004, "Stereographic projection techniques for geologists and civil engineers," 2nd edition Cambridge University Press, Cambridge.

Marinos P., & Hoek E., 2000, "GSI : a geologically friendly tool for rock mass strength estimation," Proceedings of GeoEng2000 Conference(ed. M.C. Erwin), Melbourne, vol. 1, pp.1422～1440. Technomic, Lancaster, PA.

Mealey G.A., & Nicholas D.E., 1986, "Case Study of Rock Mechanics at Freeport Indonesea's Ertsberg Open Pit," American Mining Congress Convention, Las Vegas, NV, Oct.

Meunier P., Hovius N., & Haines J.A., 2008, "Topographic site effects and the location of earthquake induced landslides," Earth & Planetary Science Letters. doi : 10.1016/j.epsl.2008.07.020.

Murphy W., 2008, "Earthquake induced landslides," Unpublished report to LOP Sponsors Management Committee.

Patton F.D., 1966, "Multiple modes of shear failure in rock," Proc. 1st Int. Congress on Rock Mechanics, Lisbon, 1, pp.509～13.

Ragan D.M., 1985, "Structural Geology : An introduction to geometrical techniques," 3rd edition John Wiley & Sons, New York.

Romana M., Seron J.B., & Montalar E., "SMR Geomechanics classification : Application, experience and validation," ISRM 2003-Technology roadmap for rock mechanics, South African Institute of Mining and Metallurgy.

Sjoberg J., 1999, "Analysis of large scale rock slopes," PhD thesis(unpublished). Lulea University of Technology, Lulea.

Sjoberg J., 2000, "Failure mechanism for high slopes in hard rock," Slope stability in surface mining(eds W.A. Hustrulid, K.M. McCarter & D.J.A. Van Zyl), pp.71~80, SME, Colorado.

Varnes, P.J., 1958, "Landslide Types and processes in Landslide and Engineering Practice," US Highway Research Board Report 29, pp.20~47.

Wyllie D.C., & Norrish N.I., 1996, "Rock strength properties and their measurement," Landslides investigation and mitigation, Special report 247(eds A.K. Turner & R. Schuster), pp.372~390. Transportation Research Board, NRC, National Academy Press, Washington DC.

Wyllie D.C., & Mah C.W., 2004, "Rock Slope Engineering Based on the third edition by E. Hoek and J. Bray," p.431, Spon Press, Taylor & Francis Group, London and New York.

Surface Mining Engineering

05

노천발파

05 노천발파

5.1 개 요

일반적으로 지상에서 이루어지는 발파를 노천발파라고 한다. 채광을 위한 노천발파는 광석을 채취하기 위한 본 발파와 잔류경사면의 안정성을 확보하기 위한 법면발파로 나누어진다. 노천발파는 주로 벤치를 형성시키며 굴착하게 되므로 벤치발파라고도 한다. 벤치발파의 특징은 다음과 같다.

- 평평한 벤치 위에서 천공 및 발파작업이 이루어지며, 벤치 높이도 암질을 고려하여 결정할 수 있으므로 낙석, 붕락 등 안전사고 발생률이 낮다.
- 작업이 단순하여 발파계획 수립과 수행이 용이하다.
- 대량 채광에 적합하고, 계획적 채굴이 가능하여 예정생산량을 확보하는 일이 용이하다.
- 광층에 변화가 있어도 품위별로 나누어 채광이 가능하여 품질관리가 유리하다.
- 고성능 대형 장비의 도입이 가능하여 채산성을 향상시킬 수 있다.
- 발파 시 붕괴상황의 관찰이 가능하며, 후 가스의 영향이 없다.
- 최소 저항선, 천공간격, 뇌관의 기폭패턴, 장약량 등을 변화시켜 파쇄도를 제어할 수 있다.

5.2 설계 고려 요소

발파는 화약류를 적절하게 이용하여 시공하려는 것이며 채굴의 경우에는 현장을 안전하게 유지하면서 효율적으로 발파가 이루어지도록 하는 것이 목적이다. 발파의 효율성은 화약류의 기능을 최대화하는 것 외에 이후 작업과 관련하여 생산물의 크기와 작업성, 즉 파쇄도와 파쇄 형태를 잘 확보하는 것이 중요하다. 효율성은 경제성과 직결되는데, 역학적 안전성뿐만 아니라 환경문제까지를 고려한 설계가 되기 위해서는 최적화가 필요하다.

따라서 채광발파에 앞서 암석의 물성, 불연속면 상황, 폭약의 성능, 채광목적을 충분히 이해하고 발파계획과 설계가 이루어져야 한다. 경험과 이론적인 연구를 바탕으로 발파설계법이 제안되고 있지만, 암반특성 및 폭약성능 등 모든 조건을 포함하는 완전한 설계법은 없는 실정이다. 그러므로 실제발파에서는 기존 경험, 실험적 연구 성과를 바탕으로 발파설계가 이루지고 있다.

다음은 채광발파 설계 시에 고려되어야 할 사항이다.

- 암질, 암석강도
- 불연속면 상태
- 발파 규모
- 파쇄도
- 화약류 성능 및 사용량
- 장약공경, 폭약경
- 천공배열
- 기폭방법, 기폭시차

이들 중에서 암질, 암석강도, 불연속면 상태 등은 발파 대상물의 성질로서 설계자가 선택할 수 있는 폭이 별로 없는 주어진 조건이다. 건설발파나 대규모 채광발파의 경우에는 노선을 수정하거나 채광한계를 변경시켜서 일부 변경할 수는 있으나 대개의 경우 발파설계 이전의 기획 단계에서 고려되므로 사실상 설계 단계에서는 선택의 여지가 없다.

발파 규모나 파쇄도는 발파 후의 산물과 연관이 있다. Open Pit와 같은 노천채광의 경우 발파 규모는 Pit 자체의 설계가 이루어진 후 부수적인 작업으로서 설계가 이루어질 것이며 Pit 내 발파현장의 위치에 따라서 규모나 발파의 패턴이 좌우된다. 파쇄도는 특히 Pit의 운영계획과 직결되는 것으로서 이 현장에 투입될 장비의 용량에 따라 달라진다. 버력의 경우는 적재나 운반장비에 크게 영향을 받으며 광석이나 골재의 경우 적재·운반장비 외에도 파쇄설비를 고려해야 한다.

발파 규모와 파쇄도가 선정되면 이에 맞게 선택가능한 변수들을 이용하여 설계가 이루어진다. 화약류의 선택이나 천공 제원과 배열, 기폭 방식 등은 좁은 의미에 있어서 발파설계 인자이다.

다음에 조절 가능한 설계 인자들을 간략히 설명하였다.

1) 천공경

천공경은 최소 저항선, 공간격과 밀접하게 관계하며, 공경 크기는 발파 규모나 천공능률 등과 관계가 있기 때문에 현장 생산 규모, 벤치 규모, 천공 경비 등을 고려하여 선정해야 한다. 일반 벤치발파에서는 크롤러드릴이 많이 이용되며, 그 공경은 65~75mm가 많고, 일부 대형 벤치발파에서는 대공경 천공기를 도입하여 100~300mm에 이르는 것도 사용한다.

2) 벤치 높이

벤치 높이는 암질이나 절리 발달상황 등 암반구조나 암반강도, 천공기계, 발파방법, 짐 운반 방법, 생산량, 법령에 의한 규제 등 조건에 따라 정해지지만, 일반적으로는 5~15m이다.

3) 최소 저항선

최소 저항선을 정하는 기준으로 사용폭약 직경 배수로 나타내는 방법이 있고, 일반적으로 폭약직경의 30~60배 값이 적당하다. 최소 저항선은 암질에 따라서 다르며 경암에서 연암에 가까울수록 커진다. 또한 사용하는 폭약 위력에 따라서 달라지는데, 위력이 높은 폭약일수록 커진다. 최근 공경 100mm 이상 천공기로 할 경우는 35～40배를 갖는 경우가 많다. 또 파쇄입도를 작게 하는 경우에는 최소 저항선을 줄이고, 파쇄입도를 크게 하고자 하는 경우에는 최소 저항선을 크게 한다.

4) 공 간격

공 간격은 최소 저항선과 관계가 있고, 공 간격 크기는 파쇄입도에 영향을 준다. 일반적으로는 공 간격은 최소 저항선과 같은 정도에서 1.25배 정도 되는 것이 많다. 파쇄입도를 줄이기 위해서 실시하는 와이드 스페이스 발파에서는 최소 저항선을 통상 1/2 정도로 하고, 공 간격은 최소 저항선 4～8배 정도로 한다.

5) 서브 드릴링

하단 벤치면보다 낮게 천공하는 것을 서브 드릴링이라고 한다. 서브 드릴링은 일반적으로 최소 저항선의 0.3～0.35배 정도 길이를 갖는다.

5.3 발파설계

5.3.1 발파계수에 근거한 발파설계

현장 조건 및 발파조건을 고려하여 최소 저항선, 공 간격 등이 결정되면 공당 장약량은 다음 식 (5.1)로 계산된다.

$$L = C \cdot S \cdot B \cdot H \qquad (5.1)$$

L : 장약량(kg)

C : 발파계수(kg/m^3)

S : 공 간격(m)[1)]

---

1) 공 간격 S는 spacing의 첫 글자를 땀.

B : 최소 저항선(m)[2)]

H : 벤치 높이(m)

그림 5.1은 전형적인 벤치발파의 천공 및 장약조건을 보여주고 있다. 발파계수 C 값은 벤치발파인 경우는 일반적으로 0.25~0.35이다. 발파계수는 암질, 사용하는 폭약 종류 등에 따라 변화하는 계수이며, 대체로 시험발파를 통해서 구할 수 있지만, 보통은 경험적으로 정하고 시공 중에 조절한다.

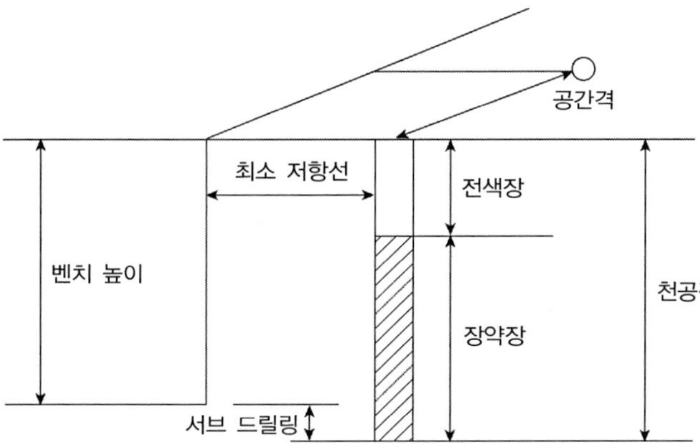

그림 5.1 벤치발파 장약 개요도

1) 발파계수

발파계수 C 값은 암반 발파에 대한 저항성, 폭약 위력 정도, 장약할 때의 전색상태, 디커플링 상태, 암반을 파쇄하는 정도에 따라 크게 영향을 받는다. 발파계수를 인자들의 상승적으로 나타내려는 시도가 있었다. 각각 관련된 계수를 폭약 위력계수(e), 암석저항력 계수(g), 전색계수(d), 장약계수(l), 파쇄도 계수($f(B)$)로 나타내면 발파계수 C는 다음 식 (5.2)로 나타낼 수 있다.

$$C = e \cdot g \cdot d \cdot l \cdot f(B) \tag{5.2}$$

2) 최소 저항선으로 흔히 W를 쓰기도 하나 여기서는 burden의 첫 글자인 B로 표기함.

2) 폭약 위력계수

폭약이 갖는 에너지는 폭굉압으로 대표되는 동적 에너지와 화약력으로 대표되는 정적 에너지로 크게 나눌 수 있고, 양자 비율은 암반굴착인 경우 동적 에너지가 10～20%, 정적 에너지가 80～90%라고 생각할 수 있다. 따라서 폭약 위력계수(e)는 다음 식으로 근사적으로 나타낼 수 있다.

$$\frac{1}{e} = 0.85\frac{f}{f_0} + 0.15\frac{P}{P_0} \tag{5.3}$$

여기서 f와 P는 사용 화약류의 화약력과 폭굉압이고, f_0, P_0는 표준폭약(고성능 다이너마이트)의 화약력, 폭굉압이다. 한편 폭굉압은 다음 식으로 나타낼 수 있다.

$$P = p \cdot c \cdot v \fallingdotseq 1/4pv^2 \tag{5.4}$$

여기서 p는 폭약 비중, c는 가스 유속, v는 폭속이다. 폭약 위력계수는 식 (5.3)과 (5.4)로 계산한다. 노천굴 발파에서 일반적으로 사용되는 폭약에 대하여 특성치와 위력계수를 표 5.1에 나타낸다. 표 5.2와 표 5.3은 국내 폭약제조업체별 폭약의 특성을 나타내고 있다.

표 5.1 폭약 특성치 및 위력계수(日本火藥學會, 2001)

특성치 폭약의 종류	비중, ρ	폭속, ν (m/s)	화약력, f ($m^3 \cdot Pa/kg$)	위력계수, e
고성능 다이너마이트	1.53	5500～6000	740000	1.00
함수폭약	1.15	5300～5800	780000	0.97
2호 다이너마이트	1.45	6000～6500	920000	0.87
3호 다이너마이트	1.35	6000～6500	930000	0.84
ANFO 폭약	0.85	3000	980000	1.00

표 5.2 고려 Nobel 화약 제품 및 성능

제품명	폭속 (m/s)	가비중 (g/cc)	폭발열 (kcal/kg)	낙추감도 (cm)	가스량 (L/kg)	내한성 (°C)	내수성	용도
New Super Emulsion	6000	1.20~1.25	1220	100	812	−20	최우수	경암, 극경암
New Super Emulsion 100	6000	1.20~1.24	1310	100	770	−20	최우수	
New Super Emulsion 200	6000	1.22~1.26	1398	100	675	−20	최우수	극경암
New Emulite	5900	1.15~1.20	950	100	888	−20	최우수	
New Emulite 120	5900	1.15~1.20	1030	100	851	−20	최우수	
New Emulite 150	5900	1.18~1.25	1100	100	830	−20	최우수	
New Emulite 170	5900	1.18~1.25	1140	100	820	−20	최우수	
New Emulite 200	5900	1.20~1.27	1165	100	812	−20	최우수	
New Emulite 1000	5500	1.20~1.25	690	100	976	−20	최우수	
New Emulite 2000	5000	1.20~1.25	680	100	1020	−20	최우수	
KINEX-I	4200	1.15	870	100	900	−20	최우수	
KINEX-II	4200	1.15	980	100	840	−20	최우수	
KINEX-III	4200	1.0	735	100	870	−20	최우수	
Super Primer	6100	1.15~1.25	1120	100	840	−20	최우수	
PRILLIT A·C	3300	0.80~0.90	1100	50	975	−20	보통	
KINECKER	2500	0.80~0.90	685	100	730	−20	최우수	

표 5.3 한국화약 제품 및 성능

제품명	평균 폭발 속도 (m/sec)	평균 탄동 구포 (%)	가비중 (g/cc)	폭발열 (kcal/kg)	가스량 (L/kg)	낙추감도 (cm)	내한성 (°C)	내수성
MegaMITE I	6100	170	1.3~1.5	1152	880	50	−20	우수
MegaMEX	6000	160	1.2~1.3	1300	865	100	−20	매우 우수
NewMITE Plus I	5700	120	1.1~1.2	880	826	100	−20	최우수
NewMITE Plus II	5700	135	1.2~1.3	1100	736	100	−20	최우수
NewVEX 28mm	4500	100	1.07~1.09	950	865	100	−20	최우수
NewVEX 50mm	4500	110	1.1~1.2	1100	826	100	−20	최우수
ANFO Plus	3300	145	0.75~0.85	1100	970	100	−30	취약
HiMEX 700	5500		1.25	720	996	100	−20	최우수
HiMEX 1000	5900		1.20	650	988	100	−20	최우수
NewFINEX	4400	90	1.0	640	874	100	−20	최우수
NewFINECKER (신제품−폭약)	3400	80	0.82	366	886	100 이상	−20	최우수
NewMITE Plus (기존제품−폭약)	5700	120	1.1~1.2	880	826	100	−20	최우수
FINECKER Plus (기존제품−화공품)	100 이상	45		710	320	20		

3) 암석항력계수

암석항력계수(g)는 발파했을 때 암반이 파괴되기 어려움을 나타내는 요인이다. 암석에는 그 특성을 나타내는 각종 물성치가 있지만, 발파할 때 암반이 파쇄되기 용이함을 명확하게 나타낼 수 있는 방법은 없다. 일반적으로는 일축압축강도나 암반을 전파하는 탄성파속도(초음파속도, 암반 탄성파속도)로 암반강도를 표현하고 있지만, 암반 내 불연속면 상태 등 다양한 요인을 포함하지 않는다. 그러나 실제로 발파를 할 경우, 상세하게 암반물성을 조사하는 일은 흔치 않으며, 조사하더라도 암반상태는 발파가 진행됨에 따라 시시각각 변화한다. 그러므로 발파 패턴을 설계할 경우 암반의 정보는 일축압축강도, 탄성파속도를 고려하게 된다. 암석의 항력계수를 표 5.4에 나타냈다.

표 5.4 암석항력계수(日本火藥學會, 2001)

일축압축강도 (MPa)	암석의 종류	항력계수 (g)
196	화강암, 화강섬록암, 쳐트	1.00
186	안산암, 현무암	0.97
166	화강암, 화강섬록암, 섬록암, 쳐트, 사암(고생, 중생대)	0.90
157	사암(고생, 중생대)	0.87
147	안산암, 현무암, 석영 조면암, 쳐트, 휘록응회암, 편마암	0.83
137	화강암, 화강섬록암, 섬록암, 응회질안산암, 사암(고생, 중생대), 화산력, 응회암	0.80
127	안산암, 현무암, 점판암, 휘록편암	0.77
118	응회질안산암, 회록응회암, 석회암, 천매암, 석영편암	0.73
108	응회질안산암, 석영조면암, 점판암, 편마암, 사암(제3기), 화산력, 강력응회암	0.69
98	휘록응회암, 석회암, 천매암, 석묵편암, 석영편암	0.66
88	점판암, 역암, 편마암	0.62
78	석영조면암, 사암(제3기), 혈암	0.59
69	사암(제3기), 석회암, 역암, 석묵편암, 천매암(변성암)	0.55
59	혈암, 응회암, 편마암	0.51
49	역암, 혈암, 응회암, 석묵편암	0.47
39	이암	0.43

4) 전색계수

암반을 발파하는 경우에는 보통 착암기로 암반을 천공하고 그 공 안에 폭약을 장전하고 모래나 점토를 채워 넣는다. 암반 표면에 폭약을 놓고 발파하는 표면발파법이 있지만, 공 내에 폭약을 장전하여 발파하는 내부장약발파가 표면발파에 비하여 발파효과가 크다.

이렇게 폭약을 천공 내에 정전하여 공 입구를 모래나 점토로 막는 것을 전색이라고 하며 전색계수(d)로 표현된다. 전색상태와 전색계수 관계를 표 5.5에 나타낸다. 전색상태가 좋으면 전색계수가 작다. 즉, 필요한 폭약량이 적게 된다. 노천굴 발파에서는 일반적으로 조분, 모래 쇄석 등이 이용되므로 전색계수 $d=1$이다.

표 5.5 전색상태와 전색계수의 관계(日本火藥學會, 2001)

전색의 길이	전색의 상황	전색계수(d)
전색장 > 최소 저항선	모르타르	0.8
전색장 > 최소 저항선	모래·점토	1.0
전색장 > 최소 저항선	물	1.05
전색장 > 최소 저항선	불완전 전색	$1.00 < d < 1.25$
전색장 > 최소 저항선	전색 미실시	1.25
전색장 > 최소 저항선	전색 미실시	$1.25 < d < 1.50$

5) 장약계수

장약계수(l)는 디커플링 지수(decoupling index)로 결정되며, 디커플링 지수가 커지면 장약공벽과 폭약 사이 공기가 쿠션이 되어 파괴효과가 저하된다. 이러한 경우를 경장전이라 하고, SB 폭약 장전 등이 이에 해당한다. 역으로 ANFO 폭약 기계장전과 같은 밀장전인 경우에는 파괴효과는 높아진다. 예를 들면 65mm 비트 경공에 50mm 약경의 폭약으로 사용한 일반적인 경우를 보통장전이라 한다. 장전방법과 장약계수 관계를 표 5.6에 나타낸다.

표 5.6 장전방법과 장약계수의 관계(日本火藥學會, 2001)

장약방법	장약계수
밀장전	0.90
보통장전	1.00
경장전	1.05

6) 파쇄도계수

발파로 암반을 파쇄하는 에너지(E)는 다음 식으로 나타낼 수 있다.

$$E = aB^2 + bB^3 + cB^4 \tag{5.5}$$

여기서 B는 최소 저항선, a, b, c는 정수이다. 식 (5.5) 각 항에 대하여 aB^2은 암석 절단 에너지, bB^3은 암석 내부에 균열을 발생시키기 위한 에너지, cB^4은 암석이동, 비산에 사용되는 에너지를 나타낸다.

파쇄도계수 $f(B)$는 식 (5.5)를 B^3으로 나눈 것이며 다음 식으로 나타낼 수 있다.

$$f(B) = a/B + b + cB \tag{5.6}$$

식 (5.6)의 계수 a, b, c는 발파 종류에 따라 다르다. 각종 발파와 파쇄도계수 관계를 표 5.7에 나타낸다. 이 중 조절발파는 주로 균열만을 발생시키는 데 적용된다. 표 5.7에 따르면 벤치발파에서는 $a = 0.3$, $b = 0.15 \sim 0.37$, $c = 0$, 터파기 발파에서는 $a = 0.3$, $b = 0.08 \sim 0.26$, $c = 0$이다.

표 5.7 각종 발파방법과 파쇄도 계수 관계(日本火藥學會, 2001)

계수											
	a	0.15	0.20	0.25	0.30	0.30	0.30	0.30	0.30	0.30	0.30
	b	0	0.025	0.05	0.075	0.15	0.26	0.37	0.48	0.596	0.691
	c	0	0	0	0	0	0	0	0	0.004	0.009
파쇄 정도		적음 균열		균열 발생		높음 비산 없음		적음 비산 발생		분쇄 비산	
조절발파		—	—	—	—	—					
터파기발파					—	—	—				
벤치발파						—	—	—			
굴진발파							—	—	—		
심빼기									—	—	—

5.3.2 절차적 발파설계

절차적 발파설계라 함은 천공경을 기본으로 최소 저항선을 결정하고 단계별로 발파제원을 고려하면서 발파설계를 하는 방법이다. 일찍이 Swedish Blasting에서 다루어지고 발전해온 방법이다. 앞에서 다룬 발파계수에 의한 발파설계를 총괄적인 설계라 하면, 이 방법은 체계적 설계라 할 수 있다.

Gustaffson, Langefors 등이 제시한 노천발파 설계 순서는 다음과 같다.

1) 최대 저항선 $B_{\max} = 45d$ (5.7)

2) 초과천공장 $U = 0.3B_{\max}$ (5.8)

3) 계단 높이 K

4) 천공장 $H = K + U + 0.05(K+U) = 1.05(K+U)$ (5.9)

5) 천공오차 $F = 0.05 + 0.03H =$ 착점오차 + 심도편차 (5.10)

6) 실최소 저항선 $B = B_{\max} - F$ (5.11)

7) 실천공 간격 $S = 1.25B$ (5.12)

8) 공저장약 밀도 $Q_{bk} = \dfrac{d^2}{1000}$ (5.13)

9) 공저장약장 $h_b = 1.3B_{\max}$ (5.14)

10) 공저장약량 $Q_b = h_b \times Q_{bk}$ (5.15)

11) 상부장약밀도 $Q_{pk} = (0.4 \sim 0.5) \times Q_{bk}$ (5.16)

12) 비장약장 $h_0 = B$ (5.17)

13) 상부장약장 $h_p = H - (h_b + h_0)$ (5.18)

14) 상부장약량 $Q_p = h_p \times Q_{pk}$ (5.19)

15) 공당 총장약 Q (5.20)

16) 비장약량 $q = n \times Q$ (5.21)

단 n : 총공수, m : 열 수, w : 한 발파의 너비

17) 비천공장 $b = \dfrac{n \times H}{m \times B \times K \times w}$ (5.22)

18) 단당장약량 $q_r = n \times Q$ (5.23)

Bergqvist는 화약의 종류와 공경에 따라 결정되는 공저장약밀도 l_b에 입각하여 최

대저항선 B_{max}을 정하도록 다음과 같이 수정하였다.

$$B_{max} = C\sqrt{l_b} \times R_1 \times R_2 \tag{5.24}$$

여기서 C는 화약류에 따른 상수이며 고성능 다이너마이트는 1.47, 에멀젼 폭약은 1.45, ANFO는 1.36이다. l_b는 공저장약밀도로, 중요 화약류와 공경에 대한 공저장약밀도는 표 5.8과 같다.

표 5.8 여러 가지 화약류의 공경별 장약밀도

천공직경 화약종류	장약밀도(kg/m)						
	51	64	76	89	102	127	152
ANFO	1.6	2.6	3.6	5.0	5.6.50	10.1	14.5
Emulite 150	2.3	3.7	5.0	7.1	9.3	–	–
Bulk emulite	2.4	3.9	5.3	7.5	9.9	15.3	21.9
Dynamex M	2.6	4.0	5.6	7.8	10.2	–	–

R_1은 천공경사에 따른 보정으로서 경사가 급할수록 바닥부분의 구속이 커지고 자유면에 대한 투영면적이 줄므로 최대 저항선 값이 작아진다. 경사도에 따른 R_1의 값 변화를 표 5.9에 보였다.

표 5.9 경사에 따른 조정계수

경사도	수직	10 : 1	5 : 1	3 : 1	2 : 1	1 : 1
R_1	0.95	0.96	0.98	1.00	1.03	1.10

R_2는 암석계수 C에 따른 보정계수로서 암석이 단단할수록 저항이 크므로 최대 저항선 값은 작아진다. C=0.4인 경우를 기준으로 하였을 때 C=0.3에 대하여 R_2는 1.15이고 C=0.5일 때 R_2는 0.90이 된다.

최대 저항선을 구하는 식을 제외하면 나머지 과정은 동일하다.

이 방식으로 구한 최소 저항선 B(m)는 inch 단위로 표시한 직경의 크기와 비슷하므로 계산과정의 적합성을 대체적으로 검토할 수 있다.

5.4 손상영역과 조절발파

5.4.1 후방여굴과 손상영역

발파 시에 최소 저항선 반대 방향, 즉 잔류 암반의 방향으로 발생하는 손상에 의하여 암반이 파괴되는 것을 백 브레이크(back break) 또는 후방여굴이라고 한다. 백 브레이크는 일반적으로 벤치발파에서 대괴가 발생하는 원인이 된다. 최종적으로 남는 잔류사면을 형성하는 조절발파에서는 암반손상이나 백 브레이크의 발생을 최대한 억제하여야 한다. 이를 위해서는 발파 중에 발생하는 발파공 주변 응력장과 발파손상영역(blast damage zone)의 관계를 파악할 필요가 있다.

발파공 내에서 폭약이 폭굉하면 공벽을 중심으로 확장하는 응력이 발생하여 주변 암반에 응력장이 형성된다. 발생하는 압력은 충격파에 의한 것과 폭발생성가스에 의한 준정적인 것으로 나뉜다. 특히 디커플링 지수가 높은 경우에는 준정적인 압력이 주로 작용하게 된다. 일반적으로 스무스 블라스팅과 프리 스플리팅에서 디커플링 지수는 2 이상으로 발파공 주변에는 폭발생성가스에 의한 준정적인 응력장이 주가 된다. 이와 같은 응력장은 주변에 발파진동으로 암반 중을 전파한다. 암반의 손상은 이와 같은 응력에 의한 변형률 ε에 기인하며, 암반은 탄성체, 전파하는 진동은 사인파로 가정하면 변형률 ε는 다음과 같이 나타낼 수 있다.

$$\varepsilon \approx \frac{v}{c} \tag{5.25}$$

여기서 v(m/s)는 최대 진동속도(peak particle velocity), c(m/s)는 진동의 전파속도이다. 진원으로부터 충분히 거리가 멀어, 장약공 내 장전된 폭약의 형상을 무시할 수 있는 경우에는 장약량 W(kg), 진원으로부터 거리 R(m), 최대 진동속도 v(m/sec)의 사이에는

$$v = K\frac{W^{\alpha}}{R^{\beta}} \tag{5.26}$$

과 같은 경험식이 성립된다는 것을 SveDEFo(Swedish Detonic Research Foundation)에서 발표하였다. 경암에서는 다음 식이 적용된다.

$$v = 0.7 \times Q^{0.7}/R^{1.5} \tag{5.27}$$

그림 5.2에서 보여주는 발파공 부근의 어느 지점에서 최대 진동속도는 식 (5.26)을 바탕으로 다음과 같은 식으로 나타낼 수 있다(Persson 외, 1994).

$$v = K\left[l\int_{xs}^{xs+H}\frac{dx}{\left\{r_o^2+(x-x_0)^2\right\}^{\beta/2\alpha}}\right]^{\alpha} \tag{5.28}$$

여기서 l(kg/m)는 장약밀도, H(m)는 장약장이다.

$\beta = 2\alpha$의 경우, 식 (5.27)은 다음과 같이 표현된다.

$$v = K\left[\frac{l}{r_0}\right]^{\alpha}\left\{\arctan\left[\frac{H+x_s-x_0}{r_0}\right]+\arctan\frac{(x_0-x_s)}{r_0}\right\}^{\alpha} \tag{5.29}$$

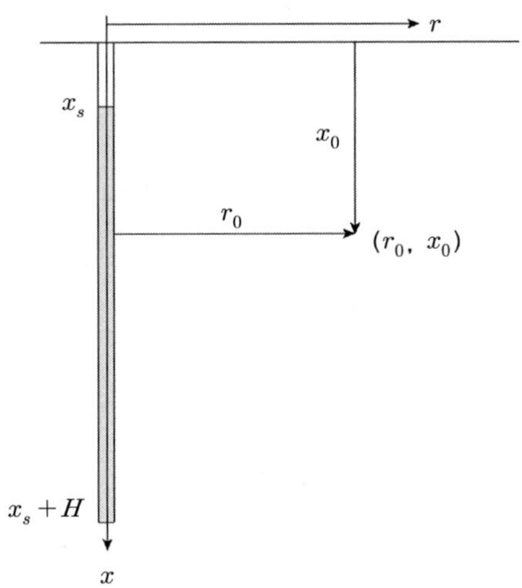

그림 5.2 발파공 근접 암반 내 최대 진동속도 예측 개념도

$K=0.7$, $\alpha=0.7$, $\beta=2\alpha$, 장약장 10m, 최대 진동속도는 0.75~1.0m/s의 범위에서 손상이 발생하는 기준(손상임계영역)으로 하는 경우, 장약으로부터 이격거리 r_0에 따른 최대 진동속도의 관계를 그림 5.3에 나타내었다. 그림 내 임계손상영역을 초과하는 최대 진동속도에 해당하는 거리의 암반은 손상영역(damage zone)으로 간주한다.

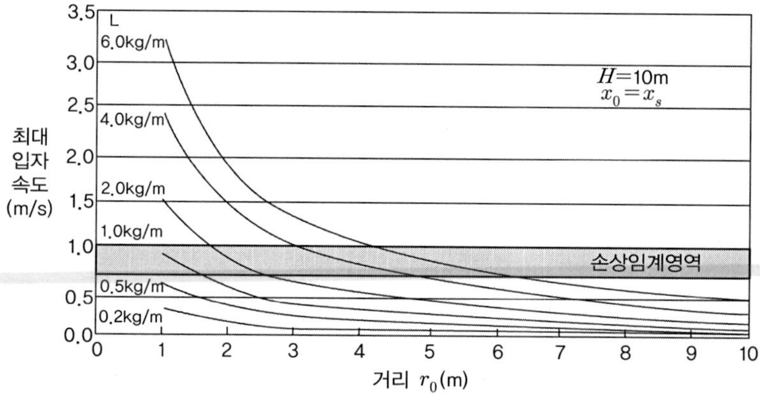

그림 5.3 손상영역 계산 예시($K=0.7$, $\alpha=0.7$, $\beta=2\alpha$, 장약장 10m일 때)

5.4.2 벤치법면 경사각과 최소 저항선

최소 저항선의 길이와 자유면의 수가 동일하더라도 발파공주변 암반의 구속상태에 따라 파쇄에 요구되는 장약량은 큰 폭으로 달라진다는 것은 잘 알려져 있다. 그림 5.4는 5종류의 구속조건하에서 암반을 파쇄하는 데 필요한 상대적 장약비를 보여주고 있다.

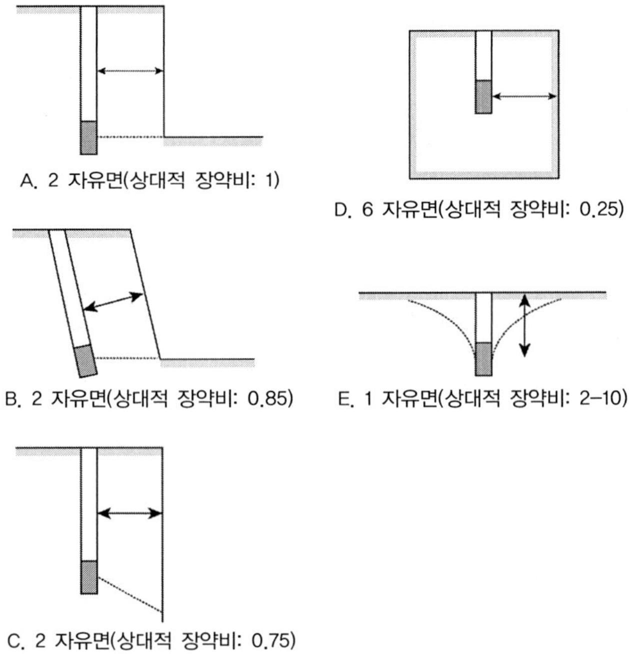

그림 5.4 구속조건에 따라 암반파괴에 필요한 상대적 장약비(동일한 최소 저항선)

A와 B조건을 비교하면, 단위파쇄량당 필요장약량의 관점으로부터, 수직인 발파공보다 경사진 발파공이 유리하다는 것을 알 수 있다. 경사공의 축과 수평면과의 각도의 코탄젠트(cotangent)를 n이라 했을 때, 구속도(degree of fixation) f는

$$f = \frac{3}{3+n} (0 \leq n \leq 1) \tag{5.30}$$

과 같이 나타낼 수 있다. 동일한 장약량으로 파쇄시킬 수 있는 최소 저항선 B는

$$B \propto \frac{1}{\sqrt{f}} \tag{5.31}$$

의 관계식이 된다고 경험적으로 알려져 있다. 식 (5.29)와 식 (5.30)의 관계로부터, 벤치법면의 경사각(발파공 경사각)과 동일한 폭약으로 파쇄할 수 있는 상대적 최소 저항선의 길이와 관계를 그림 5.5에 나타내고 있다. 또한 상대적 장전비와의

관계를 그림 5.6에 보여주고 있다.

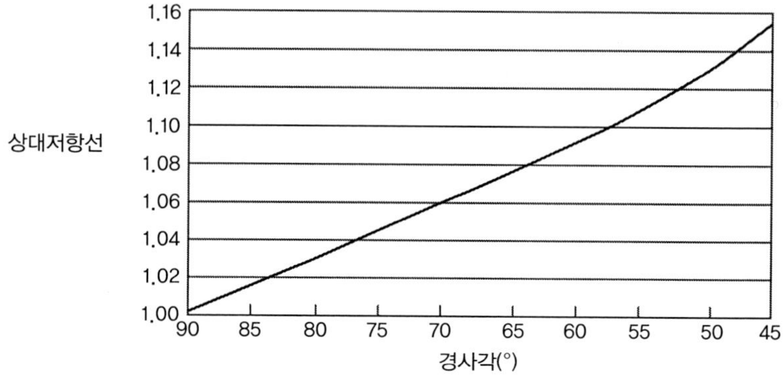

그림 5.5 벤치 경사각과 동량의 폭약으로 파쇄할 수 있는 상대적인 최소 저항선 길이의 관계

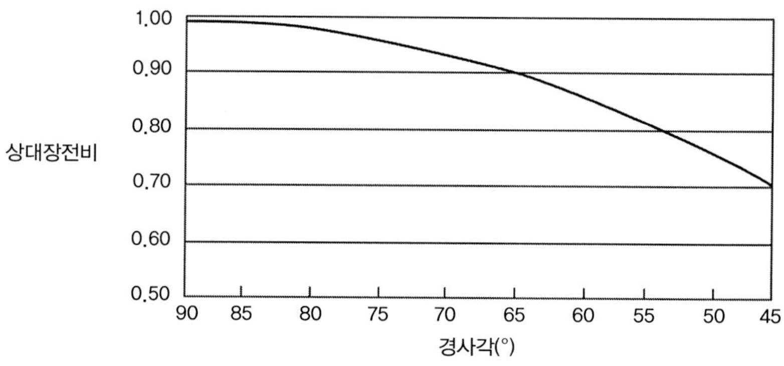

그림 5.6 벤치 경사각과 상대적인 장전비 관계

1) 잔류발파

일반적으로 석탄광산 및 채석장에서 이루어지는 벤치발파는 이전 발파로부터 파쇄된 암괴를 로더 등으로 실어 반출하여 발파 자유면이 개방된 후 다음 벤치발파를 한다. 잔류발파(leave-out blasting)는 파쇄암을 제거하지 않고, 다음 발파로 그대로 기폭시킴으로써 발파 시 예상치 못한 비산을 방지할 수 있게 되고, 발파음

및 발파진동의 저감 효과를 꾀할 수 있으며, 보안상으로도 유리하다. 이전 발파작업에 관계없이 천공 작업이 종료하면 언제라도 장약하여 발파가 가능하며, 천공·발파·적재·운반의 각 공정을 각각 독립적으로 작업할 수 있는 장점도 있다.

5.4.3 법면발파

우리나라에는 흔히 조절발파(controlled blasting) 또는 제어발파[3])로 알려져 있는 법면발파(final wall blast)는 잔류암반 벽면의 후방을 과파쇄하지 않도록 보호하는 것이다. 노천발파현장에 주로 적용되는 법면발파에는 라인드릴링(line drilling), 쿠션블라스팅(cushion blasting), 프리 스플리팅(pre-splitting), 그리고 스무스 블라스팅(평활면발파, smooth blasting)이 있으며, 국제발파공학회(ISEE, 2011)는 생산조정발파(modified production blasting)도 이에 포함시키고 있다. 자세한 내용은 다음과 같다.

1) 라인드릴링

라인드릴링은 조절발파 중에서 가장 오래된 기술이다. 예정파단면을 따라 근접한 천공을 배열하여 인공적인 균열면을 형성한다. 라인드릴링 천공 내에는 장약을 하지 않으며, 자유면 쪽 천공에 장약공을 배치하여 발파를 수행하게 되는데, 라인드릴링은 응력파, 균열의 진전을 약화시켜 잔류암반을 보호하고, 라인드릴링 천공을 따라 최종파단면이 형성된다. 주로 노천발파에서 적용되고 있다.

라인드릴링 천공경은 일반적으로 50～75mm를 사용한다. 공 간격은 천공경의 2～4배이고, 매우 촘촘한 천공경이 요구된다. 75mm 이상의 천공경은 공 간격을 크게 하는 이점은 있지만, 천공비가 증가하기 때문에 일반적으로 이용하지 않는다.

천공 깊이는 벤치의 높이에 따라 결정되며, 그림 5.7과 같이 파단면 예정선을 따라 평행하게 일렬로 배치하는 것이 가장 중요하다. 현장에서 천공 직선도가 유지되는 천공 길이는 50～75mm의 천공경일 때 10m 정도가 된다.

---

3) 제어발파는 법면발파뿐만 아니라 진동제어 등을 포괄하는 의미가 있으므로 여기서는 법면발파 또는 조절발파로 씀.

라인드릴링에 가장 근접한 장약공 배치는 표준 공간격의 50～75%로 하고, 라인드릴링과 거리는 표준 최소 저항선의 50～75% 정도로 한다. 또 일반 벤치발파 장약공과 비교하여 적게 장전하고, 장약량은 일반 장약공의 50% 정도로 한다. 장전비중을 줄이기 위하여 분상장약이나 도폭선에 폭약을 나누어 매다는 분할 장약을 수행한다.

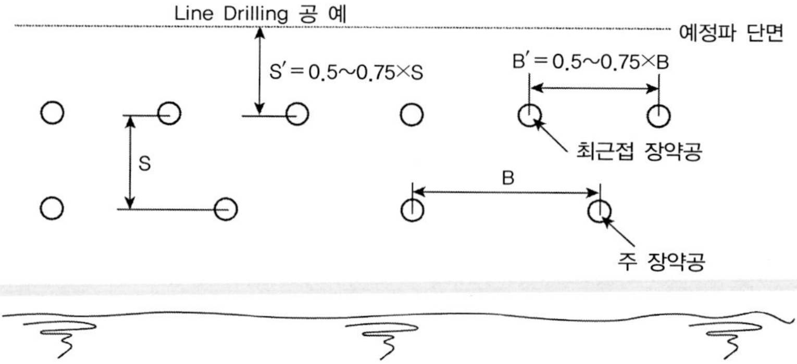

그림 5.7 라인드릴링 시공방법

라인드릴링은 절리가 비교적 적은 균질한 암반에서 매우 유효하다. 그러나 천공비가 많이 드는 단점이 있다. 절리가 발달한 퇴적층이나 연약암반일 경우에는 라인드릴링 공에 약간의 장약을 하여 기폭시키는 것이 좋은 결과를 가져오기도 한다.

2) 프리 스플리팅

프리 스플리팅 발파공법은 라인드릴링과 동일하게 예정파 단면을 따라 일렬로 천공을 배치한다. 천공경은 50～100mm 정도가 일반적이다. 라인드릴링 발파공과는 달리 천공 내에 낮은 장전비중으로 장약을 실시한다. 프리 스플리팅 발파공은 다른 발파공의 기폭보다 먼저 수행되어, 최종 파단면을 형성시켜 이후에 이루어지는 발파공으로부터 발생하는 응력파, 균열의 전파를 차단하게 된다. 기폭은 도폭선 등을 이용하여 제발을 원칙으로 한다. 폭약과 장약공 사이를 비워두어 디커플링 효과를 고려한다.

표 5.10은 천공경에 따른 표준적인 장약밀도와 공간격을 나타내고 있다. 현장에서 적용되는 천공장은 50~75mm의 공경을 사용하는 경우 10~15m 정도가 된다. 프리 스플리팅 천공의 깊이는 벤치발파 최종 파단면을 고려하여 벤치 높이와 비슷하게 결정한다. 일반적으로 10m 벤치 높이인 경우 10m의 깊이로 천공을 수행한다.

표 5.10 천공경에 따른 장약밀도 및 공간격

공간격(mm)	장약밀도(kg/m)	공간격(m)
38~45	0.12~0.38	0.30~0.45
50~65	0.12~0.38	0.45~0.60
75~90	0.20~0.75	0.45~0.90
100	0.38~1.13	0.60~1.20

프리 스플리팅공에는 표 5.2와 표 5.3에 나열된 폭약을 이용하여 장전밀도 0.3kg/m으로 장약작업을 수행한다. 해외에서는 장전 후 전색을 하지 않은 경우도 종종 있지만, 비산 및 소음에 대한 피해가 예상되는 지역에서는 비산방지매트를 덮는 것이 바람직하다. 그림 5.8은 프리 스플리팅공 장약 사례를 보여주고 있다. 11m의 장약공에 천공경보다 적은 폭약 3kg을 장전하고, 공 입구 부분은 모래 및 암분으로 메꾸어 전색을 실시하였다.

프리 스플리팅 장약공은 순발뇌관 혹은 도폭선을 이용하여 제발할 필요가 있다. 진동과 소음에 의하여 주변피해가 우려되는 경우에는 제발 가능한 장약공 단위로 분할하여 단계적 기폭을 수행할 수도 있다. 프리 스플리팅공은 본 발파에 앞서 기폭되지만 최근에는 전기식 또는 비전기식 지발뇌관을 사용하여 본 발파와 동시에 기폭이 실시된다.

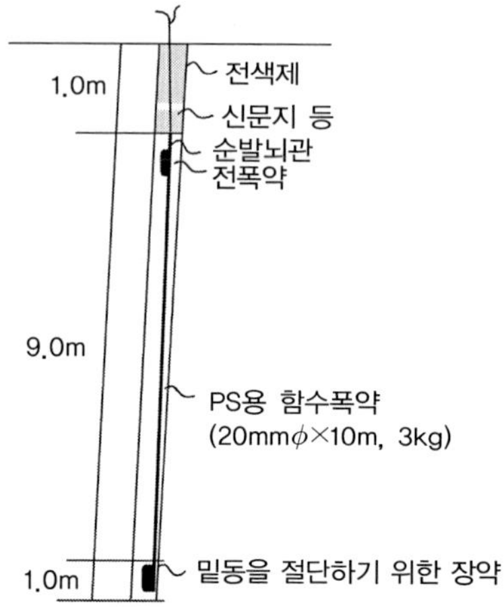

그림 5.8 프리스플리팅공 장약 예

3) 쿠션 블라스팅

쿠션 블라스팅은 캐나다에서 개발한 기술로 예정 파단면을 따라 일렬로 천공하고 예정파단면 전열까지 발파가 모두 끝난 후에 발파한다. 천공경은 약 50~160mm까지 다양하다. 이들 천공은 모두 장약공으로 이용하며, 저비중으로 균일하게 배분된 약포를 장전하여 약포와 장약공간의 틈은 쇄석 등으로 완전히 메운다.

스무스 블라스팅의 디커플링에 의한 공기층의 완충효과가 쇄석 등의 완충 효과보다 더 우수하고, 따로 나누어 발파할 필요가 없기 때문에 쿠션 블라스팅은 오늘날 거의 사용되지 않지만 예외적으로 대구경 발파에서 도폭선에 일정한 간격으로 묶어 적용하는 경우가 있다.

표 5.11과 같이 천공경이 증가함에 따라 공 간격과 저항선, 장약밀도가 결정된다. 최소 저항선은 공 간격보다 크게 설계되어야 한다. 낮은 장약밀도를 얻기 위하여 그림 5.9와 같이 폭약포를 나누어 도폭선을 메달아 장약을 한다. 폭약의 약경은 천공경의 1/2 이하인 것을 선정한다. 장약은 자유면측 공벽에 폭약이 배치되고, 잔류벽면 측에서는 쿠션이 확보되도록 시공하는 것이 바람직하다. 바닥면 뿌리깎기를 위하여 공저에는 표준장약밀도 2~3배의 장약을 한다. 천공의 공구 부분 60~90cm는 장약하지 않고 비워둔다.

표 5.11 쿠션 블라스팅 발파 패턴

천공경(mm)	공간격(m)	저항선(m)	장약밀도(kg/m)
50~65	0.9	1.2	0.12~0.38
75~90	1.2	1.5	0.2~0.75
100~115	1.5	1.8	0.38~1.13
125~140	1.8	2.1	1.13~1.5
150~165	2.1	2.7	1.5~2.25

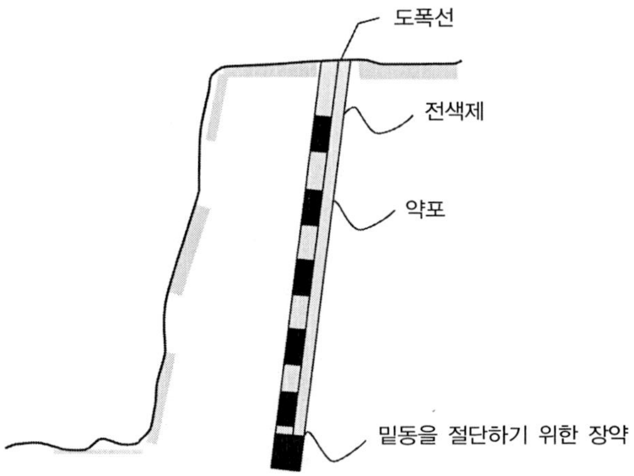

그림 5.9 쿠션 블라스팅 시공방법

4) 스무스 블라스팅

스무스 블라스팅(smooth blasting)은 원칙적으로 쿠션발파와 같으나 주발파공보다 높은 단차로 스무스 공을 같이 점화는 점이 다르다. 윤곽공에 정적 압력이 작용하여 윤곽공 사이 파단면을 형성시키고 파괴 예상선 밖의 암반에 미치는 영향을 최소화하는 디커플링 효과(decoupling effect)를 이용하는 발파공법이다. 디커플링이란 약경에 대한 공경의 비이며, 공의 직경보다 작은 직경의 폭약을 장약하여 폭약과 공벽 사이에 공간을 남겨놓는 것을 의미한다. 디커플링 장약 시 폭약과 공벽 사이 공기층으로 인해 폭약이 가지는 충격효과와 장약공 내벽에 작용하는 최대 응력치는 급격히 저하되고 폭발생성 가스의 팽창에 의한 준정적인 압력만 작용하여 발파 예정선만을 따라 균열이 발생한다.

$$\text{Decoupling index} = \frac{d}{d_e} \tag{5.32}$$

여기서 d_e는 약경이며 d는 공경이다.

또한 디커플링 효과를 유지하기 위하여 전색제(모래 등)가 아래로 흐르지 못하도록 종이마개를 마지막 약포 위에 놓고 전색을 실시한다.

양호한 발파효과를 얻기 위해서는 그림 5.10과 같이 발파예정선 위에 등간격 천공을 실시하고 공간격대 최소 저항선의 비율이 0.8 정도로 저항선의 간격을 더 크게 하여야 한다.

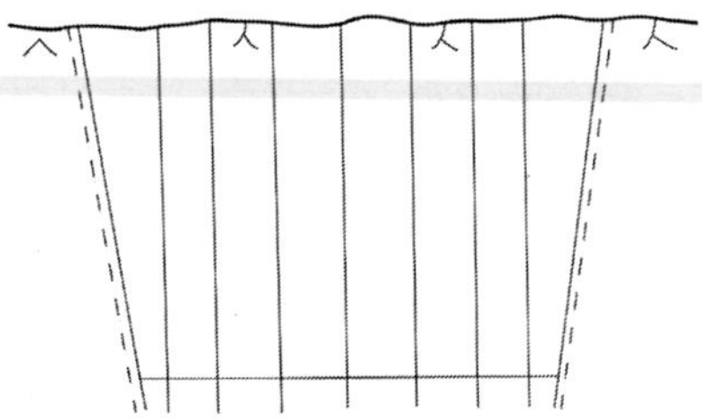

그림 5.10 스무스 블라스팅의 천공배열

폭약은 소구경 분상폭약 카트리지(정밀폭약 1, 2호 등)를 사용하여 등분포 약장약을 실시한다(표 5.12). 특히 절취면 앞 열의 장약이 중요하며 과장약 시 주변공 발파 전에 절취면 이상 교란 현상이 발생하여 고르게 발파되지 않는다.

표 5.12 스무스 블라스팅 발파 패턴(Oloffson, 1990)

천공경(mm)	공 간격(m)	저항선(m)	장약밀도(kg/m)	장약형태
25~32	0.25~0.35	0.3~0.5	0.11	11mm 정밀폭약
25~48	0.50~0.70	0.7~0.9	0.23	17mm 정밀폭약
51~64	0.80~0.90	1.0~1.1	0.42	22mm 정밀폭약
51~64	0.80~0.90	1.1~1.2	0.45	22mm 에멀젼폭약

5) 생산조정발파

생산조정발파(modified production blasting)는 계단발파에 있어서 법면에 인접한 마지막 열의 장약량과 초과천공을 줄이는 방법으로 과파쇄를 방지한다. 이 방법은 양질의 암반이나 높은 안전율을 요하는 법면의 설계에 적합하다. 이 방법의 단점은 법면의 균열 팽창이나 가스의 침투 및 블록의 융기 등을 원천봉쇄하지는 못한다는 점이다. 그러나 벽면에 인접한 공의 에너지 수준이 낮으므로 법면의 과파쇄를 줄일 수 있다. 최종열 공의 장약량을 30~60% 줄임으로써 이런 결과를 얻을 수 있다(그림 5.11과 5.12). 그림에서 지질조건이 좋은 경우에는 초과천공을 하지 않고 장약량을 줄인다. 지질조건이 적절하지 않은 경우에는 벤치 상단의 모든 공에 대해 초과천공을 하지 않고 마지막 열은 최소 저항선과 공간간격을 25%가량 줄인다. 마지막 두 열은 에어덱을 하고 장약량도 줄이며 기폭시차도 추가로 더 준다. 이 방법의 열쇠는 마지막 열과 법면의 거리이다. 이 거리에 따라 법면의 안정성과 바닥 채굴의 용이성이 좌우된다.

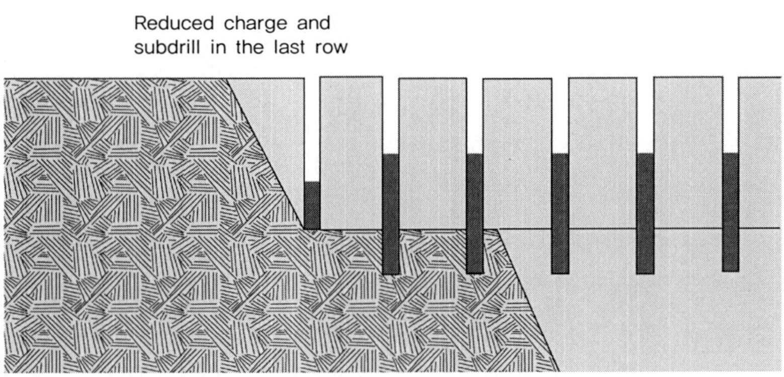

그림 5.11 양질지반에 대한 법면발파(ISEE, 2011)

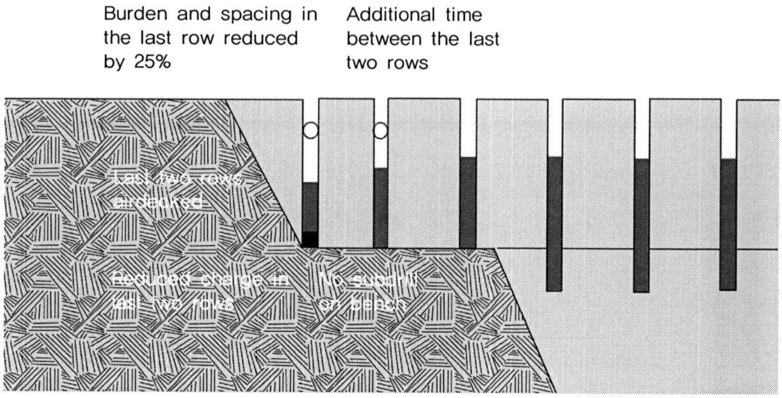

그림 5.12 불량지반에 대한 법면발파(ISEE, 2011)

5.5 파쇄도

1) 파쇄도의 경제성

벤치발파에서 가장 중요한 요소 중의 하나는 대괴 생성을 방지하는 것과 균일한 파쇄도를 얻는 것이다. 대괴 처리에는 2차 발파와 같은 별도의 작업이 필요하기 때문에 작업효율면에서나 경제적인 면에서도 불리하다. 파쇄석 10m^{3}당 1개의 대괴가 생길 경우 약 0.5~0.6%의 비용이 증가하는 것으로 알려져 있다. 적재운반비는 사용기기와 적재용량에 좌우된다. 적재용량이 클수록 비용이 감소하므로 대규모 광산에서는 적재용량이 큰 운반장비를 사용한다. 또 파쇄도가 작을수록 적재능력이 증대한다. 그림 5.13은 평균 파쇄도와 적재비의 관계를 보인 것이다.

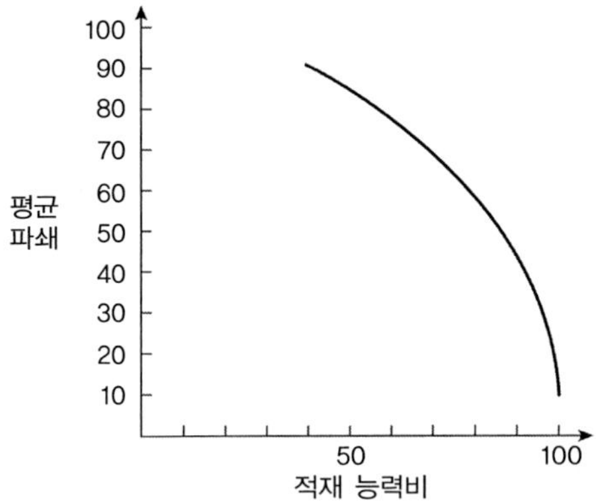

그림 5.13 평균 파쇄도와 적재비

분쇄비용은 분쇄설비가 크고 영구적일 때는 시설비용이 상당한 부분을 차지한다. 규모가 클수록 비용이 감소한다. 시설비를 제외한 분쇄비용은 입자의 크기에 크게 좌우된다. 입도가 작을수록, 균일한 파쇄도일수록 파쇄비용이 적게 든다. 균일한 파쇄도는 가급적 입자가 평균 입도에 가까운 크기로 분포하는 것을 의미하며 너무 적은 입도나 너무 큰 입도의 빈도가 적다는 것을 의미한다.

2) 파쇄도의 영향요소

파쇄도에 영향을 미치는 요소로는 지질, 비천공장, 비장약량, 천공배열, 점화순서, 공 경사, 편향, 발파 규모 등이 있으며 이들이 복합적으로 작용한다.

지질 요소 중에는 암석의 강도와 불연속면의 존재가 큰 영향을 미친다. 연암이 경암보다 융통성이 있다. 연암에서 약장약을 하면 버력이 많이 생기고, 과장약을 하면 가스압이 방출하게 된다. 경암에 약장약을 하게 되면 분할이 되지 않을 수 있고 과장약을 하면 비산이나 큰 폭풍압이 작용할 수 있다. 단층이나 부정합면과 같은 불연속면이 있는 경우에는 대괴가 형성되거나 비산의 위험성이 있다. 이럴 때는 천공간격을 줄이고 소구경을 적용하며, 부정합부는 전색하는 것이 해법이 될 수 있다.

비천공장은 단위부피당 천공 길이를 나타내며 대구경일수록 비천공장이 작아진다.

경제적이지만 대괴의 발생 가능성이 높아진다. 비장약량은 단위부피당 장약량으로 정의되는데, 비장약장이 클수록 위력이 세어지며 파쇄효과도 높아지나 비석 발생의 가능성이 높아진다. 적절한 파쇄도를 위해서는 주상장약을 늘리는 것이 좋다. 최소 저항선이 클수록, 비장약량이 작을수록 입도가 증가한다. 또 무장약부가 크면 대괴의 발생 가능성이 높아지므로 보조공을 설치하거나 전색부에도 약장약으로 발파하는 경우가 있다.

천공 패턴은 저항선 대 공간간격을 1 : 1.25로 하는 것이 표준이다. 그러나 시멘트 생산을 위한 석회암 광산에서는 그 비를 1 : 8까지 늘린 와이드 스페이스 발파(Wide Space Blasting, WSB 공법)도 적용한다. 이 공법에서는 작은 입도를 기대할 수 있다.

기폭순서는 자유면을 최대로 활용하고 발파된 전열이 충분히 움직일 수 있도록 하기 위하여 열간 단차시간을 확보하도록 한다. 다음 열 폭발 전에 저항선의 1/3 이상으로 이동이 필요하며 대개 15ms 이상이면 가능하다.

경사는 후방파괴 및 상부 대괴 방지를 위해 3 : 1을 기준으로 하나 사면의 안정성 검토에 따라 정해진 개별 사면의 경사를 따르는 것이 원칙이다.

천공의 편향도 많은 영향을 미치는데, 천공이 부정확할 때는 대괴가 발생할 소지가 많다. 발파 규모 면에서는 대괴가 대개 앞 줄에서 발생하므로 다열 발파가 유리하다. 그렇다 하더라도 발파길이가 발파 폭의 50% 이상으로 되는 것은 특별한 검토가 필요하다.

3) 공경과 파쇄도

생산물의 형태와 필요 입도에 대한 선택의 폭이 넓을 경우에는 파쇄도와 관련한 발파비용을 고려하여 발파설계를 할 필요가 있다. 발파비용에 가장 크게 영향을 미치는 요소는 비장약량과 비천공장들이며 이에 따라 발파비용, 천공비용, 파쇄비용 및 전체 발파비용이 결정된다. 비장약량과 비천공장은 공경에 직접적으로 관련되므로 발파설계에서 첫 요소의 결정은 공경의 선택이다. 절차적 설계의 첫 단계가 공경의 선택과 그에 비례한 최대 저항선, B_{max}의 결정인 것은 바로 이에 기인한 것이다.

공경의 선택의 일반적인 영향은 다음과 같다.

일반적으로 공경이 클수록 경제적이지만, 계단 높이에 비해 공경이 클 경우 공간격도 줄어야 하므로 비경제적이다. 계단의 높이는 적어도 최대 저항선의 2배는 되어야 한다. 공경이 클수록 파쇄 암석의 입도도 커지고 비산의 위험도 증대한다. 또 발파 바닥면 연장선 하부의 균열 발생이 증가하고 대괴 빈도도 커진다. 결국 적재운반과 분쇄 등의 작업에 적합하도록 선택하여야 할 것이다.

5.6 국외 노천발파 사례

5.6.1 호주 탄광발파

1) 폭약

노천채광이 이루어지는 탄광에서는 주로 ANFO 폭약 또는 에멀션 폭약을 사용한다. ANFO는 중량비로 94% 입상 질산 암모늄에 6% 연료유를 혼합하여 제조되는 저가 폭약으로, 내수성이 매우 부족하다. ANFO 폭약은 125g 정도의 에멀션 폭약 등으로 전폭시켜 발파가 진행된다. ANFO를 공기압 장전기로 밀폐 장약한 경우, 발파공경 32mm부터 300mm까지 공 내 폭속은 각각 2,900m/s부터 4,400m/s가 된다. 에멀전 계열 폭약의 폭속은 4,000m/s에서 5,500m/s 범위에 있고, 내수성능이 높은 수공에도 사용 가능하다.

2) 발파제원

탄광의 벤치 높이는 25m에서 60m로 다양하며, 발파공경은 200mm에서 381mm까지 사용되지만 공경 270mm가 가장 일반적이다. 공경 270mm인 경우의 전형적인 발파 패턴은 표 5.13과 같다.

표 5.13 발파 패턴(공경 270mm의 경우)

벤치 높이 (m)	천공장 (m)	최소 저항선 (m)	공간격 (m)	전색장 (m)	비장약량 (kgf/cm^3)
30	32.5	8.0	9.0	6.0	0.48
40	42.5	8.0	9.0	6.0	0.52

천공배열은 최소 저항선, 공간격, 여굴이나 점화 순서 등을 고려하여 최적조건이 정해진다. 천공배열은 그림 5.14에서 보여주는 바와 같이 정방형 배열, 장방형 배열, 지그재그 배열로 이루어진다. 최소 저항선과 공간격이 같은 정방형 배열은 주로 현무암이나 석영반암과 같은 암석에 대하여 유리하다. 혈암이나 석탄 등 연암에는 최소 저항선보다 공간격을 조금 넓게 한 장방형 배열을 채용한다. 지그재그 배열은 폭약 에너지가 효과적으로 배열되기 때문에 같은 사이즈 쇄석을 얻기 위해 채석장에서 가장 많이 채용하고 있다.

경험적으로 같은 열 내에 있는 장약공간 기폭시차는 공간격 길이당 최소 2ms이다. 발파열 간 단차로는 저항선 길이당 5ms에서 15ms 사이가 가장 일반적이다. 또 동일 발파공 내의 장약 사이에 단차를 줄여 커트 오프 위험성을 줄이고, 파쇄물 전방 이동에 맞추어 열간 단차를 길게 한다. 석탄광에 적용한 기폭패턴을 그림 5.15에서 보여주고 있다. 그림 5.15(a)는 단열발파의 기폭시차를 보여주고 있다. 표면뇌관은 25ms와 42ms의 기폭시차를 가지며, 공내 뇌관은 175ms의 지연시차를 가지고 있다. 그림 5.15(b)는 다열발파의 기폭패턴을 보여주는데, 표면뇌관을 이용하여 공간 17ms 시차를 주었으며, 열간에는 42ms의 기폭시차를 주었다. 그림 5.15(c)와 (d)는 3자유면과 2자유면을 갖는 벤치에 적용한 Nonel 뇌관의 기폭시차를 보여주고 있다.

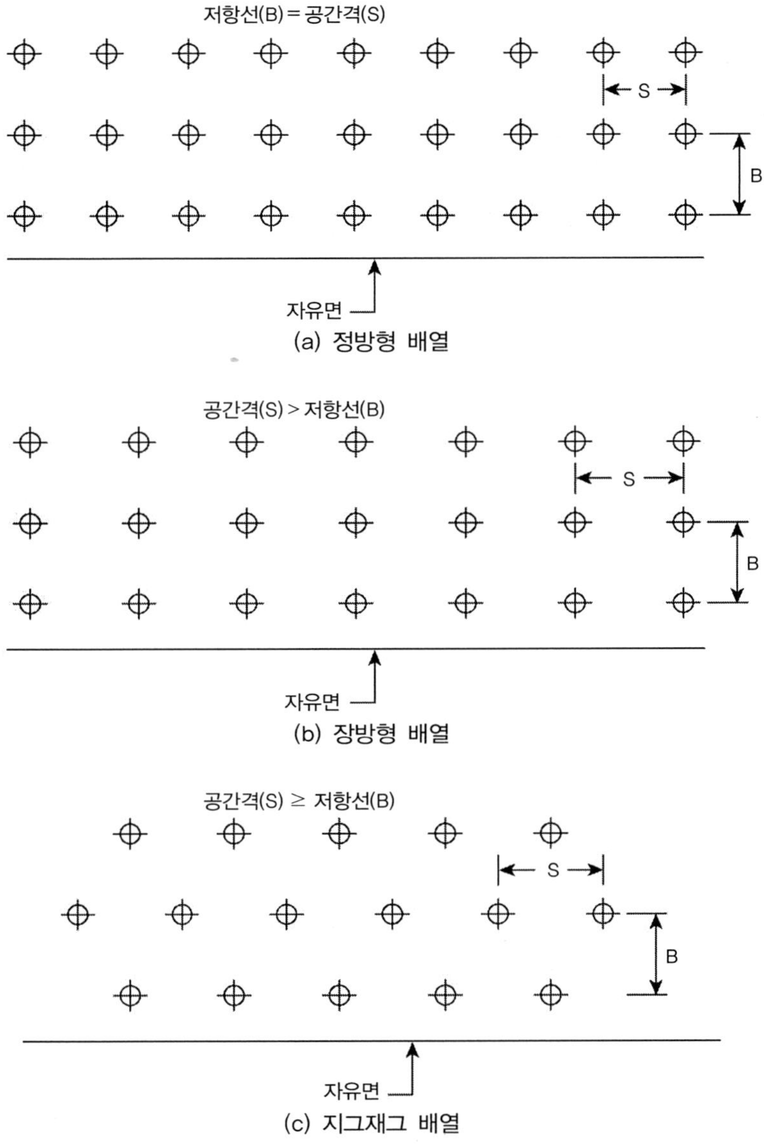

(a) 정방형 배열

(b) 장방형 배열

(c) 지그재그 배열

그림 5.14 노천굴 발파의 천공 패턴(日本火藥學會, 2001)

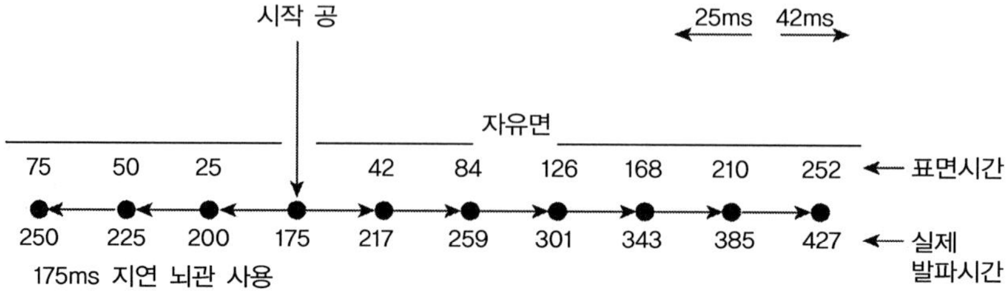

(a) 단열발파 기폭 순서

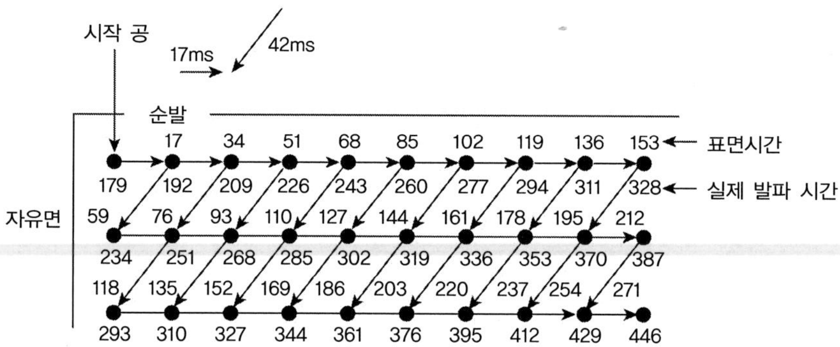

주 : 175ms 지연 뇌관 사용
정면 맞은편에 17ms 간선 지연 단위
대각선에 42ms 간선 지연 단위

(b) 다열발파 기폭 순서

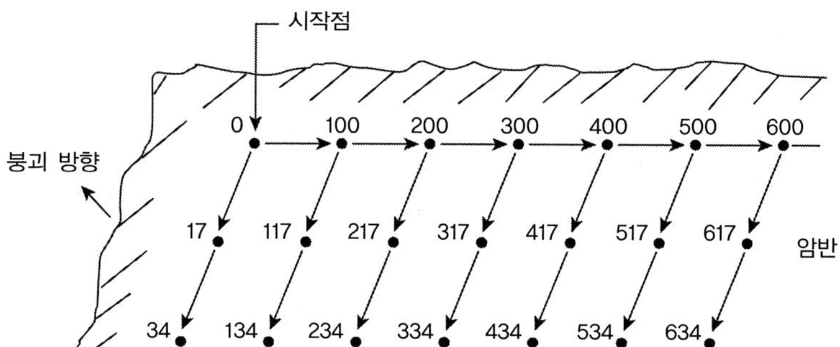

주 : 발파공에서 모든 뇌관은 표면에 200ms TLD의 같은 지연 시간

(c) Nonel뇌관에 의한 기폭 순서(3자유면 벤치)

그림 5.15 호주 석탄광 기폭 패턴(日本火藥學會, 2001)

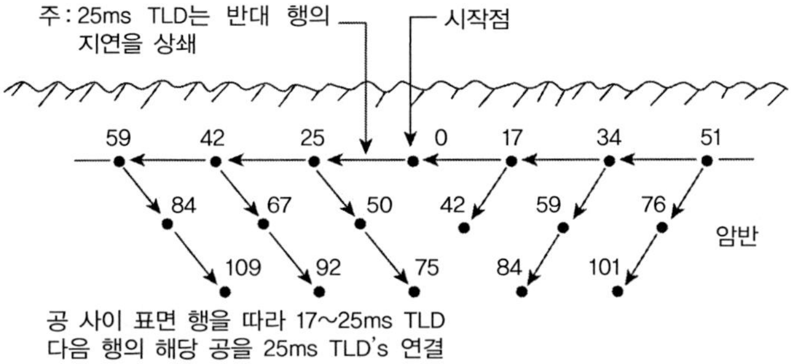

(d) Nonel 뇌관에 의한 기폭 순서(2자유면 벤치)

그림 5.15 호주 석탄광 기폭 패턴(계속)

5.6.2 인도네시아 파시르 탄광

1) 개요

파시르 탄광(Pasir coal mine)은 동남아시아 말레이군도의 대순다열도에 속하는 칼리만탄 섬에 위치하고 있다. 칼리만탄 섬은 하상퇴적으로 생성된 제3기 퇴적암들이 널리 분포되어 있으며, 고생대의 편마암 및 편암과 중생대의 화성암류가 지층을 이루고 있다. 퇴적층들은 동서와 남북 방향에서 차례로 압축력을 받아 조밀한 습곡과 트러스트 구조를 보이며, 지표부근에는 수직에 가까운 경사를 보인다(최병희 외, 2006).

2) 발파 패턴

그림 5.16은 광체인 석탄층을 채취하기 위한 준비 작업으로 광체 주변의 모암을 수직천공 및 발파함으로써 단계적으로 채굴적을 형성해가는 과정을 나타낸다.

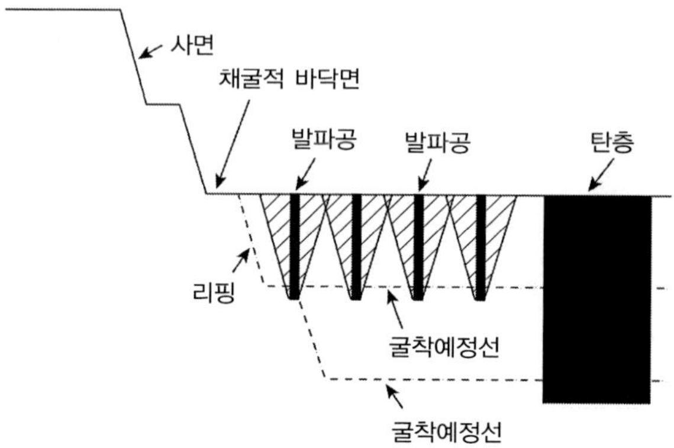

그림 5.16 채굴적 형성과정(최병희 외, 2006)

그림 5.17은 파시르 탄광에서 적용하고 있는 발파 패턴으로는 탄층의 주향 방향을 길이 방향으로 하는 직사각형의 형태가 되며, 천공 패턴은 지그재그 형식을 기본 패턴으로 하고 있다(ISEE, 1998). 발파 작업에서 발파공의 직경은 200mm, 공깊이는 9m이며, 저항선은 8m, 공간격은 9m 정도이다. 폭약은 주장약으로 ANFO를 사용하며 공당 장약량은 100kg 정도이다. 주장약은 전폭약(NewMite I, 32mmΦ)을 사용하여 기폭시킨다. 기폭방법은 비전기식 뇌관을 이용한 지발발파를 적용하고 있으며, 전형적으로 V컷의 형태로 광체의 주 방향을 따라 점진적으로 기폭시킨다(최병희 외, 2006).

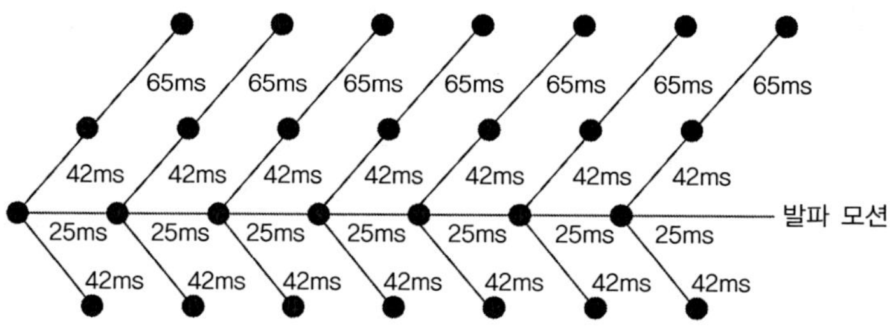

그림 5.17 발파 패턴(최병희 외, 2006)

5.6.3 이란 구리 광산

1) 개요

Soungun 구리 광산은 이란 Azarbaijan 지방 Ahar에서 북동쪽으로 73km 떨어진 해발고도 2,000m와 경도 46°43′E, 위도 38°42′N인 지점에 위치하고 있다. 광상에서 견운모, 고령토, 장석, 석영 몬조나이트가 관찰되며. 다른 광물로는 몰리브덴광, 황철석, 황동석이 관찰된다. 구리와 몰리브덴광은 각각 광산의 주요 제품 및 부산물이다. 여기서 구리의 등급은 0.67%이며, 매장량은 1,000Mt이다(그림 5.18).

그림 5.18 이란 Soungun 구리 광산 전경(Khandelwal and Monjezi, 2013)

2) 발파 패턴

광산의 발파 작업에서 폭약은 주장약으로 ANFO를 사용하고 있으며 주로 도폭선과 함께 사용하고 있다. 천공 패턴은 지그재그 형식을 기본 패턴으로 하고 있다. 여기서, 공깊이는 12.31m이며, 공간격은 4.53m, 저항선은 3.69m, 전색장은 3.66m이다(그림 5.19).

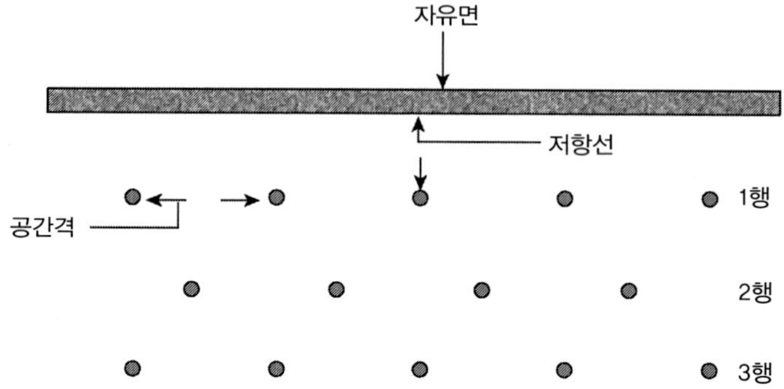

그림 5.19 일반적인 발파 패턴(Khandelwal and Monjezi, 2013)

•참고문헌•

김재극, 1988, 산업화약과 발파공학, 서울대학교 출판부.

대한화약기술학회, 2000, 화약류의 사용과 공해저감방법.

최병희, 류동우, 선우 춘, 박상봉, 권종찬, 2007, 미고결 암층에서의 진동저감을 위한 기폭 패턴의 설계 및 적용, 한국암반공학회 특별 심포지엄.

최병희, 류동우, 선우 춘, 2006, 파시르 탄광에서의 채탄발파공법에 대한 문제점 및 개선방안 연구, 대한화약발파공학회, Vol.24, No.1, pp.57～62.

Atkinson, T., 1992, Cast blasting of deep over-burden. In : Hartman (edt.) : SME Mining Engineering Handbook. SMME, Colorado, pp.1307～1311.

Chironis, N.P., 1980, Casting overburden by blasting, Coal Age 85, 5, pp.172～180.

ISEE, 1998, Blaster's Handbook, 17th ed., Int. Soc. of Explosive Engineers, Cleveland, Ohio, USA, pp.319～340.

ISEE, 2011, Blaster's Handbook, 18th ed., Int. Soc. of Explosive Engineers, Cleveland, Ohio, USA.

Khandelwal, M. and Monjezi, M. 2013, Prediction of backbreak in open-pit blasting operations using the machine learning method, Rock mech rock eng., vol.46 pp.389～396.

McDonald, K.L., Smith, W.K. and Crosby, W.A., 1992, Productivity improvements for dragline operations using controlled blasting in a single and multiple seam opencast operation at Reitspruit, South Africa, venue unkonwn, Mar.

Mining Resource Engineering Ltd, 1983, High-Speed Photography in Open Pit Blasting.

Persson, P.A., R. Homberg and J. Lee, 1994, Rock blasting and explosives engineering, CRC press, p.267.

Sen G.C., 1995, Blasting Technology, University of NSW press Ltd, pp.70～73.

Singh, S.P., 1988, Blast design in monumental stone quarries, Int. J. of Surface Mining, v.2(1), pp.33～36.

日本火藥學會, 2001, 現場技術者のだめの發破工學ハンドブック, pp.272～286.

資源と素材學會, 2005, 殘壁ハンドブック, pp.173～178.

Surface Mining Engineering

06 오픈 피트 운영

06 오픈 피트 운영

노천광산들은 다양한 규모로 생산이 이루어지며, 노천에서 생산되는 광물의 대부분은 대량생산을 위한 채광법을 수행하는 대규모의 광산에서 이루어진다. 오픈 피트 채광법(open pit mining)은 노천채광법(surface mining) 중의 한 방법으로, 하나 이상의 수평 벤치를 개설하여 노천채광장에서 지표 부근의 광상을 대상으로 채광하는 공정을 의미한다. 오픈 피트 채광법은 광상의 전체 또는 거의 모든 광상을 경제성 한계에 도달할 때까지 채광하면서 기채굴된 채광장의 복구 또는 매립을 지연시키는 노천채광 방법에 적용되는 용어이다. 복구나 매립이 연기되는 이유는 일반적으로 진입로 문제 때문이다. 채광작업이 더 깊은 심도에서 진행이 되고 있는 경우, 광산 상부 레벨에서 매립을 위한 충전작업을 실시할 경우 하부에 있는 운반경로를 방해하거나 사면 바닥부의 작업장을 위태롭게 할 수 있다.

미국의 노천광산법에 '오픈 피트 채광법'(보통 금속광산에 적용)과 '스트립 노천채광'(일반적으로 석탄에 적용)으로 구분하고 있다. 일반적으로 오픈 피트 채광법의 채굴장에서 제거된 피복층은 인접한 폐석처분장이나 또는 이전에 채굴된 채굴장으로 운반된다. 오픈 피트 채광법에서는 거의 폐석이 원래 장소에 다시 매립되지 않는다. 광석의 채굴과 동시에 채굴된 물질로 복구가 이루어지는 채광작업들은 오픈 피트 채광법이라기보다는 오히려 구역채광(area mining) 또는 등고선채광(contour mining)이라고 부르며, 이러한 채광법들은 스트립 채광법으로 분류된다(그림 6.1).

그림 6.1 스트립 노천채광법의 구역채광작업 전경

6.1 개요 및 단위작업

오픈 피트 채광법은 주로 금속 또는 비금속 광상을 채광하기 위해 사용되며, 석탄이나 다른 광종의 층상 광상에서 드물게 사용된다. 일반적으로 피복층이 존재한다면 상부피복층과 광석 모두 9m에서 30m의 벤치 높이로 채굴작업이 이루어진다. 층이 두꺼운 광상에서는 많은 수의 벤치가 필요하게 되고, 추가적인 벤치를 개설함으로써 목적하는 심도까지의 채굴장이 굴착될 수 있다. 오픈 피트의 형태는 일반적으로 상부의 벤치가 하부의 벤치보다 더 큰 직경을 갖는 원뿔을 뒤집은 모양이 된다(그림 6.2). 만약 광상과 피복층의 두께가 상대적으로 얇다면(15~45m), 하나의 벤치만으로도 충분할 것이다. 오픈 피트 채광법은 생산속도 측면에서 대량생산을 위한 채광법으로 노천에서 생산되는 전체 생산량의 60% 이상을 담당하고 있으며, 이 오픈 피트 채광법은 고도로 기계화된 대량생산 장비의 사용을 가능케 한다(Martin et al., 1982).

그림 6.2 오픈 피트 채광법(Aitik 구리 광산)

벤치의 목적은 발파공의 깊이, 채광장의 최종 한계사면의 경사와 높은 사면의 위험성을 조절하는 데 있다. 또한 벤치는 지속 가능하고 중단되지 않는 생산을 위하여 충분한 길이의 막장을 제공한다. 개갱작업으로 피복층을 제거하여 광상을 드러나게 한 후에는 채광에 의한 광석의 판매 수입이 폐석처리에 사용된 비용을 감당하고 동시에 장기적인 목적이 충족될 수 있도록 채광과 피복층 제거의 작업이 조화를 이루도록 설계가 이루어져야 한다.

각 벤치들은 채굴된 광석을 취급할 장비들을 수용할 만큼 충분한 공간을 가질 수 있도록 설계되어야 한다. 일반적으로 굴착기의 도달 범위가 벤치의 높이를 제한한다. 파워 쇼벨은 프런트엔드 로더나 유압식 쇼벨보다 더 높은 사면을 깎을 수 있다. 벤치의 폭은 벤치발파로부터 발생하는 대부분의 버력을 수용할 수 있고, 굴착기 또는 적재장비와 운반장비가 기동할 수 있는 공간을 제공할 수 있도록 충분히 넓어야 한다. 벤치나 채광장의 경사는 암석역학이나 토질역학적인 고려에 의해 안정성을 확보할 수 있는 범위에서 최댓값을 나타내도록 한다.

6.1.1 오픈 피트 채광법 요소

오픈 피트 채광법은 개념적으로 간단하지만 노천채광의 비용과 효율성과 관련하여 운영이 복잡한 노천광산 중의 하나이다. 광산 설계나 개발은 노천광산 운영에서는 중대한 단계로 노천채굴을 위해서는 주의 깊게 계획이 수립되어야 하고 또한 경비를 최소화할 수 있도록 수행되어야만 한다. 따라서 노천광산은 구성적으로는 간단할지라도 상당히 공학적으로 고려되어야 할 요소들이 많다. 채광의 초기 계획 단계에서 고려해야 할 많은 요소들이 있으며, 이들 중 어떤 요소들은 특별한 관심이 요구될 수도 있다.

① 지리적 요소 : 지리적 요소는 광산운영에 심각한 영향을 줄 수 있으며, 광산경영에서 제어할 수 있는 영역 밖에 있게 된다. 광물생산물과 물자공급을 위한 운반의 용이성, 인력 및 지원서비스의 가용성, 기후나 날씨에 의한 광산운영 영향 등
② 자연 및 지질적 요소 : 지형, 광체의 공간적 분포(크기, 형태, 심도 등), 지질적인 고려사항(광물 및 암석, 구조지질, 광상성인, 지하수, 지질구조 등), 암석역학적 성질(강도, 탄성계수, 비중, 내마모성 등), 선광과 제련에 영향을 주는 광석의 화학 및 금속학적 성질 등
③ 경제적 요소 : 광석 품위, 광량, 박토비, 폐기처분 품위, 운영비, 투자비, 요구되는 이익률, 생산속도, 선광 및 제련비용, 그리고 시장조건 등
④ 기술적 요소 : 가용장비, 채광장의 사면각, 벤치 높이, 도로경사, 운반 및 적재방법 등

광산계획은 기술적인 요소와 관련하여 채광장 설계를 최적화하는 데 주력해야 한다. 전체 채광장의 경계와 굴착의 순서를 포함하는 채광장에 대한 전체 계획이 수립되어야 한다. 가능한 한 빨리 광석을 생산할 수 있고, 생산이나 돈 흐름의 단락이 없이 작업이 수행될 수 있도록 많은 변수들이 고려되어야만 한다. Mathieson(1982)은 초기 자본의 흐름이 매우 중요하다는 것을 증명하였고, 이와 관련하여 그는 대부분의 노천채광계획에서 적용할 수 있는 여러 가지의 목표를 다음과 같이 열거하였다.

① 광물 단위 무게당 생산비용이 최소화되도록 채광하라.
② 적당한 벤치의 폭과 운반로 등과 같은 적절한 운영요소들을 유지하라.
③ 천공과 발파의 지연이나 잘못된 추정을 극복하기 위해 광석이 충분히 노출되도

록 유지하라.

④ 장비나 인력 혹은 생산 스케줄이 제한을 받지 않도록 가능한 오랫동안 상부피복층의 제거를 늦추어라.

⑤ 초기 자금의 흐름에 있어서 작업 연기의 위험을 최소화하기 위해 성취 가능한 초기 스케줄을 따르라.

⑥ 사면파괴의 가능성을 낮게 유지할 수 있는 동안에는 채광장의 사면각을 최대화하라.

⑦ 여러 생산속도와 컷오프의 품위에 대한 경제적인 장점을 시험하라.

⑧ 채광을 본격적으로 시작하기 전에 철저한 예비계획을 수립함으로써 가장 적절한 채광법, 장비 및 작업순서를 선택하라.

노천채굴에서의 주요 매개변수는 광상의 경사각이다. 그림 6.3은 노천채굴의 구조를 설명하는 데 사용되는 용어들이다. 채광을 목적으로 광상을 제거하기 위한 굴착을 통해 대기에 노출된 구조를 노천채굴장(open pit)이라고 한다. 전체 사면각(overall pit slope angle)은 가장 하부에 있는 벤치의 비탈끝(toe)에서 최상부 벤치의 마루(crest)를 연결하는 연장선의 각도로 정의된다. 발생하는 폐석의 양은 전체 사면각에 따라 좌우된다. 광체를 들어나게 하기 위해 제거해야 할 피복층의 암석의 양은 심도가 증가됨에 따라 증가한다. 심도가 더 깊어지면 경제성이 없는 상황에 도달하게 되는데, 이것을 손익분기 심도(break even depth)라고 한다. 이것 또한 사면의 경사각의 함수로서 전체 경사각이 낮을수록 채굴장의 심도도 낮아진다.

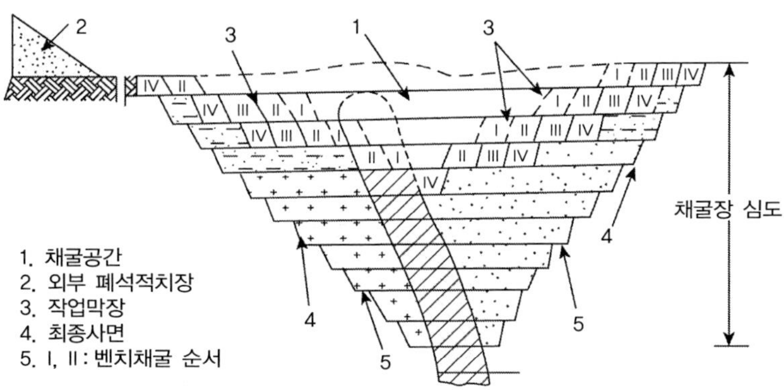

그림 6.3 노천채굴과 관련된 용어

1) 벤치

제거해야 할 폐석 또는 광석은 한 번에 채굴될 수 없다. 따라서 이것은 경제적이고 안전하게 채굴이 될 수 있도록 편리성을 위하여 여러 단계로 구분될 필요가 있다. 이러한 단계를 벤치라고 하며, 벤치의 높이는 다음의 요소들에 의해 결정된다.

- 지반의 강도 정도(굳은 정도)
- 지하수의 존재 여부
- 불연속면의 존재 여부
- 채굴, 적재 및 버력처리를 위해 사용될 장비의 굴착 높이
- 일반적인 최대 허용 높이

벤치 높이＝굴착장비의 붐 높이＋3m

이 이상의 벤치 높이를 유지하는 것은 불안정할 수 있다.

수직이 좋으나 실제 수직을 유지하기가 어렵고, 층의 형태에 따라서 달라진다. 일반적으로 실제 작업 중인 벤치는 60～80°, 나머지는 45～60°를 유지한다.

최대 벤치 폭＝작업공간 범의 폭＋비작업공간 범의 폭

작업공간 범의 폭＝벤치에서 운영되는 트럭/덤프 폭의 3배

비작업공간 범의 폭＝3m

그러므로 최대 벤치 폭＝트럭 폭의 3배＋3m가 된다.

벤치가 최종 한계구간에 도달했을 때 안전 범(safety berm)을 남겨둔다.

안전 범＝0.2×범의 간격(즉, 벤치의 높이) (러시아 규정 : Rzhevsky, 1987)

안전 범＝1/3×범의 간격(즉, 벤치의 높이) (Hustruilid and Kuchta, 1998)

2) 전체 사면각

전체 사면각 ϕ는 다음 식에 의해 구해진다.

$$\phi = \tan^{-1}\frac{N_B \times B_H}{(N_B - 1)B_W + \dfrac{N_B \times B_H}{\tan(B_A)} + R_W} \tag{6.1}$$

여기서, N_B : 벤치의 수

B_H : 벤치의 높이(m)

B_W : 벤치의 폭(m)

B_A : 벤치의 각(°)

R_W : 램프의 폭(m)

예제)

(i) $N_B=5$; $B_H=16$m; $B_W=12$ m; $B_A=75°$ $R_W=0$m; (답 : 49°)

(ii) $N_B=8$; $B_H=10$m; $B_W=12$m; $B_A=75°$ $R_W=0$m; (답 : 37.2°)

(iii) $N_B=5$; $B_H=16$m; $B_W=12$m; $B_A=75°$ $R_W=30$m; (답 : 38.8°)

채광장 개발에서 주요한 요소는 벤치와 운반로의 적절한 설계이며, 굴착기의 도달 범위와 일반적으로 사용되는 다른 장비들의 규격들이 작업 벤치의 높이와 너비를 결정한다. 채광장은 작업사면을 이용하여 개발되는데, 이때 사면의 경사각은 광상을 굴착하는 동안에 사면이 안전한 상태를 유지할 수 있도록 상대적으로 높은 안전율을 갖는 각도로 설계해야 한다. 채광장에서 개발의 마지막 단계에서는 낮은 박토비를 확보하기 위해 사면의 경사가 급해질 수 있다. 채광장에서 최대 경사인 한계경사를 사용할 때는 벤치는 사면의 법면으로부터 떨어지는 어떠한 물체라도 벤치 위쪽에서 잡을 수 있도록 설계되어야 한다.

제거해야 할 폐석이나 광상에서 첫 번째 벤치를 만들고 벤치를 단계적, 그리고 계속적으로 만들어가는 것은 어려운 작업이다. 벤치작업에서 초기 입구부에서는 새로운 벤치 막장을 만들기 위해서 박스 컷(box cut)이라고 하는 쐐기 모양의 암반을 제거해야 한다. 박스 컷이 천공 및 발파에 의해 굴착이 되었을 때 상부 벤치로부터 하부 벤치까지 통행할 수 있는 경사 운반로가 생길 수 있도록 발파공들이 심도별로 적절하게 배치되도록 한다(박스 컷은 Hustrulid and Kuchta, 1995 참조).

3) 운반로

운반로의 설계는 작업의 안전성과 효율성의 측면에서 매우 중요하므로, 채광장은 트럭들이 최고의 안전성과 적은 회전 저항을 가지고 최상으로 운영될 수 있도록 해야 한다. 운반로의 적당한 폭, 수평 경사, 안전한 범 및 곡률반경 등에 대한 설계를 위해 주의를 기울여야 한다. 적절한 운반로 설계에 대한 것은 6.4절과 Kaufman and Ault(1977), Atkinson(1992b), 그리고 Hustrulid and Kuchta(1995)의 문헌을 참조하라.

오픈 피트 채광법의 경우 일반적으로 상당한 양의 폐석과 광석을 채광장 밖으로 가파른 경사로를 통해 배출해야 한다. 그리고 심도가 깊어짐에 따라 상대적으로 폐석과 광석을 먼 거리까지 운반해야 하는 작업이 포함된다. 이러한 운반작업들은 채광장의 설계와 운반장비의 선택, 그리고 요구되는 생산속도의 결정에 영향을 줄 수 있다. 대부분의 노천채광 광산들은 평균 이상의 품위, 박토비 또는 크기를 갖는 광상을 갖지 않는다면, 300m 이내의 심도에서 운영된다(Crawford and Hustrulid, 1979; Atkinson, 1983).

4) 최종 피트

광체 주변의 폐석을 제거하여 생성되는 광산 형태를 최종 피트(overall pit profile)라고 한다. 이것은 광체의 기하학적 형태에 기반을 두며, 광산계획 단계에서 반영되어야 한다. 이 단면형태는 바스켓 모양, 사다리꼴 혹은 욕조 모양, 그리고 기타 다른 모양을 취할 수 있으며, 이 최종 단면은 노천채굴에 의한 채굴한계를 포함할 수 있다. 이 경계의 외부에 도로, 철도, 동력선, 건물, 사무실, 폐석처리장, 파쇄장이 위치할 수 있다.

전체 노천채굴장의 단면형태는 광체주변의 암반에 좌우되는 반면에 작업 채굴사면각(그림 6.4a)은 그 당시 운영 중인 벤치의 수와 벤치의 높이에 좌우된다. 또한 작업 채굴사면각은 벤치를 통과하는 램프에 의해 영향을 받는다(그림 6.4c 및 d). 불연속면이 발달하지 않은 건조하고 강한 광체는 더 높은 벤치를 개설할 수 있어 더 큰 경사각을 만들 수 있다. 이것은 벤치의 높이를 더 높일 수 있다는 사실 때문에 채굴작업장의 생산성에 영향을 미친다. 그리고 더 큰 용량의 장비를 도입하게 됨으로써 더 높은 생산성과 전체 경비가 낮아지는 결과를 초래하게 된다. 전체 사면각은 그림 6.4a와 같이 최초의 벤치에서 채굴장의 마지막 단계의 채굴장까지의 경사각을 전체 사면각이라고 하고 이것은 벤치의 높이와 안전 범의 폭에 의해 영향을 받는다.

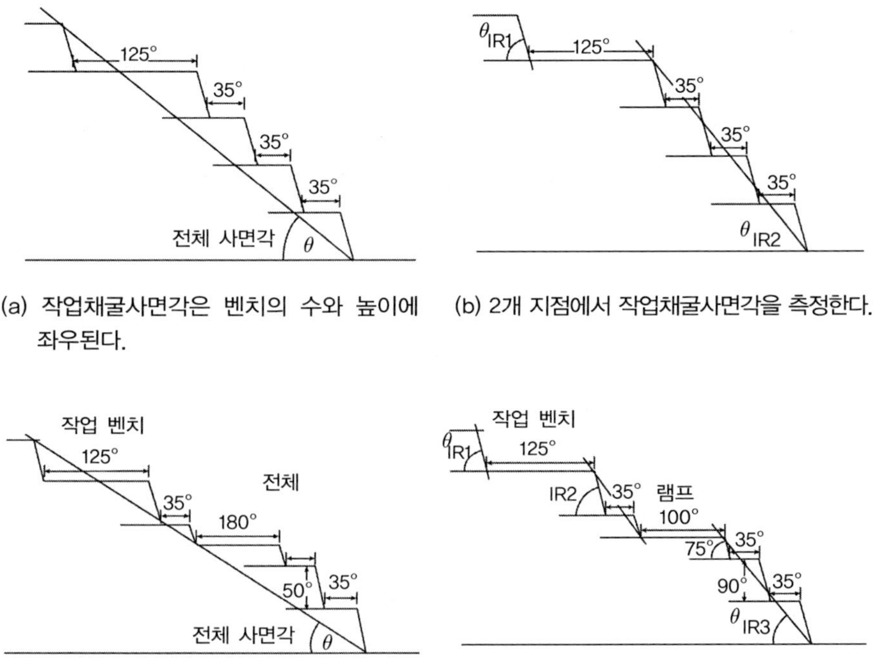

(a) 작업채굴사면각은 벤치의 수와 높이에 좌우된다.

(b) 2개 지점에서 작업채굴사면각을 측정한다.

(c) 작업채굴사면각은 벤치를 통과하는 램프에 의해 영향을 받는다.

(d) 3개 지점에서 작업채굴사면각을 측정한다.

그림 6.4 작업채굴사면각은 벤치 높이, 램프폭, 벤치의 수에 영향을 받는다. 최종 사면각은 안전 범의 폭과 벤치의 높이에 영향을 받는다.

6.1.2 광상조건 및 특성

1) 광상조건

오픈 피트 채광법은 수평의 층에서 적용될 수 있고, 때로는 철광이나 석탄층에서와 같이 여러 개의 층이 존재하는 곳에서도 적용 가능하다(그림 6.5b). 또한 오픈 피트 채광법은 여러 다른 형태의 광상에서도 적용이 된다(그림 6.5).

- 광상의 형태는 그림 6.5와 같이 여러 형태의 모든 광상에 적용이 가능하다. 그러나 지표에 평행한 광상이 좋다.
- 경사를 갖는 광상에 적용할 수 있지만, 낮은 경사의 광상이 좋다.
- 광상의 규모는 크거나 폭이 두꺼운 것이 좋다.
- 광석의 품위는 높고 균질한 것이 좋지만, 다른 조건들이 양호하다면 품위가 낮아도 괜찮다.
- 광석의 강도나 광석 주변 암반의 강도는 큰 문제가 되지 않는다.
- 광석의 균질성은 균일한 광석이 작업의 일관성에 있어서 좋다. 그러나 균질하지 않은 경우도 대부분의 작업에서 품위조절을 위한 혼합이 쉽게 수행될 수 있다.
- 심도는 손익분기점에 의해 제한이 되지만 가능하면 얕은 심도에서 중간 심도까지가 좋다.

이러한 광상의 조건들은 상호작용에 의해 적용할 채굴방법에 변수들을 변화시킬 수 있다. 예를 들어, 규모가 크고 높은 품위의 광상 및 암반의 강도가 높은 경우는 훨씬 더 깊은 심도까지 채광이 이루어질 수 있다.

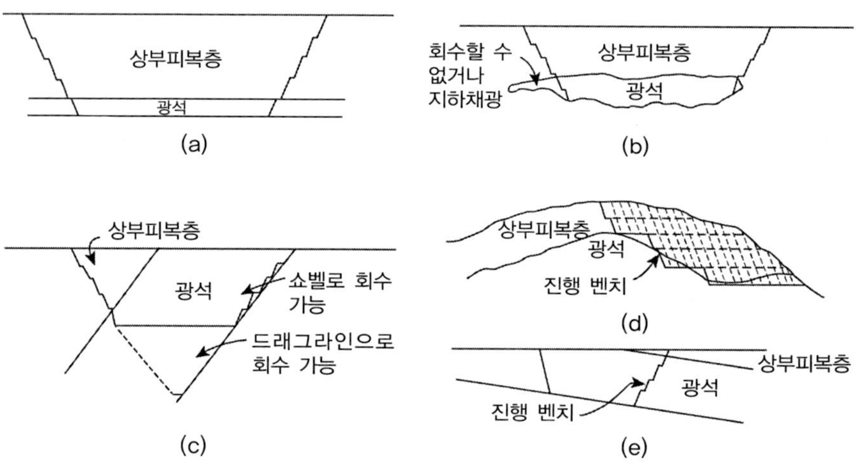

그림 6.5 여러 광체형태에 적용한 오픈 피트 채광법(Hartman and Mutmansky, 2002)

2) 특성

일반적으로 오픈 피트 채광법 적용에서 여러 특성들이 채굴법의 선택에 영향을 주게 된다. 오픈 피트 채광법의 장단점은 다음과 같다(Pfleider, 1973; Crawford and Hustrulid, 1979; Hustrulid and Kuchta, 1995).

(1) 장점

- 개발 및 접근성이 간단하다. 사전에 상부피복층 제거 작업이 고려될 수도 있지만, 대체적으로 최소한의 개갱작업만이 요구된다.
- 높은 생산성을 갖는다. 예를 들어 미국에서 동과 철광산에 대한 작업자-교대당 생산성은 광석과 폐석을 합쳐 평균 100～400tons이었다.
- 대형 장비의 사용으로 많은 노동력이 필요 없다.
- 높은 생산성을 제공할 수 있는 대형 장비를 사용하기에 적합한 채광법이다.
- 높은 생산속도를 나타내며, 생산은 굴착장비 수의 증가에 따라 증가될 수 있다.
- 수요의 변화에 따라 생산량을 조절할 수 있어 상대적으로 작업의 유연성이 높다.
- 발파가 적절하게 조절이 된다면 암석 파쇄비용이 상당히 낮아질 수 있다.
- 벤치의 적절한 설계와 유지만으로 안전성을 유지할 수 있어 지보대책이 거의 필요하지 않다.
- 회수율이 높으며, 거의 100%에 근접한다.
- 가장 널리 사용되는 채광방법들 중에 생산경비가 최저이다(채석에 비해 약 5% 정도의 상대적 경비 소요).
- 양호한 작업환경으로 안전율이 높아 갱내채광에 비해 재해가 거의 없다.

(2) 단점

- 노천작업으로 기후의 영향으로 작업 지연이나 방해받을 수 있다.
- 최저 생산비를 달성하기 위해서는 대규모 광상과 대형 장비가 필요하다.
- 생산성 증대를 위해 투입되는 대형 장비들에 의한 높은 투자비용이 발생한다.
- 경제성 때문에 채굴 심도가 제한된다.
- 장비의 기술적인 한계로 채굴심도는 약 300m 이내로 제한되고, 채굴 한계를

넘어서는 광상은 지하채광으로 전환되어 채굴되거나 버려지게 된다.

- 채광사면의 안정성이 중요하기 때문에 벤치 및 램프의 적절한 설계, 유지보수와 양호한 배수 등이 요구된다.
- 폐석처분장을 위한 덤핑 지역 확보와 적절한 덤핑장 사면의 설계가 필요하다.
- 노천채굴은 경우에 따라 막대한 복구비용이 요구되어 추가적인 비용의 발생으로 생산비가 증가한다.
- 채광 후에 채광장이 물로 채워질 수 있기 때문에 물이 오염될 수 있다.

6.1.3 단위 작업 및 작업주기

탐사, 개갱, 그리고 채굴 등 여러 단계로 이루어지는 생산 활동에서 채광작업행위는 광석의 채굴과 채굴된 광석을 운반하여 배출하는 일련의 기본적인 단계들을 가지며 주기적으로 수행되는 작업이다. 이러한 기본적인 작업 단계를 광산의 단위작업이라고 부른다. 만약 이런 단위 작업들이 직접적으로 광석의 채굴과 관련된다면 이런 단위작업은 생산작업이 된다. 노천채굴에서 필요한 2가지 기본적인 기능은 광석 및 폐석의 굴착과 채굴된 광석 및 폐석의 처리작업이다. 파쇄하기 어려운 광체의 경우 굴착 단계에서 천공 및 발파 작업이 요구된다. 연약한 광체의 경우, 광체는 일반적으로 기계적인 굴착장비를 이용하여 리핑에 의해 채굴될 수 있다. 노천채굴에서 채굴된 광석의 처리공정은 일반적으로 적재와 운반의 2단계 작업으로 이루어진다. 천공, 발파, 적재, 그리고 운반이 가장 일반적인 4가지의 단위작업이다.

광산의 개갱이나 채광을 수행하기 위해 단위작업들이 순차적으로 사용되고 반복적으로 계속하여 수행된다면 이것을 작업주기라고 한다. 노천채굴에서 생산을 위한 가장 일반적인 작업주기는 다음과 같다(그림 6.6).

기본 생산주기 = 천공 + 발파 + 적재 + 운반

이러한 작업주기는 생산공정에 가장 적합한 기술이나 장비들을 적용함으로써 변경될 수도 있다. 갱내채광에서는 연속채광기와 같이 작업공정에서 기계화가 끊임없이 증가되어 천공과 발파작업이 생략되기 때문에 단위작업은 사용되는 기계장비에 의해 큰 영향을 받게 된다. 노천채굴의 경우는 천공, 발파, 적재 및 운반의 단위공정은 큰 변화가 없다.

다음은 작업주기에서 각 작업의 단계를 수행하기 위해 대체될 수 있는 방법들이다.

- 천공 : 오거(연암), 회전식 롤러-비트(보통암), 충격식(경암)
- 발파 : ANFO나 슬러리, 벌크 화약 트럭 장전이나 수동 장전, 전기뇌관 점화 또는 도폭선
- 굴착 및 적재 : 파워 쇼벨, 유압 쇼벨, 프런트엔드 로더, 도저, 스크레이퍼(토사), 버킷 굴착기(토사)
- 운반 : 트럭, 벨트 컨베이어, 도저, 스크레이퍼(토사)

그림 6.6 노천채굴에서의 단위작업

6.1.4 개발순서

오픈 피트 채광법의 광산개발에서의 주요 단계는 다음과 같다. 광산개발과 관련된 모든 허가를 받은 후에 부지를 정리하고 지표의 건물 및 지원시설들의 위치가 선정되고 건설된다. 특히 폐석처분장의 위치는 매우 중요하며, 만약에 추후에 지형을 복구해야 할 경우에는 폐토를 위한 적토장도 필요하다. 최후 채광장의 경계와 외부와의 접근성을 고려하여 폐석처분장, 광석적치장, 선광, 그리고 저장 시설이 자리 잡게 된다. 장비는 생산성과 작업의 효율성, 용이성 등 필요에 따라서 선택된다. 생산을 위해 광상 상부의 상부피복층이 먼저 제거된 후에 계획에 따라 광석채굴이 수행된다. 피복층 제거와 채광은 단기계획과 장기계획을 고려하여 서로 조화를 이룰 수 있도록 수행되어야 한다. 광체의 채굴을 위해 상부피복층의 제거, 광석의 채광작업들이 요구되고 안전하고 능률적으로 작업이 진행될 수 있게 도와주는 보조작업들이 필요하다.

1) 상부피복층 제거

피복층 제거는 광상을 노출시키기 위해 위에 놓여 있는 층을 제거하거나 광체가 노출된 후에 채광장의 한정된 범위에서 상부피복층을 제거하는 작업을 의미한다. 상부피복층의 성질이 작업주기를 결정하게 되는데, 예를 들어 연약한 암반의 경우에는 파쇄가 필요 없이 리핑만으로 작업이 가능한 반면에, 더 견고한 암반의 경우에는 천공 및 발파에 의한 파쇄가 필요하다. 그리고 채굴된 광석이나 폐석들을 취급하기 위한 장비는 작업조건을 만족할 수 있는 것으로 선택되어야 한다.

2) 채광

오픈 피트 채광법도 다른 노천채광법과 마찬가지로 장비의 사용이나 작업 주기는 매우 유사하거나 심지어 동일할 수도 있다. 채광작업 요소를 결정하는 것 중의 하나가 광석과 폐석의 특성에서의 차이점이나 유사성이 있다. 만일 광석과 폐석이 매우 유사하다면 동일한 장비와 작업주기를 가지는 것이 광산 운영자에겐 유리하다. 중요한 이유는 고장이나 예기치 못한 생산 또는 피복층 제거에 대한 요구가 발생하는 경우에는 장비의 교체 없이도 작업이 이루어질 수 있기 때문이다.

채광 작업주기와 관련되어 사용될 수 있는 장비는 다음과 같다.

- 천공은 보통암의 경우는 회전식 롤러-비트, 그리고 경암의 경우는 충격식 또는 회전-충격식 비트를 사용한다.
- 발파에는 ANFO나 슬러리를 사용하고, 연암의 경우는 리핑작업으로 수행되며, 석탄의 경우는 직접 굴착과 적재가 동시에 이루어질 수 있다.
- 굴착은 파워 및 유압 쇼벨, 프런트 엔드 로더, 드래그라인, 스크레이퍼 등이 사용될 수 있다.
- 운반은 트럭, 벨트 컨베이어 또는 철도를 이용할 수 있다.

6.2 피복층 제거

피복층의 제거를 위한 필요성을 평가하기 위해서 광산기술자는 여러 종류의 제거 시스템, 방법 및 장비, 그리고 제거된 폐석을 영구 처분장으로 운반하기 위한 방법들에 대해 검토해야 한다. 광산 개발 시 피복층의 제거 시스템은 미래의 광산계획과 조화를 이루어야 한다. 만약에 피복층 제거계획에서 이것이 미치는 영향에 대한 검토가 잘 이루어지지 않는다면, 나중에 효율성과 비용 면에서 어려움을 겪을 수 있다.

피복층 제거는 광상을 노출시키기 위해 광체 상부에 놓여 있는 경제성이 없는 층을 제거하거나 또는 광석이 노출된 후에는 채광장의 한정된 범위에서 광체 상부의 피복층을 제거하는 작업을 의미한다. 광상과 상부피복층의 기하학적 모양과 생산계획에 따라 채광속도를 유지하기 위해 수행되는 피복층의 최소 제거량을 추정할 수 있다. 일반적으로 경제적 관점에서 피복층 제거와 관련된 경비가 경제적 수익률과 일치하지 않을 경우 필요시에만 피복층 제거가 제안된다.

Fourie와 Dohm(1992)은 노천광산에서 피복층 제거를 위한 3가지 일반적인 계획, 즉 박토비 증가법, 박토비 감소법, 그리고 박토비 고정법에 대해 언급하고 있다.

박토비 증가법은 생산을 위해 필요한 만큼의 상부피복층을 제거하는 것이다. 그리고 다른 변수들이 숫자에 중요하게 작용하지 않는다면 이러한 공정은 현금흐름의 관점에서 적정한 방법이다. 다른 두 방법은 피복층 제거에 대한 요구를 일정하게 만들고, 시간에 대해서는 더 균등하게 피복층 제거에 대한 요구를 전개시키려고 한다.

노두에 노출되지 않은 광상에서는 사전 피복층 제거는 광석을 생산하기 전에 요구된다. 추가적으로 채광이 가능한 광석의 부족으로 생산계획 스케줄이 제한되지 않도록 채광을 위한 일정 양의 광석이 항상 확보될 수 있어야 하는 것은 일반적인 규칙이다. 상부층 제거의 결정에서 중요한 고려사항은 기후이다. 극심한 추운 기후에서는 겨울 동안에 수행될 채광과 함께 지반이 녹아 있는 여름 몇 달 동안에 상부층 제거를 수행하는 것이 좋을 것이다. 이와 같이 겨울에는 상부층 제거에 중점을 두고 여름철에는 채광이 강조될 수 있다.

상부피복층의 성질이 작업주기를 결정하게 된다. 연약한 암반의 경우에는 파쇄가 필요 없지만, 견고한 암반의 경우엔 화약에 의한 파쇄가 요구된다. 그리고 채굴광물의 취급장비는 작업조건을 만족할 수 있는 것으로 선택되어야 한다.

6.2.1 피복층의 구성물질

피복층은 앞서 정의한 것과 같이 광체위에 놓여 있는 물질들이다. 일반적으로 이러한 물질들은 다음과 같은 형태로 구성된다. 즉, 표토, 연한 피복층, 보통의 피복층, 그리고 단단한 피복층이다.

1) 표토

이것은 광체의 상부에 놓인 피복층 중에서 지표 가까이에 위치하는 물질들이다. 표토는 충분히 식생을 자라게 할 수 있는 영양분을 가지고 있다. 토사 층은 수 cm의 깊이 또는 수십 cm의 깊이를 가질 수 있다. 표토 제거시 이 층의 분리작업이 매우 중요하다. 경우에 따라서는 정부 규정에 따라 채굴이 된 광산 지역을 본래의 흙으로 복구할 것을 요구하는 경우들이 있어 표토는 조심스럽게 제거하고 나중에 상대적으로 쉽게 회수하여 사용할 수 있는 장소에 처분한다.

2) 연한 피복층

이것은 표토의 하부에 점진적으로 나타나거나 혹은 광체 최상부의 초기 물질이 될 수 있다. 이것들은 분급되지 않은 빙퇴석, 본래 구조를 가지고 있는 풍화 또는 분해된 암석, 식생이 곤란한 모래, 불모지의 홍토, 점토 혹은 표토로 분류되지 않는 기타 물질일 수 있다. 어떤 환경에서는 이런 물질들은 나중에 복구작업을 위해 전체 또는 부분적으로 분리하여 저장해야 하는 경우도 있다. 이 피복층은 천공발파 없이 굴착이 이루어져 최소의 경비로 굴착이 수행될 수 있다. 분리된 처분장이 요구되지 않을 수도 있고, 때로는 분리 없이 주 처분장에 같이 처분될 수 있고 또는 운반도로 포장용으로도 사용될 수 있다. 일반적으로 사용될 수 있는 장비는 표 6.1과 같다.

표 6.1 일반적인 피복층 구성 물질에 따른 굴착 및 운반장비(Aiken and Gunnett, 1990)

	장비 종류	표토	식생	연약/건조	연약/습윤	보통 이상 강도 혹은 균열 매우 발달	매우 치밀하고 강한 피복층
굴착	도저/프런트 엔드 로더	×	×	×		×	×(?)
	스크레이퍼	×		×		×(?)	
	쇼벨			×		×	
	드래그라인			×	×	×	
	버킷 휠	×		×		×(?)	
	준설				×		
운반	스크레이퍼	×		×		×(?)	
	프런트 엔드 로더	×		×		×	
	트럭	×	×	×		×	×
	벨트 컨베이어	×		×		×	×(?)
	수력	×(?)		×(?)			
	철로		×			×	×

3) 보통의 피복층

이 등급에는 넓은 범위의 암석들이 포함된다. 여기에는 약간 분해되거나 풍화된 암석, 균열 또는 절리가 매우 발달한 암석, 쉽게 분리되는 층리 및 편리를 갖는 셰일 및 편암, 역암, 그리고 작은 충격으로도 쉽게 부서지는 암석들이 포함된다. 암석의 파쇄는 천공 및 약한 발파, 도저에 의한 리핑으로 수행될 수 있다. 보통의 피복층은 식생토로서는 가치가 없지만 광산복구에서 본래 지형의 기초로서 사용될 수 있다.

4) 단단한 피복층

이 피복층은 굴착 및 운반 전에 천공과 발파작업이 선행되어야 한다. 일반적으로 광체와 지표 사이에 위치하거나 경우에 따라서는 지표 바로 하부에도 위치할 수 있지만, 대부분 광체 주변에 분포하는 모암을 구성하는 암석들의 폐석이다. 굴착 및 운반장비는 적재 시 암석의 충격과 마모에 견딜 수 있도록 견고해야 한다. 일반적으로 사용되는 장비는 파워 쇼벨, 드래그라인, 그리고 유압 쇼벨이다. 소규모 작업을 위해서는 타이어 부착 프런트 엔드 로더가 사용되기도 하지만 지속적이고 장기간의 적재를 위해서는 쇼벨이나 드래그라인이 선호된다. 일부는 건설현장의 골재로 사용되기도 한다.

6.2.2 피복층의 굴착 및 장비

표 6.1은 피복층 제거에 사용될 수 있는 운반 및 굴착장비에 대한 일반적인 지침이다. 피복층 굴착을 위한 주요한 방법은 대부분 굴착 후에 적재 및 운반에 의해 작업이 중단됨으로써 작업이 주기적이라는 것이다. 이러한 작업에서 단락이 없이 작업이 이루어지는 방법이 드래그라인과 버킷 휠 굴착기를 사용하는 것이다. 피복층 제거를 위해 가장 흔히 사용되는 장비는 드래그라인, 파워 쇼벨, 도저, 프런트 엔드 로더, 준설기, 스크레이퍼, 그리고 버킷 휠 굴착기가 있다.

굴착장비는 피복층의 존재 형태에 적합하게 선정되어야 한다. 여기에는 광체의 심도, 강도, 마모도, 수분함량, 지형, 폐석처분장 부지 등이 고려될 수 있다. 최적 방법의 선택을 위해서 주어진 조건에 장비가 효과적으로 대처할 수 있는가를 검토해야 한다. 대안 선택이 필요한 경우에는 방법별로 상세한 상대비용 분석이 필요할 수 있다. 작은 광체의 경우는 작은 용량과 기동성이 양호한 장비가 좋다. 대형의

한두 대 장비는 광체와 피복층 사이의 선별적 선택이나 다수의 작업 막장에서 빈번한 이동의 필요성 때문에 부적절하다. 지형적인 조건 또한 장비의 선택에 영향을 준다. 급경사의 산악지형에서는 일반적으로 쇼벨이나 프런트 엔드 로더 형태의 굴착기가 적합하고, 완만하거나 중간 정도의 경사에서는 드래그라인이나 버킷 휠 굴착기가 더 양호하다. 도저와 프런트 엔드 로더의 조합의 사용은 광범위한 지형 조건에 사용할 수 있다.

다음은 각 장비별 적용방법, 적당한 취급대상 물질, 장비 특성과 선정 기준에 대해 간략하게 언급한다. 이 장에서 제시되지 않은 장비는 제10장의 노천채광장비를 참조하기 바란다.

1) 도저와 프런트 엔드 로더

도저(Dozer)에는 고무 타이어와 무한궤도 형식이 있다. 무한궤도형 도저에 의해 취급될 수 있는 암석의 강도 범위는 매우 넓다. 장비의 미는 힘은 장비의 무게와 동력에 좌우된다. 일반적으로 주어진 추력을 내기 위해서는 타이어형 장비가 더 무거워야 한다. 이것은 무한궤도형 도저의 마찰계수가 더 양호하기 때문이다.

표 6.2는 30m 거리를 밀고 나갈 때 두 장비의 비교를 나타내는 것이다. 무한궤도형 도저는 단독 작업에 많이 사용되고 타이어형 도저는 일반적으로 적재장비의 보조 작업 또는 기동력이 떨어지는 피복층 굴착장비와 함께 많이 사용된다. 도저는 사면 위에서 아래로 표토를 이동시킬 때 많이 사용한다.

표 6.2 도저의 종류별 특성(Aiken and Gunnett, 1990)

도저 종류	동력(Hp)	중량(톤)	성능(m^3/hr)
무한궤도형	180	19.8	595
	270	31.6	816
	385	43.6	1,156
고무타이어형	300	34.9	476
	400	44.7	731

프런트 엔드 로더(fronter-end loader)는 무한궤도형과 바퀴용이 있으나 주로 기동성 문제로 바퀴용이 많이 사용된다. 이 장비는 트럭에 물체를 적재하는 데 사용하지만, 처분장의 거리가 상대적으로 짧은 경우는 적재 및 운반 병용형의 로더가 사용될 수 있다. 그림 6.7은 도저와 프런트 엔드 로더의 거리에 따른 효율을 나타내는 것이다. 그림에서 보는 바와 같이 밀어내는 거리가 도저는 60～75m(200～250ft)일 때 사용되어야 하고, 반면에 프런트 엔드 로더는 경제적인 생산을 위해서는 90～150m(300～500ft)를 초과하지 말아야 한다.

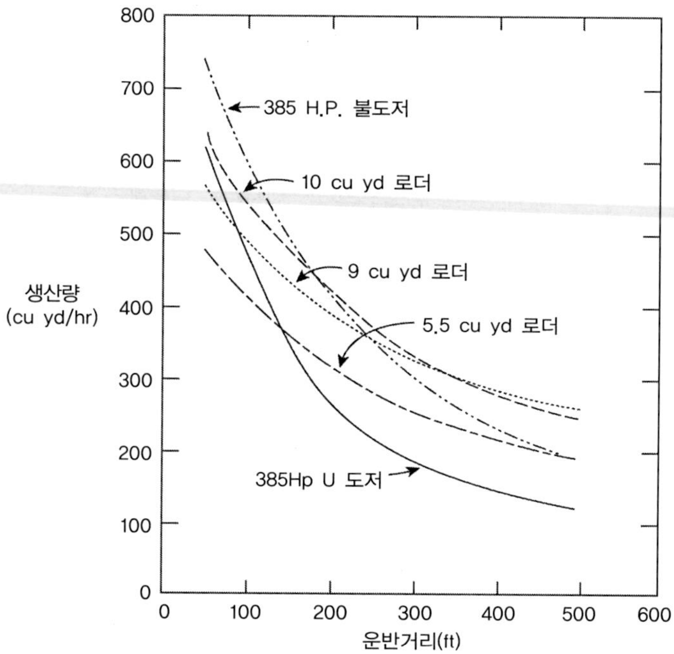

그림 6.7 운반거리에 따른 프런트 엔드 로더와 도저의 생산성 비교(Aiken and Gunnett, 1990)

노천채굴에서 대형 장비의 도입에 따라 리핑이나 불도저로 표토층을 제거하는 경우가 증가하고 있다. 연약한 암반의 경우 리핑으로 천공 및 발파비용의 1/3～1/2 정도로 굴착작업이 수행될 수 있고, 리핑과 가벼운 발파를 병행하는 채굴의 경우 작업이 효과적으로 수행될 수 있다.

2) 스크레이퍼

스크레이퍼(Scraper)는 1930년대 초부터 사용되어 왔지만 노천채광에서는 상대적으로 다소 생소한 장비이다. 1970년대에 피복층 제거를 위한 장비로서 성능이 입증되기 시작했다. 스크레이퍼는 일반적으로 4종류가 있으며 다음과 같다(그림 6.8).

- 탠덤형(tandem powered)
- 푸쉬-풀(push-pull)형
- 단독 엔진형
- 엘리베이팅(elevating) 스크레이퍼

탠덤형은 경사가 급하거나 연약한 표토층에 사용하고, 푸쉬-풀형은 각자 스크레이퍼를 장착하고 있는 2개 1조 시스템으로 사용하거나 또는 서로 분리되어 사용할 수도 있다. 단독 엔진형은 밀어주는 도저가 필요하고 얇게 겉어진 혼합된 흙을 제거하는 데 사용된다. 스크레이퍼와 도저는 동시에 한 조를 이루어 20m 이상 심도의 피복층을 경제적으로 굴착할 수 있었다는 발표가 있다(Chironis, 1977). 스크레이퍼는 다른 굴착장비와 짝을 이루어 사용되는 경우가 많다.

(a) 탠덤형　　(b) 푸쉬-풀형　　(c) 엘리베이팅형

그림 6.8 스크레이퍼

3) 드래그라인

드래그라인(drag line)에는 ① 트럭 장착형, ② 무한궤도 장착형, ③ 워킹(walking)형과 같이 3가지 형태의 드래그라인이 있다. 피복층 제거에는 무한궤도 장착형과 워킹형이 사용되고, 트럭 장착형은 용량이 작아서 피복층 제거에는 사용되지 않는다. 드래그라인의 주목적은 채굴된 광물을 운반하는 것이었다. 그러나 최근에는 버킷 이동속도와 동력의 증가로 대용량 광석을 이동시키기 위한 채광도구로도

사용된다. 광체-피복층의 경계의 변화가 심한 지형에도 쉽게 적용될 수 있고, 깊은 심도의 피복층 제거에도 적용될 수 있다. 다른 채광장 장비에게 치명적일 수 있는 벤치의 파괴는 드래그라인에는 큰 문제가 되지 않는다. 드래그라인은 현지 암반과 발파된 암반을 포함 넓은 범위의 물질을 처리할 수 있다. 암석의 파쇄도는 드래그라인의 버킷의 용량을 결정하는 데 영향을 주며, 쇼벨보다 유지비가 적게 든다.

4) 파워 쇼벨

쇼벨은 현재 광산에서 채광용과 스트리핑(stripping)용 두 가지 형태로 사용되고 있으며, 두 장비의 차이는 주로 그들이 수행하는 작업에 따라 다르다. 스트리핑용 쇼벨은 채탄에서의 피복층 제거에만 사용되고 있다. 두 형식의 장비는 기계적으로 유사하지만 스트리핑용 장비가 전반적으로 굴착 범위가 더 크고 장비도 훨씬 더 크다. 채광용 쇼벨은 주로 노천채굴 채광에서 트럭이나 광차의 적재용으로 많이 사용되며, 또한 작업이 어려운 채광이나 폐석 제거에 많이 사용되고 있다. 최근에는 유압 쇼벨은 단단한 암석을 굴착하기 위해 재래식 쇼벨을 대체하고 있지만, 대규모 광산에서 경암을 전체적으로 굴착하기 위한 대체는 어렵다. 경암의 광체나 암석의 경우는 천공과 발파가 필요하다. 쇼벨은 하부가 견고한 조건이 필요하기 때문에 단단한 피복층의 조건에서 사용될 수 있다.

5) 버킷 휠 굴착기

버킷 휠 굴착기(Bucket wheel excavator)는 본래 황토, 점토, 모래, 응회암, 그리고 갈탄과 같은 상대적으로 연약한 피복층을 굴착하기 위해 개발되었다(그림 6.9). 그러나 현재는 상당히 치밀한 퇴적물, 셰일, 역청탄, 일부 석회암, 타르 샌드 등으로 굴착 범위가 확대되었다. 이러한 굴착대상 물질의 발파는 굴착에 도움을 줄 수 있지만, 일반적으로 발파가 필요한 암석은 이 장비가 사용되지 않는다. 이 장비는 광석을 일정한 속도로 생산할 수 있는 연속 채굴기가 될 수 있다. 굴착 심도와 굴착 폭은 붐의 길이에 비례한다. 버킷 휠 굴착기와 벨트 컨베이어 운반 시스템은 매우 높은 처리 용량을 갖는데, 양호한 굴착 조건에서는 하루 254,000m^{3}의 굴착능력을 나타낸다(Anon, 1976). 이 장비는 높은 투자비용 때문에 장기적인 운영에 적합하다.

그림 6.9 버킷 휠 굴착기

대부분의 로더나 굴착기는 다양한 제한조건에서 3개의 작업영역(채굴, 이동/운반, 그리고 덤핑)에서 작업이 이루어지도록 요구된다(Martin 외, 1982). 상부층 제거를 위한 목적의 쇼벨, 드래그라인이나 버킷-휠 굴착기의 주요한 장점과 단점은 표 6.3과 같다.

표 6.3 쇼벨, 드래그라인, 버킷-휠 굴착기의 특성 비교(Bucyrus_Erie Co., 1976)

기계	장점	단점
쇼벨	• 버킷 단위 체적당 낮은 투자경비(붐의 길이나 장비 무게를 고려할 때 투자경비는 거의 비슷) • 불량한 발파와 견고한 물질에도 양호 • 협석 취급이 용이	• 석탄의 손상이 클수록 석탄회수율이 낮아짐 • 옆으로 흘리거나 채광장에 흘리기 쉬움 • 안정성이 불량하여 폐석더미 처리가 쉽지 않음 • 깊은 박스 컷이 쉽지 않음 • 드래그라인에 비해 작업 가능 심도가 작음 • 이동이 어려움

표 6.3 쇼벨, 드래그라인, 버킷-휠 굴착기의 특성 비교(Bucyrus_Erie Co., 1976)(계속)

기계	장점	단점
드래그라인	• 운영의 융통성; 이동 용이 • 깊은 심도의 굴착능력 • 안정성이 불량한 피복층을 쌓아올리고 취급할 수 있음 • 마루 작업 중 채광장의 범람이나 폐석더미의 무너짐으로부터 안전 • 석탄 회수율이 높고, 석탄의 손상이 적음 • 깊은 박스 컷 가능 • 유지비용이 낮음 • 협석 취급이 용이 • 평탄하지 않거나 완만한 경사의 석탄층 표면에 의해 영향을 받지 않음 • 어떤 방향으로도 이동이 가능	• 벤치 준비작업 필요 • 불량한 발파에서는 굴착이 어려움 • 버킷 단위체적당 높은 투자경비(붐의 길이나 장비 무게를 고려할 때 투자경비는 거의 비슷함)
버킷-휠	• 연속적인 작업, 스윙이 필요 없음 • 배출 범위가 깊 • 석탄층 위에서나 높은 벤치에서도 작업이 가능 • 불량한 안정성과 성토 특성에서도 폐석더미의 처리가 용이 • 일렬로 작업시 쇼벨이나 드래그라인의 작업영역이 확대 • 적치장 위에서 표토 제거물을 뒤로 배출할 수 있기 때문에 쉽게 지형을 복구	• 강한 암반은 굴착이 곤란 • 약간의 표면 정리작업이 필요 • 효용성이 낮음 • 대규모 유지보수 인원이 필요 • 생산에 비해 높은 투자비용 • 더미 바닥이나 옆으로 흘림이 많음 • 석탄의 손상을 일으켜 결과적으로 석탄회수율의 낮음 • 이동성이 불량

6) 굴착기에 의한 운반

굴착된 피복층에 대한 운반 방식의 선택은 굴착장비와 조화를 이루어야 한다. 일부 장비들의 조합은 허용될 수 없는 경우도 있으며, 또 일부는 적용 범위가 매우 넓을 수 있다. 운반에서 하나 이상의 장비들이 조합을 이룰 수 있기 때문에, 상대적으로 공존 가능성이 없는 장비에 대한 제외는 쉽지만, 여러 장비들의 조합에 있어서는 최적의 해결책을 결정하기 위해서는 조심스럽게 고려되어야 한다. 모든 적용이 가능한 운반장비들은 굴착장비와의 공존 가능성으로 논의되어야 한다.

7) 굴착성능

노천광산에서의 주요 작업(부지 준비, 굴착 및 적재, 운반, 그리고 광물의 선광)들은 상호 의존적이다. 그리고 톤당 최적의 비용은 각각의 개별 운영비용들의 최소화하는 시도에 의해서 얻을 수 없다. 따라서 독립된 한 항목에 집중하는 것은 좋은 방법이 아니다. 화약사용의 증가로 적재, 운반, 그리고 파쇄비용의 감소가 이루어져 부지준비비용을 충분히 회수할 수 있게 된다. 암석의 특성이 노천광산에서 수많은 장비 선택에 있어서 문제가 될 수 있다. 굴착에서는 마모도와 점착성이 주요한 문제를 일으킨다. 굴착하는 동안과 장비 선택 이전에 재료 특성 시험의 항목과 독립된 장비의 항목을 선택하지 않는 것이 매우 중요하다.

지반의 굴착성(diggability)은 굴착장비의 선택에 중요한 요소이고, 다음과 같은 요소들에 의해 달라진다.

- 신선한 지반의 강도
- 구성광물의 연마 특성
- 지반의 용적밀도(이완 및 신선한 지반 모두)
- 파쇄 지반의 유동 특성
- 원하는 파쇄도를 달성하기 위해 고려해야 할 지반의 준비정도 등

현재 굴착성에 대한 일반적으로 인정되고 있는 정량적 측정방법은 없지만, 상당히 신뢰할 수 있는 지표들은 다음과 같은 사항에서 구할 수 있다.

- 시험굴에서 굴착된 지반의 거동
- 주변 지역 내의 유사한 굴착
- 시추에 의해 채취된 코어 시료에 대한 물성시험(노두의 층은 코어와 매우 다른 특성을 가지기 때문에 주의가 필요하다. 가장 널리 사용되는 시험은 일축 및 삼축 압축강도, 전단강도시험, 마모경도 시험 및 간단한 현장시험 등이 있다.)
- 탄성파시험(이 시험은 쉽게 수행될 수 있지만, 교란된 지질조건에서는 해석이 어려울 수 있다.)

그림 6.10은 각종 암석에서 탄성파속도와 발파작업 없이 굴착이 가능한지를 나타낸다. 일반적으로 상기와 같은 여러 방법들은 서로 연계되어 사용된다. 고려되어야 하는 다른 요소들은 굴착기의 수평 및 수직 도달거리, 경사 한계, 굴착 및 배출

둘 다, 작업 벤치의 지반강도, 기동성, 동력공급원 및 용량 등이 있다. 광물품위가 상당히 다양하고 광물의 성질 때문에 비축은 비경제적이거나 가능하지 않는 곳에서는 선광장의 공급 요구사항을 충족하기 위하여 여러 대의 작은 용량의 굴착기가 요구될 수 있다.

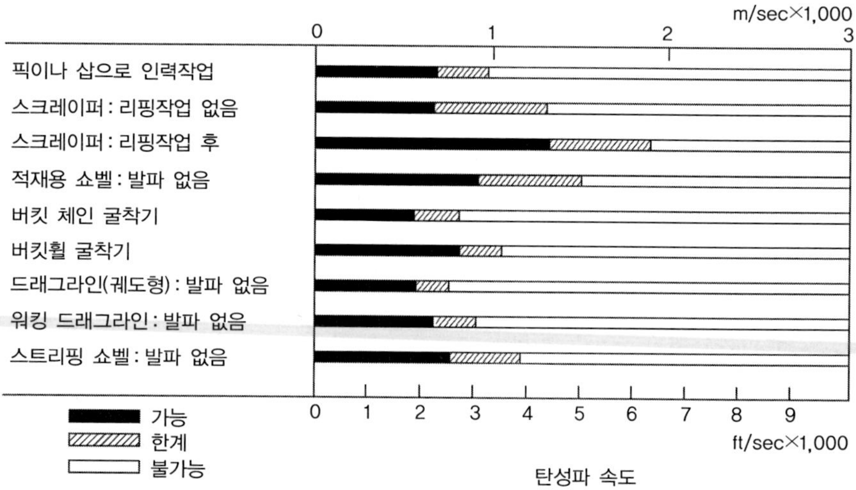

그림 6.10 굴착 가능성을 결정하기 위한 탄성파 속도(Atkinson, 1992)

8) 굴착장비의 선택

채굴된 광석을 취급하는 것이 노천채광의 중심사항이기 때문에 장비의 선택이 스트리핑 채광법 설명과 거의 유사하다. 광체, 석탄 또는 폐석을 제거하는 방법을 선택함에 있어서 최상의 목적은 가능한 최저의 비용으로 광석을 채굴하는 것이고, 채광 시스템에서의 다른 요소들에 의해 부과될 수 있는 한계들을 조절하는 것이다. 장비의 선택에서 많은 요소들이 포함될 수 있지만, 이러한 요소들은 석탄, 금속 및 비금속 광상에 따라 차이가 있다.

주요 고려사항들은 광체의 크기와 모양, 광상 내에 분포하는 광물가치의 분포현황, 그리고 상부피복층의 작업 용이성 여부이다. 부가적으로 고려해야 할 변수들은 단층, 습곡, 전단대, 함수층 등과 같은 지질구조, 광물선광 및 운반로 통행에 영향을 줄 수 있는 변질된 광석, 생산속도와 광산 수명, 운반거리, 그리고 채광후속조치나 복구를 위한 표토층 제거장비들의 유용성들이다. 광석, 석탄 혹은 석재광상의 기계적인 채광을 위한 장비와 시스템들의 선택 범위는 상대적으로 많지만, 채굴 광산물 취급 시스템에 대한 개요와 그에 대한 주요한 유용성에 대한 설명은 다음과 같다.

- 드래그라인(직접적인 캐스팅)
- 파워 쇼벨이나 프런트엔드 로더와 트럭
- 도저나 프런트엔드 로더
- 도저나 고무 타이어 스크레이퍼
- 쇼벨이나 로더에 호퍼, 파쇄기와 벨트 컨베이어 추가
- 버킷 굴착기와 벨트 컨베이어

채굴 광산물 취급 시스템의 선택에서 선택될 장비의 크기와 형태는 채광장의 기하학적 형태가 중요하게 작용한다. 노천작업에서 사용되는 대규모 굴착장비 중 드래그라인과 스트리핑 쇼벨은 대상 물체를 굴착하고 최종으로 놓일 장소로 채굴된 물질을 쌓을 수 있는 직접방식의 캐스팅 장비들이다. 나머지 굴착기들은 채굴물체들을 최종 목적지로 운반하기 위해 다른 장비를 필요로 하는 것들이다.

노천채굴 광산에서 연속적인 시스템은 버킷 휠 굴착기가 대표적이며, 주기적인 시스템은 쇼벨, 드래그라인, 프런트 엔드 로더, 스크레이퍼, 리퍼, 불도저 등이 있다.

6.3 개갱 및 채광

6.3.1 개 갱

노천채굴 광산개발에서의 주요 단계는 광산개발과 관련된 모든 허가취득, 부지정리, 지표의 사무실 및 지원시설들의 위치 선정과 건설이 이루어진다. 또한 최후 채광장의 경계를 고려한 폐석처분장, 선광, 그리고 저장 시설을 선정한다. 채광을 위한 개갱작업은 광상 상부의 상부피복층을 제거하고 계획에 따라 노천채굴장 개

설작업이 수행되며, 피복층 제거와 채광 준비는 단기계획과 장기계획을 고려하여 수행되어야 한다.

노천채굴법의 개갱에서 주요한 단계는 다음과 같다.

- 광화대 및 품위의 3차원적 분포 결정
- 채굴장에 대한 경제적 한계 설정
- 폐석처분장 및 폐토 비축을 위한 적합한 부지 선택
- 폐석처분장과 채굴장으로 예정된 부지로부터의 식생 제거
- 채굴장 주변의 선광, 유지보수, 사무실, 교통 시설의 부지 선정
- 장비 선택 및 운반 도로 배치
- 초기 굴착의 개시

이러한 초기의 굴착은 벤치를 형성하기 위해 확대될 수 있는 박스 컷 형태 또는 가파른 산허리의 접근로 형태일 수 있다. 생산을 시작하기 위한 채광장 내의 상부 피복층 제거에 대해서는 6.2절을 참조하기 바란다.

6.3.2 채 광

표준 단위작업(천공, 발파, 굴착, 적재 및 운반)은 일반적으로 폐석 및 광석 모두에서 채용하고 있다. 가장 일반적으로 사용되는 천공의 형태는 회전 및 하향 충격식이다. 지반이 리핑이 되지 않는 경우에는 발파가 수행되어야 하는데 일반적으로 건조한 발파공에서는 ANFO가 사용되고, 젖은 발파공에서는 에멀젼이 사용된다. 일부 작업에서는 발파공에서 물을 퍼내고 ANFO의 열화를 방지하기 위해 플라스틱 라이너를 설치하기도 한다.

오픈 피트 채광법과 관련된 발파에 대한 상세 설계 및 발파과정에 대해서는 노천채광발파를 참조하기 바란다.

발파에 의한 파쇄 후 채굴 대상 광석이나 폐석은 파워 쇼벨, 유압 쇼벨, 프런트 엔드 로더, 스크레이퍼, 그리고 드물게는 드래그라인 및 버킷 휠 굴착기를 사용한다. 벤치의 높이는 일반적으로 사용되는 주요 굴착기의 도달 범위에 의해 결정된다. 각 개별 벤치의 폭은 사용 운반장비의 통행이 용이하도록 하는 여유 공간, 채

굴장 사면의 안정성, 그리고 손익분기의 박토비에 의해 결정된다. 운반은 트럭, 스크레이퍼, 컨베이어, 그리고 드물게는 철도 및 수압 수송에 의해 수행된다.

노천채굴에서 광체를 채굴하는 순서는 일반적으로 순차적 또는 전통적 푸쉬백 패턴으로 채굴작업이 이루어진다.

그림 6.11은 순차적 푸쉬백(sequential pushback) 패턴을 나타내는 것이다. 이 예에서는 세 개의 구역, 즉 A, B, 그리고 C로 표시된다, 한 대의 굴착기가 각각의 구역에 할당될 것이다. 구역 C를 광체, 그리고 A와 B 구역을 폐석으로 가정하면, 광체 C5에서 C8로 명기된 구역의 광체가 채광이 되기 전에 우선 B4에서 B1으로 명시된 구역의 폐석 채굴이 필요하다. 동시에 A1에서 A4로 명시된 구역들이 B5에서 B8로 명시된 구역이 채굴되기 전에 제거되어야 한다. 이러한 패턴에서 쇼벨 B는 구역 B에 있는 새로운 시리즈의 채굴을 위해 위로 이동하기 전에, 쇼벨 A가 A 구역의 초기 굴착지점까지 이동할 수 있도록 긴밀한 협조가 필요하다. 순차적 푸쉬백 패턴에서 각 구역들은 운반 경사로(램프)에 의해 구분된다.

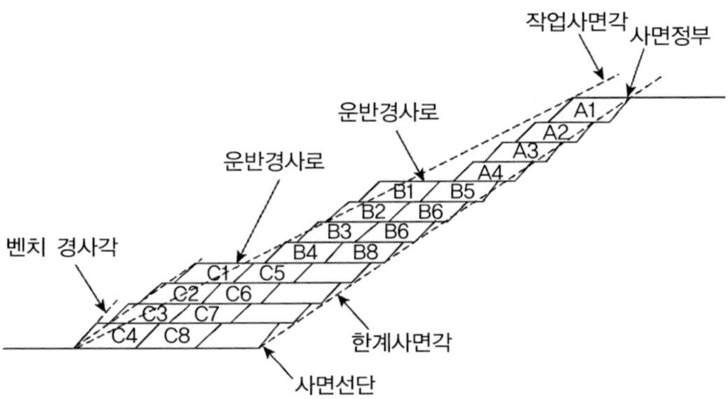

그림 6.11 순차적 푸쉬백에서의 채굴순서

전통적인 푸쉬백은 일반적으로 얕은 채광장과 일부 대규모 광산에서 사용된다. 그림 6.12와 같이 실질적인 채굴계획구역의 채굴장은 아마 상부에서부터 광체의 가장 낮은 하부까지 전체 벤치를 한 번에 채굴하게 된다. 이 방법의 장점 중 하나는 순차적인 푸쉬백 방법에 비해 스케줄링이 덜 복잡하다는 것이다. 전통적인 푸쉬백의 후방 사면은 종종 한계사면의 경사각을 절단하게 된다. 이것은 한계사면 설계가 광산 초기에는 전체 광산을 위태롭게 하지 않고 시험이 이루어진다는 점에서 장점이 된다. 단점은 사면의 불안정이 발생하면 생산에 있어서 일시적인 손실이 있을 수 있다.

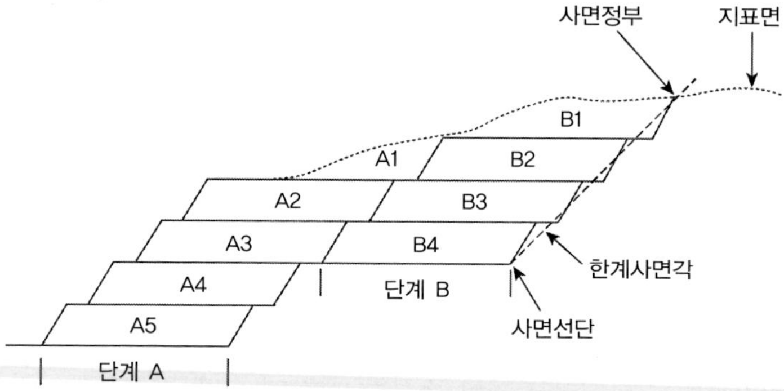

그림 6.12 전통적 푸쉬백에서의 채굴순서

전통적인 오픈 피트 채광법은 각 개별 원형 벤치의 반경은 채굴심도의 증가와 함께 감소하는 깔대기 모양이 된다. 이런 모양의 채광장은 구리와 같은 대규모 산재성 광상에서 일반적인 형태이다. 성층을 이루고, 얕은 심도를 갖는 광상에서의 노천채굴장은 종종 급경사의 사면들과 다소 평평한 바닥을 갖는 발자국 모양처럼 형성된다.

램프의 고도 상승은 일정하지 않지만 그러나 램프들 사이에 다소 일정한 수의 벤치를 가지고 고도의 범위를 통과하는 사이클이다. 큰 원주 거리를 갖는 대규모 광산에서 채광장 상부에서 램프들 사이의 벤치 수는 낮은 고도에서의 벤치에 비해 더 감소될 수 있다. 또한 채굴장 하부에서 채광작업에 필요한 공간을 유지하기 위해서 막장전진속도를 높일 수 있도록 용량이 더 큰 쇼벨들이 높은 고도에서 사용될 수 있다. 램프는 굴착기와 운반장비를 수용할 수 있을 만큼 충분히 넓어야 한다. 따라서 전체 사면경사각은 벤치 경사각보다 낮은 램프 간의 경사각보다 낮다. 이러한 배열은 설계 혹은 한계사면각보다 더 낮은 '작업사면각'을 제공하게 된다.

한계사면보다 더 낮은 각의 작업사면각이 형성되는 경우 운영상 장점이 있으며, 그것은 광체와 폐석 모두에서 추가적인 생산막장들이 형성된다. 이런 추가적인 생산막장들은 더 큰 유연성과 균일한 생산을 제공한다. 생산막장을 분산시키는 것은 생산 할당량에 큰 영향을 미칠 수 있는 국부적인 벤치파괴와 같은 부수적인 문제의 가능성을 줄일 수 있다. 또한 광체에서 추가적으로 형성된 생산막장은 파쇄성능을 최적화하기 위해 여러 유형들의 광석을 혼합할 수 있게 해준다. 한계사면각의 선택은 사용 가능한 정보를 이용한 지반공학적 해석과 공학적 판단에 근거하게 된다. 지반에 대한 새로운 정보가 수집되는 대로, 설계 각도의 조정이 필요할 수도 있다. 너무 크거나 너무 작은 부적절한 각도의 선택은 30~90m의 심도의 채굴장보다 300m 심도에 접근하는 채굴장에서 훨씬 더 큰 영향을 가질 것이다.

깊은 채굴장의 경우 너무 가파른 각도로 인한 대규모 불안정은 전체 작업을 위태롭게 할 수 있다. 만약 채굴장이 너무 얕은 경우는 경제적 손실과 부존자원의 낮은 회수의 결과로 스트립 비용은 과대하게 소요될 수 있다.

보다 더 큰 구역을 계획함으로써 주어진 구역 내에서 더 많은 작업막장을 개설하는 것이 가능해진다. 그리고 구역이 확대됨으로써 감독직원의 수는 줄어들고, 광산의 공동시설 및 운반로의 유지보수도 줄어든다. 단점은 스케줄링 작업의 유연성이 떨어지고, 운영 문제에 있어 더 큰 취약성, 그리고 광산의 다른 지역에서 생산된 광석을 혼합할 수 있는 기회가 적어진다.

1) 수정 오픈 피트 채광법

수정 오픈 피트 채광법은 일반적으로 낮은 박토비를 갖는 두꺼운 석탄층에서 사용된다. 이러한 채광법은 일반적으로 완경사이며 편평하게 부존하는 층에 적용한다. 그림 6.13과 같은 이 채광법은 초기 채굴장을 개설하고 부지 밖에 임시적인 저장을 포함한다. 그리고 초기 채굴지역으로부터 석탄이 채굴된다. 광산의 진행 방향으로 차후의 채굴이 이루어지고 기존의 채굴장 주변으로 피복층들이 운반되어 채굴이 끝난 지역에 덤핑이 이루어진다. 채탄이 이루어지고 상대적으로 작은 채굴장의 진행 때문에 홀백(haulback) 공정이 반복된다.

새로운 사면이나 급경사 층의 작업에서 초기 채굴장이 개설되고 채탄이 이루어진다. 초기 박스 컷은 경제적인 한계심도까지 채굴이 된다. 이후의 채굴은 주향 방향으로 진행이 되고, 상부피복층은 초기 채굴장으로 운반되어 덤핑이 이루어진다.

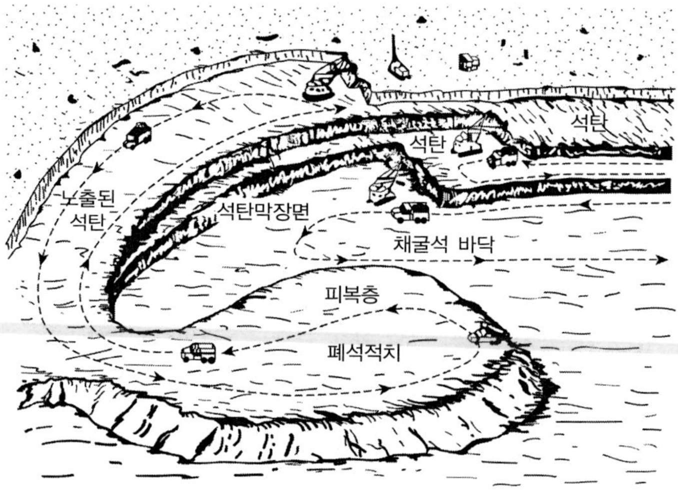

그림 6.13 수정 오픈 피트 채광법(수평 석탄층)(Anon, 1975)

6.4 적재 및 운반

채광에서 생산된 광석의 취급은 주기적으로 이루어지는데, 이 두 개의 주요 작업이 적재(loading)와 운반(haulage)이다. 광산작업을 더 효율적이고 생산성을 증가시키기 위해서는 생산된 광석의 단위 체적당 인건비가 감소될 수 있도록 장비의 규모를 확대시키는 것이다. 예를 들면 노천채광장비의 규모는 지난 수십 년보다 상당히 커져 덤프트럭의 적재 용량선이 360톤까지 증가하였고, 드래그라인의 버킷 용량은 170m^3, 표토제거 쇼벨은 140m^3, 그리고 파워 쇼벨은 61m^{3}까지 용량이 증가하였다. 이러한 용량은 드래그라인과 표토제거 쇼벨의 버킷 용량을 제외하고는 꾸

준히 증가하고 있지만, 시장에서는 이들 장비의 수가 감소하고 있으며, 일부는 최적의 크기에 도달 되었다고 인식되고 있다(Hartman and Mutmansky, 2002). 채광장비가 거대한 규모로 바뀌는 이유는 높은 생산성과 낮은 단위 작업비용 때문이며, 현재 부분적으로 장비들은 더 좋은 성능의 컴퓨터와 자동화 기술들로 수행되어 더욱 규모가 증가되고 있다.

6.4.1 적재원리 및 장비

1) 적재의 원리

원래 자리에 있거나 파쇄되어 있는 광석이나 폐석을 퍼올리고 실어내는 것을 굴착과 적재라고 한다. 이 용어들은 동의어가 아니지만 대체로 바꾸어 사용할 수 있는 것이다. 굴착은 단단한 것으로부터 대상 물질을 추출해내는 행위를 내포하고 있지만, 적재는 어떤 물질을 추출하는 행위를 하지 않고 추출된 물질을 배출하거나 퍼 올리는 것이다. 그러나 채광작업에서 적재는 광체를 운반장비 위에 올려놓는 것을 나타내는 데 사용된다. 예를 들어 노천채굴에서 제거된 상부피복층이 폐석더미에 쌓이게 되면 굴착되었다고 말하고, 운반장비에 실리면 적재되었다고 한다.

적재나 굴착은 어떠한 형태의 광산작업에서도 수행이 이루어지는 중요한 단위 작업들 중에 하나이다. 많은 종류의 장비들이 이러한 단위 작업을 위해 사용되며, 이러한 장비들이 표 6.4에 분류되어 있다. 분류근거는 작업이 주기적으로 이루어지거나 혹은 연속적으로 이루어지는 작업의 연속성이다. 장비의 특성들이 어떤 주어진 조건에 더 적합한 것이 있기 때문에 그 조건에 맞는 어떤 장비 형식들이 우세하게 사용될 수 있다.

표 6.4 노천채광에서의 적재-굴착 방법들과 장비의 분류

작업	방법 및 범주	장비(적용)
주기적인 작업	쇼벨	파워 쇼벨, 프런트 엔드 로더, 유압 쇼벨
	드래그라인	무한궤도, 워킹(피복층 제거)
	도저	고무타이어, 무한궤도
	스크레이퍼	고무타이어, 무한궤도
연속적인 작업 (9장 참조)	기계 굴착	버킷-휠(상부피복층), 컷팅 헤드(토사, 석탄)
	고벽채광	오거, 고벽채광기(석탄)
	고압수 채광	모니터 또는 자이언트(충적광상)
	준설	버킷 래더, 수압식(충적광상)

대부분의 로더나 굴착기는 여러 제한 조건에서 채굴, 이동/운반, 그리고 덤핑의 작업영역에서 수행이 이루어지도록 요구된다(Martin 외, 1982). 노천채굴장에서 사용되는 적재용 쇼벨, 유압 쇼벨, 프런트 엔드 로더에 대한 비교가 표 6.5에 제시되어 있다. 적재용 쇼벨은 아직도 널리 선호되고 있지만, 유압 쇼벨, 프런트 엔드 로더는 장비수명과 유지경비 측면에서 많은 개량이 있어 과거보다는 더 많이 사용되고 있다.

표 6.5 노천채광 적재장비의 비교(Martin 외, 1982; Atkinson, 1992)

기계	장점	단점
적재용 쇼벨	• 치밀한 경암에 적용 • 낮은 운영비 • 불량한 유지보수에도 민감하지 않음 • 작업원의 피로는 심각한 문제를 일으키지 않음 • 낮은 지반 압력 • 긴 장비수명	• 기동성 불량 • 높은 투자비용 • 완전제거 기능 불량 • 급경사의 경우 이동 불가 • 노후화에 의한 영향을 받음
유압 쇼벨	• 우수한 파쇄물의 취급 능력 • 선태적인 채광이 가능 • 높은 만재율 • 양호한 완전 제거 기능 • 적재 배치가 양호 • 짧은 조립시간	• 상대적으로 짧은 수명 • 상대적으로 높은 유지비 • 높은 초기 투자비용

표 6.5 노천채광 적재장비의 비교(Martin 외, 1982; Atkinson, 1992)(계속)

기계	장점	단점
프런트 엔드 로더	• 우수한 기동성 • 다양성이 높음 • 낮은 투자비용 • 적당한 경사에서도 작업 가능	• 치밀한 경암에 사용 곤란 • 높은 타이어 및 운영 경비 • 청결한 굴착 작업장 유지가 필요 • 작업원의 피로도가 높음 • 짧은 장비수명

2) 장비 선택

채광작업에서 주요한 굴착기 선택 시 많은 요소들이 고려되어야만 한다(Martin 외, 1982; Atkinson, 1992). 다음의 항목이 장비 선택 시 고려되어야 할 요소들로 4개의 범주로 나누면 다음과 같다.

① 성능요소 : 이것은 사이클 속도, 가용한 파쇄력, 굴착 범위, 버킷 용량, 운반속도, 그리고 생산성과 관계된다.

② 설계요소 : 설계변수들은 장비기사와 장비정비원을 위한 인간–장비의 상호작용의 복잡성, 사용하는 기술 수준과 가용한 제어와 동력 형식들을 포함하는 설계의 질과 유용성에 적용된다.

③ 지원요소 : 장비 운영의 서비스와 유지보수의 전망을 포함한다.

④ 경비요소 : 장비 선택에서 가장 중요한 변수로서, 장비 운영과 구매 경비는 표준적인 견적 과정에 의해 예상될 수 있다.

노천채굴장비의 선택에 있어서의 관심이 있는 정보는 노천채굴장비에 대한 정보와 평가들은 많은 문헌들을 사용할 수 있지만 제한적이다. 장비를 선택할 때 제조사로부터 최근의 자료를 구하는 것이 중요하다. 표 6.6은 현재 사용되고 있는 채굴된 물질의 처리방법에 대한 6가지 조합의 선택기준을 나타내는 것이다(Martindhl, 1982). 광상의 형태, 채광장 심도, 그리고 생산속도가 하나의 시스템을 선택하는데 중요한 역할을 한다는 것을 명심해야 한다.

표 6.6 노천채광에서의 암석과 광물의 적재운반을 위한 선택기준(Martindhl, 1982)

	도저-프런트 엔드 로더	도저-스크레이퍼	드래그라인 (직접 캐스팅)	굴착기-트럭	굴착기-호퍼-크러셔-컨베이어	버킷 휠 굴착기-컨베이어
최대 생산량	보통	보통	높음	높음	높음	높음
생산속도	보통	낮음	높음	보통	보통	높음
채광장 수명	짧음	짧음	김	보통	김	김
채광장 심도	보통	평편/얕음	보통	깊음	깊음	보통
광상	미고결	미고결	고결	고결	고결	균질 대괴 없음
준비작업 (필요시)	리핑	리핑	천공/발파	천공/발파	천공/발파	천공/발파
시스템 복잡성	낮음	보통	낮음	보통	높음	높음
작업 유연성	높음	보통	낮음	높음	낮음	낮음
혼합 능력	높음	높음	낮음	보통	낮음	낮음
선택적 배치 (폐석처리)	양호	매우 양호	불량	양호	보통	보통
습윤기후 충격	높음	높음	낮음	보통	낮음	낮음
스케줄 요구성	낮음	높음	낮음	높음	보통	보통
시스템 유효성	보통	보통	높음	보통	낮음	낮음
지원장비	낮음	낮음	보통	보통	높음	높음
시작의 용이성	간단	간단	보통	간단	복잡	복잡
투자	낮음	낮음	보통	보통	높음	높음

노천채굴에서 장비의 적절한 선택은 중요한 결정 중의 하나이다. 기술적인 가능성, 경제적인 적합성, 그리고 안정성이 만족되어야 하는 중요한 기준이다. 이것이 모든 광산작업의 중심이기 때문에 채굴된 물질의 처리, 즉 굴착 또는 적재와 운반 두 단위작업에 대한 장비 선택은 첫 번째로 수행되어야 할 임무 중에 하나이다. 다른 작업들에 대한 장비 선택은 필연적으로 뒤따르는 것이고 채굴광석 취급을 위한 장비 선택을 보완하는 것이다. 오픈 피트 채광법에서는 채광뿐만 아니라 피복층 제거작업을 위해서는 항상 적재와 운반이 필요하다.

전형적인 굴착 및 적재장비로서 선택하는 장비는 쇼벨이다. 쇼벨은 적재와 동시에 광석더미로부터 운반장비까지 전진과 후퇴를 반복하는 장비이기 때문에 주기성을 갖는 적재장비이다. 쇼벨은 유압 쇼벨, 프런트 엔드 로더, 그리고 드래그라인과 같은 다른 주기성이 있는 적재장비와 항상 비교 대상이 된다. 현재는 유압 쇼벨이 많이 사용되고 있을지라도 노천채광에서는 아직까지 파워 쇼벨도 중요한 장비이다.

6.4.2 운반 원리 및 장비

1) 운반의 원리

노천광산에서는 주로 수평의 운반 시스템에 의해 운송이 이루어진다. 이러한 작업을 수행하기 위해 사용되는 장비들은 표 6.7과 같고, 장비의 평균 및 최대 등반경사도와 평균 운반거리에 대한 것이다.

표 6.7 노천채광 운반방법과 장비의 선택(Hartman, 1987)

작업	방법	운반거리 (km)	등반경사도	
			평균	최대
주기적인 작업	레일	무제한	2	3
	트럭(트레일러)	0.6~16	3	6
	트럭(일체형)	0.3~8	8	12
	스크레이퍼(고무 타이어)	0.15~4.5	12	15
	프런트 엔드 로더	0.3	8	12
	도저	0.15	15	20
	공중 삭도	0.8~8	5	20
연속적인 작업	벨트 컨베이어	0.3~16	17	20
	고각의 컨베이어(HAC)	1.6	40	90

모든 장비의 중요한 기능은 운반이지만 프런트엔드 로더, 도저, 스크레이퍼 등은 자주식으로 적재작업을 수행한다. 장비 선택에 대한 가능성이 많이 있을지라도 광산 작업에 있어서 일부만이 대부분의 운반작업에 사용되며 노천채굴에서는 운반트럭과 컨베이어가 널리 사용되고 있다.

굴착장비와 마찬가지로 운반장비 또한 채광작업의 영역 내에서 운영된다. 운반작업은 적재, 실차 이동, 덤핑, 그리고 공차 이동의 4개 작업영역으로 이루어진다(그림 6.14). 운반장비의 대기는 주로 적재 및 덤핑 지점에서 일어나기 때문에 운반 시스템의 평가에서는 이러한 작업영역에 대해 주의 깊은 평가가 필요하다. 그림 6.14a는 트럭에 적재를 하기 위한 단일 또는 좌우 양측 적재 개소를 나타내며, 운반 시스템 내에서 좌우 양쪽 적재 개소를 사용할 수 있다면 생산성을 상당히 향상시킬 수 있다. 덤핑 지역에서는 진행 방향식 덤핑 그리즐리가 후진식보다 바람직하다(그림 6.14b). 그러나 만약에 후진식 그리즐리가 사용된다면 작업의 효율을 향상시키기 위해 하나 이상의 덤핑 개소가 설치되도록 설계한다.

표 6.8은 운반장비의 주요한 특성들을 요약한 것이다. 이러한 대부분의 장비형식들은 갱내채광과 노천채광 모두에서 사용될 수 있다. 그러나 갱내채광에서 사용되는 장비는 일반적으로 더 소형이고, 노천채광에서 사용되는 장비보다는 성능이 떨어진다.

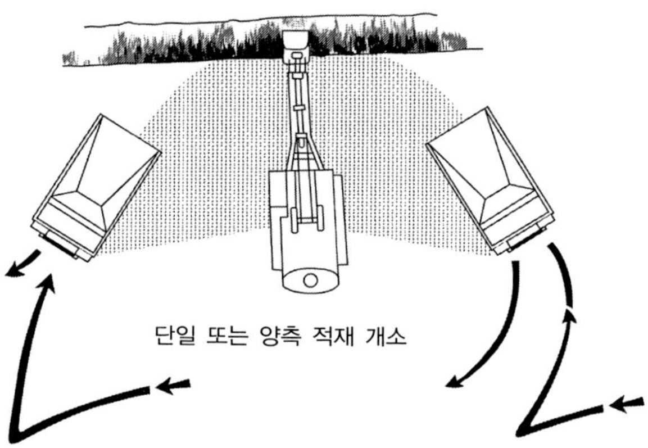

(a) 적재

그림 6.14 노천채광에서의 운반의 작업영역(Martin 외, 1982)

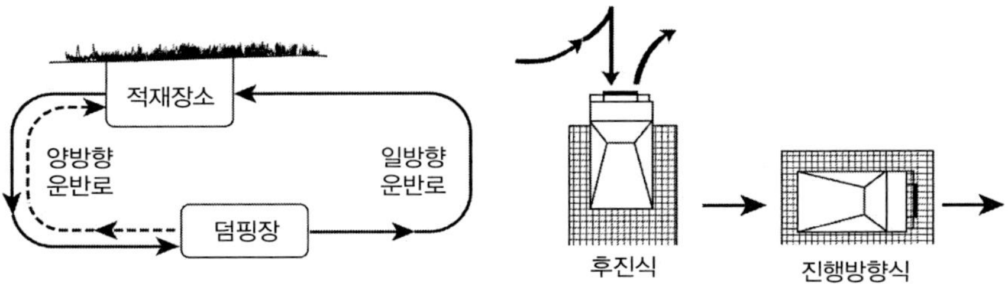

(b) 실차 운반 및 공차 이동

(c) 덤핑

조건 : 트럭운반, 쇼벨 적재, 그리즐리나 광석적치장에 덤핑

그림 6.14 노천채광에서의 운반의 작업영역(Martin 외, 1982)(계속)

표 6.8 주요 운반장비의 특성 비교(Pfleider, 1973; Martin et al., 1982)

기계	장점	단점
도저	• 유연성 • 양호한 등반능력 • 거친 지형에 적용	• 짧은 운반거리 • 불연속적 • 낮은 생산성, 속도가 느림
트럭	• 유연성 및 기동성 • 괴상 암석 처리 가능 • 보통의 등반능력	• 양호한 운반도로 필요 • 악천후 시 속도가 느려짐 • 높은 운영비
스크레이퍼 (고무 타이어)	• 유연성과 기동성 • 양호한 등반능력	• 밀기식 적재 필요 • 토사나 작은 입자 광석에 제한 • 높은 운영비
레일	• 높은 생산성, 낮은 경비 • 무제한 운반거리 • 괴상 암석 처리 가능	• 레일 유지비가 비쌈 • 불량한 등반능력 • 높은 투자비
벨트 컨베이어	• 높은 생산성 및 연속성 • 양호한 등반능력 • 낮은 운영비	• 고정적 • 파쇄 암석이나 작은 입자의 암석에 제한 • 높은 투자비

2) 운반장비의 선택

채굴된 폐석 및 폐토는 처분장까지, 그리고 광석은 광석적치장까지 운반되어야 하는데, 경제적 관점에서는 운반거리가 가능한 짧아야 한다. 그러나 이것은 광산의 계획, 그리고 차후의 광산지역의 복구문제, 다른 환경문제와 같은 특별한 요구사항과 부합되어야 한다. 운반방법의 선택은 최적의 경비와 처리해야 할 취급물질의

특성에 적합한 시스템을 고려해야 한다.

- 취급물질의 특성 : 물질의 성질에 좌우되며, 침수된 물질이나 연약한 물질보다는 단단한 물질에 있어서 선택의 범위가 넓을 수 있다. 또한 마모도, 경도 풍화정도 및 크기와 같은 다른 관점에서도 고려되어야 한다.
- 장비 : 기술적인 관점에서 장비의 비용 대 수명, 운반로의 고도차 및 길이, 요구되는 생산 수준 등이 장비 선택의 제한 요소가 될 수 있다. 예를 들어 수명이 짧은 작은 광산의 경우는 철도나 비싼 육로 컨베이어 벨트는 적당하지 않고, 트럭이나 스크레이퍼와 같은 비용이 적게 들고 기동성이 좋은 장비가 적합하다.
- 광산의 용량 : 대부분의 광산 관리자는 채광장 내 장비와 상호 교환성이 좋은 것을 선호한다. 그러므로 가능하다면 광석과 폐석 모두에 사용할 수 있는 장비를 고려한다. 이것은 더 적은 투자비용과 좁은 장비 선택의 범위를 유지함으로써 결과적으로 운영비가 적게 드는 장점이 있다.

운반장비를 선택할 때 고려해야 할 요소들은 굴착장비를 고려할 때의 요소와 동일하다.

운반 또한 장비를 선택해야 하는 선정 과정에서 중요한 한 부분일 수 있다. 표 6.8의 운반장비들 중에서 스크레이퍼만이 굴착장비로 이용된다. 다른 4가지 장비들은 적재를 위해 분리된 장비가 필요하다. 철로 운반은 오늘날 드물게 사용되며 주로 철광산이나 석탄광산에서 사용된다. 벨트 컨베이어는 운영비가 낮으며, 최근에는 쉽게 이동할 수 있고 수평적으로 곡선부를 만들 수 있도록 설계가 가능하기 때문에 운반장비로서 많은 광산지역에서 빠르게 확산되고 있다. 벨트 컨베이어는 대개 운반을 위한 광석의 파쇄도를 조절하기 위해서 파쇄장비를 필요로 한다.

(1) 트럭

트럭은 피복층을 운반하는 최적의 장비로 간주될 수 있다. 트럭은 장비의 크기, 동력, 이동성, 물질의 적재성, 그리고 굴착 및 적재 장비와의 조화성과 같은 운영에 있어서 최대의 유연성을 제공하는 장비이다. 또한 모든 형태의 기후와 운영 조건에서도 수행될 수 있다. 트럭의 선택은 경우에 따라 달라질 수 있지만, 피복층은 일반적으로 덤프트럭에 의해 운반이 이루어진다. 그리고 트럭으로의 적재는 쇼벨과 로더에 의해 수행된다. 트럭의 크기는 계획된 굴착기와 연관되어져야 하며, 평균운반거리에서 적재는 3～5번 정도로 트럭에 만재가 이루어질 수 있도록 한다. 트럭의 적재용량이 준수되어야 하며, 만약 과적 시에는 과도한 타이어의 마모와 비정상적인 운영비가 초래될 수 있다.

(2) 벨트 컨베이어

지난 수년 동안 유류비의 높은 증가로 트럭 운반비가 광산 직접비의 50%에 이른다는 사실 때문에 벨트 컨베이어 대한 관심이 매우 커졌다. 대규모 벨트 컨베이어의 운영은 새로운 것이 아니며 여러 금속광산에서 성공적으로 운영되어왔다. 가장 흔하게 컨베이어의 적용되는 시스템은 버킷 휠 굴착기가 사용되는 곳이다. 대규모 단일 벤치에서 굴착기가 위치하는 같은 레벨에서 컨베이어 시스템이 운영된다. 채굴장으로부터 제거된 피복층의 물질은 막장 컨베이어부터 연장이 가능한 컨베이어로 배출된다. 따라서 이 연장 가능한 컨베이어가 막장 컨베이어의 전진이동을 최소화시켜준다. 벨트 컨베이어는 트럭에 비해 에너지 효율이 높고 노동집약적이 아니다. 휠 버킷, 드래그라인이나 쇼벨로 적재가 이루어지지만 휠 버킷이나 드래그라인이 대용량의 장비로서 비용면에서 더 경제적이다. 드래그라인과 벨트 컨베이어, 그리고 파쇄기의 조합이 비용 효율이 높고, 생산성의 증가와 더 깊은 심도까지의 피복층 제거가 가능한 장비로 입증되었다(Frizzel and Martin, 1977).

(3) 철도

장기간 동안 높은 생산속도가 유지될 수 있을 때 철도 운반이 어떤 시스템에서든 광석 톤당 가장 낮은 비용을 나타낸다. 철도는 초기 투자비용이 높기 때문에 피복층 제거의 사용에는 상당한 제한이 있다. 철도운반 시스템이 피복층 제거에 사용되면, 트럭은 주로 광체 운반으로 설계된다. 폐석의 철도운반은 대개 주 광산의 광체가 철도로 운반될 경우로 제한되는 경우가 많다. 그리고 광석과 폐석을 위한 광차는 서로 교환될 수 있어야 실용성이 있다.

폐석의 철도 운반의 장점은

• 상대적으로 적은 노동력이 필요
• 큰 규모, 그리고 어떠한 물질도 처리할 수 있는 적용 범위가 넓음
• 장거리 운반에 저비용
• 원격조정이 가능

그러나 주요한 단점은

• 높은 초기 투자비용
• 품질 설계의 제한성
• 시스템의 유연성이 적음

3) 운반장비 선택 과정

트럭은 노천채굴 광산에서 가장 흔하게 사용되고 있는 운반장비로서 트럭을 운반장비 선택의 과정을 설명하기 위해 선택한다. 만약에 운반 트럭들이 적절하게 사용되려면, 트럭 및 굴착장비의 크기가 조화를 이루어야 하고 트럭의 수는 시스템이 최적으로 수행되기 위해 운반 배치계획과 조화를 이루어야 한다.

(1) 운반 트럭의 크기

운반 트럭의 용량은 과적 방지를 위해 일반적으로 체적보다는 중량을 기준으로 측정된다. 또한 체적계량도 사용되며, 일반적으로 이완된 물체의 평균 용량으로 표현된다. 트럭 용량의 범위는 약 22ton에서 약 350ton까지 범위의 트럭이 사용되고, 통상 노천채광에서는 중간범위의 트럭들이 사용되며, 상위 1/3 이상 범위에 속하는 대용량 트럭은 대규모 노천채광에서 사용된다.

특정 굴착장비와 함께 사용될 트럭의 크기를 결정하기 위해서는 많은 변수들이 고려되어야 한다.

① 최적 왕복 횟수 : 운반트럭의 왕복 횟수는 트럭이 광산에 도입될 때부터 항상 고려하는 문제이다. 일반적으로 나라마다 다양하지만 서구의 대규모 노천채광에서는 3～4회 왕복하고, Appalachian 탄전에서는 4～6회 왕복한다(Mace, 2000). 이러한 규칙은 주로 파워 및 유압 쇼벨과 프런트 엔드 로더에 적용된다.

② 작업시간 : 쇼벨과 마찬가지로 트럭도 유효성 평가가 이루어지며, 다른 조건이 언급되지 않는다면 50분/시간과 7시간/교대가 사용된다.

③ 적재계수 : 굴착장비의 버킷을 채우는 능력은 운반트럭에 적재하기 위해 필요한 왕복의 수에 영향을 준다. 쇼벨의 크기를 결정하기 위해 사용된 충전요소가 여기에서도 똑같이 사용된다.

(2) 필요 장비의 수량

굴착장비의 요구에 맞게 트럭의 크기를 선택했지만, 덤핑 장소나 굴착장비 앞에서 트럭들이 차례를 기다리지 않고 생산막장으로부터의 설계생산량을 충분히 처리하기 위해 트럭의 수를 결정해야 한다. 이것을 결정하기 위해, 요구되는 생산량을 충분하고 너무 많지 않게 운반할 수 있도록 운반장비의 왕복 주기 시간을 설정하는 것이 필요하다. 만약 너무 많은 트럭이 쇼벨에 배당이 되면 트럭은 적재를 위한 대기로 시스템의 최적화가 이루어지지 않게 된다.

장비들의 주기적인 작업시간들은 현장 측정이나 유사 상황에 대한 합리적인 추정치로부터 결정된다. 주기적인 작업시간은 통상 공통적인 인자들로 세분화되고, 각 인자들은 따로따로 산정이 된다. 주기시간을 나타내는 여러 방정식 중의 하나는 다음과 같다.

$$t = t_{te} + t_{we} + t_{se} + t_l + t_{tl} + t_{wd} + t_{sd} + t_d \tag{6.2}$$

여기서, t : 운반장비의 한 주기의 총시간(초)

t_{te} : 덤핑장에서 적재장까지 공차 운행 시간(초)

t_{we} : 적재장에서의 대기 시간(초)

t_{se} : 적재장비에 접근하는 시간(초)

t_l : 적재 시간(초)

t_{tl} : 적재장에서 덤핑장까지 실차 운행 시간(초)

t_{wd} : 덤핑장에서 대기 시간(초)

t_{sd} : 덤핑장에 접근하는 시간(초)

t_d : 덤핑 시간(초)

주기시간을 계산하기 위해 타임 스터디를 통해 현장에서 시간 인자들을 측정하는 것이 최상이지만, 적재 및 진출시간과 덤핑 시간들은 장비 제조사의 자료를 사용하여 산정할 수 있다. 트럭과 트랙터 트레일러에 대한 유용한 평균값들은 다음과 같다(Terex Co., 1981).

조건	진출 시간(분)	덤핑 시간(분)
양호	0.15	1.0
보통	0.30	1.3
불량	0.50	1.8

이동시간은 또 다른 문제로, 현장에서 측정하거나 장비 제조사나 다른 출처로부터 입수 가능한 트럭 시뮬레이션 소프트웨어를 이용하여 추정한다. 만약 덤핑 작업이 적절하게 설계가 이루어졌고, 운반장비의 수가 과대하지 않다면, 대기 시간이 무시될 수 있기 때문에 한 주기의 총시간은 다음과 같이 다시 쓸 수 있다.

$$t = t_{te} + t_{se} + t_l + t_{tl} + t_{sd} + t_d \tag{6.3}$$

시스템에서 과도한 대기시간이 생기지 않도록 생산량을 충분히 처리할 수 있는 운반장비의 수는 다음의 조건을 만족하는 가장 적은 n 값을 갖는다.

$$t \leq n(t_l + t_s) \tag{6.4}$$

여기서, t_s는 t_{se} 혹은 t_{sd}

설계에서 사이클 안에 있는 시간요소들을 고정되어 있다고 가정함으로써 상당히 간략화시킬 수 있지만, 이것은 진출입, 적재, 그리고 덤핑 시간이 상당히 변할 수 있기 때문에 실제에서는 차이가 날 수 있다는 것을 명심해야 한다. 또한 운반로상에서의 이동시간은 다른 운반장비들에 의해서도 간섭을 받아 경우에 따라서 변할 수 있다. 이러한 문제들은 확률론적인 변수의 도입이나 컴퓨터 시뮬레이션과 같은 발전된 시스템 분석 도구에 의한 분석도 필요하다.

6.4.3 운반로

운반로 설치는 사면의 경사각에 영향을 주기 때문에 계획 초기에 고려되어야 한다. 초기에는 도로가 포함되지 않은 전체 경사각이 사용될 수 있지만, 차후에 도로를 도입함으로써 계획하지 않았던 굴착이나 매장광체를 일부 개발하지 못하는 경우가 발생한다. 한편으로는 도로를 포함하여 전체 경사각을 너무 낮추게 되면 보수적인 설계가 되어 필요 이상의 폐석이 발생할 수도 있다.

운반로를 설정할 때 다음과 같은 문제들을 고려해야 한다(Couzens, 1979).

- 운반로의 출입구를 어디에 둘 것인가?
  이것은 파쇄장의 위치와 폐석처분장의 위치를 결정하는 데 영향을 준다.
- 하나 이상의 접근로를 운영할 것인가?
  운영상의 유연성은 증가하지만 굴착비가 증가한다.
- 채굴장 내에 위치시킬 것인가, 아니면 채굴장 외부에 위치시킬 것인가?
- 임시적으로 유지할 것인가, 아니면 반영구적으로 유지시킬 것인가?
- 도로의 형태는?
  채굴장 내를 돌아가는 나선형, 채굴장 한 측면에 위치시키는 스위치백형 혹은 두 형태를 조합시키는 형태
- 몇 개의 차선으로 운영할 것인가?
  운행속도를 증가시키기기 위해 추월을 위한 도로를 설치할 것인가? 이것은 굴착비를 증가시킨다.
- 도로의 경사는 얼마로 할 것인가?
- 운행 방향은 좌측 또는 우측통행으로 할 것인가? 등이다.

Couzens(1979)은 일반적으로 다음과 같은 이유에서 스위치백형을 피하는 것이 바람직하다고 했다.

- 운행속도가 저하됨
- 여러 가지 유지 문제를 발생함
- 타이어 마모가 큼
- 나선형보다 안전과 관련된 위험(시야 확보 및 장비 취급)이 많음

스위치백을 설치하는 경우는 다음 사항들을 고려해야 한다.

- 안쪽 차선에서 급경사로 트럭이 운영되지 않도록 도는 지점에 편평한 지역을 위한 충분한 길이를 확보해야 한다.
- 운행 방향
- 시야확보 문제
- 설계에서 기후(얼음이 어는 날씨, 폭우 등)를 고려해야 한다.

운반 도로의 두 가지 주요 기능은 효율적인 운반과 안전성을 증진시키는 것이다.

운반 도로의 설계 요소들은 다음 사항들을 확보해야 한다.

- 광산의 수명 동안 광물 및 폐석 운반에 대한 최소 비용이 소요
- 교통 혼잡의 최소화, 그리고 채광작업에 대한 안전하고 준비된 접근로의 유지
- 사면의 안정성 문제가 발생할 수 있는 지역의 회피
- 짧은 수명의 운반 도로보다 오히려 긴 수명의 운반도로 사용. 이것이 운반 도로의 전체 건설 및 운영비용을 감소시켜줄 뿐만 아니라, 피복층으로부터 양이 충분하지 않을 수 있는 운반도로 건설자재에 대한 수요도 감소시켜준다.

다른 요소로는 선광장의 위치, 야적장, 외부의 폐기물 처분장, 환경적인 제한 등이 포함된다. 이러한 모든 요소들이 운반도로의 레이아웃, 운반도로 형상, 그리고 운반도로의 건설 재료에 대해 집중해야 한다.

서비스의 수명에 따라 영구, 반영구, 그리고 임시 운반로로 구분한다. 영구 운반로는 대부분 노천광산의 비작업 사면 측에 설정되고, 반영구 운반로는 광산의 작업 사면 측에 개설되며, 어떤 기간 동안만 운영이 되고 임시 운반로는 노천광산의 사면이나 작업 벤치에 구축된다.

나선형(그림 6.15a) 및 스위치백형(그림 6.15b)의 운반로나 램프가 가장 많이 적용되고 있다. 스위치백은 일반적으로 철도에 국한되고 트럭에서는 거의 사용되지 않는다. 나선형은 채굴장의 형상에 따라 설계되며, 그림 6.15e와 같이 채굴장의 장축에 거의 평행하게 운반로가 형성된다(Peck and Gray, 1995). 때로는 두 형식의 조합이 필수적일 수 있다(그림 6.15c와 6.15d)(Rzhevsky, 1987).

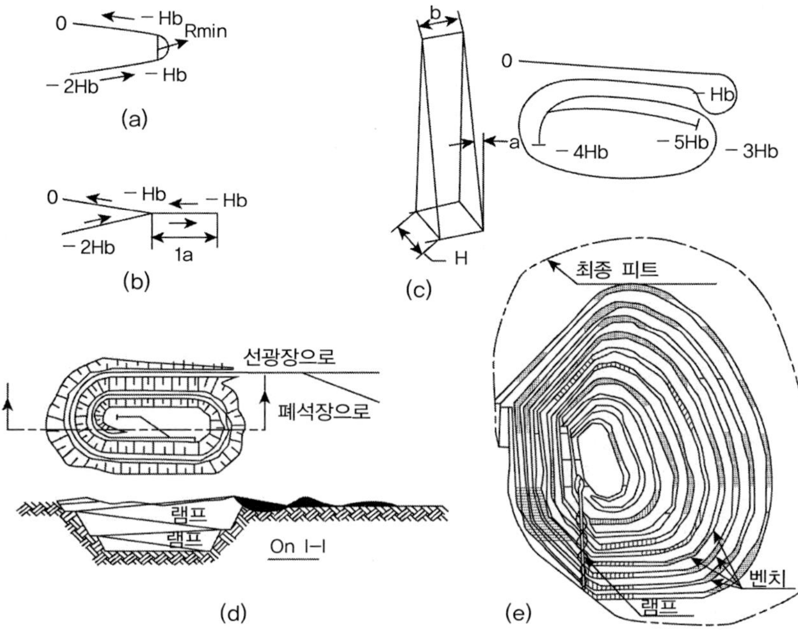

그림 6.15 노천채광장에서의 운반로와 램프의 설계

1) 운반로의 수와 폭

운반로 차선의 수와 폭은 다음과 같다(그림 6.16).

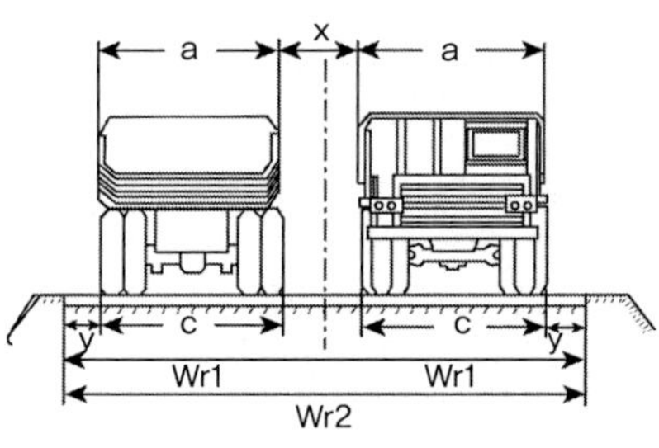

그림 6.16 하나 이상의 차선에 대한 운반로 폭 결정

$$W_{r1} = T_W + 2y$$

$$W_{r2} = 2(T_W + y) + x \tag{6.5}$$

여기서, W_{r1} : 1차선의 도로폭

W_{r2} : 2차선의 도로폭

T_W : 트럭의 폭, m;

$y = 0.5$

$x = 0.5 + 0.005\,V$

V : 차량 운행 속도(km/hr)

또는 도로 폭은 $W_{r2} \geq 4 \times T_W$이 된다.

2) 램프와 구배

램프의 구배는 모든 국가의 법적 요구 사항으로 통제하며, 일반적으로 8~15%(5~8.5°) 범위에 있다. 안전 및 배수의 이유로 길고 가파른 구배는 50m 구간에 2%의 구배를 포함해야 한다(심한 경사의 경우 매 500~600m에 1°의 구배를 둔다)(Atkinson, 1992b). 다른 도로나 철도 노선과의 교차점에서 적절한 가시거리와 시선 방향을 갖는 적절한 수직 및 수평 곡률의 도로를 제공하기 위해 주의를 기울여야 한다. 물에 의해 도로가 씻겨 나나거나 침수, 그리고 토석류 등으로부터의 피해를 피하기 위해 전체 운반로를 따라 적절한 배수로를 설치하는 것이 매우 중요하다. 이것은 도로의 수명을 증가시키고, 유지보수도 줄여주고 도로를 안전하게 유지하게 해준다. 건조한 도로는 타이어의 수명을 연장시켜주고 트럭에 부담도 덜 주게 된다.

Couzens(1977)은 운반로 구배 결정 시 고려할 사항을 다음과 같이 제안했다.

- 구배는 운반거리를 짧게 하기 위해 적당히 경사지게 설정해야 한다. 실제적으로 최대 구배는 10%를 고려해야 한다. 실제 현장에서 이 구배는 잘 운영이 되고 있지만 일부에서는 어려운 경우도 있다.
- 8% 구배가 선호되고 있으며 너무 많은 굴착도 요구되지 않고 도로배열에도 과도하게 복잡하게 만들지 않는다. 도로건설도 용이하고 벤치 출입로 개설에

도 크게 문제가 없다.

- 일반적으로 8% 이하의 낮은 경사로를 만들지 않는다.
- 채굴장의 기하학적 형태가 우선이고 운반로는 상황에 맞게 설계되어야 한다.

3) 램프의 길이(Rzhevsky, 1987)

– 램프의 이론적인 길이(R_{LT})

$$R_{LT} = (E_S - E_E)/\tan(G) \tag{6.6}$$

– 램프의 실제 길이(R_{LA})

$$R_{LA} = R_{LT} \times K_{EL} \tag{6.7}$$

여기서, E_S : 출발점 고도

E_E : 채굴장 바닥의 고도(램프가 도달하는 지점까지)

G : 램프의 경사(도)

K_{EL} : 연신율(factor of elongation)

실제로 도로의 커브에서 경사가 감소되어야 하기 때문에 램프의 실제 길이는 이론적 길이보다는 더 길어진다.

4) 트럭 사이의 간격(Atkinson, 1992c)

트럭들 사이의 안전거리는 운전자의 반응시간(보통 2.0 초를 취함), 구배, 그리고 도로 표면과 허용오차(보통 5m)에 따라 달라진다. 안전거리(d_b)는 다음 식 (6.8)과 같이 결정될 수 있다.

$$d_b = \frac{2.0v}{3.6} + \frac{v^2}{254(C_1 \pm i)} + 5.0 \tag{6.8}$$

여기서, C_1은 견인계수(coefficient of traction; 1 이하), v는 트럭의 속도(km/h), 그리고 i는 분수로 표현되는 최대 경사구배이다.

5) 오픈 피트 채광법에서의 일반적인 운반도로의 배치

채굴장 외부의 지원 및 부속시설들(즉, 선광장, 폐기물 처분장 등)은 일반적으로 지형, 지반공학적 및 환경을 고려하여 위치를 정하게 된다. 이러한 위치는 채굴장의 최상부와 진입 도로의 배열에 영향을 미칠 수 있다. 채굴장 내 운반로(그림 6.17)는 시계 방향 또는 반시계 방향의 나선형 도로, 지그재그형 또는 스위치백형으로 개설될 수 있다.

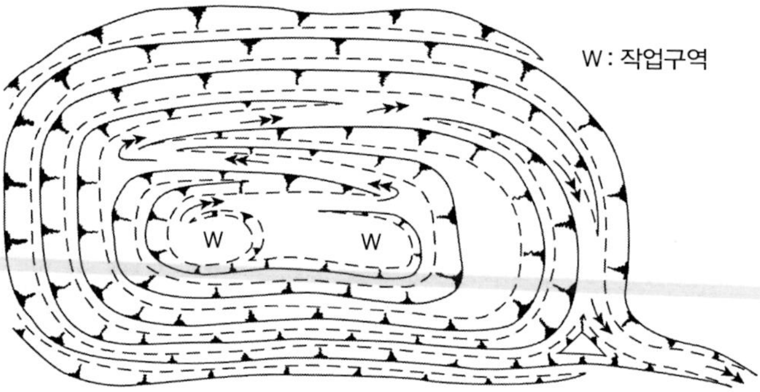

그림 6.17 노천채굴장의 운반로 배열 예의 개략도

운반도로의 배열형태의 선택을 결정하는 주요 요인들은 다음과 같다.

- 채굴장의 견고한 측(예를 들어, 층상 광상의 하반)에 영구진입 운반도로를 개설할 수 있다. 이 경우에는 스위치백형이 적용된다.
- 대규모 채굴장에서는 나선형 운반도로를 적용하면 운반거리가 너무 길어질 수 있다.
- 잠재적인 사면안정의 위험이 존재하는 구역은 피해야만 한다. 그리고 가능한 한 나선형 운반로의 설계는 제외시킨다.
- 크게 박토비를 증가시키지 않고 스위치백형 운반로를 형성하기 위해서는 적당한 굴곡을 허용하기에는 채굴장벽이 너무 경사가 가파를 수 있다. 이 경우에는 나선형 운반로가 채택되어야 한다.

이상적으로, 전체 광산사면은 지반공학적 고려사항에 의해 결정된다. 벤치 높이는 보통 9~15m의 굴착기의 운영 요구사항에 따라 설정된다. 작은 낙석들로부터 이완된 물질들은 9~12m 폭의 안전 벤치 또는 범(berm) 위에 떨어지도록 해야 한다. 이러한 안전 벤치는 전체 사면의 기울기를 평평하게 만들기 때문에 일반적으로 매 2~4개 벤치마다 안전 벤치를 남긴다(그림 6.18). 운반도로 또한 전체 사면의 경사각을 낮추는 역할을 한다. 일부의 경우, 안전 벤치와 운반로에 의해 형성되는 사면 전체의 기하학적 모양은 사면의 안정성만을 고려하여 요구되는 사면각보다 더 낮은 각을 만들기 때문에 굴착비용이 증가하게 된다.

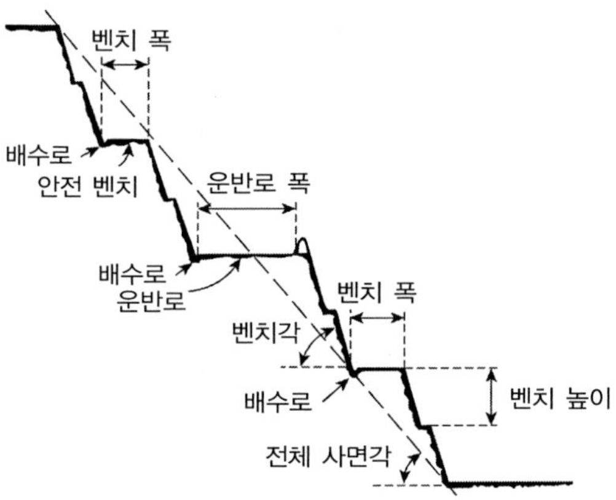

그림 6.18 사면과 운반도로

광체 내부 또는 외부에 위치하는 운반도로 또한 채광비용에 상당한 영향을 미칠 수 있다. 그림 6.19a는 광체외부에 위치하는 운반도로를 개략적으로 보여주는 것이다. 이런 위치는 채굴광체의 양뿐만 아니라 박토비도 증가시킨다. 그림 6.19b는 광체 내에 운반도로를 개설한 것으로, 박토비는 감소하지만 채굴할 수 있는 광체의 양은 운반도로를 수용하여 감소하게 된다.

따라서 운반로 위치의 영향을 충분히 고려해야만 한다. 일반적으로 문제는 채광부지의 특성이고 지반공학적 고려사항뿐만 아니라 경제적 고려사항도 포함해야 한다.

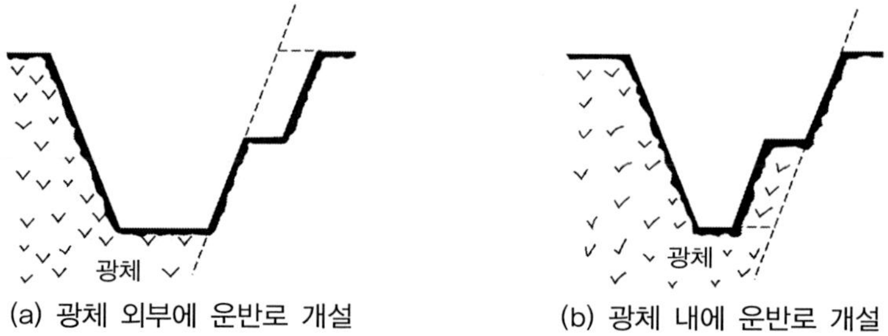

그림 6.19 광체와 사면의 운반도로

노천광산에서 운반도로의 건설은 광산에서의 자동차 바퀴하중이 훨씬 높기 때문에 일반적인 도로의 건설과는 많은 점에서 차이가 난다. 그러나 포장의 수명은 매우 제한적이다. 도로공학의 일반적인 원칙은 적용될 수 있지만, 노천광산의 운반도로는 경제, 설계수명, 운반도로 배열의 지속적인 변화 등의 문제 때문에 다른 접근방식이 요구된다(Atkinson and Walton, 1983). 광산 설계에서는 가장 짧은 거리, 최소의 경사, 그리고 가장 쉽게 절충이 가능한 운반도로를 제공하기 위해서 교량, 램프, 절취사면 등을 사용하는 끊임없는 독창성이 요구된다.

과거에는 아마 불충분한 운반도로가 수익성을 감소시키는 주요 원인이 될 수 있다는 것을 인식하지 못하는 오류가 있었지만, 채굴장이 대형화되는 경향 때문에 계속적인 경제성을 달성하기 위해서 대형 장비를 사용하고 개량된 운반도로의 설계 및 건설에 대한 필요성이 대두하게 되었다.

Winkle(1976)은 광산의 경험에 따른 운반로 건설과 관리에 대해 다음과 같은 정보를 제공하고 있다.

- 용량이 다른 장비의 잦은 교체는 도로 수정 특히 도로폭 수정의 원인이 된다. 따라서 채굴장 설계는 미래의 합리적인 장비 증가를 고려한 허용 범위를 고려해야 한다.
- 속도가 다른 장비들을 그룹으로 사용할 때나 같은 운반로에서 둘 이상의 쇼벨로부터 운반이 이루어지는 트럭들이 있는 곳에서는 긴경사로에는 추월선이 반드시 고려되어야 한다.
- 짧은 곡률반경은 생산성을 감소시키고 높은 타이어 비용, 도로 유지비용의 원

인이 되며 부가적인 안전상의 위험이 발생한다.

- 운반로에 곡선부가 필요하다면 곡선부에는 회전을 용이하게 하는 경사진 도로를 도입해야 한다. 과도한 경사는 비나 눈이 올 경우 트럭이 안쪽으로 미끄러지거나 전복될 수 있다.
- 운반로의 정비는 장비들이 다른 지역으로 옮겨 갔을 때 동시에 수행한다. 운반로 사용 중 운반로를 개량하기 위해 그레이더(grader)를 사용할 경우 그레이더에 의해 만들어진 흙더미에 트럭의 타이어가 손상을 입을 수 있다.
- 곡선부 안쪽으로 실차가 운행될 경우 원심력에 의해 폐석들의 바깥 도로 쪽으로 낙석이 떨어지는 경우가 많기 때문에 이 경우 공차를 곡선부 안쪽으로 운행하게 한다. 운행방식에 따라서는 좌측 또는 우측 통행을 바꾸어야 하는 경우가 발생할 때는 경고등을 설치하여 안전조치를 취해야 한다. 경고등 설치비용이 타이어 비용보다 훨씬 경제적이다.

운반로의 표면에 대한 계속적 관심이 필요하다. 움푹 페인 곳, 물에 의해 씻겨 나간 부분 등은 바로 보수가 이루어져야 한다. 도로의 유지보수가 도로의 설계 및 시공의 운반경비만큼 중요하다.

6.5 폐석처리

노천광산에서 개발 단계 동안 표토의 재사용을 위한 저토장과 폐석처분을 위한 폐석처분장이 마련되어야 한다. 표토, 피복층의 흙, 암석, 저품위 또는 침출 가능 광석, 그리고 광미들을 저장하기 위해 분리된 장소가 필요하다. 이러한 물질들을 분리하는 것은 채광된 지역의 복구나 가치가 있는 광물들을 추출하기 위해 저장했던 재료들을 재사용할 수 있는 기회를 만들 수 있기 때문이다. 부지 선정은 처분과 재회수가 편리해야만 하지만 채광이나 채광과 관련된 부차적인 작업에 방해를 주는 곳은 피해야 한다. 저장되어 있는 물질들이 결코 광산작업에 방해되지 않도록 하기 위해 선행계획이 필요하다.

6.5.1 폐석처분장 부지

노천채굴광산에서 채광진행 방향은 그림 6.20과 같이 전체 채굴장의 장축 방향에 평행하게 진행된다. 즉, 횡 방향으로 진행되는 유사한 방식의 단일 방향 및 양방향 채광사면, 그리고 동심원 상으로 사면이 형성된다. 오픈 캐스트 채광에서는 채굴장 작업 내에서 덤핑이 충전을 위해 수행되지만, 오픈 피트 채광법에서는 그림 6.20과 같이 채굴장 외부에서 처분이 이루어지게 된다.

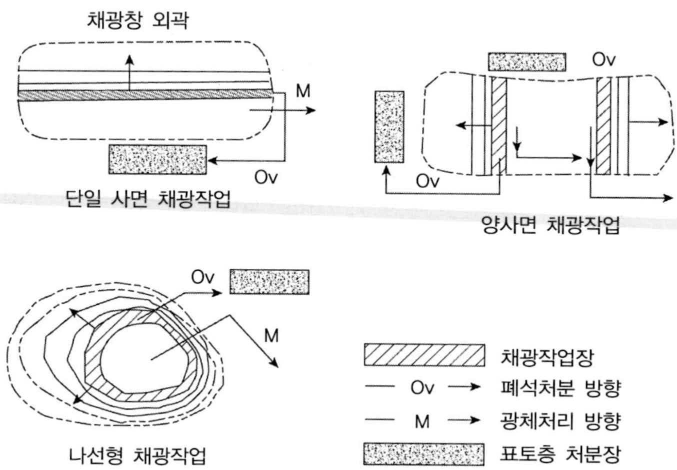

그림 6.20 채광사면 형태별 폐석처분장의 위치

체계적으로 폐석을 처리하고 토지 황폐화를 최소화하기 위한 지침들은 다음과 같다.

1) 분리 처분

- 폐석
- 저품위 광체
- 차후 경제적 관심 대상 광물
- 광체의 임시보관

2) 처분장 부지 선택

- 양호한 지표면을 이루는 지형
- 작업 채굴장에 가장 가까운 곳
- 경제성 광물이 없는 곳
- 모든 식물, 농장, 산림 지역, 농지 등이 없는 곳
- 공공시설이 없는 곳
- 수원 또는 수원에 방해되지 않는 곳, 또한 수역이 아닌 곳

3) 덤핑의 절차

- 덤프 높이는 2.5～3m와 안식각은 35～40°가 되도록 유지(폐석 자체의 안식각에 따름)
- 폐석더미의 수준 고르기는 불도저를 사용
- 수준 고르기가 이루어진 곳에 다시 덤핑하고 다시 수준 고르기. 이와 같은 작업을 부지의 한계 높이까지 반복 작업
- 덤핑 구역, 일자, 그리고 광물에 대한 기록을 유지
- 처분장 주위에 울타리를 설치, 또한 우기에 유실토의 흐름을 방지하기 위한 울타리 근처에 대형 호박돌을 쌓아서 유지시킴
- 식생을 통한 처분장 안정화

이런 것들이 지역의 환경훼손을 확인하는 데 도움이 될 것이다.

6.5.2 처분장 형태

폐석처리시설의 계획에는 규제 조건, 적절한 부지의 위치 결정, 시설의 구조적 및 환경적 완전성에 대한 설계, 운영 및 유지관리계획의 개발, 그리고 미래의 토지 이용에 대한 복구계획의 개발 등이 요구된다(Center and Zlaten, 1982; Ritcey, 1989). 고려해야 할 특정 요소들은 폐기물의 공학적 성질과 오염 가능성, 오염물질의 방출을 제한하고 안정성을 유지하기 위한 물을 제어하는 방법이다(Vick, 1983). 폐석처분장에 대한 레이아웃은 폐석처분장의 목적, 처분물질의 종류, 그리고 부지에서의

지형적 제약에 따라 다음과 같은 형태 중 하나 이상의 형태를 사용하는 복합형도 사용될 수 있다(그림 6.21).

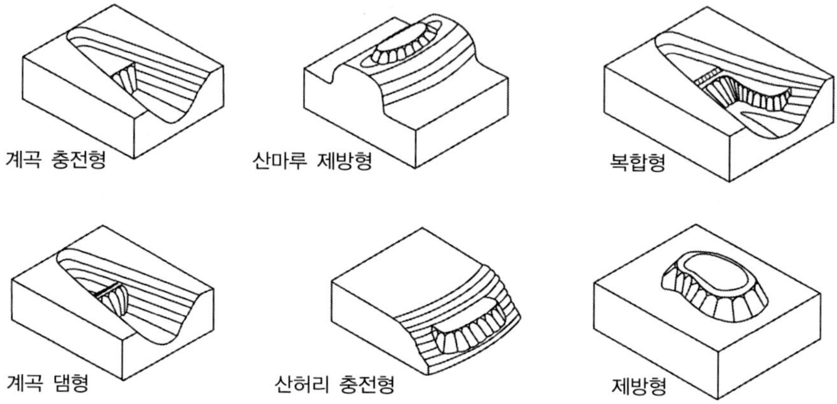

그림 6.21 처분장의 형태

1) 계곡

(1) 계곡 충전형(valleyfill)

계곡 충전형 처분장은 계곡을 채우는 처분장이다. 표면 상부는 일반적으로 경사지기 때문에 물이 고이는 것을 방지한다. 충전은 계곡의 상류 끝에서 시작하고, 덤핑은 하류로 이루어진다. 또한 이러한 타입의 제방은 차후에 상부를 채우는 경우는 계곡 댐형 구조와 같은 형태로 시작될 수도 있다.

(2) 계곡 댐형(crossvalley)

계곡 댐형 구조물은 계곡 바닥을 통과하지만, 계곡의 상류는 완전히 채워지지 않는다. 구조물은 일반적으로 계곡수의 흐름을 저장 및/또는 배수를 제어하도록 설계되어 있다. 만일 구조물이 물을 저장할 수 있도록 설계되어 있지 않은 경우에는 구조물 주위의 배수를 제공하기 위해 물을 우회시키는 시스템이 설치되어 있어야 한다. 이러한 유형의 구조물은 일반적으로 미세 석탄이나 광미 슬러리를 위한 보존댐으로 사용된다.

2) 산마루

(1) 산허리 충전형(sidehill)

산허리 충전형 구조물은 언덕이나 계곡의 측면을 따라 자리 잡고 있지만, 계곡의 바닥은 통과하지 않는다. 이 구조물은 물 또는 광미 슬러리를 수용하기 위해 구축될 수 있다. 만일 물 또는 슬러리를 저장한다면 계곡 댐형 구조물과 마찬가지로 산허리 제방은 지표수의 저장 및/또는 배수를 제어해야만 한다.

(2) 산마루 제방형(ridge embankment)

산마루 제방형은 산능선을 걸쳐 앉는 형태로, 폐석은 이 지역의 측면을 따라 처분된다. 이러한 구조물의 유형은 일반적으로 재료 물질이나 물을 포함하는 데에는 사용되지 않는다.

3) 평지

(1) 제방형

제방형은 거의 지형과 같은 수준으로 건설되고 세립질 또는 조립질 광산 폐기물을 저장할 수 있다. 만일 조립질 폐기물에 의해 세립질 폐기물이 의해 가두어지는 경우 구조물은 제방으로 간주되고, 만약 제방이 균일하고 조립질인 경우 이러한 제방의 경우는 더미(heap)라고 한다.

4) 복합형 : 상기 방식 중 둘 이상의 형식을 채택하는 형식

채광작업이 원활하게 운영되기 위해 보조 작업은 노천채광의 경우 사면안전성, 분진 제어, 펌핑과 배수, 폐석 처분, 장비와 운반로의 유지보수, 인력 수송을 고려하는 것이다. 환경통제 역시 광산의 수명기간 동안 강조되어야 하는 부분이다. 복구도 보조 작업으로서, 환경 문제의 처리를 용이하게 하고 채광이 끝난 후에 복구비용을 최소화할 수 있도록 광산개발 중에 실행되어야 한다. 폐석의 관리는 노천채광계획의 필수적인 한 분야다. 기존 기술의 적용과 조심스러운 공학적인 작업은 경제성의 최적화, 안전, 그리고 폐석처분장의 장기적인 복원을 위해서는 필수적인 것이다.

•참고문헌•

정소걸, 선우 춘, 조성준 역, 2010, 자원개발공학(Hartman H.L. and J.M. Mutmansky, 2002, Introductory Mining Engineering, 2nd ed.), 도서출판 씨아이알, p.538.

Aiken, G.E. and R.H. Wholbier, 1968, "Continous excavations", Surface Mining, 1st ed., AIME, New York, p.478.

Aiken, G.E. and J.W. Gunnett, 1990, "Overburden removal", sec. 6.3, in Surface Mining, edited by Kennedy, B.A. 2d ed. Littleton, CO : Society for Mining, Metallurgy, and Exploration, pp.584~619.

Anon, 1976, World mining, Aug., p.60.

Atkinson, T., 1983, "Surface mining and quarrying." Proceedings of the 2nd Int. Surface Mining and Quarrying Symposium. Bristol, U.K. : Institute of Mining and Metallurgy, p.449.

Atkinson, T., 1992, "Selection and sizing of mining equipment", Sec. 13.3 in SME Mining Engineering Handbook, 2d ed., edited by H. L. Hartman, pp.1311~1333. Littleton, CO : Society for Mining, Metallurgy and Exploration.

Atkinson, T., 1992b, Cast blasting of deep over-burden, In : Hartman (edt.) : SME Mining Engineering Handbook. SMME, Colorado, pp.1307~1311.

Atkinson, T., 1992c, "Design and layout of haul roads", Sec. 13.4 in SME Mining Engineering Handbook, 2d ed., edited by H. L. Hartman, pp.1334~1342. Littleton, CO : Society for Mining, Metallurgy and Exploration.

Atkinson, T., and Walton, G., 1983, "Design and Layout of Haul Roads for Surface Mines", Proceedings Symposium on Surface Mining and Quarrying, Institution of Mining and Metallurgy, Bristol, UK, Oct. 4-6, pp.369~381.

Bucyrus-Erie Company. 1976, Mining Supervisory Training Program, pp.1.1~5.13, South Milwaukee, WI : Bucyrus-Erie, Co.

Caterpillar. Inc. 1997, Caterpillar Performance Handbook, Peoria. IL : Caterpillar Inc.

Center, G.W., and Zlaten, A., 1982, Development of Systematic Waste Disposal Plans for Metal and Nonmetal Mines, OFR 183-82, US Bureau of Mines, Washington,

DC, p.614.

Chironis, N.P., 1975, Coal Age, Oct., p.156.

Crawford, J.T., and W.A. Hustrulid (eds.), 1979, Open Pit Mine Planning and Design, New York : SME-AIME. p.367.

Frizzel, E.M. and Martin, J.W., 1977, "Cross-Pit conveyor system", Mining Congress Journal, Aug., p.67.

Hartman, H. L., 1987, Introductory Mining Engineering, New York : John Wiley & Sons, Inc. p.633.

Hartman, H.L. and J.M. Mutmansky, 2002, Introductory Mining Engineering, 2nd ed., New York, John Wiley & Sons, p.570.

Hustrulid, W.A., and M. Kuchta., 1995, Open Pit Mine Planning and Design, Vol. 1. Rotterdam : Balkema, p.636.

Hustrulid, W. and Kuchta, M., 1998, Open Pit Mine Planning & Design, A.A. Balkema, Netherlands, pp.287~295.

Kaufman, W.W., and J.C. Ault., 1977, Design of Surface Mine Haulage Roads, IC 8758, U.S. Bureau of Mines, p.68.

Mace, B. C., 2000, Telephone conversation with author, Houston, TX : Hitachi Construction Machinery Corporation.

Martin, J.W., T.J. Martin, T.P. Bennett, and K.M. Martin., 1982, Surface Mining Equipment. Golden, CO : Martin Consultants, Inc. p.455.

Mathieson, G.A., 1982, Open Pit Sequencing and Scheduling, Preprint 82~368, Fall meeting, SME-AIME, Honolulu, p.15.

Peck, J. and Gray, J.H., 1995, The total mining system (TMS) : The basis of open pit simulation.

CIM Bulletine, vol. 88, no.993, pp.38~44.

Pfleider, E.P.(ed.), 1973, "Open-pit and surface mining systems and equipment", Sec. 17 in SME Mining Engineering Handbook, edited by A.B. Cummings and I.A. Givens, pp.17-2~17-180, New York : AIME.

Ritcey, G.M., 1989, Tailings Management : Problems and Solutions in the Mining Industry, Elsevier, New York, p.969.

Rzhevsky, V.V., 1985, Opencast mining unit operations, Mir Publishers, Moscow, pp.15～55; 131～135; 330～375; 431～434.

Rzhevsky, V.V., 1987, Opencast Mining–Technology and integrated Mechanization, Mir Publishers, Moscow, pp.12～92; 112～149; 300～307; 374～377.

Terex Corporation, 1981, Production and cost estimation of material movement with earthmoving equipment, Hudson, OH : Terex Corporation. p.82.

Vick, S.G., 1983, Planning, Design, and Analysis of Tailings Dams, Wiley, New York, p.367.

Zahl, E.G. et al., 1992, Waste disposal and contaminant control, In : Hartman (ed.), SME Mining Engineering Handbook, SMME, Colorado, pp.1170～1175.

07 오픈 캐스트 채광법

노·천·광·산·개·발·공·학

07 오픈 캐스트 채광법

7.1 개 요

오픈 캐스트(open cast) 채광법은 주로 석탄 등 완경사의 층상이나 판상 광체에 적용하는 채굴 방식으로써 스트립(strip) 채광법이라고도 하며 오픈 피트 채광법(open pit mining)과 유사하다(한국광물자원공사, 2012). 이 채광법이 오픈 피트 채광법과 다른 점은 흙이나 암석으로 덮여 있는 상부피복층(overburden)을 제거할 때 발생하는 폐석을 폐석적치장으로 옮기지 않고 주변의 기채굴 적치장에 직접 처리하거나 운반한다는 것이다. 드래그라인(dragline, 그림 7.1)의 경우 채굴에 의한 적재와 운반이 동시에 이루어지며, 경우에 따라서는 폐석을 컨베이어 벨트로 운반, 처리한다. 오픈 캐스트 채광법은 지표의 훼손면적이 비교적 넓고 평지에서 이루어지는 경우가 많으므로 원상복구를 위해 표토(부식토, top soil)는 박토과정에서 분리 제거하여 보관해야 한다. 또한 채광작업이 상대적으로 작은 범위에 집중되어 이루어지므로 오픈 캐스트 채광으로 인한 복구작업은 채광작업 직후에 즉각적으로 진행될 수 있다.

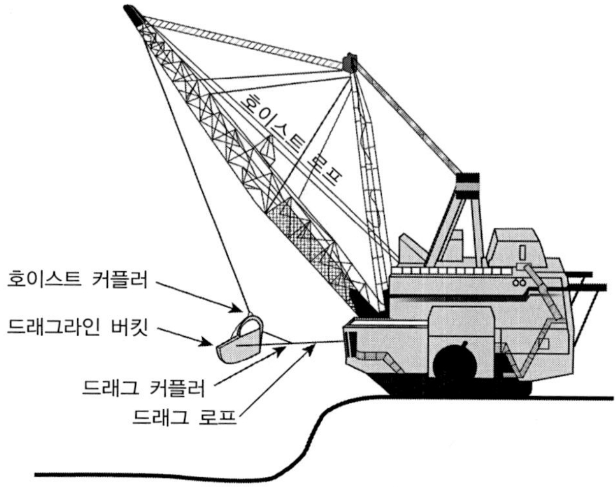

그림 7.1 드래그라인과 구조

오픈 캐스트 채광법은 대부분 단일작업면에서 작업이 이루어지므로 채광에 필요한 장비가 대형화되는 것이 불가피하다. 따라서 채광작업 도중에 장비의 고장으로 인한 채광 작업의 지연은 생산에 심각한 영향을 줄 수 있다. 이와 함께 이미 채굴된 지역의 채광장 유지기간이 비교적 짧아 피복층 사면(overburden bank, 고벽)의 경사를 크게 할 수 있고, 폐석적치 사면(spoil bank)의 경사도 안식각 이내에 가능하다. 오픈 캐스트 채광법의 전형적인 광산 규모는 고벽(highwall)의 높이가 30~60m이며, 절삭(panel) 너비는 23~45m, 고벽의 사면 경사각은 60~75°, 폐석더미의 사면 경사각은 30~45°를 이룬다(Bucyrus-Erie Company, 1976).

오픈 캐스트 채광법은 상부피복층을 제거할 때 사용하는 장비와 석탄이나 광물을 채굴할 때 사용하는 장비가 다르므로 그 목적에 따른 적절한 장비를 선택해야 한다. 즉, 상부피복층을 캐스팅하는 작업에는 붐형(boom type) 굴착기가 필요하며, 채광 작업에는 적재장비와 운반장비를 이용해서 진행된다. 이 채굴법은 미국(석탄의 55%, 일반광의 30% 생산)과 호주에서 많이 적용되고 있으며, 노천채광법 중 생산성과 생산원가 측면에서 가장 우월한 채광방식이다.

7.2 개 발

7.2.1 종 류

오픈 캐스트 채광법은 채광심도, 지층의 방향과 경사, 적용 가능한 장비의 형태에 따라 다음과 같이 구분할 수 있다. 첫째, 구역(area) 채광법으로서 광체가 편평하게 존재하는 경우 적용되는 방식이다. 이 채광법은 직선의 평행한 형태로 채광지역을 가로질러 채광굴착이 이루어진다. 둘째, 등고선(contour) 채광법으로서 지형이 가파른 산간지역에 적용되는 방식이며, 채광굴착이 지형의 등고선을 따라 이루어진다. 이 채광법은 경제적인 박토비로 고정된 심도까지 채광이 가능하다. 셋째, 박스 컷/블록 컷 채광법으로서 도저(dozer)나 스크레이퍼(scraper)를 이용하여 사각형 모양의 블록 상부피복층에서 채광을 하는 방식이다(Skelly and Loy, Inc, 1979). 그림 7.2는 박스 컷 채광법의 한 예를 보여준다.

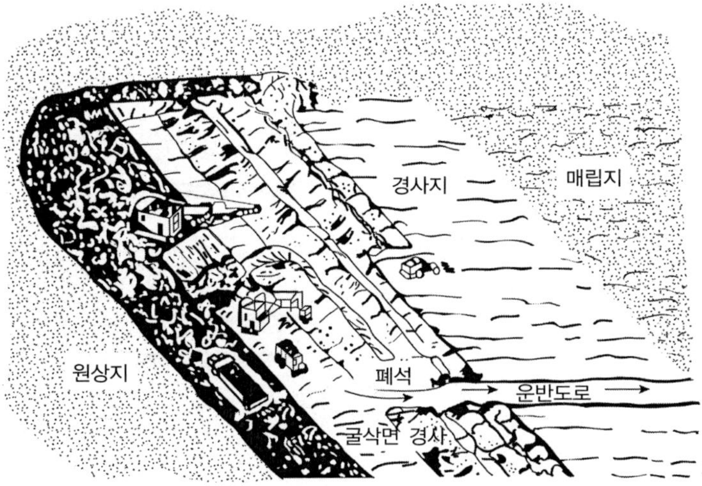

그림 7.2 박스 컷 채광법 예(Hartman, 1992)

넷째, 산정(mountain) 채광법으로서 산 정상 주변의 석탄층의 피복층을 제거하여 계곡을 채워나가는 방식이다. 다섯째, 다층(multiple seam) 채광법으로서 한 채광 지역에서 연속되는 여러 단계를 거쳐서 하나 이상의 광체를 채광하기 위한 방식이다(McDonald, 1992). 그림 7.3은 다층 채광법의 하나인 2층 채광법의 예를 보여준다(Hartman, 1992). 여섯째, 캐스트 발파(explosive casting) 채광법으로서 발파에 의해 상부피복층이 잘게 부서지고 이완되어 비교적 작은 수평변위만으로도 드래그라인을 사용하여 경제적으로 채광굴착 가능한 방식이다(Brealey and Atkinson, 1968; Chironis, 1980; McDonald et al., 1982; Bauer et al., 1983; Atkinson, 1992). 이 채광법은 굴착기를 이용하는 방식보다 비용을 절감할 수 있을 뿐만 아니라 피복층 제거비용도 절약할 수 있는 장점이 있다. 그림 7.4는 캐스트 발파 채광법의 예를 보여준다(Hartman, 1992).

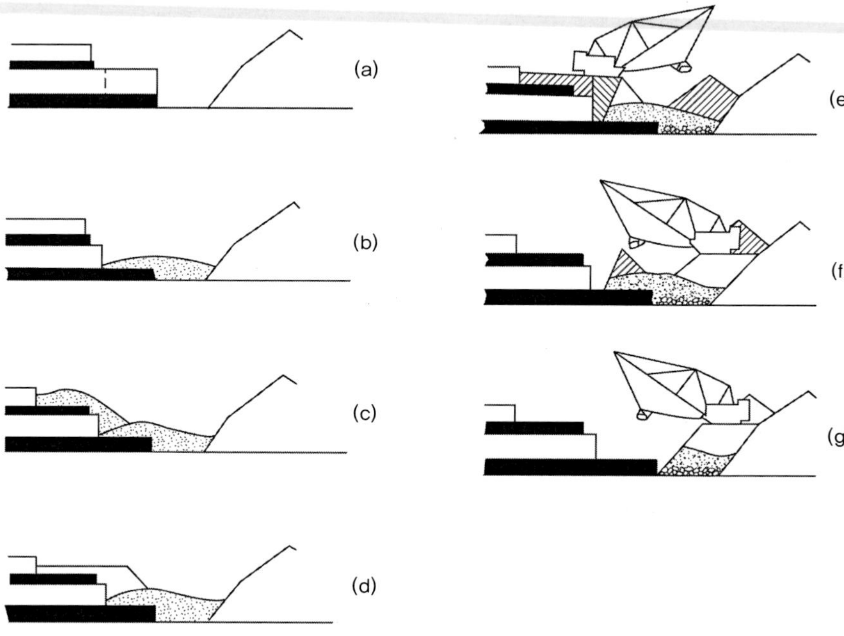

그림 7.3 2층 채광법의 적용 예(Hartman, 1992)

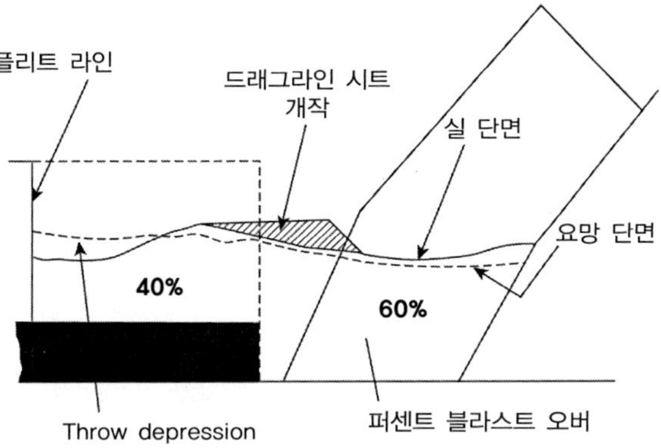

그림 7.4 캐스트 발파 채광법의 적용 예(Hartman, 1992)

7.2.2 개발과정

광산의 개발과정은 일반적으로 시장조사, 기초탐사, 개발과 건설, 생산, 그리고 폐광 및 복구 등 5단계를 거치게 되는데, 오픈 캐스트 채광법의 개발 과정도 이와 거의 비슷하다. 그림 7.5는 광산 개발과정의 흐름도(임용생, 2010)를 나타낸 것이며, 그것을 정리하면 다음과 같다.

① 채광계획서에 근거한 사업타당성 결정 및 채택
② 사용할 장비 유형을 포함한 채광방법과 채광의 일반적인 순서 확정
③ 광산 추정 매장량과 개발비용을 고려한 자금조달계획 수립
④ 토지권 및 광업권 취득
⑤ 환경기초조사(environmental baseline study, EBS) 및 환경영향 평가(environmental impact assessment, EIS)
⑥ 진입도로 건설 및 운반, 통신·전력시설 설치
⑦ 지상설비시설 설치 및 건설
⑧ 선광 플랜트 건설, 광석 출하 및 항만설비 건설, 비축 및 폐석 적치 설비 준비
⑨ 채광에 필요한 광산장비의 선택 및 취득
⑩ 채광을 위한 상부피복층 제거와 이때 발생한 폐석은 운반 후 별도 보관
⑪ 채광, 가공, 운반 등 생산활동 개시

⑫ 폐광, 매립, 복구작업 실시

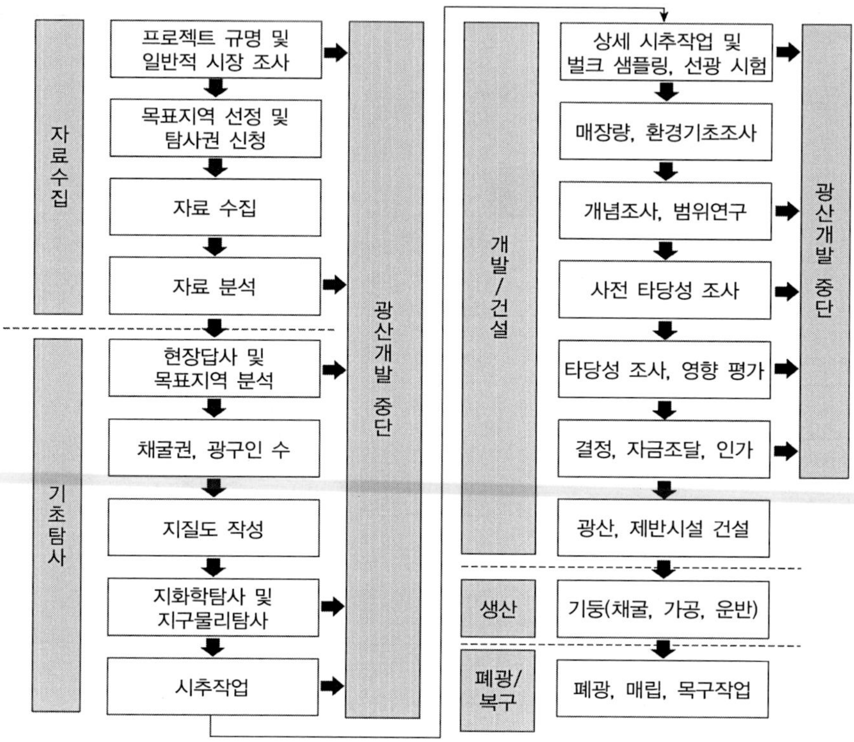

그림 7.5 광산 개발과정 흐름도

평탄하거나 낮은 기복을 가진 지역에서 대규모 오픈 캐스트 채광법에 의한 광산개발이 이루어지는 경우 지표상의 설비들은 부존자원 중심지역이나 근처에 위치하게끔 계획을 수립해야 한다. 중앙위치가 최소 운송거리를 확보할 수 있게 해줌은 물론 모든 부분에 접근이 쉽기 때문이다. 하지만 광상이 노두에 있는 경우 노두 부근에 설비들을 설치하는 것이 유리하지만, 채광작업을 고려하여 채광작업과 떨어진 지역에 설비하는 것이 적절하다. 또한 지상의 운송수단도 설비의 위치에 큰 영향을 미친다.

7.2.3 작업주기

오픈 캐스트 채광법의 작업주기는 크게 세 부분으로 나누어 설명할 수 있다(정소걸 외, 2010).

첫째, 상부피복층의 제거에 따른 작업주기를 들 수 있다. 토사나 풍화가 심하게 진행된 암석은 사전 파쇄작업 없이도 굴착이 가능하다. 하지만 견고한 토사나 연암의 경우 채광작업 전에 리핑이 될 수 있다. 또한 강한 암반의 경우는 천공과 발파작업이 필요하다. 천공방법은 상부피복층의 특성에 따라 결정되는데, 토사나 연암에는 오거 천공이 사용된다. 보통암에는 회전식 롤러-비트 천공기가 사용되며, 강한 암반에는 충격식이나 회전-충격식 천공기가 일반적으로 이용된다. 발파에는 안포(ANFO), 질산암모늄 겔 또는 슬러리, 기계장전 또는 수장전, 전기뇌관점화 또는 도폭선 등이 사용된다. 상부피복층 제거를 위해 사용되는 굴착장비로는 드래그라인, 쇼벨(shovel), 버킷 휠 굴착기(Bucket Wheel Excavater, BWE) 등이다. 대규모로 이들 세 가지를 모두 채택할 경우 드래그라인 > 쇼벨 > BWE 순으로 이루어진다. 특징적으로 큰 굴삭력이 필요할 경우 쇼벨이 사용되며, 표토가 깊거나 리치가 큰 장비가 필요할 경우 드래그라인이 사용된다. 그리고 대용량을 처리할 필요성이 있는 경우 BWE가 사용된다. 운반에는 트럭, 컨베이어(conveyor), 스크레이퍼가 주로 사용된다. 일반적인 상부피복층 제거는 천공 → 발파 → 굴착 → 운반 등의 작업주기를 따른다.

둘째, 채광이나 채탄작업에 의한 작업주기이다. 작업공정에는 직접적재, 리핑이나 천공, 발파가 포함될 수 있다. 대부분의 석탄층은 파워 쇼벨(power shovel)이나 프런트엔드 로더(front end loader)을 사용하여 곧바로 굴착될 수 있다. 석탄층을 채굴할 때 탄층표면을 회전식 브러시(rotary brush)나 도저를 사용하여 층의 상부를 정리하기도 한다. 천공은 오거나 충격식 천공기가 사용되며, 발파작업에는 안포가 사용되기도 한다. 운반에는 트럭, 견인 트레일러(tractor-trailer), 벨트 컨베이어, 유압식 컨베이어, 철도 등이 이용된다. 채광이나 채탄은 정리 → 천공 → 발파 → 굴착 → 운반 등의 작업주기를 따른다. 오픈 캐스트 채광법은 오픈 피트 채광법과 달리 상부피복층 제거 방법과 채광 또는 채탄작업 시의 처리방법이 다르므로 별도의 채광장비를 사용하여야 한다. 상부피복층 제거에는 대부분 붐형 채광장비가 사용되므로 장비 투자비가 크다. 또한 폐석의 처리방법상 개발심도는 90m 정도로 제한되며, 그 이상이 되면 폐석의 2단 처리를 해야 할 필요성이 있다.

마지막으로 보조작업을 들 수 있다. 여기에는 복구작업, 사면안정성, 운반로 건설과 유지보수, 장비의 유지보수, 배수와 펌핑, 통신, 전력배분, 분진 조절, 안정 등이 있다. 이들 중 교란된 지역에 있어서 신속한 복구작업은 연계비용을 크게 절감시킬 수 있다.

7.3 작업 조건 및 특성

7.3.1 작업 조건

오픈 캐스트 채광법의 작업 조건으로는 주로 석탄층 및 광체 자체가 상대적으로 수평이거나 지표에서 깊지 않은 광범위한 지역에서 적용된다(Hartman, 1987).

오픈 캐스트 채광 시 유리하게 적용되는 조건은 다음과 같다.

① 비교적 얇은 상부피복층(overburden)을 가지고 있어야 한다(최대 0~50m를 넘으면 박토량과 박토비용이 높아진다).
② 규칙적이고 지속적인 표면 지형과 석탄층이여야 한다(수평 석탄층으로부터 20° 이상 변동하면 안 된다. 예비 박토를 그 레벨까지 사용하는 데 지층이 달라질 수 있으며, 적용하는 데 비용 문제가 야기된다).
③ 광범위한 매장량을 가지고 있어야 한다(충분한 광산수명이 주어지고, 광산을 개발하는 데 사용된 모든 자본 대출 상환의 보장을 위해 전형적으로 20년 이상 연간 4~14백만 톤을 생산하여야 한다).
④ 암석 및 광석의 강도는 무관하며, 광석은 균질 또는 매우 균질한 상태여야 한다. 또한 광석의 품위는 매우 낮을 수 있다.

7.3.2 채굴법 특성

오픈 캐스트 채광법은 노천채광법 중 생산성면에서 가장 우수하여 미국과 호주에서 많이 적용되고 있는 채광법이다.

오픈 캐스트 채광의 특징은 피복층과 폐석을 직접처리하고 드래그라인에 의해 적재와 운반을 동시에 수행하여 운반 중에 교체가 필요하지 않다는 것이다. 채굴이 끝난 지역에서 폐석(spoil) 적치가 필요하지 않으며, 채광 작업이 비교적 넓고, 평지에서 주로 작업이 이루어져 채굴 작업이 끝나는 동시에 폐석의 매립 작업을 수행하여 산출되는 박토량이 적다. 따라서 오픈 캐스트 채광에서 생산성의 열쇠는 박토 장비의 출력에 달려 있다.

오픈 캐스트 채광법의 또 다른 장점은 절취면(cut)이 상대적으로 짧은 시간 동안만 개방되고, 제방(bank, 고벽으로 지정)의 급경사가 허용된다. 또 폐석 제방은 비교적 유지기간이 짧아 제방의 경사는 안식각(natural angle) 이내에 유지된다.

오픈 피트 채광과 달리 오픈 캐스트 채광에서 일반적으로 채광과 피복층의 박토 작업 모두에 동일한 장비를 이용할 수는 없다. 채굴이 기존의 적재 및 운반 장비에 의해 수행되는 동안 피복층의 처리는 특별화된 붐형 굴착기가 필요하다. 또한 다른 피복층(토양 및 발파된 암석)과 채굴된 광물은 다른 처리장비가 필요하다.

또한 네 가지의 다른 박토 기술을 이용하여 채굴을 한다. 드래그라인이 발파된 암석을 직접 처리하는 동안, 고무타이어 스크레이퍼(rubber-tired scrapers)는 도저에 의해 눌린 표토를 제거한다. 쇼벨이 발파된 암석의 직접 처리하는 동시에 버킷 굴착기(bucket wheel excavator)가 토양 박토 작업을 한다. 천공과 발파, 적재와 운반 없이 두 경우 모두 대체하여 석탄 채광은 프런트엔드 로더(front end loader)와 트럭, 파워 쇼벨과 견인 트레일러(tractor-trailers)에 의해 수행된다.

7.4 국외 사례

오픈 캐스트 채광법은 주로 석탄과 층상 또는 판상 광체에 적용되는 방법으로, 미국의 석탄 생산을 위해 광범위하게 사용되고 있다. 본 장에서는 미국 와이오밍 주의 Bridger 광산과 캐나다 앨버타 주의 Syncrede 광산의 오픈 캐스트 채광법 적용 사례에 대해 소개하고자 한다(Howard 외, 1992).

7.4.1 미국 Bridger 탄광

1) 광산 개요

이 광산은 NERCO Coal 사와 Idaho Energy Resources 사의 합작으로 설립된 Bridger Coal 사에서 운영하고 있으며 위치는 미국 와이오밍 주 Rock Springs 지역에서 북동쪽으로 56km 거리의 Sweetwater County에 위치하고 있다. 81km^2 이상의 개발 허가 면적에 Continental Divide(로키산맥분수계, 대륙분수령) 서쪽 측면에 자리 잡고 있다.

이 광산은 1974년 7월 3일에 생산을 시작하여 1989년 말까지 83만 톤(75Mt)의 석탄을 생산하였다. 평균적으로 연간 5~7백만 톤(4.5~6.4Mt)의 원탄이 생산되었다. 생산된 석탄은 대부분 2,000MW급 Jim Bridger 발전소에서 소비하였으며, 생산된 전기는 북서 태평양 전력망(오리건, 아이다호, 북서 캘리포니아 등)으로 공급되었다.

드래그라인 스트리핑 굴착 작업은 하루 12시간, 주 7일로 연간 356일로 운용되었다. 기타 나머지 작업의 근무 주기는 하루 8시간, 주 5일, 연간 251일로 운용되며 일부 유지보수 및 창고에서 근무하는 작업자들은 드래그라인 스트리핑 작업과 같은 주기로 운용되었다. 광산은 캐스팅 작업에서 4개의 드래그라인과 하나의 쇼벨을 이용하고 5~6개의 가행채광 면에 두 개의 프론트 엔드 로더(front-end loaders, FELs)와 하나의 쇼벨, 그리고 하나의 유압 굴착기(hydraulic backhoe)를 이용하였다. 광산의 총직원 수는 422명이었다. 이 중 약 109명이 감독 및 관리직 종사자이다.

2) 광상 개요 및 지질

Jim Bridger 광산은 북쪽 방향을 축으로 폭 56km, 길이 97km의 비대칭 배사구조인 Rock Springs 융기대(uplift)의 북동부 측면에 위치해 있다. Rock Springs 융기대는 서쪽으로 Green River 유역과 동쪽으로 북미대륙분수계와 Washakie 분지를 나눈다.

이 Rock Springs 융기대의 꼭대기에 있는 선캄브리아기 암석은 Green River와 Washakie 분지의 선캄브리아기 암석들보다 위인 5,200m로 추정된다. 30m 아래로 수직이동한 정단층이 Rock Springs 융기대를 가로지르며 측면 상의 지층 경사각은 일반적으로 3～15° 사이이다.

탄층은 팔레오세 시기의 Fort Union 층의 Deadman 탄층대에 존재한다. 이 영역은 18～24m 두께로 아래에는 Lance 층과 접해 있다. Fort Union 층의 두께는 460m, Lance 층의 두께는 270m이다. 광산에는 위에서 아래로 D5～D1로 명명된 다섯 개의 탄층이 노출되어 있다. 이 탄층 들의 다양한 조합은 1단 탄층, 2단 탄층, 3단 탄층, 4단 탄층 형식으로 현장 곳곳에 존재한다. 탄층은 일반적으로 동북 방향으로 2～5°의 각으로 기울어져 있다.

Fort Union 층의 퇴적암은 대규모 습지 환경과 작은 호저(湖底)의 영향에 의한 복잡한 세립질 광석, 하천–범람원–분지의 침전과정을 보여준다. 상부피복층과 내부피복층은 지층 사이의 사암, 실트암, 점토암, 작은 셰일, 그리고 얇고 불연속적인 석회 암맥으로 구성되어 있다.

표 7.1은 이 광산에서의 매장량 개요이다. 석탄 임차권은 와이오밍 주 연방정부와 Union Pacific Railroad가 갖고 있다. 이 광산에서 생산된 석탄은 아역청탄으로 분류되며 평균 열량 21,864 kJ/kg, 수분량 18%, 회분량 9.5%, 황 함유량 0.59%이다.

표 7.1 석탄매장량

Lease	Acres (km^2)	Tons × 106 (t × 106)
Federal Coal	8595.68 (34.79)	91.5 (83.0)
State Coal	1280.00 (5.18)	0.4 (0.36)
Union Pacific Coal	8579.46 (34.71)	103.8 (94.2)
Totals	18,455.14 (74.69)	195.7 (177.5)

*Stripping ratio : 8 bank yd^3/ton(6.7m^3/t).

3) 광산개발

지표면 피복토양은 채광작업에 앞서 제거되는데, 여러 장소로 나뉘어 적치되어 향후 매립 후 토양의 비옥화 작업 등에 사용되었다. 지표면 토양이 제거되면 상부피복층을 천공발파하여 채광을 진행한다. 일반적으로 노두개발(outcrop development)은 스크래퍼 또는 트럭, 그리고 쇼벨 장비로 완료된다. 노두개발 후 심도가 낮으며 약 824m에 이르는 상부피복층에 대해서는 드래그라인을 적용하는 싱글사이드 캐스팅(simple side casting) 또는 확장벤치법(extended bench methods)에 의하여 채광되며, 24m 이상 깊은 심도에 대한 상부피복층은 멀티패스 스포일 사이드 드래그라인 스트리핑(multiple-pass spoil-side dragline stripping)이 요구된다.

보통 고벽의 각도는 평균 65°로서 50~70°의 범위를 유지하였으며, 폐석더미를 위한 적치장 사면의 각도는 36°였다. 채광은 탄층의 주향을 따라 북서에서 남동으로 진행되었다. 채광은 탄층의 깊이보다 아래까지 연속적으로 이루어졌다. 광산에서 채광장 폭은 각기 다르지만 일반적으로 노두채광장(outcrop pits)의 폭은 61~76m이다.

4) 단위 작업

천공발파의 드릴천공은 여섯 종류의 다른 장비로 수행되었다. 표 7.2는 광산에서 사용되는 천공기를 나타낸 것이다.

표 7.2 천공장비 제원

천공기	수	비트 크기 in.(mm)	목적
Bucyrus Erie 60R	1	$12^1/_4$(311)	피복층
Drilltech D60K	1	$10^5/_8$(270)	피복층/분리
Schroeder Twin Mast	1	$5^1/_4$(133)	석탄
Drilltech D50K	1	$9^7/_8$(251)	피복층/분리
Marion M-3	1	$12^1/_4$(311)	피복층
Drilltech D25K	1	6(152)	분리/석탄

천공 패턴은 직사각형 또는 정사각형으로 벤치 높이와 암반상태에 따라 다르다. 폭약은 ANFO 67%와 에멀젼 33%를 혼용하여 사용하였으며, 출수지역에서는 에멀젼과 ANFO를 각각 50%씩 혼합하여 사용하였다. 암반층에 대한 평균 장약계수는 0.36~0.47kg/m^3, 석탄층에서 대해서는 0.24kg/m^3, 층상에는 0.47kg/m^3의 장약계수가 적용되었다.

(1) 표토 및 상층 제거

노두 개발 후에 드래그라인은 대략 24m의 심도까지는 싱글사이드 캐스팅 또는 확장 벤치법에 의해 상부피복층이 제거되었다. 그림 7.6에서는 싱글사이드 캐스팅을, 그림 7.7에서는 확장벤치법을 보여주고 있다. 광층이 여러 개인 경우에는 싱글사이드 캐스팅 굴착을 반복적으로 하는 멀티패스 스포일 사이드 드래그라인 스트리핑이 적용되었다.

그림 7.6은 한 대의 드래그라인을 이용해서 상부 표토층을 박토하여 석탄층을 노출시키며 동시에 박토한 표토를 옆 빈 공간으로 이동시키는 것을 보여준다. 이때 노출된 석탄층은 쇼벨 및 덤프트럭에 의하여 채탄 및 운반이 이루어진다. 그림 7.7은 확장 벤치법으로, 드래그라인 작업반경을 줄이기 위하여 드래그라인 진행 방향으로 폐석을 쌓아 드래그라인 이동벤치 폭을 넓혀, 폐석 적치장과의 거리를 줄인

다. 이 방법은 드래그라인의 회전반경이 줄어 작업효율이 증가된다.

석탄층이 두 개로 이루어진 경우에는 싱글패싱 캐스팅에 의하여 상부 광맥에 대한 채탄이 완료된 이후 드래그라인을 폐석더미 단벤치로 이동시켜 하부 표토층을 제거하는 멀티패스 스포일 사이드 드래그라인 스트리핑이 적용되었다.

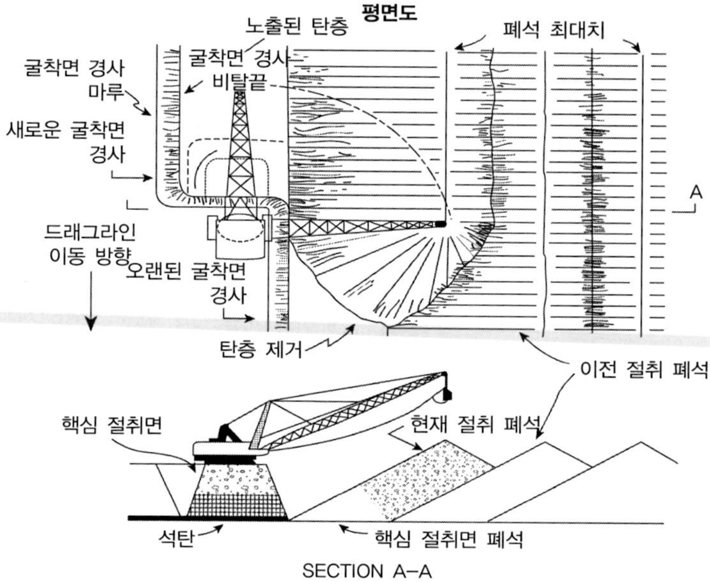

그림 7.6 싱글사이드 캐스팅 법(simple side casting)

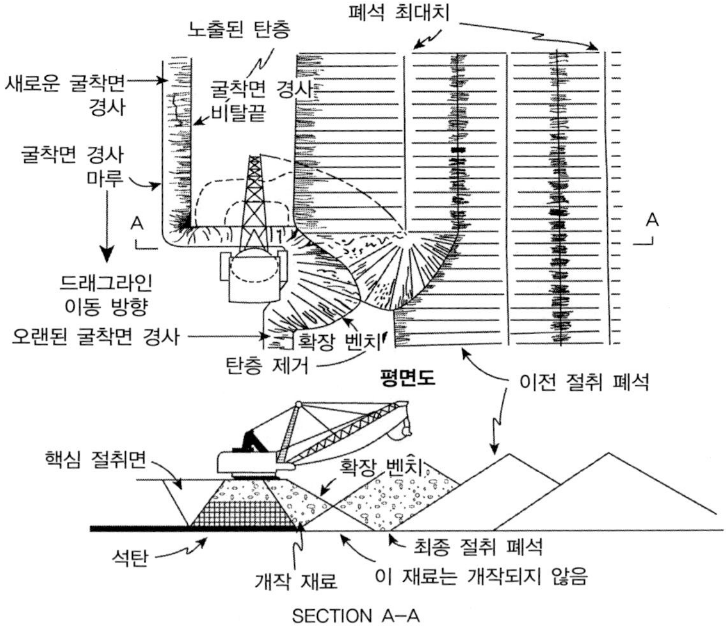

그림 7.7 확장 벤치법(extended bench stripping)

(2) 석탄 생산

상부피복층 또는 내부피복층이 제거되고 탄층 상부 표면이 노출되면 석탄 표면은 고무타이어 도저(rubber-tired dozers), 블레이드(blades) 또는 스크래퍼로 정리된다. 채굴작업이 용이하도록 석탄층을 이완시키기 위하여 발파한다. 직경 133mm 비트를 채용한 twin-mastauger 천공장비를 이용하여 천공하고, 비교적 적은 비장약량을 적용하여 발파한다. 석탄의 적재는 프론트 엔드 로더(front-end loader, FEL), 전기 쇼벨, 유압 굴착기에 의해 수행된다.

7.4.2 캐나다 Syncrude 오일샌드 광산

1) 광산 개요

캐나다 앨버타 주 Fort MaMurray 시의 북부 42km 지점에 위치한 Syncrude 광산은

1978년에 합성원유를 생산하기 위하여 Athabasca oilsand 광산을 통합하여 설립되었다. 1991년까지 60.3백만 배럴(9.6백만 m^3)의 합성원유가 생산되었으며, 이후 추가개발로 연간 7천만 배럴(11.1백만 m^3) 이상 생산되고 있다. Syncrude 노천광은 1991년 말에 채광이 완료된 15.7km²를 포함하여 총면적 34.6km²의 광산이다.

광석 생산량은 일반적으로 400,000tpd(ton per day)가 평균이지만 최대 500,000tpd까지 가능하다. Syncrude 광산은 하루 12시간 2교대, 연 365일 지속적으로 운용된다. 모든 기술, 계획, 사무직원들은 일반적으로 8시간의 주기로 근무한다. 1,400명의 광산 인력은 975명의 생산직원과 425명의 사무직원으로 구성되어 있다. 기능적 측면에서 총인력은 광석 생산 및 폐기물 제거에 할당된 485명, 유지보수 인력 600명, 감독 및 관리 140명, 그리고 기술 및 관리 인력 175명으로 나뉘어 있다.

2) 광상 개요와 지질

Syncrude 광산의 지질은 대규모 데본기 석회암 분지에 석유성분을 함유한 McMurray 층이 퇴적 및 침전 작용되어 형성되었다. 그림 7.8은 Syncrude 광산의 전형적인 지질단면을 보여주고 있다. McMurray 층의 상부피복층은 해양토사와 점토, 빙하표석, 그리고 이탄으로 구성되어 있다. McMurray 층 하부에는 실트와 점토 등으로 구성된 Clearwater 층이 있다.

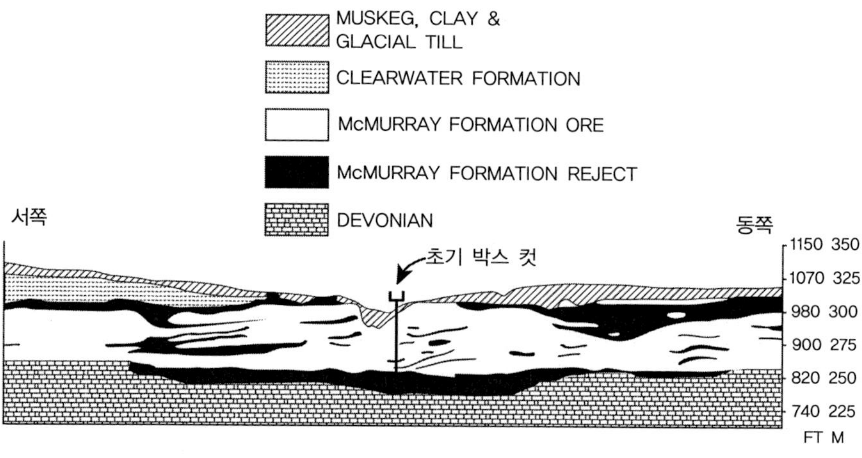

그림 7.8 전형적인 Syncrude 광산 지질단면도

(1) 광상대

McMurray 층의 상부 층은 주로 역청(bitumen) 성분으로 구성된 오일샌드가 함유된 광상대이다. 오일샌드는 석영질 모래가 86.8%, 역청질이 11.0%, 그리고 2.2%의 수분으로 구성되어 있다. 추출 및 개질 공정을 통하여 얻은 1배럴($0.16m^3$)의 급광에서 평균적으로 0.74 배럴($0.12m^3$)의 합성원유를 생산한다.

오일샌드의 주요 조성물인 모래, 역청, 물은 온도에 의해 다른 물질적 특성을 보이는데, 여름에 부드럽고 끈적거리고 겨울에는 얼어서 단단하다.

3) 채광방법

드래그라인으로 광층에 대한 광석을 이동시켜 채굴더미(windrows)에 적치한다. 광석으로 분리된 폐석은 다시 채굴이 끝난 채굴적으로 버려진다. 버킷 휠 리클레이머(bucket wheel reclaimers)를 이용하여 광석을 컨베이어 위로 적재하여 생산 플랜트로 운송한다.

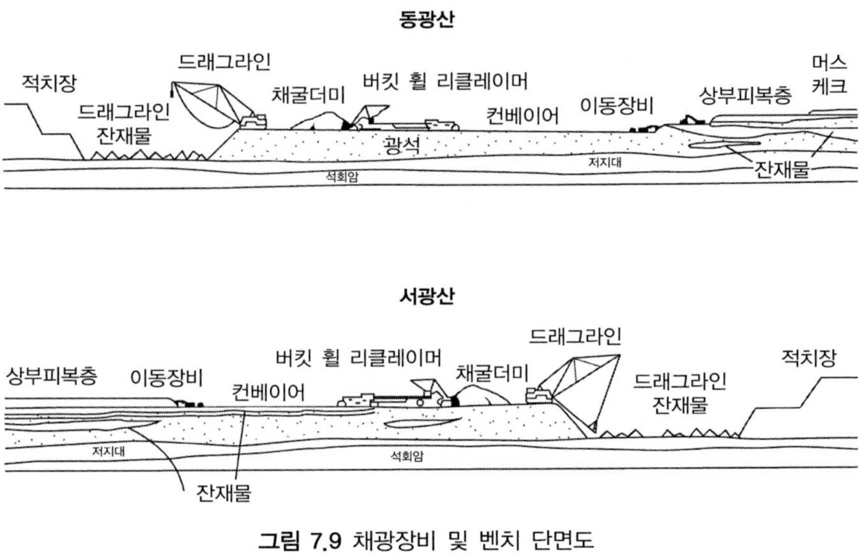

그림 7.9 채광장비 및 벤치 단면도

대규모 광산설비를 이용하는 채광법은 광상, 지질조건, 생산량, 수요량 및 경제성을 평가하여 신중하게 고려된다. 특히 컨베이어 시스템의 사용은 낮은 운용비용으로 대량의 광석을 장거리까지 운송이 가능한 시스템이다. 상기 채광법은 14년 동안 성공적으로 적용되어오고 있으며, 다음과 같은 장점이 있다.

① 발파작업은 드래그라인 굴착용량을 고려하여 최소화시켜 수행된다.
② 폐석은 광석으로 분리함과 동시에 채굴적에 적치가 가능하다.
③ 광석과 폐석의 분리가 용이한 드래그라인과 광석과 폐석을 운반하는 컨베이어 시스템을 이용한 단순한 작업공정이 이루어진다.
④ 채광작업은 드래그라인에 의한 광석벤치에서 이루어져 채광작업 범위가 최소화된다.
⑤ 수분이 많은 퇴적물에 대한 채광작업을 회피할 수 있다.
⑥ 드래그라인에 의하여 광석을 높이 들어 올리게 되므로, 컨베이어 적재 시 광석의 리프팅을 최소화할 수 있다.
⑦ 개발 초기에 하나의 채광작업장을 설치하므로 초기 투자비용을 최소화할 수 있다.

반면에 다음과 같은 단점이 있다.

① 드래그라인의 안정성을 확보하기 위하여 지속적인 고벽의 안전관리가 필요하다.
② 장비가 근접하여 운용되므로, 채광 순차에 따라서 장비들 간 지연이 발생한다.
③ 전력공급 시스템은 드래그라인의 최고수요 전력량을 고려하여 설계되어야 한다.
④ 원리적으로는 간단한 채광법이지만, 빠르면서 효율적이고 연속적인 채광을 위해서는 지속적이고 기술적인 지원이 필요로 한다.

4) 단위작업 : 상부피복층 제거

상부피복층 제거 작업은 전기와 유압을 이용하는 파워 쇼벨, 프론트엔드 로더, 트럭으로 구성된 이동식 장비로 수행된다.

(1) 오일샌드 제거

오일샌드 채광에는 4대의 드래그라인에 의해 수행된다. 붐 길이는 110m로 Syncrude 고벽 조건을 고려하여 선정되었으나 드래그라인이 도달하지 못하는 상황이 빈번히 발생한다. 가행최저품위가 역청 성분 6%로 정해져 있기 때문에 드래그라인에 의하여 폐기물과 구별하여 오일샌드를 채취한다. 그러므로 품위대(grade bands)는 시추코어와 고벽 매핑에 의하여 신중하게 그려져야 하며, 드래그라인 작업자에게 전달된다.

(2) Syncrude 공급(급광)

운송트럭이나 컨베이어로 운반된 광석은 350톤급 호퍼, 하나의 파쇄드럼과 팬 피더(pan feeder)로 구성된 파쇄시설로 파쇄한다. 피더브레이커(feeder-breaker)를 도입하여 대괴를 사전 파쇄처리하여 평균적으로 2500t/h의 파쇄속도를 유지한다.

(3) 복구(Reclamation)

1985년부터 지표면 상부 표토층을 별도 적치하여, 1991년부터 매립 후 최종 상부 토양비옥화에 적용되었으며, 그 위에는 토종 잔디와 나무를 심어 복원하였다.

5) 보조 작업

겨울(12월~3월)에는 드래그라인 채광 전에 고벽에 대해 누두공 발파를 한다. 발파의 목적은 얼어붙은 오일샌드를 느슨하게 하여 드래그라인 채광이 용이하도록 하는 것이다. 천공작업은 100mm 비트를 장착한 오거드릴과 유압 착암기를 이용하여 3/4m의 간격으로 수행된다. 장약공저에는 8.3kg의 Amex 폭약을 장전하고 전기기폭으로 발파한다.

•참고문헌•

임용생, 2010, 해외 광산개발, 한울아카데미.

정소걸, 선우 춘, 조성준 역, 2010, 자원개발공학(Hartman H.L. and J.M. Mutmansky, 2002, Introductory Mining Engineering, 2nd ed.), 도서출판 씨아이알.

한국광물자원공사, 2012, 자원용어사전, pp.557~559.

Atkinson, T., 1992, Selection and sizing of mining equipment, Sec. 13.3 in SME Mining Engineering Handbook, 2nd ed., edited by H.L. Hartman, Littleton, CO : Society for Mining, Metallurgy and Exploration, pp.1311~1333.

Bauer, A., Workman, J.L. and Crosby, W.A., 1983, Principal and applications of displacing overburden in strip mines by explosives casting, Preprint 83–426, Fall Meeting, SME–AIME, Salt Lake City, UT, p.22.

Brealey, S.C. and Atkinson, T., 1968, Opencast Mining, Mining Engineer, 123, pp.147~163.

Bucyrus–Erie Company, 1976, Mining Supervisory Training Program, South Milwaukee, WI : Bucyrus–Erie, Co., pp.1.1~5.13.

Chironis, N.P., 1980, Casting overburden by blasting, Coal Age 85, 5, pp.172~180.

Hartman, H.L., 1992, SME Mining Engineering Handbook, Society for Mining, Metallurgy, and Exploration, Inc., Section 13 Surface Mine Development, pp.1273~1363.

Howard L. Hartman, 1987, "Introduction Mining Engineering", JOHN WILEY & SONS, Inc., pp.194~207

Howard L. Hartman, Scott G. Britton, Donald W. Gentry, Michael Karmis, Jan M. Mutmansky, W. Joseph Schlitt, Madan M. Singh, 1992, "SME Mining Engineering Handbook 2nd Edition Volume1", Society for Mining, Metallurgy, and Exploration, Inc., pp.1403~1441.

McDonald, D.B., 1992, Variable interburden, horizontal multiple coal seams : Colowyo Coal Company, Sec. 14.3.3 in SME Mining Engineering Handbook, 2nd ed., edited by H.L. Hartman, Littleton, CO : Society for Mining, Metallurgy and Exploration, pp.1415~1421.

McDonald, K.L., Smith, W.K. and Crosby, W.A., 1992, Productivity improvements for dragline operations using controlled blasting in a single and multiple seam opencast operation at Reitspruit, South Africa, venue unkonwn, Mar.

Skelly and Loy, Inc., 1979, Illustrated Surface Mining Method, New York, McGraw-Hill, p.87.

08

기타 노천채광법

08 기타 노천채광법

노천채광법 중 앞에서 언급된 기계채굴에 의한 노천채광기술 외에도 사광상을 대상으로 물을 이용하는 채광, 용제 용액을 이용하는 용해채광, 채석이나 고벽채광과 같은 노천채광법이 있다. 석재의 채석은 어느 정도의 크기를 갖는 육면체의 암석블록 원석을 교란하지 않고 생산하는 작업이다. 그러나 채석작업은 오픈 피트 채광법과 유사하지만 벤치(일반적으로 막장이라 칭함) 높이가 더 낮고 벤치의 경사각은 일반적으로 수직의 형태이다. 채석(quarry)이라는 용어는 석재와 골재를 생산하는 노천광산을 의미하기도 하지만, 본 교재에서의 채석은 골재보다는 무결한 괴상암반을 대상으로 석재 블록을 생산하기 위해 적용되는 채석방법을 나타낸다.

고벽채광(highwall mining) 또는 오거 채광법(auger mining)은 오픈 캐스트 채광법 작업에서 박토비가 최댓값에 도달했을 때 최종사면을 이루는 고벽의 사면 아래 부분에서 남겨진 광상을 대상으로 석탄이나 다른 광물을 회수하는 일종의 노천채광 방법이다.

기계채굴에 의한 노천채광법 외에도 노천채광법에는 또 다른 범주로는 수력식 채광이 있다. 육상, 수중 또는 지하의 광상으로부터 광물을 회수하기 위해 물이나 용제 용액을 사용하는 모든 채광방법을 포함한다. 일반적으로 광상에 대한 유체(일반적으로 물)의 물리적 작용과 용액의 화학적 작용이 이용된다. 이런 범주의 채광법은 기계채굴에 의한 채광보다는 사용 빈도가 적고, 통상 노천채광에 의한 광물 생산량의 10% 정도를 담당하고 있다. 그러나 어떤 광물에 있어서는 수력식 채광에 의한 다양한 채광방법의 적용으로 광물생산량이 상당히 증가되고 있다. 대부분의 수력식 채광법은 다른 채광법에 비해 상대적으로 채광비용이 적게 든다.

수력식 채광법은 2종류의 채광법으로 대별된다. 먼저 고압수에 의한 사광상 채광으로 물을 사용하여 광물을 굴착, 운반 또는 집적시키면서 충적 광상 또는 사광상으로부터 광물을 회수하는 것이다. 다른 채광법으로는 용해채광(solution mining)이 있으며, 이 채광법은 용해되어 있거나 용제에 의해 녹기 쉬운 광물 또는 슬러리 형태로 쉽게 회수될 수 있는 광물들을 채취하기 위해 사용되는 채광법이다. 용해채광은 일반적으로 광물을 추출하기 위해 보통의 물, 열수 혹은 용제용액을 사용하여 채광을 한다.

두 채광방법은 다음과 같이 다시 세분화된다.

1. 사광상 채광(placer mining)
   1) 고압수에 의한 사광상 채광(hydraulicking)
   2) 준설에 의한 사광상 채광
2. 용해 채광(solution mining)
   1) 보어홀 채광법
      ① 단일공 용해채광법(Frasch 채광법)
      ② 다수공 용해채광법
   2) 노천 침출채광법
   3) 증발 건조법

이러한 채광방법들은 적용에 있어서 상대적으로 제한을 받지만, 최근에는 침출방법은 특히 동이나 금/은의 채광에서 빈번하게 사용되고 있으며, 이 채광법들은 개갱과 작업주기에 있어서는 일반 채광법과는 다른 독특한 방법을 갖는다.

8.1 고벽채광법

8.1.1 개 요

고벽채광법(highwall mining) 또는 오거 채광법(auger mining)은 오픈 캐스트 채광법 작업에서 박토비가 최댓값에 도달했을 때 최종사면을 이루는 고벽의 아래 부분의 광상으로부터 석탄이나 다른 광물을 회수하는 채광방법이다. 오거링 기계를 이용하여 고벽 안쪽으로 대규모의 공들을 평행하게 뚫거나 또는 연속 채광기를 사용하여 갱도를 굴착하면서 석탄이나 광석을 채광한다. 갱내채광은 장비로 이루어지기 때문에 채광 동안에는 장비운영자 및 작업원들은 갱내에 들어가지 않고 노천에서 장비를 원격 조종하기 이 채광방법은 노천채광방법으로 분류된다. 고벽채광법은 주로 석탄층을 대상으로 하고 주 생산의 추가적인 작업으로서, 긴 고벽을 이루고 있는 하부의 석탄층으로부터 상당한 양의 추가적인 생산을 가능케 해준다.

고벽채광법은 사용하는 기계 시스템에 따라 오거 채광법, 연속식 고벽채광법(continuous highwall mining), 그리고 트렌치식(trench mining) 고벽채광법으로 구분된다.

첫 번째 방식인 오거 채광법은 1940년대에 개발된 전통적인 오거링 장비를 이용하여 채광장의 바닥부로부터 석탄층 안으로 대구경의 공을 천공하는 방식이며 그림 8.1과 같다. 초기에는 40cm 두께의 탄층에도 적용하였고, 채광깊이는 100m 정도였다. 1990년대 동력이 향상된 직경 1.8m, 채광깊이 200m에 이르는 오거가 개발되었으나, 연속채광기의 개발로 더 이상 발전이 이루어지지 않았다. 오거링 장비는 석탄층 안에 원형의 공을 뚫을 수 있는 직경 0.6~2.4m의 드래그-비트형 천공헤드(drag-bit drilling head)를 사용하고 있다. 일반적으로 고벽의 하부에서 길이 60~90m의 대구경의 공이 굴착될 수 있다. 특히 층이 얇은 경우에는 생산성과 회수율을 향상시키기 위해서 여러 개의 헤드를 가진 오거가 사용된다. 그러나 전통적인 방식의 오거 채굴작업은 40~65% 정도의 석탄만을 굴착할 수 있다(Ford, Bacon and Davis, Inc., 1975; Blakely, 1975). 오거 사용에 대한 사례는 McCarter and Smolnikar(1992)의 문헌을 참조하라.

그림 8.1 오거와 오거 채광법에 의한 채탄

두 번째 방식인 연속식 고벽채광법은 탄층 내에 높이와 너비가 약 3m인 평행한 갱도들을 굴착하기 위해 원격조종이 가능한 소형 연속 채광기(그림 8.3)를 고벽 내의 탄층으로 장비를 침투시켜 채탄하는 시스템이다(그림 8.2 및 8.3). 이 채광 시스템은 연속 채광기, 연결식 운송 및 하역 컨베이어, 그리고 운송 트럭에 석탄을 적재하기 위한 적재장비 등으로 구성된다. 채광이 진행됨에 따라 갱도와 갱도 사이에는 작은 광주들이 남겨진다. 이 광주의 폭은 상부 피복암반의 지지를 위해 필요한 지보량에 의해 좌우된다. 연속 채광기는 1980년대부터 개발되었고 막장에서 채광을 담당하는 굴착장비이며, 채광된 석탄을 배출하기 위해 컨베이어가 후면에 연결된다. 컨베이어는 연속 채광기 후면에 연결되어 갱구 바깥까지 석탄을 운반하는 장비로 채광기가 굴진을 진행해나감에 따라 1개 유닛씩 계속 연결해나가는 방식이다. 채광 갱도의 길이는 300m까지 도달할 수 있지만, 운반 문제를 해결하기 위해서 그보다 더 짧은 길이의 갱도가 적용될 수도 있다. 대부분의 채광 작업에서 광주를 제외하면 회수율은 약 60%가 된다. 여러 장비들의 성능에 대한 자세한 설명은 Chadwick(1993)의 문헌을 참조하라.

그림 8.2 고벽채광법에서 사용되는 연속채광 시스템

그림 8.3 고벽채광 시스템 및 연속 채광기

세 번째 방식인 트렌치식 고벽채광법은 주로 고벽채광법의 개갱작업을 위하여 많이 적용된다. 이 채광법은 주로 지표로부터 채광대상 층까지 굴착하여 노천채광장 바닥에서 채광하기 위해 사용한다(그림 8.4).

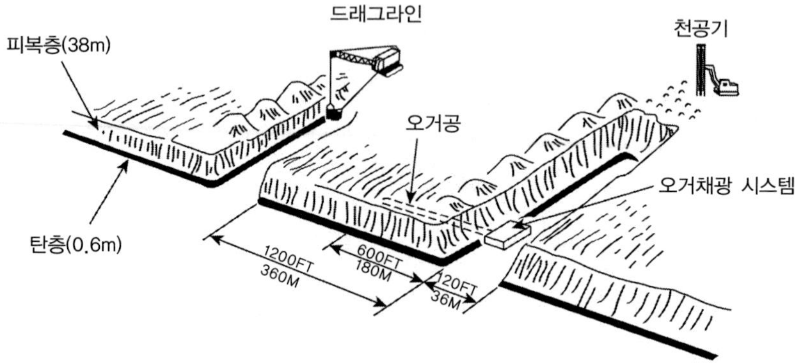

그림 8.4 트렌치식 고벽채광법

순전히 경제적인 관점에서 고벽채광법의 사용은 꽤 매력적이다. 이것은 고벽으로부터 추가적인 석탄의 채탄은 초기 피복층을 제거하는 작업이 생략되어 보다 더 적은 비용으로 채광이 이루어질 수 있기 때문이다. 그러나 광산은 고벽채광작업을 실행할 수 있는 고벽의 길이, 벤치 폭, 천반 조건, 경사, 그리고 매장량 조건을 가지고 있어야만 한다. 오거링 및 채광갱도 굴착작업은 일반적으로 오픈 캐스트 광산 이외의 다른 광산에서는 작업이 가능하지 않다.

8.1.2 광상 조건 및 작업

1) 광산조건

고벽채광에 적합한 광상의 조건은 다음과 같다(Ford, Bacon, and Davis Inc., 1975; Chadwick, 1993).

- 광석 및 암석의 강도는 무관하다.
- 판상 및 층상의 광상이 좋다.
- 광상의 경사는 낮거나 거의 수평이 좋다.
- 광상의 크기는 소규모에서 대규모까지 모두 가능하다.
- 낮은 광석의 품위도 채광이 가능하다.
- 광상의 두께는 균일해야 하고 협석이 없어야 한다.

• 얕은 심도에서 보통 심도까지 가능하다.

2) 개갱 및 채광 작업주기

고벽채광을 위한 부지를 개발하고 개갱을 하는 작업이 만약에 진행 중에 있는 피복층 제거작업과 조화가 이루어진다면 상대적으로 간단한 작업이 될 수 있다. 실제로 추가적인 채광을 위해 추가적인 굴착이 필요 없지만, 안전한 작업을 위해서 고벽에서 문제가 될 수 있는 이완된 암반에 대한 정리작업이 반드시 이루어져야 한다. 벤치는 15～25m의 폭으로 정리한다. 채광된 석탄의 저장이나 오거의 날 또는 연속 채광기의 연결 컨베이어, 기타 장비 등을 위한 보관구역도 반드시 제공되어야 한다. 석탄 운송 트럭을 위한 운반도로에 대한 유지 및 보수도 이루어져야 한다.

일반적으로 채광이 노두에서 진행되지 않는다면 고벽채광작업에서는 피복층의 제거 작업이 필요하지 않다. 박스 컷(box cut)이나 홀백(haulback) 등과 같은 등고선(contour) 형태의 노천채광작업의 경우 고벽채광법은 통상 채광장의 최종 경계에 있는 고벽에서 채광이 시작된다. 때로는 채광이 주위의 오픈 캐스트 채광장비를 쫓아가면서 이루어지기 때문에 추가적인 생산이 된다. 이 경우 고벽채광은 노천채광장 내에서 발생하는 폐석을 처분하기 위한 채광작업의 능력을 지연시키지만, 이러한 지연을 최소화하기 위해서 노천 캐스트 광산의 다른 작업들과 보조를 잘 맞추어 해결할 수 있도록 해야 한다.

굴착 가능 깊이는 채광조건에 따라 다르지만 특히 탄층의 폭과 경사, 상하반의 성질, 그리고 컨베이어의 성능이 큰 영향을 미치고 메탄 등의 가스 유출이나 주요 지질구조의 존재도 큰 영향을 미칠 수 있다.

고벽채광법의 생산을 위한 작업주기는 다음과 같이 간략화할 수 있다.

① 굴착 : 오거링 장비(1, 2 또는 3개 헤드) 혹은 연속채광 시스템

② 운반

- 오거링 용 : 오거날, 컨베이어 혹은 로더, 트럭
- 연속 채광기용 : 기차에 장착되어 있는 컨베이어 장비, 컨베이어 혹은 로더, 트럭

그리고 채광을 위한 보조 작업은 전력 공급과 운반도로의 유지보수가 주된 관심사로 다소 간단하다.

8.1.3 장단점 및 적용

오거 채광에 의한 고벽채광법은 1940년대 이래로 Appalachian 노천광산에서 적용되어왔고, 일반적으로 미국의 석탄 생상량 중 약 2%가 고벽채광법에 의해 생산되었다. 연속식 고벽채광법은 1950년대에 Joy Pushbutton Miner가 개발된 이래로 계속 적용되어오고 있다. 초기에 이 장비는 기술적인 결함이 있었지만, 오늘날 연속채광기는 좀 더 생산적이고 안정화되었다. 이 연속채광기들은 Appalachian 탄전, New Mexico, 그리고 호주 지역에서 사용되고 있다(Chawick, 1993).

고벽채광법의 장단점은 아래와 같다(Blakely, 1975, Ford, Bacon, and Davis Inc. 1975; Chadwick, 1993).

장점은

- 채광비용이 낮다. 상대비용이 대략 5%로 채탄법 중 생산비용이 가장 낮다.
- 교대당 생산량이 100~2,500톤으로 생산속도는 중간 정도이다.
- 오픈 캐스트 광산과 연계작업 시에는 개갱작업이 거의 필요 없다.
- 노동력이 적게 필요하다.
- 오거링 기계장비에 대한 투자비용이 적고, 연속식 고벽채광 시스템은 장비의 구입보다 로열티를 기본으로 하는 장비 사용 계약이 가능하다.
- 지표의 지형이 보전될 수 있어 추가적인 복구비용이 들지 않는다.
- 다른 채광법에 의해 채굴될 수 없어 버려질 수 있는 석탄을 회수할 수 있다.
- 갱내 인원이 투입이 되지 않아 작업조건이 안전하고 작업환경이 양호하다.

단점으로는

- 오픈 캐스트 채광법과 연관되어 작업을 할 경우 어떤 조건에서는 적용이 매우 제한될 수 있다.
- 이 채광법은 거의 단독으로 운영되지 않는다.
- 광주를 남김으로써 석탄 회수율이 낮다(대부분의 경우 40~65%).

- 탄층 내 메탄이 발생할 경우 장비 사용에 의한 폭발 위험이 존재하지만, 방폭형 장비 등의 사용으로 완화시킬 수 있다(Volkwein and Ulery, 1993).
- 생산성은 굴착장비에만 의존해야 한다.

8.1.4 고벽채광에서의 지반 안정성

고벽채광에서는 고벽의 안정성, 탄주의 안정성, 그리고 굴착갱도 천반의 안정성이 주로 문제가 된다. 고벽의 안정성은 대부분 사면이 수직으로 존재하고 그 바닥부분에서 작업이 이루어지기 때문에 장비와 인력의 안전은 필수적인 것이다. 노천채광의 경계로서의 최종사면인 고벽에서 위험요소를 줄이기 위해서는 마지막 사면에서는 조절발파를 실시하거나 사면의 법면 및 정상부의 부석 및 전석 등의 정리 작업이 이루어져야 한다.

고벽채광에서의 불안정성은 다음과 같다.

- 갱도굴착에 따른 상부피복층의 지반침하나 주요 지질구조에 의해 사면 내 심부 암반거동에 따른 불안정
- 불완전한 발파공법이나 사면 내 불연속면들에 의한 사면파괴의 불안정
- 고벽으로부터의 다양한 크기의 낙석으로 인한 불안정

고벽채광 시스템은 장비를 보호하기 위해 지붕과 같은 안전장치가 있어서 소규모 낙석 등은 보호를 받을 수 있지만, 대규모의 낙석이나 사면붕괴 등은 피할 수는 없다. 많은 사고가 고벽의 붕괴로 일어나고 있기 때문에 고벽 사면을 지반공학적으로 잘 제어하는 것이 매우 중요하다. 또한 탄주의 안정성의 문제가 있다. 고벽채광법에서 갱도 사이의 탄주 배열, 즉 탄주 간의 간격에 따라 채탄 회수율과 경제성에 크게 영향을 미치고 또한 안정성과도 직결되는 문제이다. 지반의 상태가 나쁘면 천반 붕락이나 탄주의 항복 또는 붕괴, 층의 변형 등으로 갱도가 무너지게 되면 채광기계가 함몰될 수 있다. 이 외에도 출수, 불량한 지질, 기계 또는 전기적 고장 등에 의해 채굴기를 중도 회수하는 경우도 많이 있으며, 탄층 화재나 가스폭발 등의 문제도 종종 있다. 광주의 크기는 탄층의 변화에 따라 채광작업 동안 변할 수 있으며, 일반적으로 현장에서는 장비운영자의 판단에 의해 결정되고 있다.

광주의 크기를 결정하는 데 다음과 같은 요소들이 고려될 수 있다(Smolnikar, 1992).

- 탄층의 변화 : 탄층이 두꺼워질수록 광주의 폭을 증가시키지 않으면 광주 높이가 증가하고 갱도 유지기간이 감소한다.
- 상부피복층의 증가 : 고벽이 높아질수록 광주의 폭은 더 커져야 한다.
- 고벽 내 불연속면 : 고벽 내에 불연속면이 현저하게 나타나면 굴진 방향을 불연속면에 수직되게 방향을 바꾸도록 시도해야 한다. 만약 작업조건이 위험하다면, 그 지역을 완전히 건너뛸 수도 있다. 고벽이 아닌 탄층에 균열이 많으면 광주의 폭을 늘려야 한다.
- 연약한 바닥 : 갱도 바닥이 연약하면 광주가 바닥으로 꺼져 들어갈 수 있다. 이것은 고벽과 채굴지역에서 응력의 재분배를 일으켜, 채굴장비가 끼거나 고벽이 파괴될 수 있다. 광주의 폭을 증가시킴으로써 파괴가 일어날 때까지의 시간을 지연시켜 석탄을 안전하게 회수하도록 한다.
- 구갱도와의 조우 : 이전에 가행되었던 구갱도나 작업장과의 교차는 고벽이나 구갱도를 지지하는 광주나 지보를 유실시킬 수 있기 때문에 채굴장비가 끼거나 고벽이 파괴될 수 있다. 고벽의 붕괴가 빈번했거나 혹은 이전의 갱내 채광작업장으로부터 15m 이내에 채탄을 할 때는 주의를 기울여야 한다.

광주규격의 설계는 광산개발 동안 작업장의 안전을 확보하기 위해 이루어져야 하는 필수 요소이다. 생산을 위한 채광 후 공동이 형성되었을 때 암반 내에는 응력의 변화에 따라 변위가 발생하게 된다. 과도한 채굴에 따라 대공동이 형성될 경우에는 채굴 조건 및 심도, 상반의 강도와 같은 채굴공동 주위의 지질조건에 따라 지표침하를 발생시킬 수 있다. 광주의 안전율을 추정하기 위해서는 광주의 강도와 광주에 작용하는 하중을 알아야만 한다.

대부분의 광주 강도의 식은 다음과 같이 구해진다.

$$S_p = S_1\left[a + b\frac{w_p}{h}\right] \text{ 혹은 } S_p = S_1\left[K\frac{w_p^a}{h^b}\right] \tag{8.1}$$

여기서, S_p : 광주 강도

S_1 : 암석의 현지암반강도

w_p : 광주의 폭

h : 갱도의 높이

a와 b : 회귀 분석 상수

K : 현장조건에 따른 상수값

수년 동안 개발된 광주 강도는 주로 갱내채광의 주방식(Room and Pillar) 채광법에서의 광주를 대상으로 정방형의 광주들에 대한 강도식들이며, Overt-Duvall/Wang 식, Holland-Gaddy 식, Holland 식, Salamon-Munro 식, Bieniawski 식 등이 개발되었다(Bieniawski, 1992).

고벽채광에서의 광주는 정방형이 아니고 직사각형 형태의 광주이기 때문에, 여기서는 직사각형의 광주에 대한 강도를 구하기 위해 아래의 Mark-Bieniaswski 식을 이용한다.

$$S_p = S_1\left(0.64 + 0.54\frac{w_p}{h} - 0.18\frac{w_p^2}{l_p h}\right) \tag{8.2}$$

여기서, l_p는 w_p보다 길어야 한다.

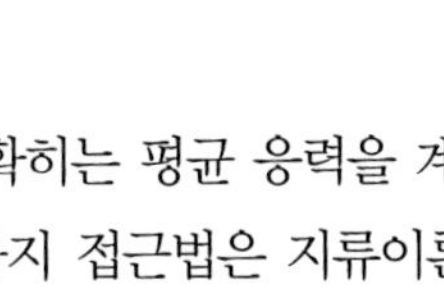

그림 8.5 직사각형의 광주규격

광주에 작용하는 하중 더 정확히는 평균 응력을 계산하기 위한 여러 가지의 접근법이 있으며 그중 중요한 2가지 접근법은 지류이론(tributary area theory)과 탄성이론(elastic deflection theory)이 있다. 광주에 작용하는 하중을 결정하기 위한 가장 간단한 방법이 지류이론에 의한 것이다. 채광작업 동안 광주 주변에 폭이 w_e 인 갱도가 있는 폭 w_p 및 길이 l_p 인 광주는 $(w_p \times l_p)$의 면적에서 하중을 견디어야 한다. 여기서 광주에 걸리는 응력 S_p는 다음과 같이 계산된다.

$$S_p = \frac{\gamma H(w_p + w_e)(l_p + w_e)}{w_p \times l_p} \tag{8.3}$$

여기서, H : 상부토피의 높이

γ : 상부토피 암반의 단위중량

8.2 고압수에 의한 사광상 채광

8.2.1 개 요

하천, 호수, 바다와 같은 물이나 바람 등의 유체 작용에 의해 광물들이 미고결 형태로 다시 퇴적이 되어 농축된 것이 사광상이다. 이러한 광상은 육지에서 쇄설물이 쌓인 충적 퇴적층, 바람에 의한 풍성 퇴적층, 파도, 조류 등에 의한 해양 퇴적층, 그리고 빙하에 의한 빙성 퇴적층과 같이 퇴적시킨 매체들로써 분류할 수 있다. 대부분의 사광상은 물에 의해 퇴적된 모래와 자갈 퇴적물이다. 추가적으로 McLean 외(1992)는 아래와 같이 8종류의 사광상 형태로 분류하고 있다.

① 잔류 사광상(residual placers) : 근본적으로 화학적 작용에 의해 그 자리에 서서 풍화된 광물암석으로 강우가 많은 열대성 기후에서 생성된다.

② 산허리 사면 혹은 붕적 사광상(hillside slope placers or colluvium) : 수원과 하천 사이의 전이지역에서 형성되고 암편이 각이 져 있고 하식 사광상보다 광물의 탈락이 적다.

③ 하성 사광상(stream or fluvial placers) : 흐르는 물에 의해 형성된 광상으로 역사적으로 가장 중요하기 때문에 다시 여러 종류로 분류되기도 한다.

④ 건식 사광상(dry or bajada placers) : 근본적으로 건조한 기후에서 큰 바람의 작용으로 형성된 광상이다.

⑤ 풍성 사광상(wind-formed or eolian placers) : 가벼운 물질을 운반하는 바람에 의해 형성된 것으로 건식 사광상이나 해변 사광상의 특징을 가지며 단독적인 경우는 드물다.

⑥ 빙퇴석 혹은 빙하성 사광상(moraine or glacio-fluvital placers) : 빙하에 의한 것

으로 하천의 작용이 없었다면 분급이 나쁘고 암편들이 각이 져 있고 광물의 탈락이 적다.

⑦ 해변 사광상(beach placers) : 해변의 파도작용에 의해 형성된 것이고, 기존 또는 현재의 하성 사광상에 작용한 경우도 있어 이것과 구분하기 힘든 경우도 있다.

⑧ 해안 사광상(offshore marine placers) : 기존의 광상에 조류의 작용에 의해 해저에 퇴적된 광상이다.

경제적으로는 하상 사광상과 해변 사광상이 가장 중요하며, 이러한 사광상들은 금, 다이아몬드, 주석, 티타늄, 텅스텐, 크롬, 자철광, 석탄, 인, 그리고 모래와 자갈들의 기원이 된다. 자원개발회사들이 관심을 가지고 있는 특별한 사광상을 수력식 채광으로 채광할 수 있는 사광상들의 특성들은 다음과 같다(Daily, 1968a).

- 고압수에 의해 분해될 수 있는 광물(혹은 기계적인 제거와 수력 운반)
- 필요 수압을 충족할 수 있는 충분한 물의 공급
- 폐석을 처분할 수 있는 충분한 공간
- 광석광물과 맥석광물에서 광물을 효율적으로 선광할 수 있는 밀도차
- 광물의 수력 운반이 가능한 자연적인 경사도(고압수 채광 시)
- 환경규제에 문제가 되지 않는 곳

사광상 채광에서 사용되는 주요한 채광방법은 수력채광과 준설이다. 일반적으로 수력채광은 노천에서 수행되는 공정으로, 그리고 준설은 물속에서 이루어지는 공정으로 이해된다.

수력채광은 다음 3가지 형태로 구분되는 작업에 의해 이루어진다.

- 수력채굴(hydraulicking) : 광상에 고압수를 분사하여 광물을 파쇄하여 슬러리화하는 과정
- 배수(sluicing) : 슬러리를 운반하는 과정
- 토출(educing) : 슬러리를 처리공정으로 도입하는 과정

수력채광에서는 광상의 하부를 굴착하기 위해 고압수를 광상에 직접분사하여 공동을 형성하여 광물을 채굴한다(그림 8.6). 광물이 물에 의해 분해되어 분리된 입자들(광물, 모래와 자갈 등)은 물과 함께 슬러리가 되어 자연적으로 형성된 수로나 금속 또는 판자 박스로 된 배수로로 흘러 들어가 운반된다.

고압수 모니터 또는 자이언트(giant)는 광상을 이루는 사면에 유체의 운동에너지를 전달할 수 있도록 설계되어 있다. 고압수 모니터는 고압수를 연속적으로 분사해주는 물 공급관이나 주관에 연결된다. 어떤 특수 광물은 슬러리화를 위해 많은 에너지가 필요하며, 이 경우에는 운송에 적절한 슬러리의 밀도를 만들기 위해 여러 형태의 수량과 수압의 조합이 이루어진다.

그림 8.6 고압수에 의한 사광상 채광

모니터 장비(그림 8.7)가 작동하는 동안 고압수의 발사에 의해 생기는 반력에 대해서 장비의 균형을 잡아주기 위해 곡선 단면의 파이프를 사용한다. 이러한 문제를 해결해주기 위한 구조를 가지는 인텔리자이언트(intelligiant, 그림 8.7)는 모니터 노즐의 제어와 장착이 용이하도록 되어 있다. 모니터 조절은 수동으로 조작하기도 하고, 자이언트를 이동 대차 위에 장착하여 사면의 가장자리를 따라 전진 및 후진을 반복할 수 있도록 프로그램화되어 있는 경우도 있다. 일반적인 모니터의 설계 제원은 표 8.1과 같다.

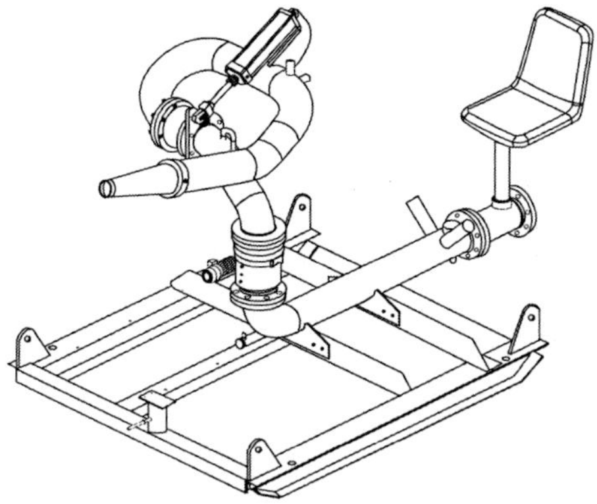

그림 8.7 스키드(skid) 위에 장착된 Stang intelligiant 모니터

표 8.1 모니터의 설계제원

노즐직경(mm)	수압(kPa)	유체사용량(l/초)	수분사의 속도(m/초)		
			모래	자갈	옥석
40~150	300~1,400	77~510	0.15	1.5	3.0

수력식 채광기술은 주로 경험에 의해 이루어지지만, 사용 에너지의 분석을 통해 시간을 절약할 수 있다. 다음과 같이 조치하여 채광막장에 에너지를 집중시킬 수 있다.

- 모니터를 가능한 막장 가까이에 위치시켜 바람과 분사손실을 줄인다.
- 느린 유속을 사용한다.
- 배수 시간을 최소화한다.
- 모니터는 작은 구경의 2개 노즐보다는 큰 구경의 1개 노즐을 사용한다.
- 작업자는 흐름을 방해할 물체나 암석층의 타격을 피한다.

굴착 에너지가 효과적으로 사용될 수 있도록 막장을 가능한 높고 경사지게 하부굴착을 하거나 일반적인 굴착을 실시한다. 슬러리 운반은 수 km를 중력만으로 운반되거나 운반이 용이하도록 일정구간에서 물이나 에너지를 공급한다. 부적당한 경사도와 적은 양의 물의 혼입에 의해 슬러리의 누설이 일어날 수 있다. 따라서 배수로의 길이는 가능한 짧은 것이 좋고 물의 추가 투입이나 저수조 형성을 최소화되도록 하는 것이 좋다. 토출은 슬러리가 운송되어 집적된 곳에서 슬러리를 처리공정으로 도입시키는 과정으로 바로 들어가기도 하고 일반적으로 펌프를 사용하고 경우에 따라서는 이덕터(eductor)를 사용하기도 한다. 이러한 장비는 취급 광물의 최대 입자크기에 좌우된다. 이 경우 일반적으로 분급기가 도입된다.

8.2.2 광상 조건 및 작업

1) 광상 조건

고압수에 의해 채광이 가능한 광상의 조건들은 다음과 같다(Daily, 1968a; Morrison과 Russell, 1973; McLean 외, 1992).

- 암석은 미고결이고, 광물은 옥석을 최소로 포함하는 자갈이나 미고결 토사 내에 부존하는 무거운 광물
- 판형, 사면 또는 제방모양의 사광상 형태
- 경사도가 2~6% 이내인 거의 편평한 광상
- 5~60m 두께의 소규모~중규모 광상
- 매우 낮은 품위의 광석도 가능
- 균일성이 상당히 좋은 광상
- 심도가 매우 얕거나 상부피복층이 거의 없는 광상
- 채광과 운반을 위해 많은 양의 물

2) 작업

고압수 채광 작업의 개갱은 충분한 물의 공급(상류측), 적당한 폐석처분 공간(하류측), 그리고 수질의 제어가 가능하지 않다면 진행될 수 없다. 부가하여 이 채광방법은 지역 관리기관의 승인을 얻어야만 한다. 고압수가 지형과 물을 심각하게 교란하게 되어 자주 법규를 위반하는 경우가 생긴다.

고압수 채광을 위한 피복층 제거는 자주 요구되지 않는다. 필요하다면 피복층 제

거는 보통 모니터를 사용하거나 다른 편리한 피복층 제거장비를 이용하여 수행된다. 또한 개갱에서는 펌프장이나 모니터를 작동시킬 수 있는 충분한 수두를 가질 수 있는 물을 저장하기 위한 저수지 확보가 필요하다. 대규경의 주관은 모니터에 연결하기 위해 저수지에 놓이게 된다. 아마 개갱에서 가장 중대한 단계가 환경보호를 위한 필요한 자원들을 제공하는 것이다. 수질의 보호와 지표면의 복구를 위한 적절한 준비는 채광이 시작되기 전에 이루어져야 한다.

굴착과 채광물의 취급작업 둘 다 수력으로 이루어지기 때문에 생산주기는 한 단계로 축소된다. 사전 파쇄나 운반이 일반적으로 필요하지 않다. 주기의 간결성과 물의 다목적 사용으로 생산성과 경비 측면에서 이 채광법의 매력성이 있다. 보조작업들도 필요하지 않으며, 가끔 복구는 생산주기 내에서 같이 혼합되어 이루어진다.

8.2.3 장단점과 적용

수력채광은 환경적인 문제 때문에 오늘날 알라스카를 제외하고는 미국에서는 거의 사용되지 않고 있지만, 다른 지역에서는 주로 금과 주석을 대상으로 여전히 사용되고 있다. 알라스카의 금광지역에서 이루어지는 수력채광에 대한 많은 사진과 정보는 Cook(1983)의 문헌을 참조하면 된다. 고압수를 이용한 채광이 때로는 광상을 노출시키기 위해 광상상부의 피복층을 제거하기 위해 사용되기도 한다(Li, 1976). 또한 미국의 플로리다의 일부 인 광산에서는 인 덩어리를 드래그라인으로 채굴하여 높은 막장벽 위에 쌓은 후에 인 덩어리를 선광장으로 운반하기 위해 고압수 모니터를 사용하여 슬러리로 만드는 데 수력채광을 사용한다(Hoppe, 1976). 또한 광물을 처리한 광미더미에서 다시 광물을 회수하기 위해 고압수를 이용하는 경우가 있다(McLean 외, 1992). 수력채광은 지하채광에서 강도가 다소 낮은 석탄을 대상으로 여러 나라에서 수력채탄이 이루어졌다. 국내에서도 1980년대 초에 대성탄광과 어룡탄광에서 시도된 적이 있다(김인기 외, 1986).

고압수에 의한 채광의 장단점들은 다음과 같다(Daily, 1968a; Morrison과 Russell, 1973; Cook, 1983).

장점은

- 교대당 1인 생산량(OMS)이 75～230m^3로 생산성이 상당히 높다.
- 채광경비가 낮다(상대적 생산가격 약 5%).
- 생산속도는 중간 정도이다.
- 장비가 간단하고 작업주기가 짧아 투자경비가 낮다.
- 채광작업의 일부는 자동화가 가능하다.
- 소수 인원으로 채광작업이 가능하다.
- 작업공정에 있어서 유연성이 높다.
- 장비가 상대적으로 가볍고, 간단하면서 견고하다.

단점은

- 예방대책을 소홀히 하는 경우 환경훼손이 심각하여 환경문제 발생할 수 있다.
- 채광 및 운반에 막대한 물이 필요하다.
- 분사된 고압수에 의해 분해될 수 있는 미고결 광상에서만 적용 가능하다.
- 굴착동작의 제어에 어려움이 있다.

8.3 준설에 의한 사광상 채광

8.3.1 개 요

준설(dredging)은 사광상을 대상으로 수중에서 채굴하는 채광활동을 말한다. 폐석 처분 시설과 선광 시설들이 통합되어 있으며 준설선에서 채광한다. 준설기는 오래 전부터 사용되어왔으며, 1565년 네덜란드에서 처음 사용되었던 것으로 알려져 있다(Macdonald, 1983). 준설작업을 위해서는 인공적으로 만들어진 물의 저수조나 자연적인 것을 사용한다. 준설기와 광상의 규모에 따라서 채광, 선광, 그리고 폐석 처분을 위해 13～125l/s의 물이 필요하다(Daily, 1968a; Macdonald, 1983). 준설채광법은 종종 얕은 심도 채광법과 심해 또는 해상 채광법으로 분류된다. 여기서는 얕은 심도 채광법만 언급하고, 심해 채광법은 생략한다.

얕은 심도 준설은 굴착방법과 채광 광물의 운반 방법에 따라 분류된다. 기계식 준설은 광물을 기계적으로 굴착하고 운반하는 것으로 디퍼(dipper), 버킷(bucket), 그리고 래더(ladder) 준설기가 포함되며, 버킷 준설기 범주에서 여러 가지의 변화가 있다. 수력식 준설기(또는 흡입 준설기)는 운반매체로 물을 사용하여 슬러리 형태로 광물이 운반되도록 설계되어 있다. 또한 Herbich(1992)는 수력 준설기를 4개의 하부 범주, 즉 호퍼(hopper), 사이드캐스팅(sidecasting), 파이프라인과 진동 준설기로 분류하였고 이와 함께 파이프라인 준설기를 4가지 형태로 분류하였다. 여러 범주의 준설기가 하천과 항만 준설에 많이 사용되고 있지만 여기서는 이 목적에 대해서는 설명하지 않는다.

채광을 목적으로 하는 광물회수를 위해 사용되는 주요한 준설기 종류에는, 버킷라인(bucket-line) 준설기, 흡입 절삭 헤드(cutter head) 준설기, 버킷 휠(bucker wheel) 준설기가 있다.

수상에 광물 선광장이 설비되어 있고 또한 연속채광이 가능한 준설기는 매우 효과적인 장비로서 광물의 채광, 처리, 그리고 광미 배출까지 하나의 시스템에서 이루어진다. 준설 채광의 공정은 시스템 상에서 장비의 한 부분이 작동하지 못할 경우 광체를 비축할 수 없는 어려움이 있다. 따라서 준설 채광장비는 다른 광산설비에 비해 다소 과잉 설비가 될 수 있지만, 막장에서부터 광미장까지 단락이 없는 시스템으로 다른 채광방법에 비해 운반 문제는 거의 없다.

버킷라인 준설기는 심도 50m까지의 사광상으로부터 금을 채광하기 위해 과거에 많이 사용되었던 기계식 준설기이다. 굴착을 위한 버킷은 버킷 래더를 따라 계속하여 회전 이동하면서 사광상에서의 광물을 굴착하고 준설기 위에 위치하는 선광장 안으로 채광광물을 퍼 올린다. 그림 8.8과 같이 버킷 래더는 대형 크레인을 이용하여 버킷들을 제어하며, 래더는 래더 권양기에 의해 상하로 움직인다. 폐석은 컨베이어를 통해 준설기 후방으로 방출된다. 버킷라인 준설기는 가장 단단한 충적층에서도 높은 굴착속도를 가진다.

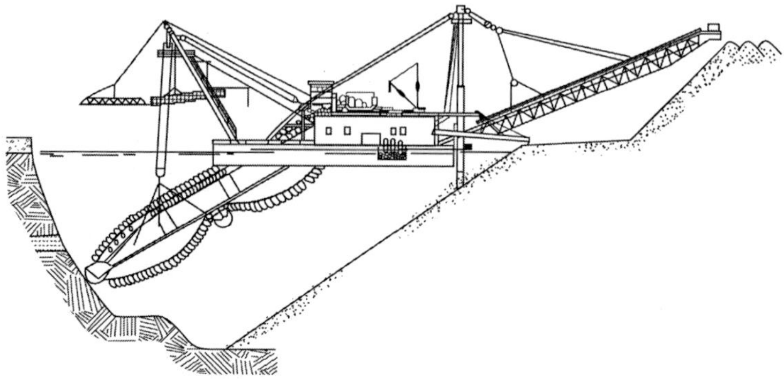

그림 8.8 전형적인 버킷라인 준설기(Brooks, 1991)

버킷라인 준설기는 헤드라인(headline) 준설기와 스퍼드(spud) 준설기 두 가지 형태로 분류되며, 외관적으로 헤드라인과 스퍼드로서 구분된다. 이것은 준설기를 후방으로 밀어내는 경향이 있는 절삭력의 반작용에 작용하는 방법에 의해 구분된다. 헤드라인 준설기는 준설기 전방에 정박되어 있는 와이어로프 헤드라인에 의해 고정된다. 스퍼드 준설기는 상하로 움직임이 가능한 수직의 말뚝(스퍼드)에 의해 고정된다. 준설기는 제방에 장착되어 있는 와이어로프와 준설선 뒤에 위치하는 한 쌍의 스퍼드에 의해 저수조 주위를 돌며 이동한다. 저수조는 준설선을 띄우기 위해 특별히 만들어진 저수지일 수도 있다. 이러한 상황에서 준설기는 후방을 채우고 앞의 제방쪽으로 전진함으로써 저수조를 점차적으로 이동시킨다. 또한 버킷-라인 준설기는 얕은 수심의 해상의 광상에서도 적용될 수 있으며, 이러한 환경에서는 다이아몬드, 주석과 금을 채굴하기 위해 사용되어왔다.

버킷라인 준설기의 크기는 버킷의 체적용량과 채굴심도로 명시된다. 생산능력은 버킷의 용량, 버킷의 분당 속도, 버킷 충전율과 예상 가동시간율에 의해 결정된다.

말레이시아 정부는 준설생산량은 다음 식으로 계산한다.

$$\text{준설 생산량} = \text{버킷 용량} \times \text{버킷 속도} \times \text{버킷 충전율} \times \text{예상 가동시간율} \times \text{가동일/월}$$

버킷 충전율은 2/3, 그리고 예상 가동시간율은 0.82를 사용하여 월간 생산량을 계산한 후 버킷라인 준설기의 굴착능력의 계산과 비교를 한다. 다른 광물들은 다른 버킷 충전율(일반적으로 대부분 75%를 사용)과 예상 가동시간율(일반적으로 80%나 월간 600시간을 사용)을 사용한다.

앞에서 언급한 흡입 준설기(suction dredge 또는 수력 준설기라 부름)는 준설선의 굴착지점으로부터 마지막 목적지까지 채광한 광체의 슬러리 운반에 의해 좌우된다. 보통 준설기에서는 선광이 이루어지지 않고, 관습적으로 육지에서 이루어진다. 그림 8.9는 흡입 절삭 헤드 준설기를 나타낸다. 채광은 굴삭 헤드로 사광상의 광체를 굴착하고, 수력으로 채광한 광물의 슬러리를 절삭 헤드에 장착된 파이프라인 안으로 흡입하여 운반시킨다. 일반적으로 굴착심도는 18m 정도까지이다(Herbich, 1992).

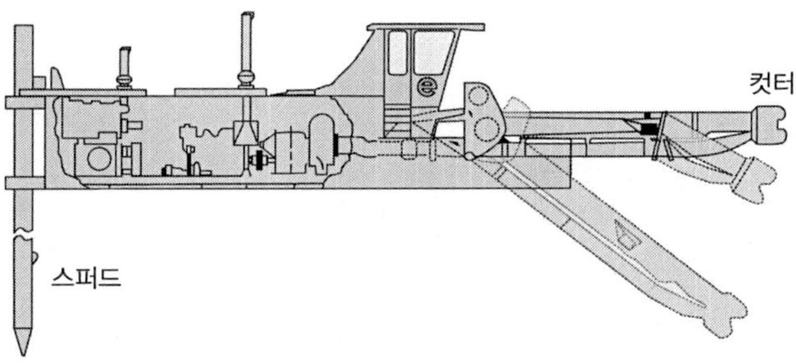

그림 8.9 일반적인 흡입 절삭 헤드 준설기 및 준설기 간략 개요도

버킷 휠 준설기는 개념에 있어서 굴삭 헤드 준설기와 유사하지만, 굴착작업을 수행하는 부분에 있어서 굴삭 헤드 대신에 수직의 버킷 휠이 사용된다(그림 8.10). 굴착심도(Bray 외, 1997)는 보통 35m 정도까지 수행된다. 수중 준설작업에 있어서 버킷 휠의 개발로 채광에서의 많은 어려운 점을 극복하게 되었고, 흡입식 준설기에서 취급되는 광체보다 더 단단한 광체도 채광할 수 있게 되었다. 높은 절삭력 때문에 작은 장비를 사용할 수 있어 어려운 채광작업조건에서도 적용할 수 있다. 굴착 버킷과 굴삭 헤드 설계에 대한 상세한 설명은 Herbich(1992)와 Bray 외(1997)의 문헌을 참조하라.

노천채광의 오픈 캐스트에서의 드래그라인과 같이 준설기는 엄청난 양의 광산물을 처리할 수 있는 거대한 장비인 경우도 있다. 버킷–라인 준설기가 가장 좋은 예이다. 버킷–라인 준설기는 대규모의 광산물을 생산할 수 있는 능력이 있고 생산성도 높지만 장비의 투자비용이 매우 높다.

그림 8.10 버킷 휠 준설기

8.3.2 광상 조건 및 작업

1) 광상 조건

준설채광법에 의해 채굴된 채광물의 종류에는 준설기를 통해 제거된 토사의 피복층, 광물이나 모래와 자갈에 대해 선광이 이루어진 강자갈, 지질적 침식에 의해 뒤에 남겨지는 선상지(alluvial fan), 그리고 유용 광물을 포함하는 바다의 해변 광상들이 포함된다. 이러한 광상들이 아주 다양할지라도, 다음 조건과 같은 많은 공통점을 갖는다(Daily, 1968a &1968b; Huston, 1970; Turner, 1996; McLean 외, 1992).

- 토사, 자갈 혹은 유사 광물의 미고결 광상
- 폐석보다 더 무거운 유용광물
- 판형, 사면 또는 제방모양의 사광상 형태
- 경사도가 2～6% 이내인 거의 편평한 광상
- 8～60m 두께의 중규모～대규모 광상
- 매우 낮은 품위의 광석도 가능
- 상당히 좋은 균질성을 갖는 광상
- 심도는 매우 얕거나 상부피복층이 거의 없는 광상
- 채광과 운반을 위해 적당한 양의 물이 필요(13～125L/초)

2) 개갱 및 채광작업

고압수에 의한 채광이든 준설에 의한 채광이든 사광상을 채광하기 위한 개갱작업은 근본적으로 같다. 둘 다 충분한 물의 공급이 절대 필수적이다. 준설을 위해 하천에 댐을 설치하거나 만약에 저수지가 충분히 높은 수준에 위치한다면 펌핑 시스템을 사용하거나 존재하는 지하수를 사용하여 저수지를 만들어야 한다. 부가적으로 적절하게 폐석을 처분할 수 있는 계획과 생산 중이나 생산 완료 후의 복구계획이 수립되어야 한다. 대부분의 경우에는 상부피복층의 제거를 최소화해야 하고, 상부피복층과 사광상이 함께 채광이 되지 않는다면 피복층 제거작업은 전통적인 방법으로 수행된다.

준설기는 연속적인 채광장비이기 때문에 파쇄는 필요 없으며, 채광광물의 채광 및 운반은 거의 간섭 없이 수행된다. 많은 굴착작업들이 기계적으로 수행될지라도 굴착에는 물이 필수적이다. 많은 경우 광물의 선광은 준설선의 선상에서 습식 중력 분급을 사용하여 수행된다. 선상에서의 사광상 광물의 선광은 발생한 폐석을 직접 준설선 뒤에 있는 저수지로 투척할 수 있기 때문에 준설기를 앞으로 전진시키면서 뒤의 저수지를 폐석으로 충전할 수 있다. 복구는 작업주기의 필수요소로서 수행되어야 한다.

8.3.3 장단점 및 적용

준설채광의 장단점들은 다음과 같다(Morrison과 Russell, 1973; Pfleider, 1973; Macdonald, 1983; McLean 외, 1992). 이러한 특성들은 얕은 심도의 준설에만 적용한다.

장점은

- 파쇄가 필요 없고 연속작업이 가능하다.
- 소수 인원(2명에서 30명)으로 채광작업이 가능하다.
- 교대당 1인 생산량이 190~300m^3로 모든 채광법 중 가장 높은 생산성을 나타낸다.
- 생산성이 높기 때문에 채광경비가 가장 낮은 채광법이다(상대적 생산가격 약 5%).
- 연간 최대 7백만 m^3의 높은 생산속도를 나타낸다.
- 회수율이 높다(90%까지 가능).

단점은

- 고압수나 기계적 굴착으로 분해될 수 있는 미고결 광상에서만 채광이 가능하다.
- 작업의 유연성이 적어 선택사항이 없고, 사광상 형태의 광상에만 적용 가능하다.
- 대형 준설기 도입을 위해서는 높은 투자 경비가 소요된다.
- 채광 및 운반에 보통 정도의 물이 필요하다(3,000~4,000L/채광된 생산물 m^3).
- 예방대책을 소홀히 하면 환경훼손이 심각해지기 때문에 환경보호에 대한 대책이 수행되어야 한다. 미국의 일부 주에서는 준설작업이 불법인 경우도 있다.

준설은 일반적으로 수로의 운반능력을 향상시키기 위해 항만과 하천 준설에도 많이 적용되고 있다(그림 8.11). 그러나 채광방법으로는 광범위하게 사용되지 않고 있다(미국의 경우 노천채광 생산량의 2% 이하). 흡입 절삭 헤드 준설기는 호주의 해사, 태국 해안의 석석(cassiterite), 아프리카 해안에서의 다이아몬드 등의 미고결체의 채광, 그리고 브라질의 다이아몬드 채광에서 세립의 미고결체를 피복하는 데 유용하게 사용되었음이 입증되었다(McLean 외, 1992). 미국에서 대형 버킷-라인 준설기가 California 주에서 대규모 선상지 광상에서 금을 채광하기 위해 사용되었고(Lewis, 1984; Wolf, 1999), 금을 채굴하기 위해 알라스카에서 준설기에 의한 채광작업이 있었다(Garnett, 1997). 버킷 휠 준설기는 남아공화국, 미국, 호주, 서부 아프리카에서 중사광물을 채광하는 데 사용되었고, 브라질, 미국, 그리고 인도네시아에서는 금과 주석의 채광에서 좋은 효과를 거두었다. 준설기에 의한 채굴은 철, 석탄, 인 광산의 상부피복층의 제거와 해변 광상형의 티타늄 광상의 채굴, 모래와 자갈 채굴, 그리고 광미의 채굴을 위해 사용되고 있다(Daily, 1968b; Macdonald, 1983; Lewis, 1984; McLean 외, 1992; Foster, 1994).

그림 8.11 하천 및 항만 준설

일부 사광상은 물을 사용하지 않고 채광하는 건식-육상 준설법에 의해 채광이 이루어지고 있다(McLean 외, 1992; Foster, 1994). 이 방법은 전통적인 노천채광 장비를 사용하며 준설하기에는 너무 작은 크기의 광상이나 준설에는 적당하지 않는 조건, 그리고 건조방법이 더 나은 광물 조건에서만 적용되고 있다. 준설채광법은 심해저 광물을 채광에서도 유용하게 사용되고 있지만 본 교재에서는 설명하지 않는다.

8.4 용해채광법

8.4.1 개 요

기존의 전통적인 채광방법으로는 경비가 더 많이 들고 점점 더 어려워짐에 따라, 용해채광(solution mining)으로 알려진 채광법으로의 전환이 증가되고 있다. 일반적으로 노천 침출기술이 용해채광으로 언급되고 있지만 실제적으로는 광산에서 수행되는 습식 야금에 의한 광물회수 작업으로서 전통적인 노천채광이나 갱내채광과 연계되어 사용되는데, 이것은 기존 광산이 광석을 제공하기 때문이다. 노천 용해채광은 전통적인 선광기술의 대안으로 수행된다. 채광에서 광물이 공급되면 유용광물을 추출하기 위해 채광된 조광을 그대로 사용하거나 혹은 파쇄를 한 후에 침출이 이루어진다. 용해채광법은 침출, 분해, 용융, 그리고 슬러리화 과정을 통해 광물을 회수하는 것으로 유체를 이용하는 노천채광방법의 하부분류로서 정의되며, 현지 침출법(in situ leaching)과 노천 침출법(surface leaching)으로 분류된다.

현지 침출법은 전통적인 갱내 채광기술에 의해 근본적으로 교란되지 않은 현장 광상으로부터 광물을 추출하는 것이다. 이와 같이 현지 침출법은 기계식 채광법의 대안인 반면에 노천 침출법은 기계식 채광법의 부가적인 작업이다. 이러한 구분의 결과로서 현지 침출법은 동과 우라늄과 같은 경암 광체뿐만 아니라 가용성 소금과 황 광상을 포함하는 여러 광종에서 폭넓은 적용이 가능하다. 한편 노천 침출법은 주로 동, 금/은, 그리고 경우에 따라서는 우라늄과 같은 경암 광체에서만 적용되어 왔다. 현지 침출법과 노천 침출법의 차이는 작업공정이 갖는 상대적인 중요도에 놓여 있다. 사실상 모든 경우에 있어서 현지 침출법은 생산의 1차적인 근본적인 생산방법이지만 노천 침출법은 1차적인 생산방법일 수도 있고 혹은 2차적 또는 보충적인 생산방법일 수 있다. 1차적인 생산방법의 좋은 예가 금 산업에서 널리 사용되고 있는 더미(heap) 침출방법이고, 보충적이거나 2차적인 침출 작업은 동 산업에서 가장 널리 사용되고 있다. 먼저 침출채광법에 고려할 사항은 광상과 침전물질 자체의 특성 파악이다. 이러한 요소들에는 광체의 위치, 광물의 부존량, 가치 광물의 부존형태와 주변 암석의 화학적 및 물리적 성질이 포함된다. 분명한 것은 톤당 적절한 회수가치와 충분한 양의 광물이 있어야 한다.

일부 용해채광법은 갱내채광에서의 사용(예를 들면, 블록 케이빙 채광작업에서 남겨진 유용광물 회수)을 위해 개발된 경우도 있지만, 용해채광법은 노천채광을 근간으로 하는 방법과 유사하다. 미국에서의 용해 채광은 1922년 처음으로 사용되었고, 초기 개발 당시에는 주로 증발 퇴적암, 황, 그리고 구리 채굴에 적용되었다. 아무튼 현재는 표 8.2와 같이 광물산업의 중요한 한 부분으로 성장하였고, 금, 은, 구리, 우라늄, 소금, 마그네슘, 황, 리듐의 1/4 이상이 용해채광법으로 생산되고 있다.

표 8.2 미국에서 용해채광법에 의해 채광되는 금속과 광물

금속 또는 광물	대략적인 생산량	용해제/방법
금	35%	NaCN
은	25%	NaCN
동	30%	H_2SO_4; $(NH_4)2CO_3$
우라늄	75%	H_2SO_4; $(NH_4)2CO_3$
염	50%	물
칼리	20%	물
트로나	20%	물
붕소	20%	HCl
마그네슘	85%	해수, 호수 소금물 처리
황	35%	고온수(용융)
리듐	100%	호수 소금물 처리

출처 : Bartlett(1998), Aplan(1999)와 Ober(2000b)

침출법에서 첫 번째로 고려해야 할 요소는 용제의 선택이다. 용제는 광체에서 유용광물을 신속하고 완전하게 용해할 수 있어야 한다. 이상적인 용제는 독성이 적고, 낮은 경비, 취급이 용이하고 재사용의 능력이 뛰어나야 하지만, 불행히도 이러한 이상적인 용제는 존재하지 않는다.

다른 여러 종류의 광상(현지 광물, 이전에 채굴된 광물, 증발 퇴적암, 그리고 호성 퇴적물)과 다양한 회수방법(물에 의한 분해, 화공품에 의한 분해, 소금을 함유하는 물의 증발, 그리고 용융) 때문에 용해채광법을 분류하기가 어렵지만 다음과 같은

분류를 고려할 수 있다.

① 보어홀 채광법(현지 침출법에 해당)
② 노천 침출법
③ 증발건조법

이 3가지의 방법 중 일부는 중복될 수 있다. 용해 채광 시스템에 대한 더 상세한 내용들은 Schlitt(1992)과 Barlett(1998)을 참조하라.

8.4.2 보어홀 채광법

대부분의 용해채광법들은 지하에 부존하는 유용광물에 도달하기 위해 시추공들을 사용한다. 이러한 채광방법을 일반적으로 보어홀 채광법(borehole mining)이라고 하며 현지 침출법의 일종이다. 생산을 위해 한 개의 공을 사용하는 단일공을 사용하는 용해채광법과 2개 이상의 공을 사용하는 다수공을 사용하는 용해채광법으로 나누어 설명한다. 시추공은 대개 광물을 채취하기 위해 대상 광상에 물이나 용제를 주입하거나 또는 용해된 광물을 생산하는 데 사용된다. 유용광물을 회수할 목적으로 용융, 침출, 분해, 그리고 슬러리화와 같은 방법들을 사용한다.

시추공으로 가능한 채광방법들은 다음과 같다.

① 황의 용융(Frasch 채굴법)
② 우라늄, 동, 금과 은의 현지 침출
③ 소금, 칼륨과 탄산소다석의 분해
④ 인, 고령토, 오일샌드, 석탄, 길소나이트와 우라늄의 슬러리화
(기술적으로 쉽지만 경제성 문제로 널리 사용되지 않음)

1) 단일공 용해채광법(Frasch 채광법)

일반적으로 단일공을 사용하고 공 그 자체가 생산 주체가 된다. 채광은 용융, 분해와 슬러리화 공정에 의해 수행된다. 이러한 단일공 채광 예가 황을 채광하기 위한 Frasch 채광법이다(그림 8.12). Frasch 채광법은 1896년에 Herman Frasch가 개발

한 채광방법으로 공 내에 주입된 고열수에 의해 용해된 황을 공기부양(airlift)을 시키는 개념으로 처음으로 사용되었다. 이 채광법에서 사용되는 단일공은 공 내에 3개의 파이프가 동심원상으로 배치된다. 가장 바깥쪽의 관에는 황을 녹이기 위해 초고열수를 광상으로 주입하기 위해 사용되며, 제일 안쪽 관은 압기를 공 바닥으로 주입하기 위해 사용된다. Frasch 채광법에서는 160℃로 가열된 초고열수가 광상으로 주입된다. 주입된 압기가 바닥에서 고열수에 의해 용해된 황을 제일 안쪽 관과 중간 관사이의 공간을 통해 위로 올리면서 운반하게 된다. 이런 흐름은 근본적으로 공기와 섞인 황과 물 사이의 밀도 차이에 의해 생긴 것이며, 이것을 공기부양 시스템이라고도 한다. 공들의 배치간격은 30~300m 정도로 한다.

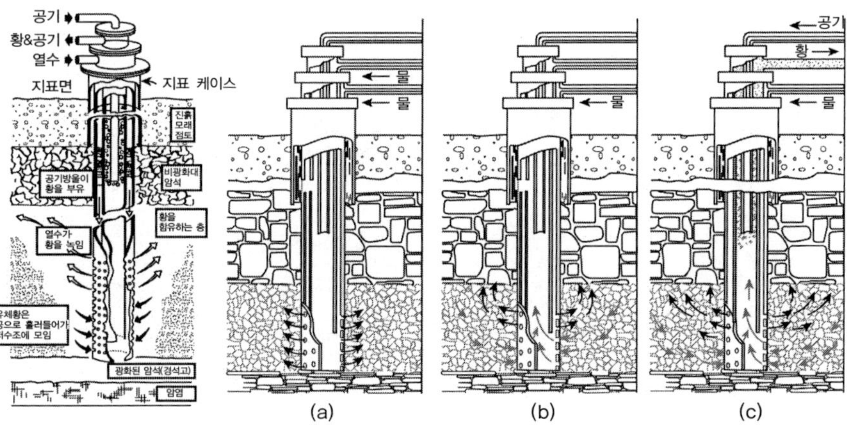

그림 8.12 황의 채굴을 위한 동심원 형태의 보어홀(Frasch 채굴법, Marsden과 Lucas, 1973)

수익성이 있는 황을 채광하기 위해서는 생산공들은

- 최소한 5% 이상의 황을 함유하는 대형 광상이어야 하고,
- 값이 싸고 용해된 고체가 없는 충분한 양의 물 공급이 가능하고,
- 물을 끓이기 위한 값싼 연료를 공급할 수 있어야 한다(Shock, 1992).

이 채굴법은 황을 채굴하기 위해 4,200에서 50,000L/톤의 많은 물과 물을 가열하기 위한 가스 20,000에서 23,000Mm^3/물 m^{3}를 사용하기 때문에 물과 연료 둘 다 충분한 공급이 필요하다.

유황광상이 시추탐사에 의해 위치와 매장량이 결정되면 물 공급지의 위치 결정과 연료공급의 설비, 그리고 처리에 필요한 부대시설에 대한 설계와 시공이 이루어진다. 전형적인 설계는 보어홀 채광 설치와 난장의 부대시설로 이루어진다(Anon, 1970).

대부분의 황 채취 광산에서 채광을 위해 필요한 시설 및 장비는 다음과 같다.

- 펌프, 파이프, 그리고 물의 공급을 위한 저수조
- 물의 공급과 가열, 공기의 압축, 그리고 전기 및 증기 생산을 위한 파워플랜트
- 천공을 위한 장비 및 생산정
- 생산정에 물과 공기를 전달하기 위한 파이프 시스템
- 생산정을 제어하기 위한 장소
- 황의 정제, 운반 및 저장을 위한 설비

2) 다수공 용해채광법

다른 광물들은 효율적인 생산을 위하여 다수공 채광법을 이용할 수 있으며, 이 채광방법에서는 광상을 통하여 유체의 흐름이 원활하도록 여러 개 공이 동시에 가동된다(그림 8.13). 이 공들의 일부는 주입용제를 광체지역으로 주입하기 위한 주입공과 나머지 다른 공들은 광물을 함유한 용액을 추출할 수 있는 회수공, 즉 생산공, 그리고 주변 환경오염 문제를 모니터링하기 위한 관측공으로 구성된다. 이것은 주로 노천채광을 수행하기에는 심도가 너무 깊고, 지하채광하기에는 품위가 너무 낮은 지하에 부존하는 우라늄이나 동 광상에서 사용된다. 현지 침출법은 채광을 위해 지표의 작업장(그림 8.14 참조)에서뿐만 아니라 지하 작업장에서도 수행된다(그림 8.15).

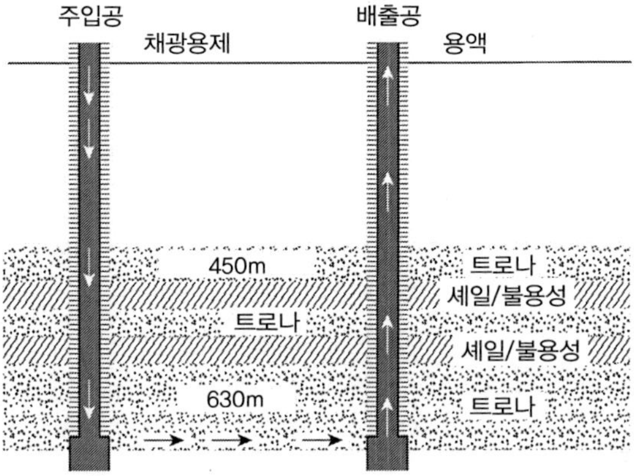

그림 8.13 트로나 채굴을 위한 여러 공의 보어홀에 의한 용해 채광(Kostick, 1982)

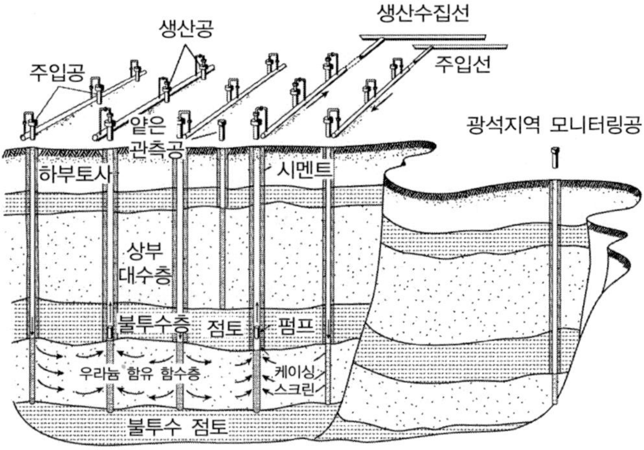

그림 8.14 제한된 수평 광체로부터 우라늄의 용해채광법을 위한 전형적인 공들의 배치를 나타내는 개요도(Bartlett, 1998)

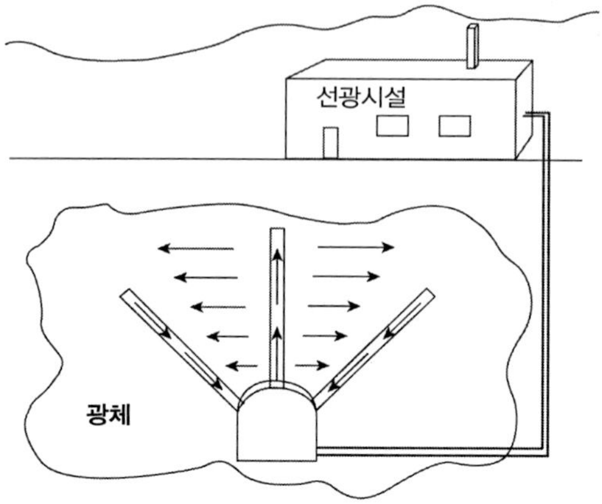

그림 8.15 지하갱내로부터의 현지침출채광

공들은 유체의 회수를 쉽게 하기 위해 기하학적 패턴으로 배열되며, 그림 8.16에 3가지 패턴이 도시되어 있다. 왼쪽 도표의 광체배열형태는 광상을 통해 적절한 흐름이 이루어질 수 있도록 광체를 따라 일렬로 배치된 주입공이 회수공들에 의해 포위되어 있는 모양이다. 5점 배열과 7점 배열 시스템에서는 각각의 주입공이 여러 개의 회수공들에 의해 둘러싸여 있다. 그림 8.14는 우라늄 용해채광 시스템에서 볼 수 있는 공배열과 우라늄 광물을 함유하는 투수층에서 일어날 수 있는 흐름을 도시한 것으로 상하부에 놓여 있는 퇴적층은 불투수층이다(Bartlett, 1998).

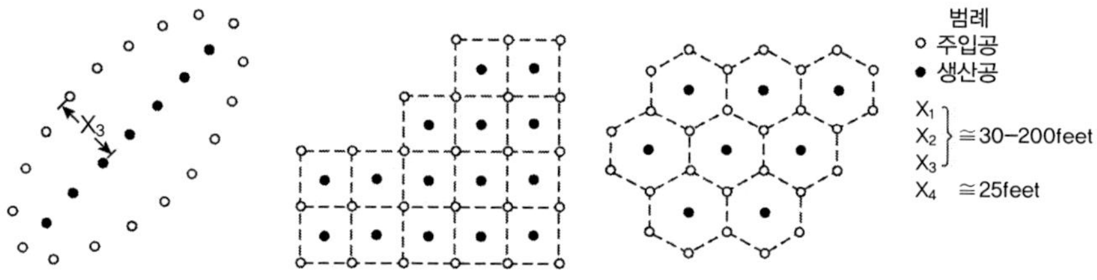

그림 8.16 주입공 및 회수공의 배열 패턴(Ahlness 외, 1992)

다수공 용해채광에서 요구되는 것은 상대적으로 투수성이 좋거나 광상을 통하여 흐름을 향상시킬 수 있게 쉽게 균열이 생기는 수평 광체, 그리고 유용광물이 화학적 분해가 쉽게 일어나는 것이다.

또한 공이 배치된 지역에서는 가끔 환경적인 문제를 일으킬 수 있는 곳에서 사용된 화학용제들이 주위의 암반으로 빠져나는 것을 확인하기 위하여 관측공들로 둘러싸는 경우가 있다. Stover(1992)는 만약 용제가 채광 대상층의 아래와 위에 위치하는 수평의 불투수층으로 흘러들어가는 것을 검출할 수 있도록 더 복잡한 관측공 시스템을 보여주고 있다(그림 8.17). 이러한 용제의 이동은 불연속면, 폐공대책이 없이 버려진 폐공, 불충분한 그라우팅 주입 또는 생산공을 통해서 이루어질 수 있다.

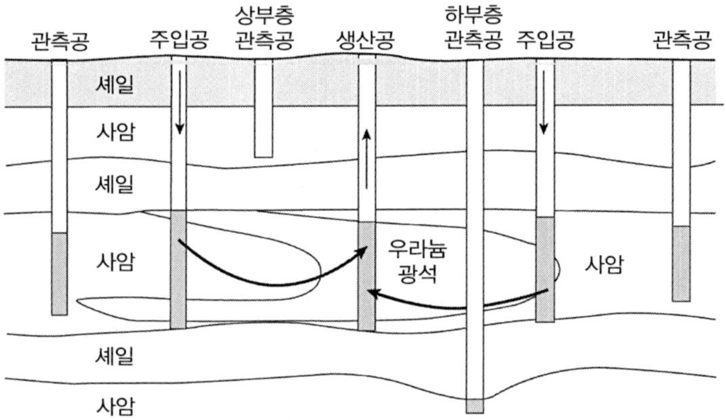

그림 8.17 채광층의 상하부에 설치된 관측공(Stover, 1989)

3) 작업 조건 및 특성

보어홀 채광법에 대한 광상의 조건, 작업방법(White, 1975; Kostick, 1982; Ahlness 외, 1992; Bartlett, 1998), 그리고 장단점(Bhappu, 1982, Hrabik, 1986; Ahlness 외, 1992; Bartlett, 1998)은 다음과 같다. 보어홀 채광법을 적용하기 전에 노천채광법, 지하채광법, 그리고 용해채광법에 대한 비교 평가가 필요하다.

(1) 광상 조건

- 모암은 불투수층이고 강해야 하고, 광물은 상당히 견고해야 하지만 높은 투수율과 공극률(물에 분해, 용융 또는 슬러리화가 되어야 함)
- 광상 형태는 상관이 없지만 대규모 판형 광상
- 광상의 경사는 문제가 되지 않지만, 편평하거나 낮은 각도
- 15m 이상 두께의 중규모에서 대규모 광상
- 중간 정도의 품위(황 5% 이상)이면 가능
- 광석이 균일하지 않아도 되지만 균일한 광상
- 중간 정도의 심도(황은 일반적으로 60에서 750m; 일반적으로 3,000m 이하)

(2) 작업주기

보어홀 채광방법은 단일공을 사용하든 여러 개의 공을 사용하든 비슷한 작업주기를 갖는다. 근본적인 차이들은 광상에 주입되는 용제의 용액, 광상에 침투시키는 방법, 그리고 유용광물을 회수하는 방법이다.

작업 주기는 다음과 같다.

- 가열하거나 적절한 용제를 첨가함으로써 용액을 준비한다.
- 용액에 의해 유용광물을 추출할 수 있도록 용액을 광상 내로 주입하기 위한 펌핑(용융, 분해 또는 슬러리화에 의해)을 실시한다.
- 광물을 함유한 용액(슬러리나 녹은 물체)을 지표로 추출하는 3단계로 이루어진다.

여러 가능성으로 인해 각각의 단계들은 상당히 변화될 수 있지만 일반적으로는 전체 공정은 위의 3단계를 따른다.

(3) 장단점

현장에서는 일반적으로 언제라도 사용이 가능한 제한된 수의 공들로 작업이 이루어지며, 새로운 공들은 생산성이 떨어져 시스템에서 제외된 기존 공들에 나란하게 설치된다. 이런 작업공정을 이용하여 현장에서는 생산량을 상대적으로 일정하게

유지한다. 광체 가격에 따라 상대적인 경비는 상당히 변할 수 있으며, 용해채광법에 대한 투자능력은 광물가격에 좌우된다.

용해채광법 중에서 보어홀 채광법은 미래에 그 중요성이 증가될 수 있을지라도, 환경적인 문제들이 이 채광법의 성장을 막을 수 있다. 따라서 이러한 환경보호 계획과 통제는 이 채광법에서는 매우 중요한 문제이다.

이 용해채광법의 장점은

- 생산성이 높다.
- 다른 채광법과 비교하여 투자 경비가 낮다.
- 평균 상대 가격이 5% 정도로 채광경비가 낮다.
- 심도가 깊고, 저품위 광상에도 적용이 가능하다.
- 준비 작업 시간과 경비가 감소된다.
- 연속적인 작업이 가능하다.
- 용해되어 산출되기 때문에 파쇄작업이 필요 없다.
- 지표에서는 설비나 장비 등에 의한 손상이 적다.

단점은

- 물에서 분해, 용융 또는 슬러리화가 가능한 광상에만 적용될 수 있다.
- 적당한 양의 물이 필요하다.
- 종종 시험에서 용해채광이 어려운 것으로 입증된다.
- Frasch 채굴법은 상당한 양의 에너지가 필요하다.
- 채굴지역을 제어하기가 어렵다.
- 회수율이 낮거나 보통이다.
- 지하수 오염의 가능성이 크다.

(4) 적용

단일공 및 다수공에 의한 용해채광법 둘 다를 사용하는 다양한 보어홀 채광법이 실행되고 있다. Frasch 채굴법은 직접적으로 황을 회수할 수 있는 유일한 방법으로, 다른 황들은 금속 제련이나 오일과 가스의 정유과정에서 생기는 부산물로서 회수되고 있다(Ober, 200b). Frasch 채굴법은 멕시코 만 주변 지역의 육상이나 해상 모두에서 사용되어왔다(Donner와 Wornat, 1973; Ackerman, 1992; Shock, 1992; Bartlett, 1998). 단일공에 의한 용해채광법은 또한 증발 퇴적암의 생산에 사용되어왔다. 이러한 적용들은 8.4.4항에서 언급될 것이다. 단일공에 의한 소금 생산에서 두 번째 결과로 만들어지는 것이 암염공동이다. 이러한 공동은 압기저장, 오일이나 가스 산물, 이산화탄소의 저장, 그리고 독성 물질을 격리를 위해서도 사용된다. 다수공 형식은 주로 우라늄과 구리를 대상으로 미국에서 적용되어왔다. 두 광물 모두 용제로서 황산이나 탄산암모늄을 사용하였다(Schlitt, 1982; Bartlet, 1998).

우라늄 채광에서는 전통적인 채광방법보다 환경적인 문제에서 다음과 많은 장점이 있다. 광산 종료 후 지표에 훨씬 적은 방사능 물질이 남게 되며, 이 채광법의 종업원은 갱내채광의 종업원보다 라돈가스에 노출이 적다. 라돈은 우라늄보다 용해가 덜 되기 때문에 현지 용해채광 동안 지하에 남아 있게 된다. 지하수도 용해채광이 전통적인 채광방법보다 덜 사용한다. 그러나 지하채광처럼 용해채광도 대수층을 오염시킬 수 있기 때문에 규제기관에 의해 모니터링을 통해 통제를 받아야 한다.

8.4.3 노천 침출채광

노천 침출채광은 제한된 범위의 광상에서나 이미 채광된 광체들로부터 유용 광물이나 혹은 금속을 화학적으로 채광하는 것이다(Schlitt, 1982). 18세기 중엽에 이루어진 첫 번째 대규모 작업에 대한 보고가 있었고 개념은 상당한 시간이 걸려서 이루어졌다.

공정은 근본적으로 화학적인 공정이지만 또한 세균생물학적 공정일 수도 있다(어떤 박테리아는 황하광물 침출에서 반응을 촉진하는 촉매제로 작용). 만약에 채광이 사광상의 광물을 대상으로 수행된다면, 그것을 현지 침출채광법이라 한다. 이 현지 침출채광법은 보어홀을 이용하거나 또는 사광상에서 파쇄된 광석에 적용하는 채광법(다음 문장에서 언급)에 의해 수행될 수 있다(8.4.1항에서 언급). 이전에 처분된 폐석 덤핑장, 광미 혹은 슬래그 더미에서 채광이 수행된다면, 이것을 더미 침출법(heap leaching)이라 한다. 이 침출법은 파쇄된 광석더미나 폐석더미를 통하여 용제를 여과시킴으로써 채광을 수행한다.

황산을 사용하여 용액 내로 구리이온을 추출하는 더미 침출법은 폐석더미로부터 추가적인 동을 침출시키는 초기의 침출법으로부터 진화된 침출법이다. 이 침출법은 주 채광 공정이 완료된 후에 보조 채광법으로서 가끔 사용된다. 이 침출 채광법은 지난 몇 십 년 동안 금과 은의 회수에서 사용이 증가되어왔고, 또한 우라늄과 동에서도 사용되고 있다. 이러한 광물에 대한 적절한 용제들은 표 8.2에 표시되어 있다.

더미 침출법은 노천채광작업과 거의 예외 없이 관계된다. 따라서 광산계획과 천공과 발파가 침출작업에 의해 영향을 받을 수 있는 분야이다. 광산계획에서 침출작업을 위해 광체를 공급해야 하기 때문에 채광된 광석을 더 세밀하게 분리해야 하는 복잡한 문제가 생긴다. 기존에는 선광을 위한 광석과 폐석의 두 범주로 분리가 되었지만, 침출을 위해서는 선광용 광석, 침출용 광석, 그리고 폐석으로 분리해야 하므로 운반 및 처리를 위한 시설들이 추가적으로 계획되어야 한다. 그리고 천공과 발파에 있어서는 특히 채광–침출 작업에서 조광을 그대로 사용할 경우에는 침출에 사용될 수 있는 크기의 조광을 생산하기 위한 천공과 발파작업이 이루어져야 한다.

광석더미(heap)에서 금과 은을 침출하는 가장 흔한 방법으로 사용 용제를 제어하기 위해 아스팔트, 불투수 토사층 혹은 지오멤브레인을 사용하여 설계한다. 광석더미는 용해공정을 쉽게 하기 위해 여러 방법으로 설계된다. 그림 8.18은 일반적인 더미 침출법의 작업공정을 나타내는 개략도이다. 광석을 채광하여 파쇄하고 일정한 높이로 파쇄된 광석을 더미로 쌓은 후 일정시간 동안에 용제를 투입하여 침출시킨다. 성공적인 침출작업을 위해서는 용제를 확실하게 유지할 수 있는 패드의 설계와 시스템에서 물의 균형을 유지시킬 수 있는 계획이 필요하다. 자세한 더미 침출법에 대한 자세한 설명은 Hutchinson과 Ellison(1992), 그리고 Bartlett(1998)의 문헌을 참조하라.

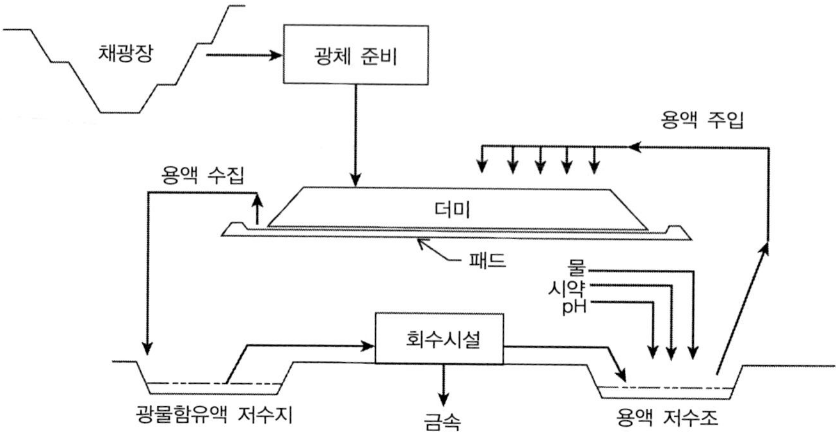

그림 8.18 채광된 광석에서 광물을 회수하기 위한 더미 침출법의 작업개략도(Hutchinson and Ellison, 1992)

더미 쌓기는 더미의 투수율을 유지하기 위한 적당한 대책이 필요하고, 트럭, 로더 혹은 켄베이어 스태커를 사용하여 이루어진다. 설계에 따라서 더미가 여러 개의 층으로 설계된다면 더미의 두께는 3m에서부터 100m 정도까지 쌓을 수 있다. 용제가 전체적으로 고르게 살포될 수 있도록 스프링 쿨러 혹은 물방울 분사기로 더미의 표면에 용액을 분사한다. 일반적으로 용액은 0.002에서 0.005L/s/m^{2}의 속도로 주입된다.

침출작업에서 사용 용액의 제어가 환경문제 해결을 위해 중요하다. 더미는 주위에 있는 암석에 노출되지 않게 하고 시스템 내에서는 용액을 계속하여 순환될 수 있도록 패드 위에 설치해야 한다. 아스팔트 패드나 지오멤브레인 라이너(geomembrane liner)로 만들어진 패드가 주로 사용된다. 그림 8.19는 침출법에서 사용되는 여러 형태의 라이너 시스템을 나타내고 있다. 이들 중 지오멤브레인은 고밀도 폴리에틸렌, 폴리비닐 클로라이드, 그리고 저밀도 폴리에틸렌으로 만들어진다(Hutchinson과 Ellison, 1992; Bartlett, 1998). 라이너 중 배수층은 누수를 탐지하기 위해 사용된다. 더미 침출법 설계 시 고려할 중요한 사항은 강수 또는 증발에 의해 시스템 내에서 용제의 양이 변화되는 것이다. 연속적으로 가동되는 생산 시스템에서는 여분의 물을 저수하고 취급하는 것이 필요하다.

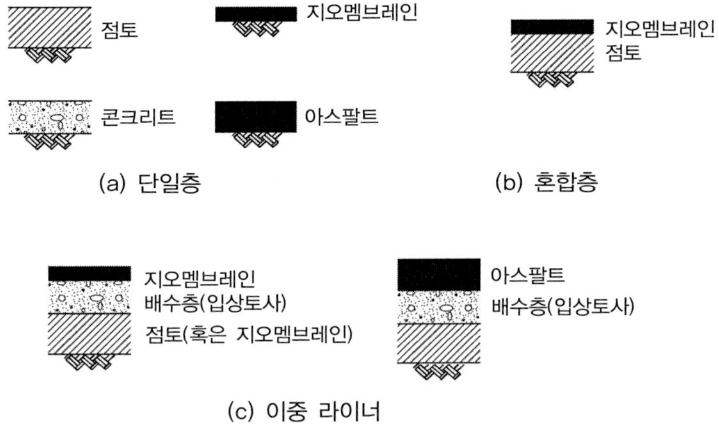

그림 8.19 더미 침출법에서 사용되는 라이너 시스템

현장에서 바로 침출법을 사용하는 현지 침출법은 더미 침출법과 같은 방법으로 유용광물을 추출한다. 이 경우 광체는 다른 방법으로 침출시키기 위해 준비한다. 현지에서 여과침출은 다음과 같은 것들을 대상으로 침출작업이 이루어진다(Bartlett, 1998; Bhappu, 1982)

- 지하 붕락식 채광장 주변에 남아 있는 광석
- 갱도를 이용하여 광체를 파쇄한 후 지표부근 광상
- 노천채광장의 고벽부분을 발파시킨 후 발생한 광석

용제로 사용되는 화공품들이 확실하게 환경재해를 일으키지 않게 하기 위해서는 침출 후에 많은 개선된 공정들이 사용되고 있다(Mudder와 Miller, 1998). 침출에 사용한 반응성이 있는 화공품들 중에 산인 경우에는 중화시킬 수 있다. 청산가리의 경우는 박테리아에 의해 파괴될 수 있다. 생물학적 개선은 환경문제를 극복하기 위해서 박테리아나 자연적으로 생기는 다른 물질들을 사용하는 것이다(Bartlett, 1998). 환경보호를 위한 생물학적 시스템을 사용하는 문제는 항구적이며, 앞으로 성장할 수 있는 연구 분야이다.

1) 광상 조건

지표의 더미 침출을 위한 조건은 어느 정도 명백하다. 따라서 아래의 조건들은 주로 현지 침출작업에 적용한다(Schlitt, 1982; Bartlett, 1998).

- 주변 암석은 연약해도 좋으나 유체를 통과시키지 않아야 하고, 광물은 투수성이 있거나 파쇄된 광체
- 괴상 또는 대형의 맥상 광상
- 광맥인 경우는 급경사가 좋음
- 광상의 크기는 상관이 없지만, 대규모의 광상이 좋음
- 매우 낮은 품위의 광석도 가능
- 광석은 균일하지 않아도 되나 광석에 침출용액이 접근할 수 있어야 함
- 심도는 침출방법에 좌우되지만 일반적으로 300m 이하
- 기타 많은 양의 물이 필요

2) 작업

침출법에 대한 채광준비 단계는 노천과 현지 침출법 모두 동일하다. 여기서 설명되는 사항들은 노천에서 더미 침출법의 단계를 나타낸다(Hutchinson과 Ellison, 1992; Bartlett, 1998).

① 침출 패드가 놓일 자리에 식생을 제거하고 부지를 정리한다.
② 패드에서 배수가 쉽게 이루어지도록 5% 정도 경사지게 설치한다.
③ 불투수 패드와 적절한 패드 범(berm)을 만들어 침출용액을 제어할 수 있게 한다.
④ 필요하면 광물을 함유한 용액과 광물을 함유하지 않은 용액을 저장할 저수조를 따로 만든다.
⑤ 채광, 파쇄, 그리고 침출된 광석물질로부터 분말을 제거한다.
⑥ 트럭, 로더 또는 적재 컨베이어를 사용하여 3m 이상의 리프트에서 대상 광석을 패드위에 골고루 뿌린다.
⑦ 용제 살수 시스템을 설치하고 침출을 시작한다.

작업 단계 4~7까지는 더미 침출법뿐만 아니라 현지 침출법에서도 적용한다.

대부분의 침출채광에서의 작업주기는 비슷하며, 일반적으로 다음과 같다.

① 어떤 방법 또는 어느 곳이든 침출을 위한 재료들의 준비가 우선이다.
② 준비된 광석에 용제를 투입한다.
③ 작업 대상 광석을 통과한 용제를 여과한다.
④ 광물을 함유한 용액을 채취한다.
⑤ 선광을 수행하여 광물을 회수하고 재사용을 위해 용제를 재처리한다.

3) 장단점 및 적용

유용 광물회수에서 침출법을 적용하는 사례가 증가되고 있다. 그러나 침출법의 선택에서는 경제성 문제도 중요하지만 항상 환경적인 문제를 고려해야 한다. 이 침출법의 적용에 대한 사례들은 앞에서 언급된 문헌들에 많은 예들을 참고하면 된다. 이 채광법의 장단점은 다음과 같다(Schlitt, 1992; Marcus, 1997; Bartlett, 1998).

장점은

- 평균 상대 가격이 5% 정도로 채광경비가 낮다.
- 많은 노동력이 필요하지 않는다.
- 품위가 낮은 광상에서도 적용할 수 있다.
- 작업준비 시간이 적고 채광경비가 감소된다.
- 주 채광작업인 다른 노천채광의 보조채광작업으로 가능하다.
- 작업환경이 양호하고 작업이 안전하다.

단점은

- 화학적으로 침출이 가능하고 용해가 쉬운 광물에만 적용할 수 있다.
- 적당 양의 물이 필요하고, 물 공급을 조절하기 위한 적절한 설계가 필요하다.
- 침출작업에 사용될 광석더미를 적재 및 보관하기 위한 대규모 부지가 필요하다.
- 선택이 제한적이고, 경우에 따라서 회수율이 낮을 수도 있다.
- 환경오염의 가능성이 크고, 특히 지하수 오염문제가 발생할 수 있다.

8.4.4 증발 퇴적암 채광

증발 퇴적암은 주로 폐쇄된 분지 내에서 증발에 의해 염분용액으로부터 생산된 광물로 구성되며, 이 범주의 광물들은 암염, 칼륨과 탄산소다석이 포함된다. 증발퇴적암의 채굴을 위해서는 보통 내륙에 있는 바다의 염수 내에 광물이 있거나 다른 채광법을 이용하여 용액 내로 광물이 주입되도록 하는 것이 필요하다. 이러한 광물들은 일반적인 채광방법이나 증발건조법으로 채취될 수 있다. 증발건조법에 의한 유용광물의 회수는 염전의 염수로부터 물을 증발시켜 채광을 수행된다. 또한 지하에 부존하는 증발퇴적암의 광상을 개발하기 위해서는 단독공이나 다수공의 보어홀을 이용하여 채취한다. 여기서는 후자에 대해 여기서 언급하지 않기 때문에 Richner(1992)의 문헌을 참조하라.

앞에서 언급된 증발퇴적암에 부가하여 리듐, 마그네슘과 붕산염들은 주로 유사한 염분 자원으로부터 채취되고 있다. 증발건조법에 의한 광물채취 작업 시스템은 일반적으로 태양에너지를 사용하기 때문에 전형적으로 따뜻하고 건조한 기후와 고도가 다소 높은 육지가 이러한 증발건조에 의한 채광에 적합하다. Barlett(1998)는 주어진 양의 용액으로부터 충분한 증발을 수행하기 위해서 필요한 계산에 대해 설명하였다. 이러한 유형의 광물채광에서 고려해야 할 중요한 요소들은 증발을 위해 필요한 조건, 처리되어야 할 용액의 양, 그리고 채광지역에서 예상되는 강수량 등이 있다.

1) 광상조건

이 채광법에서 요구되는 광상의 조건들은 다른 채광법에서 요구되는 광상의 조건과는 다르다.

- 광석은 염으로 변화될 소금물이나 증발퇴적암이 사용된다.
- 암석의 강도는 현지에서 염들을 채굴할 수 있다면 보통암이나 경암 정도가 좋다.
- 광상의 형태는 대규모의 지하 증발 퇴적암이거나 염수 내에 광물을 함양하고 있어야 한다.

- 광상의 경사는 중요하지 않다.
- 광석의 품위는 가변적이며, 균일성 또한 가변적이다.
- 광상의 심도는 가변적이지만, 자연적으로 존재하는 지표의 염수가 좋다.

2) 채광작업

호수 염수의 선광은 용액에서 광물을 추출하는 공정을 사용함으로써 단순화시킨다. 다음에서 설명되는 채광준비순서는 호수의 염수에 대한 작업으로 일반적인 채광준비 단계는 다음과 같다(Richner, 1992; Bartlett, 1988).

① 거의 평편하고 규모가 큰 지역에서 생산을 위한 부지를 결정한다.
② 지오멤브레인이나 다른 밀폐층을 설치하기 전에 모래나 점토 같은 세립질 재료로 바닥에 층을 쌓는다.
③ 밀폐층의 상태를 점검한다.
④ 저수조로 용액을 주입한다.

이러한 형태의 채광의 작업주기는 다른 채광방법에 비해 상대적으로 간단하며, 작업공정의 일반적인 단계는 다음과 같다.

① 순 증발속도와 유입속도가 일치되도록 염수용액을 저수조로 양수한다.
② 물의 증발을 위해 태양 에너지를 집중시켜서 광물의 결정화를 유도한다.
③ 결정화된 광물의 층이 채취할 정도로 충분히 준비가 되었을 때 남아 있는 모든 물을 증발시킨다.
④ 광물을 채취한 후에 통상적으로 저수조의 라이닝을 보호하기 위해 소금층을 남겨 놓는다.
⑤ 저수조 안으로 염수를 재주입시킨다.

3) 장단점과 적용

암염, 칼리, 그리고 트로나와 같은 일반적인 염을 채취하기 위한 채광은 노천 침출법 또는 증발 건조법을 사용하여 수행된다. 리튬과 붕소 화합물은 호수 염수로부터 회수되고, 마그네슘은 호수 염수, 우물 염수, 그리고 해수로부터 회수된다. 이 채광법의 장단점은 다음과 같다.

장점은

- 채광경비가 적게 들며, 특히 호수의 염수를 사용할 때는 채광경비가 낮다.
- 인건비가 적게 소요된다.
- 태양 에너지를 사용하기 때문에 에너지에 대한 경비가 필요 없다.
- 채광 준비 시간이 적게 들고 작업준비를 위한 경비도 감소된다.
- 상대적으로 광물을 찾기가 쉽고, 가끔은 자연적으로 농축된 것의 채취도 가능하다.
- 회수율이 높다.
- 작업자의 작업환경이 양호하고 작업이 안전하다.

단점은

- 광물회수를 위한 넓은 규모의 부지가 필요하다.
- 특별한 채광법이기 때문에 주로 염수에만 적용될 수 있다.
- 적당 양의 물이 필요하다.
- 환경에 영향을 미칠 가능성이 있다.

8.5 채 석

채석(quarry mining)은 일반적으로 규격석(dimensional stone)이나 골재 채취에 사용되는 용어이지만 일반적으로 규격석을 생산하는 작업을 채석이라고 한다(Hartman, 1987). 채석은 일반적으로 건축자재로 사용되는 석재를 생산하기 위해 어느 정도의 크기를 갖는 육면체의 암석 블록을 교란 없이 생산하는 작업이다. 채석작업은 노천채굴법과 유사하지만 벤치 높이가 더 낮고 벤치의 경사각은 일반적으로 수직의 형태로 이루어진다(그림 8.20). 채석장의 채석 한계지역은 높은 벽을 형성하기 때문에 어떤 채석장들은 그 수직 높이가 300m 정도가 되기도 한다. 채석(quarry)이라는 용어는 골재와 석재를 생산하기 위해 작업 중인 노천광산을 의미하기도 하지만 여기에서의 채석은 결함이 없는 석재 블록을 생산하기 위해 적용되는 채석방법을 나타낸다. 석재는 채석(quarrying)이라고 부르는 채광방법에 의해 채석장(quarry)에서 채굴되는 것이다.

그림 8.20 석재(대리석) 채석장

석재는 내·외장을 위한 판재와 같은 건축자재, 석재 기념물, 지붕 덮개용, 그리고 그 외의 여러 용도로 사용된다. 그러나 현재의 석재산업은 인조석 등의 개발과 채석에 따른 환경문제 등으로 그 중요성이 줄어들고 있다. 석재로 많이 사용되는 암석은 화강암, 대리석, 석회석, 사암, 점판암과 현무암 등이 있다. 석재의 총생산량은 1998년에 1,080,000tons으로 15년 동안 약 30%나 떨어졌다(Antonides, 1999). 채석작업은 암반의 결함에 따라 매우 선택적으로 이루어진다. 규모가 적고 생산성이 낮은 채광방법이기 때문에 채석은 가장 비용이 많이 드는 채광방식으로 채석은 오늘날 사용되고 있는 노천채광방법 중 가장 비용이 많이 드는 방식이다. 따라서 채광비가 많이 드는 채광법을 사용하는 경우는 다른 채광방법으로 채광할 수 없을 상황에서만 적용할 수 있다는 것을 의미한다.

8.5.1 채석기술

채석기술은 전체적으로 그림 8.21과 같이 분류되며 이 기술들은 과거부터 사용되어왔거나 최근 10~20년 동안 개발된 것도 있다(Tatiya, 2005). 전체적으로 석재기술은 천공, 와이어 커터, 쏘, 고압수, 열로 절단하는 기술들로 대별된다. 이 항에서는 채석에서 사용되는 대표적인 기술에 대해 간략하게 언급한다.

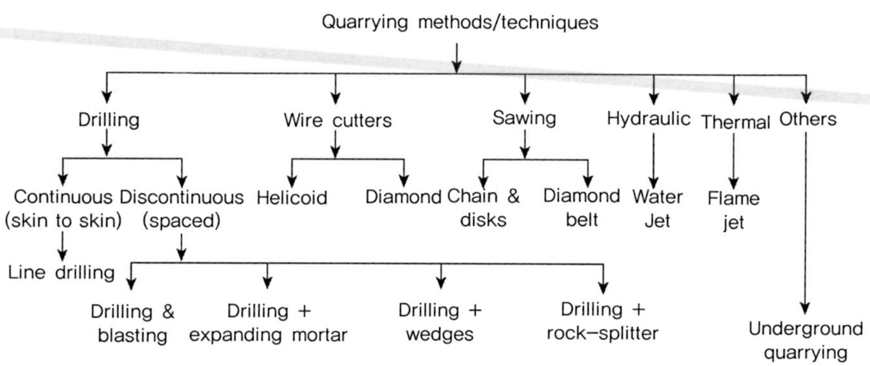

그림 8.21 채석기술의 분류(Tatiya, 2005)

1) 천공기술

(1) 연속천공(line drilling)

천공 시 공간 사이에 간격이 없이 공과 공을 연결시켜 천공하는 천공기술로 80년대 중반 이태리 Carrara에서 시도되었다(그림 8.22). 이 기술을 석재 블록을 모암으로부터 분리하기 위한 것으로 채광단가가 높다. 따라서 어떤 기술적인 제한이나 천공 발파와 같은 다른 방법을 사용할 수 없는 곳에서 사용된다.

(a) 연속천공기

(b) 연속으로 천공된 공

그림 8.22 천공을 이용한 채석기술

(2) 불연속(간격) 천공작업

모암으로부터 석재 블록을 분리하기 위한 방법으로 천공기술을 사용한다. 이것은 아주 오래된 기술로 수직 및 수평공들이 서로 근접되게 천공되며 경우에 따라서는 약간 경사되게 천공이 이루어진다. 천공 후에는 쐐기(wedge)를 이용하여 두 개의 암반을 분리한다(그림 8.23a). 천공과 유압식 쐐기(hydraulic wedging)를 사용하는 기술은 앞의 기술을 기계화한 것으로 각공에 쐐기대신 유압 실린더를 삽입하여 암반을 쪼개는 기술이다(그림 8.23b). 노동력이 절감되고 생산성이 다소 높아지기 때문에 채광경비가 감소된다.

(a) 쐐기에 의한 암반파쇄

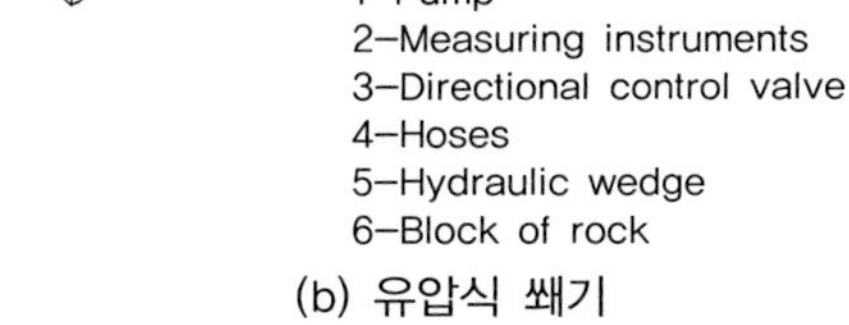

(b) 유압식 쐐기

그림 8.23 천공과 유압식 쐐기(hydraulic wedging)을 이용한 채석기술

2) 천공 및 발파에 의한 채석

채석작업장에서 많이 사용되는 기술 중의 하나이며, 특히 화강암 채석에서 많이 사용된다. 이 기술은 프리스플리팅(pre-splitting)으로 알려져 있으며, 간격이 조밀하게 천동된 공과 플라스틱 파이프 카트리지 화약을 사용하여 제어발파를 실시한다. 핀란드 OY Forcit에서 직경이 27～32mm인 공에 사용할 수 있는 플라스틱 파이프 카트리지 화약을 개발하였다. 장약밀도는 암반 $1m^3$당 60～150g의 화약이 사용된다. 이것은 방수 카트리지를 사용하여 연결 시 자동적으로 중앙에 놓일 수 있도록 설계되어 있고, 또한 장약이 쉽고 빠르게 이루어질 수 있도록 되어 있다. 그리고 수직공과 수평공을 동시에 발파함으로써 파쇄된 암반블록은 막장으로부터 약 150mm 정도 떨어져 나가게 된다. 이 채석 기술은 국내에서는 동시발파라고 하며 도폭선을 사용하고 물로써 전색을 하여 화강암을 채석하는 데 사용한다(선우춘 외, 1995).

3) 와이어 절삭(wire cutter) – 나선형 및 다이아몬드 와이어

나선형 와이어를 이용하는 기술은 이태리, 스페인, 미국, 프랑스 등 여러 나라의 대리석 채석장에서 사용되었다(그림 8.24a). 절삭작용은 막장에서 암반으로 물과 함께 연속적으로 공급되는 석영사의 마찰작용에 의해 이루어진다. 이 채석기술은 1980년대 이후로 새로운 기술인 다이아몬드 와이어(그림 8.24b)를 사용하는 채석으로 거의 대체되었고, 대리석뿐만 아니라 화강암의 채석에도 사용된다. 일반적으로 다이아몬드 와이어는 폐쇄형 루프로 되어 있으며 절삭할 암반블럭 주위를 회전하면서 암반을 절삭하고(그림 8.25), 절삭속도는 암종의 영향을 받는다. 절삭작업 동안 구동부는 작업장 바닥에 설치된 레일을 따라 후진하면서 와이어에 일정한 장력을 유지하도록 해준다(그림 8.25).

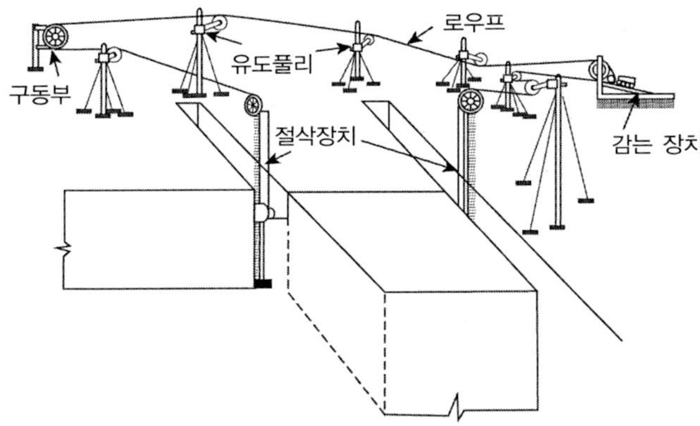

(a) 나선형 와이어

(b) 다이아몬드 와이어

그림 8.24 와이어 절삭에 의한 채석기술

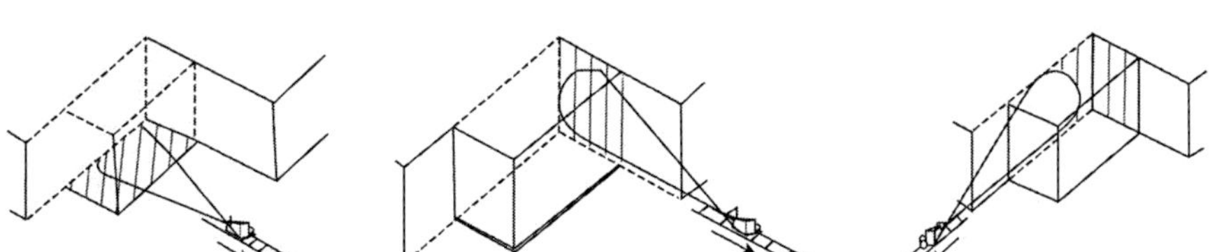

그림 8.25 다이아몬드 와이어에 의한 절삭(블록 주변으로 수평 및 수직면 절삭)

4) 다이아몬드 벨트 쏘(Diamond belt saw)

다이아몬드 벨트 쏘(그림 8.26a)는 1985년 미국의 일부 채석장에서 사용하기 시작하였다. 장비의 개념과 구조는 체인 쏘(그림 8.26b)와 유사하다. 체인 대신에 벨트를 장착한 아암(arm)이 장착되어 있다. 다이아몬드와 접착제는 절삭할 대상 암석에 따라 선택된다. 절삭도구는 전체 벨트가 교체될 때까지 연마작업이 필요 없다. 아암 상의 벨트는 압축공기 외에는 냉각이나 윤할이 필요 없다. 장비에서 윤활제를 제거시킴으로써 환경친화적인 장비가 되었다. 장비는 수직 절삭용, 수직 및 수평 양방향 절삭용, 갱내 채석용의 3가지 종류가 있다.

(a) 다이아몬드 벨트 쏘

(b) 체인 쏘

그림 8.26 다이아몬드 벨트 쏘 및 체인 쏘에 의한 절삭

5) 초고압수에 의한 채석

이 기술은 350MPa까지의 초고압수를 이용하여 암반을 절삭하는 기술이다. 예상 절삭선을 따라 제트를 장착한 분사로드가 앞뒤로 왕복 이동함으로써 암석을 절단한다. 채석을 위해서는 분사로드 자체가 절삭 홈을 뚫고 들어가야 하는 장치도 필요하다. 일부 장비는 제트의 운영이 완전히 자동으로 가동되며, 문제 발생 시에는 자동으로 작동이 정지될 수 있도록 되어 있다. 이 장비는 2.5m에서 3.6m 심도까지 절삭이 가능하며 분사로드를 연장할 경우 8m까지 절단이 가능하다. 절단면은 다소 거칠지만 매우 정밀하여 화강암 블록의 채석에서는 회수율을 증가시킬 수 있다. 이 기술은 제트 버너(jet burner)나 연속 천공에 의한 채석에 비해서는 경쟁력

이 있지만 여전히 초기 기술 단계에 있다. 이 기술은 미래에 갱내에서 화강암을 채석할 때 다이아몬드 와이어 기술과 동시에 사용될 때 상당히 중요한 기술이 될 것이다. 이 기술은 대리석에는 적당하지 않은 기술이다. 이 기술은 채석보다는 석재 가공에서 적용될 수 있으며 CAM/CAD와 연계될 경우 곡면과 같은 정밀 가공에 있어서 장점을 보인다.

6) 열에 의한 절단

광산에서 열에 의한 암석팽창을 이용한 채굴작업의 역사는 매우 오래다. 그러나 최근 형태의 제트 버너로 화강암에서 대규모 블록을 채취할 목적으로 수직 홈을 형성하기 위해 사용되기 시작한 것은 1955년부터이다(그림 8.27). 암석파쇄에 사용되는 열장비의 효율은 암석의 박리성(spallability)과 깊은 관계가 있으며, 이 박리성은 암석결정들의 서로 다른 열팽창성 때문에 열응력에 의해 암석이 약화되는 정도를 말한다(Rolseth and Kohler, 1969).

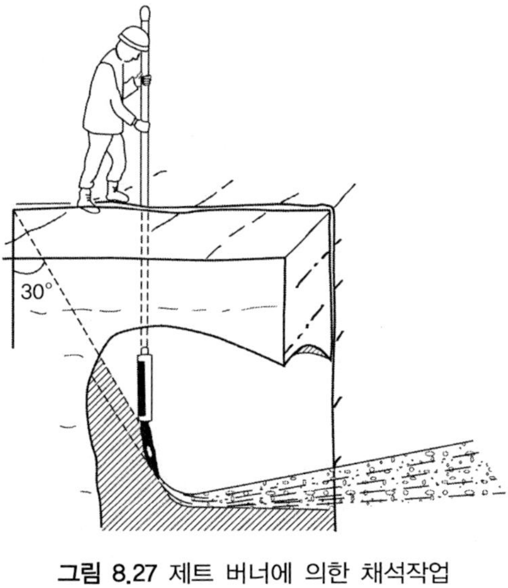

그림 8.27 제트 버너에 의한 채석작업

제트 버너는 항공기 로켓의 제트 원리를 이용하여 고안된 것으로 노즐을 통하여 분사되는 연료에 고압의 압기를 혼합하여 여기서 발생하는 열에너지를 버너로 분사한다. 분사에 의한 추진력과 함께 열충격 에너지로 변환시켜 암석의 표면을 가열함으로써 암석을 절삭하는 것이다. 버너에 의한 절단면 형성에서 중요한 것은 분리되어 나온 암분을 계속적으로 제거시켜 항상 신선한 면을 노출시키기 위해 제트의 속도와 충격성능을 유지시키는 것이다. 제트 버너의 화구에서 분사되는 화염의 속도는 음속의 5배 정도이며 온도는 1,500～2,000℃이다. 제트 버너에 의한 절삭 폭은 화강암에서 약 10cm 정도이며 제트 버너가 한 번 통과 시마다 약 6mm 정도의 깊이가 절삭된다.

제트 버너 형태에는 초기 형은 물의 유입으로 내부에서 발생하는 열을 냉각시키는 수랭식과 연료를 순환시켜 내부를 냉각시키는 연료순환 방식이 있다. 이 두 형은 일반적으로 경유를 연료로 사용하며 7bar의 압축공기를 사용하여 1일 10시간 작업 시 약 $4m^2$ 정도의 절삭능력을 갖고 있다. 압기로 냉각시키는 공랭식은 1일 유류소비량이 700L 정도이며 절단능력은 약 $12.6m^2$이다. 일반적으로 화강암에서의 절삭능력은 암석에 따라 다르나 시간당 약 1～$1.5m^2$가 된다. 제트 버너 작업자는 수직에서 약 30도의 각도로 절단면을 유지하면서 절단된 암석의 파편이 떨어져 나가는 방향으로 향해 절단작업을 실시한다. 이 장비의 장점은 생산비가 높음에도 불구하고 경우에 따라서는 원석을 채취할 수 있는 유일한 방법일 수 있다는 것이다. 단점은 균열이 발달한 암석일 경우에는 비효과적이며 방출되는 열에 의해 원석이 팽창되기 때문에 주변암석에 균열을 야기시킬 수 있다. 또한 공해와 관련된 소음과 분진의 발생이 문제가 된다.

8.5.2 개갱 및 채석작업

암석의 부존광상이 상업적으로 가치 있는 석재가 되기 위해서는 주로 암석의 물리학적 및 광물학적 성질이 좌우한다. 이러한 석재의 성질은 색상, 외형, 견고성, 균질성, 강도, 암석 내의 균열과 흠의 정도, 그리고 그 밖의 결점들이 있다(Singleton, 1980). 그러므로 채석은 다른 채광방법들과는 매우 다른 방식으로 탐사 및 굴착작업이 수행되고 채광준비 작업도 다르게 수행된다.

개갱작업은 채석장 근처에 석재공장과 필요한 부지를 먼저 정리하고 부대시설을 설치하는 작업부터 시작하게 된다. 석재공장은 일반적으로 채취한 암석을 수요에 따라 일정한 크기로 절단하고 광택과 같은 표면 처리를 위해 사용된다. 필요에 따라서는 석재를 조각하고 광택을 내는 작업은 다른 장소에서 수행될 수 있다.

채석장에서 석재 블록들은 취급이 용이하도록 대충의 크기로 절단되기 때문에, 모든 채석작업과 처리작업에서 각각에 맞는 석재 블록의 크기를 다루게 된다. 폐기되는 폐석 중에는 석재를 좀 더 정확한 크기로 암석을 절단한다면 석재로서 가치 있는 블록을 만들 수 있기 때문에, 폐석을 처리할 수 있는 폐석처분장이 확보되어야 한다. 석재 광상과 관련되는 상부피복층은 그 두께가 그렇게 두껍지 않으므로 간단한 피복층 제거작업이면 충분하다. 채석장에서 소유하고 있는 장비가 상부피복층을 제거하기 위한 작업 목적에 사용될 수 없는 장비들이며, 일반적으로 채석장의 규모가 크지 않기 때문에 전문회사에 위탁도 고려할 수 있다. 개갱을 위해 제거되어야 하는 상부피복층이나 풍화된 암석들은 제거될 지반이나 암반에 따라 적합한 채굴방식을 선택하여 석재대상 암반으로부터 제거해낸다. 상부피복층 제거 작업은 노천채굴법에서의 채광작업과 유사하며, 작업은 천공, 발파, 굴착, 그리고 폐석처리를 위한 운반으로 이루어진다.

채석작업의 일반적인 작업주기는 절삭(발파 또는 다이아몬드 와이어 쏘, 체인 쏘, 연속천공기, 제트 버너, 초고압수 워터 제트와 같은 장비 사용), 쐐기작업에 의한 분리 혹은 소할작업, 권양 및 운반으로 이루어진다. 채석작업은 선택된 채석방법에 따라 서로 많이 차이를 보인다. 각 적용기술마다의 대략적인 채석방법은 8.5.1의 '채석기술'에 언급되어 있다. 채석막장의 굴착작업은 방법별 사용 장비를 이용하여 암반을 절단하여 홈을 형성함으로써 이루어진다. 이때 절단 방향과 크기는 층리, 절리와 같은 불연속면과 다른 지질학적인 변수들을 고려하게 된다(Morrison and Russel, 1973).

전통적인 채석방식은 천공 후에 플러그와 피더(feathers)를 이용한 쐐기 박기를 통하여 석재 블록을 분리시키거나 와이어 쏘를 이용하여 블록을 완전히 분리되도록 절단하는 방식이 있다. 석재 블록이 분리되면 블록들은 지표로 운반되거나 기중기(크레인, 데릭) 등을 이용하여 지표로 끌어올려진다(그림 8.20). 석재 블록을 분리시키는 또 다른 방법들은 원형의 다이아몬드 쏘, 다이아몬드 체인 쏘, 홈 굴삭기,

그리고 제트 버너 또는 초고압수 절삭기술 등이 이용된다.

최근에는 채석장에서 큰 석재 블록을 분리시키는 방식이 적용되고 있다. 이 방법은 1970년대 핀란드(World Mining Equipment, 1997)에서 개발되었다. 블록들을 더 효과적으로 잘라내고 취급하기 위해 채석장에서 정밀한 천공을 실시하고 블록을 전도하는 방식이다. 절단된 초기 석재 블록의 체적은 4,000m^3 정도이며, 블록의 양 측면들은 제트버너와 연속천공기술 등과 같은 홈 절삭 장비나 다이아몬드 와이어 쏘 등으로 절단된다. 그리고 블록의 뒷면과 바닥면을 따라 정확하게 일 열로 발파공을 천공하여 정밀화약인 플라스틱 카트리지 화약을 이용한 제어발파를 통해서 주변 모암으로부터 블록을 분리시킨다(Singh, 1988).

다음으로 대규모 블록을 더 작은 블록들로 소할하기 위해서는 보통 제어된 천공과 발파를 이용하여 절단된 블록들을 채석장 바닥에 준비한 모래층이나 분쇄된 암편 더미 위로 하나씩 전도시킨다. 다음으로 쐐기작업이나 와이어 쏘를 이용해 가공을 위한 크기의 블록으로 절단하고, 로더를 이용하여 최종 블록을 가공시설로 운반한다. 그림 8.28에 설명과 유사한 방법인 Maryland 채석장에서 사용되고 있는 채석 시스템이 표시되어 있다(Meade, 1992). 이 작업에서는 첫 번째 블록을 분리하기 위해 와이어 쏘를 이용하고 있으며, 불록의 전도와 그 후의 작업들은 앞에서 설명한 것과 같은 방식으로 수행되고 있다.

적재 및 운반을 위해 채석된 원석을 채석장에서 지상의 적치장으로 들어 올리기 위해서는 고정식 데릭이 널리 사용되고 있지만, 다양성과 유연성 측면에서 트럭이나 로더와 같은 이동식 장비들이 더 많이 사용되고 있다.

채석 작업은 다른 노천채광방법들과 유사하며 상대적으로 간단한 보조 작업이 필요하다. 이러한 보조 작업에는 전원 공급, 장비 유지보수, 채석장 배수, 폐석처리, 자재 공급과 복구 작업이 포함될 수 있다.

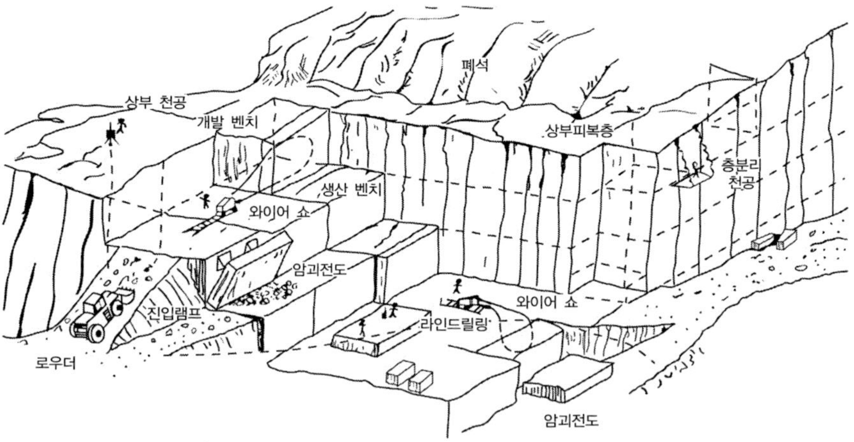

그림 8.28 Friendsville의 채석작업 개요도(Meade, 1992)

8.5.3 광상 조건 및 작업 특성

1) 광상 조건

석재와 관련된 암반 조건과 광물학적 조건은 다음과 같다(Bowles, 1958; Barton, 1968; Morrison and Russel, 1973; Singleton, 1980).

- 석재는 구조적으로 결함이 없어야 하고, 암석의 강도는 무관
- 수평연장이 긴 두꺼운 층상 또는 괴상인 대규모의 광상
- 광상의 경사는 두께가 충분하다면 무관
- 물리적으로나 외형적으로 좋은 품위의 광석
- 전체적으로 결함이 없이 균질한 광상
- 주로 노천에서 작업이 이루어지므로 얕은 심도에서 중간 정도의 심도

2) 장단점 및 적용

채석작업은 구조적으로나 심미적으로 양호한 건축학적 성질을 가지는 특별한 지질학적 재료물체의 생산에 제한된다. 거의 모든 광산들은 소규모의 노천 작업장으로 운영된다. 석재는 지하채굴의 생산경비가 매우 높기 때문에 좀처럼 지하채굴로

전환하기가 어렵다. 그렇지만 일부 고가의 석재들은 갱내채광으로도 채석되고 있다(McGee, 2000). 지하의 석재 채석장에서는 주방식이나 광주법과 비슷하게 채석장을 형성한다. 블록들을 채굴하기 위해서는 노천광산의 벤치 방법과 비슷한 채광방법을 사용하고 있다.

채석의 장단점은 다음과 같다(Morrison and Russel, 1973; Power, 1975).

장점은

- 기계화 장비가 많이 사용되지 않기 때문에 투자비용이 낮다.
- 소규모 광상에서 소규모의 생산에 적합하다.
- 안전한 벽면과 벤치 또는 막장을 형성하기 때문에 일반적으로 사면의 지보대책이 필요 없다. 또한 사면 파괴가 일어날 확률이 거의 없기 때문에 작업의 안전성이 양호하다.
- 현장에서 재료를 쉽게 선택할 수 있어 품질이 나쁜 석재를 버리거나 제외시킬 수 있다.

단점은

- 심도에 제한을 받는다(채굴심도는 보통 90m보다 얕으나 300m까지 가능).
- 깊은 심도의 채석에서는 채광계획을 쉽게 바꿀 수 없기 때문에 유연성이 떨어진다.
- 작업 특성상 기계화가 제한되어 생산성이 떨어지고 생산속도가 느리다.
- 낮은 생산성으로 채석비용이 높다.
- 상대적으로 숙련된 노동력이 필요하고, 인건비도 높다.
- 천공과 발파기술을 사용할 경우에는 암반을 보호하기 위해 전체적으로 화약을 사용할 수 없기 때문에 암석파쇄에 경비가 많이 들고 작업도 복잡하다.
- 모암이 원석의 상태에 따라서는 폐석이 60%에서 90%까지 이를 수 있다.

•참고문헌•

선우 춘, 류창하, 최병희, 김인균, 항공창, 홍기표, 권광수, 김인기, 1995, 채석 및 가공기술 연구(II), 한국자원연구소 연구보고서, KR-95(C)-13. p.541.

Ackerman, J.M., 1992, Main pass-Frasch sulfur mine development, Mining Engineering, v.44(3), pp.222~226.

Anon, 1970, New Sulfur Region Has Modern Plant, Oil and Gas Journal, V.68(18), pp.125~129.

Antonides, L.E., 1999, Stone(dimension), Mineral Commodity Surveys, U.S. Geological Surveys, pp.164~165.

Ahlness, J.K., D.R. Tweeton, W.C. Larson, D.J. Millenacker, and R.D. Schmidt, 1992, In situ mining of hard-rock ores, Sec. 15.3.3 in SME Mining Engineering Handbook, 2nd ed., edited by H.L. Hartman, Littleton, CO., Society for Mining, Metallurgy, and Exploration, pp.1515~1528.

Aplan, F.F., 1999, Mineral Preparation 301 Notes, University Park, PA, Pennsylvania State University.

Bartlett, R.W., 1998, Solution Mining, Amsterdam, Gordon and Breach Science Publishers, p.443.

Barton, W.R., 1968, Marble, IC 8391, U.S. Bureau of Mines, pp.83~103.

Bhappu, R.B., 1982, Past, present, and future of solution mining, In Interfacing Technologies in Solution Mining, edited by W.J. Schlitt, New York, SME-SPE-AIME, pp.3~12.

Bieniawski, Z.T., 1992, Ground control, Chap. 10.5 in SME Mining Engineering Handbook, 2nd ed., edited by H.L. Hartman, Littleton, CO., Society for Mining, Metallurgy, and Exploration, pp.923~928.

Blakely, J.W., 1975, New triple-head auger proves its worth in low-seam coals, Coal Mining and Processing, v.12(10), pp.66~67.

Bowles, O., 1958, Dimension stone, IC 7829, U.S. Bureau of Mines, pp.21~28.

Bray, D.N., A.C. Alexander, W. Strickland, and D. Eirnarson, 2001, Mining of PGMs at the Stillwater Mine, In Underground Mining Methods : Engineering Fundamentals and International Case Studies, ed. by W.A. Hustrulid and R.L. Bullock, Littleton CO., Society for Mining, Metallurgy, and Exploration, pp.299～307.

Brooks, W.E., 1991, Accident to, and repair of, Dredge 21 at Yuba, California, In Alluvial Mining, The Institute of Mining and Metallurgy, London, pp.19～35.

Chadwick, J., 1993, Highwall mining, Mining Magazine, London, v.169(Dec.), pp.347～353.

Cook, D.J., 1983, Placer Mining in Alaska, Report No. 65, Fairbanks, AK : Mineral Industry Research Laboratory, University of Alaska. p.157.

Daily, A.F., 1968a, Placer mining, Sec.13.5 in Surface Mining, edited by E.P. Pfleider, New York : AIME, pp.928～954.

Daily, A.F., 1968b, Dredges and hydraulicking, Sec. 8.5 in Surface Mining, ed. E.P. Pfleider, New York, AIME, pp.503～527.

Donner, W.S. and R.O. Wornat, 1973, Mining through boreholes–Frasch sulfur mining system, Sec. 21.6, in SME Mining Engineering Handbook, edited by A.B. Cummings and I.A. Givens, New York, AIME, pp.21–60～21–70.

Engineering and Mining Journal, 1993, Refractory gold, Engineering and Mining Journal, v.194(6), pp.WW20～WW24.

Ford, Bacon, and Davis, Inc., 1975, Technology of Auger Mining, Report PB259316, Springfield, VA, National Technical Information Center, p.78.

Foster, F.J., 1994, Australian mineral sands–Problems but confidence, Engineering and Mining Journal, v.195(1), WW56～WW62.

Hartman, H.L., 1987, Introductory Mining Engineering, New York, John Wiley & Sons, p.633.

Herbich, J.B., 1992, Handbook of Dredging Engineering, New York, McGraw–Hill.

Hoppe, R.W., 1976, Phosphates are vital to agriculture–And Florida mines for one–third the world, Engineering and Mining Journal v.177(9), pp.79～89.

Hrabik, J.A., 1986, Economic and environmental comparison : Borehole mining versus conventional mining of phosphate, Mining Engineering, v.38(1), pp.33～39.

Huston, J., 1970, Hydraulic Dredging, Cambridge, MD, Cornell Maritime Press, p.304.

Hutchinson, I.P. and R.D. Ellison(eds.), 1992, Mine Waste Management. Chelsea, MI, Lewis Publishers, p.654.

Kostick, D.S., 1982, The influence of solution mining on the world soda ash market, In Interfacing Technologies in Solution Mining, edited by W.J. Schlitt, New York, SME-SPE-AIME, pp.21~30.

Kostner, F., 1976, Surface mining of granite, Industrial Diamond Review 36 (July), pp.242~246.

Lewis, A., 1984, The comeback of California placers, Engineering and Mining Journal, v.185(2), pp.36~41.

Li, T.M., 1976, Caland opens new iron ore reserve with hydraulic slurry system, Mining Engineering v.28(5), pp.37~45.

Macdonald, E.H., 1983, Alluvial Mining, London, Chapman & Hall, p.508.

McGee, E. S. 2000. Colorado Yule Marble — Building Stone of the Lincoln Memorial, Bulletin 2162, Washington, DC: U.S. Geological Survey(available at http://publ.usgs.gov/pdf/bulletin/b2162/).

Marcus, J.J., 1997, The Briggs Mine, Engineering and Mining Journal, v.198(9), pp.16GG~1600.

Marsden, R.W., and J.R. Lucas(eds.), 1973, Specialized underground extraction systems, Sec. 21 in SME Mining Engineering Handbook, edited by A.B. Cummins and I.A. Givens, New York, SME-AIME, pp.21-1 to 21-118.

McCarter, M.K., and H.M. Smolnikar, 1992, Auger mining, Chap. 14.4 in SME Mining Engineering Handbook, 2nd ed., edited by H.L. Hartman, Littleton, CO., Society for Mining, Metallurgy, and Exploration, pp.1447~1452.

McLean, C.A., A.W.K. McDowell, T.D. McWaters, 1992, Dredging and placer mining, chap. 15.1. in SME Mining Engineering Handbook, 2nd ed., edited by H. L. Hartman, Littleton, CO., Society for Mining, Metallurgy, and Exploration, pp.1454~1473.

Meade, L.P., 1992, Dimension stone : Friendsville Quarry, Sec. 14.2.1 in SME Mining

Engineering Handbook, 2d ed., edited by H. L. Hartman, Society for Mining, Metallurgy, and Exploration, pp.1400～1402.

Morrison, R.G., and P.L. Russell, 1973, "Selecting a mining method : Rock mechanics, other factors", Sec. 9 in SME Mining Engineering Handbook, edited by A. B. Cummings and I.A. Givens, New York : AIME, pp.9-1～9-22.

Ober, J.A., 2000b, Sulfur, Mineral Commodities Survey, Washington DC, U.S. Geological Survey, pp.164～165.

Power, W. R., 1975. "Construction materials: Dimension and cut stone." In Industrial Minerals and Rocks, 4th ed., edited by S. J. Lefond, pp.157~174. New York: SME-AIME.

Richner, D.R., 1992, In-situ mining of soluble salts, Sec. 15.3.1 in SME Mining Engineering Handbook, 2d ed., edited by H.L. Hartman, Littleton CO., Society for Mining, Metallurgy, and Exploration, pp.1493～1512.

Rolseth, H.C. and Kohler, R.H., 1969, Rocket-jet burners cut time and cost in granite quarries, Mining Eng., July, pp.104～107.

Schlitt, W.J., 1992, Solution mining : Surface techniques, Ch. 15.2 in SME Mining Engineering Handbook, 2d ed., edited by H. L. Hartman, Littleton CO., Society for Mining, Metallurgy, and Exploration, pp.1474～1492.

Singh, S.P., 1988, Blast design in monumental stone quarries, Int. J. of Surface Mining, v.2(1), pp.33～36.

Singleton, R.H., 1980, Stone, In Mineral Facts and Problems, Bulletin 671, U.S. Bureau of Mines, pp.853～868.

Shock, D., 1992, Frasch sulfur mining, Sec. 15.3.2 in SME Mining Engineering Handbook, edited by A.B. Cummings and I.A. Givens, New York, AIME, pp.1512～1515.

Smolnikar, H.M., 1992, Surface continous mining, horizontal coal seams, Winifrede mine, Chap. 14.4.1 in SME Mining Engineering Handbook, 2nd ed., edited by H.L. Hartman, Littleton, CO., Society for Mining, Metallurgy, and Exploration, pp.1449～1452.

Stover, D.E., 1989, The Highland In Situ Mining Project, Chap. 3, Proceedings In Situ

All Mineral Symp., Wyoming Mining and Metal Section of SME–AIME, May, pp.22～24.

Tatiya, R.R., 2005, Surface and underground excavation–Methods, techniques and equipment, A.A. Balkema Pub., p.579.

Turner, T.M., 1996, Fundamentals of Hydraulic Dredging, 2d ed. New York, ASCE Press, p.258.

Volkwein, J.C. and J.P. Ulery, 1993, A Method to Eliminate Explosion Hazards in Auger Highwall Mining, RI 9462, U.S. Bureau of Mines, p.14.

Wolf, T., 1999, Western aggregates, a real gold mine, Aggregates Manager, v.3(10), pp.27～30.

White, L., 1975, Texas gulf readies for '75 Startup at Comanche Creek Frasch Mine in Texas, Engineering and Mining Journal, v.176(8), pp.83～88.

Surface Mining Engineering

09 노천채광장비

09 노천채광장비

9.1 개 요

노천채광은 채광에 부수되는 적재나 운반 작업이 갱내에서 이루어지더라도 주작업인 채굴이 노천에서 이루어지는 경우 노천채굴이라 한다. 노천채굴에서 채광장비는 채광생산, 운반, 적재, 파분쇄 등으로 구분되며, 작업형태 및 채굴대상물의 특성상 사용 장비는 표 9.1과 같고 그림 9.1은 생산, 적재, 운반과정의 모식도를 나타낸 것이다.

표 9.1 노천채굴에 사용되는 장비

구분	대상	사용 장비
생산	토사	불도저 등의 리핑 작업
	연암(석탄 등)	오거 드릴, 워터 젯
	중경암, 경암	크롤러 드릴
적재	적재	파워 쇼벨, 드래그라인
	적재, 이동	로더, 스크래퍼, 도저
	적재, 운반	버킷 휠 굴착기
운반	완만한 구배	트럭, 트럭-트레일러, 철로, dozer, scraper
	급한 구배	컨베이어(벨트<고구배 컨베이어<수력)
	수직	스킵, 크레인

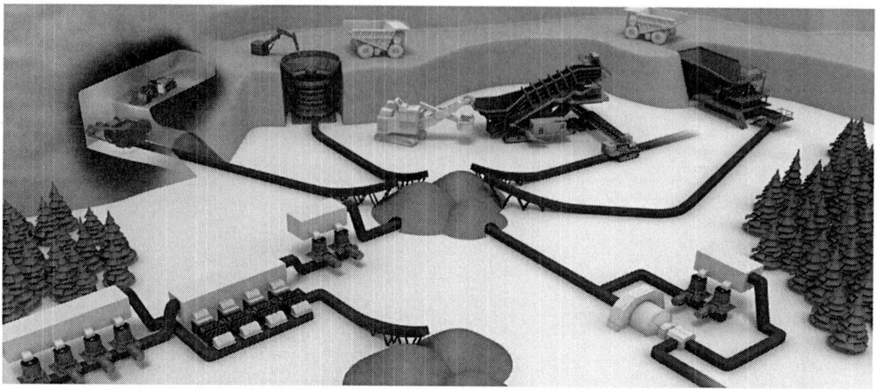

그림 9.1 노천채광장비 운용 모식도

노천채광장비는 채광방법과 생산규모에 따라 생산성을 높일 수 있는 다양한 장비들을 선택하여야 한다. 이러한 노천채광장비는 광석의 강도와 용도에 따라서 적절한 장비를 투입하게 되는데, 계단식 생산에는 천공장비, 적재장비, 운반장비 등을 적절하게 조합하여야 한다.

그림 9.2 노천광산 생산 시스템

그림 9.3 오픈 캐스트

장비 선정은 투입장비의 종류 및 각 장비별 생산성 추정 → 연간 실 작업시간 산출 → 각 장비의 가동시간당 생산성 산출 → 필요장비의 대수 산출 등의 과정을 거쳐 결정하며, 다음의 주요 요소 등을 감안하여 장비를 선정한다.

표 9.2 장비 선택기준

구분	선택 기준
성능	작업 사이클별 속도, 힘, 이동거리, 버킷 용량, 이동속도, 등판능력, 신뢰성 등 작업능력과 작업조건에 관련된 사항
조작	운전의 용이성, 작업 정밀성 등
지원	유지보수의 용이성, 부품 구득도, 특수수리 지원 등
원가요소	구입가 및 운전비용, 장비수명, 작업량 기준원가 등

9.2 장비효율

장비는 제작사마다 그 특성이 있다. 같은 장비라도 같은 효율을 발휘할 수 없으며, 장비효율은 에너지소요량과 직결되므로 장비 선정과 효율은 중요한 요소이다. 장비효율은 기계적 가용성(mechanical availability), 실제 가용성(physical availability), 효율성(efficiency), 활용성(utilization)등으로 다음과 같이 평가한다.

$$\text{기계적 가용성(MA, \%)} = \frac{W_{hr}}{(W_{hr} + R_{hr})} \times 100 \tag{9.1}$$

$$\text{실제 가용성(PA, \%)} = \frac{(W_{hr} + S_{hr} - By_{hr})}{T_{hr}} \times 100 \tag{9.2}$$

$$\text{효율성(E, \%)} = \frac{W_{hr}}{(W_{hr} + S_{hr} - By_{hr})} \times 100 \tag{9.3}$$

$$\text{활용성(U, \%)} = = \frac{W_{hr}}{(W_{hr} + R_{hr} + S_{hr} - By_{hr})} \times 100 \tag{9.4}$$

여기서 W_{hr}(hr/y)은 실제운행시간, R_{hr}(hr/y)은 수리시간, S_{hr}(hr/y)은 정지시간, By_{hr}(hr/y)은 기타 중복시간, 그리고 T_{hr}은 전체 시간을 말한다.

1) 작업효율

작업효율(job efficiency)에 영향을 미치는 요소로 고정적인 요소(fixed delays)와 가변적 요소(unscheduled delays)가 있다.

고정적 요소에는 교대시간, 각종 회의, 식사시간 등이 포함되며, 가변적 요소에는 장비의 고장, 이동 및 대기, 천재지변 및 기후, 발파에 의한 작업 지연(blasting delay time) 등이 있다.

다음은 작업효율 기준을 나타낸 것으로써 일반적으로 개발계획 수립 시 적용하는 작업효율은 75%이다.

표 9.3 실 작업시간에 따른 작업효율

실 작업시간	작업효율	평가	비고
55분/시간	92%	양호	
50분/시간	83%	보통	가장 채택 많음
45분/시간	75%	보통	
40분/시간	67%	불량	

2) 조업도

조업도(production utilization)는 작업효율(JE), 기계효율(Mechanical Availability, MA), 연간 동력효율(Annual outage Factor, AF)의 곱으로 다음과 같다.

$$조업도(PU, \%) = MA(\%) \times JE(\%) \times AF(\%) \quad (9.5)$$

3) 버킷 용량

채광된 암석을 적재 및 운반함에 있어 고려해야 할 계수에는 산적요소(Bucket Fill Factor, BFF)와 평적요소(Bucket Factor, BF)가 있다.

산적요소(BFF)는 암석 종류 및 파쇄정도에 따라 적재 및 운반 시 처리되는 양으로 장비 제작사가 제공하는 표준작업에서의 버킷 체적 데이터와 실제 작업에서의 적재 및 운반량을 비교하는 계수로 W_{load}는 실제적재량, SWM_{load}은 표준작업 시의 최대 적재량이다.

평적요소(BF)는 이상적인 표준작업(Swell Factor, SF)과 실제 작업에서의 적재능력을 비교하기 위한 계수로써 %로 표시한다.

$$BFF(\%) = \frac{W_{load}}{SWM_{load}} \times 100 \quad (9.6)$$

$$BF(\%) = SF \times BFF \quad (9.7)$$

4) 타이어

타이어(tire) 수명은 타이어 종류, 적재량, 운행속도, 타이어 무게 등에 따라 영향을 받는다. 작업조건에 따라 타이어 수명은 다음과 같다.

표에서 작업조건별 가동시간은 작업장의 도로노면 상태를 나타낸 것으로 노면의 상태가 연암일수록 타이어의 수명은 길고, 경암에 가까울수록 타이어 수명은 짧아진다.

표 9.4 타이어의 수명

평균수명(가동시간)	작업조건			
	A	B	C	D
	4,000～5,000	3,300～3,500	2,000～2,500	400～1,500

A= 양호한 도로 표면에 부드럽고 마모성이 없는 흙이나 돌에서 작업
B= 보통의 도로 표면에 부드러운 흙이나 돌에서 작업
C= 보통의 도로 표면 위에 마모성, 중경암
D= 경암, 각력 파쇄암으로 구성된 도로면

9.3 생산장비

노천채광에서 생산장비는 연암이나 중경암 등의 생산을 위한 천공장비와 연암이나 토질과 같은 광산을 계단식으로 채굴하는 절삭 또는 굴삭장비 등으로 나눌 수 있다.

그림 9.4 노천채광장 채굴장 전경

9.3.1 천공장비

노천채광에서 광석이 연암 이상이거나 발파를 요할 경우 천공장비는 크롤러드릴이 주로 사용된다. 크롤러드릴의 착암기 부분을 지면에 직각으로 하여 천공을 할 수 있으며, 벽면에 대해서도 직각으로 천공할 수 있다는 장점이 있다.

크롤러드릴은 15m 내외의 하향 천공작업을 목적으로 사용되며, 장공천공기 보다 적용성은 떨어지나 생산량이 많지 않은 중·소규모 노천채광장에서 많이 사용한다.

그림 9.5 크롤러드릴

그림 9.6 크롤러드릴 하향천공

그림 9.7 크롤러드릴 벽면 직각천공

9.3.2 굴삭기

굴삭기는 광산에서 표토제거 및 부산물 제거와 소운반 등에 주로 사용한다. 굴삭기는 궤도식과 휠식으로 분류하며 광산에서는 주로 궤도식을 이용한다.

궤도식 굴삭기는 경사면에서 최대 35°까지 등판할 수 있고, 버력처리가 용이하고, 소규모의 장비운반에도 쓰인다. 배수로작업, 벽면 부석제거작업 등에 효율적으로 사용한다.

굴삭기 용량은 버킷의 용량(m^3)에 따라 장비중량과 엔진의 마력이 커진다. 또한 굴삭기는 연암이나 토사암 등의 노천광산에서 사면정리나 리핑암 제거 등에도 효율적으로 사용된다.

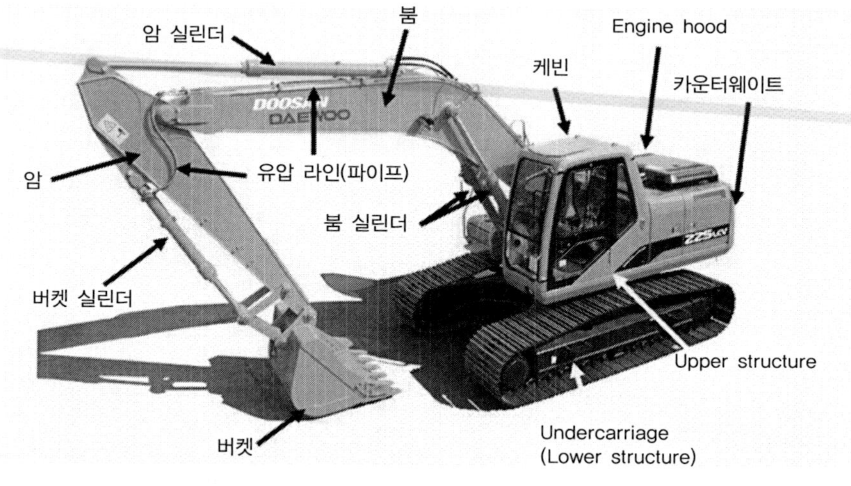

그림 9.8 굴삭기 제원

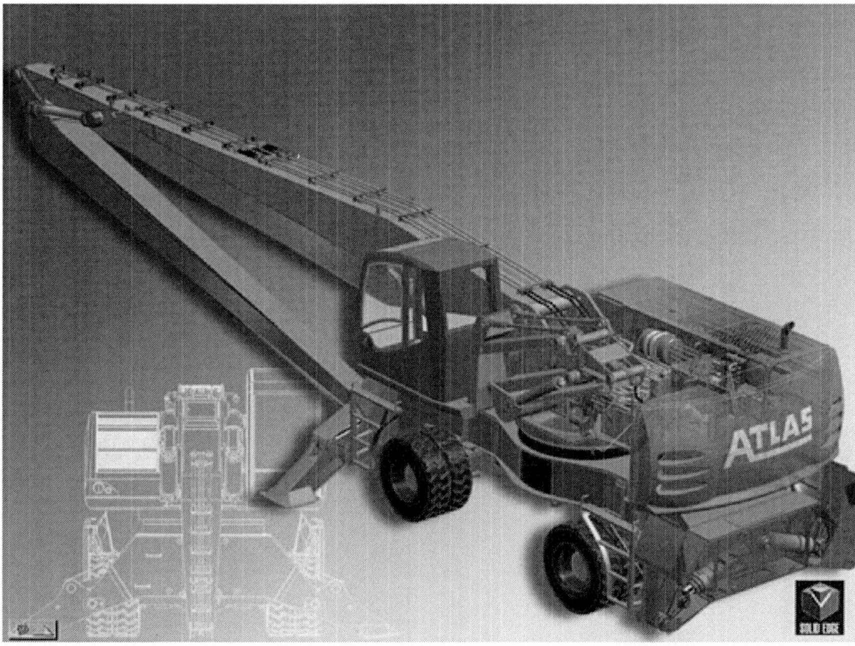

그림 9.9 롱암 굴삭기

그림 9.10 굴삭기의 광석적재

9.4 적재장비

9.4.1 로 더

로더는 원래 토목공사용으로 개발된 것으로 파쇄된 광석을 싣는 기계 또는 설비다. 로더는 광석을 트럭에 적재하거나 단거리를 이동시킬 때 많이 사용한다.

광산에서는 주로 휠형 로더가 많이 사용되며, 적재용량은 10톤 이상의 대규격 장비가 사용되나, 소량운반에는 작은 용량의 장비가 사용되기도 한다. 특히 암석덩어리를 파쇄시설에 공급할 때나 제품화된 광석을 운반시설에 적재할 때 많이 이용한다.

그림 9.11 로더 모습

그림 9.12 로더의 적재모습

그림 9.13 광석정리

9.4.2 쇼 벨

쇼벨은 기체를 전진시켜 파쇄된 광석을 쇼벨로 떠올려서, 뒤에 있는 광차 또는 컨베이어에 직접 싣는 적재기를 말한다. 쇼벨은 대용량의 광석을 대형 운반장비나 선박 등에 선적할 때 유용하게 사용하는 장비로서 적재량이 많은 광산에서 주로 사용된다.

쇼벨은 소형 장비로부터 열차, 선박에 적재할 수 있도록 하는 장비까지 다양하며 크고 기동력은 크지 않으나 1회의 적재량이 많은 것이 장점이다.

그림 9.14 열차 적재용 쇼벨

그림 9.15 로우프 쇼벨

그림 9.16 유압 쇼벨

9.5 운반장비

9.5.1 마인트럭

노천광산 운반장비는 대형 트럭을 주로 사용하는데, 마인트럭이다. 적재용량은 보통 50톤, 100톤, 200톤, 크게는 400톤 규모도 있다. 마인트럭은 운전석이 높은 곳에 위치해 있어서 아래쪽에서 운행하는 차들이 보이지 않는 경우가 많다. 그래서 광산에서 일반승용차들은 의무적으로 차에 높은 깃발을 달고 다니도록 한다. 그것은 트럭운전사들로 하여금 아래에 자동차가 있음을 알리기 위한 것이다.

그림 9.17 마인트럭

그림 9.18 광산에서 승용차 깃발

그림 9.19 대형 운반트럭

9.5.2 컨베이어

컨베이어(conveyer)는 석탄, 광석 등의 용적물을 일정한 통로를 따라 연속적으로 운반하는 기계장치로 구동장치, 로울러, 운반장치, 동력전달장치, 제동장치, 원동기등과 그 부속장치로 구성되어 있다. 종류는 구조별로 벨트 컨베이어, 체인 컨베이어, 케이블 컨베이어, 버킷 엘리베이터 등이 있으며 벨트 컨베이어를 가장 많이 사용하고 있다.

그림 9.20 벨트 컨베이어와 적재장치

1) 벨트 컨베이어

다수의 중간 로울러와 양단의 풀리로 벨트를 순환시키면서 벨트 위의 광석을 이동시키는 것인데 국내외 광산에서 가장 많이 사용되는 장비이다.

2) 체인 컨베이어

강철판으로 만든 트러프 안에 엔드리스 체인을 순환시켜 트러프 안의 광석을 체인과 함께 운동시켜서 운반의 목적을 달성한 후 자연 낙하시키는 컨베이어로서 고정 트러프의 경사가 적을 때 많이 사용된다.

3) 케이블 컨베이어

양 점 사이에 케이블을 메어놓고 케이블 위로 트롤리를 왕복시키면서 트롤리에 달린 버킷 또는 후크로써 물체를 이동 운반하는 것이다.

4) 버킷 엘리베이터

수직엔드리스 벨트에 적은 버킷 등을 비늘모양으로 결부하고 벨트를 순환시켜서 각각의 적은 버킷들에 광석을 담아 올리는 것이다.

그림 9.21 광산 내 컨베이어 시스템

그림 9.22 장대 컨베이어 시설

9.6 파분쇄장비

파분쇄장비는 광산에서 원활한 선광제련을 위하여 광석을 적당한 입도로 분쇄하는 단계로 조쇄, 중쇄, 분쇄로 나누며 대략 다음과 같이 분류한다.

① 1차 파쇄 : 원석을 400～200mm 크기로 파쇄

② 2차 파쇄 : 1차 파쇄 원석을 100～50mm 크기로 파쇄

③ 3차 파쇄 : 2차 파쇄 원석을 20～5mm 크기로 파쇄

이러한 파쇄 시설라인은 죠 크러셔, 스크린, 벨트 컨베이어, 호퍼 등을 조합함으로써 생산하고자 하는 단위의 입자를 얻을 수 있다.

9.6.1 1차 크러셔

1차 크러셔는 원석을 1차적으로 파쇄하는 장비로서 죠 크러셔(jaw crusher), 자이라토리 파쇄기(gyratory crusher)와 사이저(sizer)가 있다. 사이저는 암석의 인장파괴를 이용한 장비로서 장비의 크기에 비해서 단위시간당 파쇄능력이 죠 크러셔보다 높으나 가격이 비싸다는 단점이 있다.

1) 죠 크러셔

죠 크러셔는 사람의 위턱과 아래턱을 가지고 음식물을 씹는 것과 같은 원리로서 싱글 토글형과 더블 토글형의 두 가지가 있으며, 싱글 토글용이 주로 사용된다. 암석 강도가 매우 큰 암석의 파쇄에는 더블 토글형이 사용된다. 아래 그림은 싱글 토글용을 나타낸 것이다.

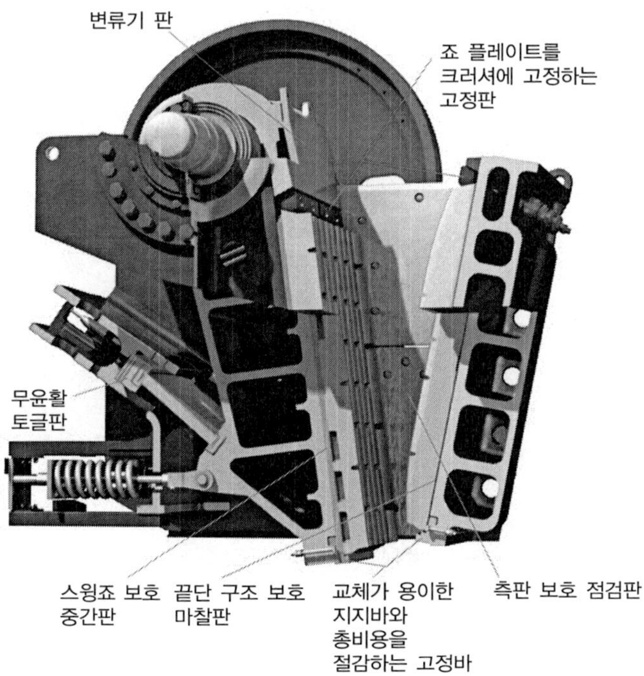

그림 9.23 죠 크러셔 제원

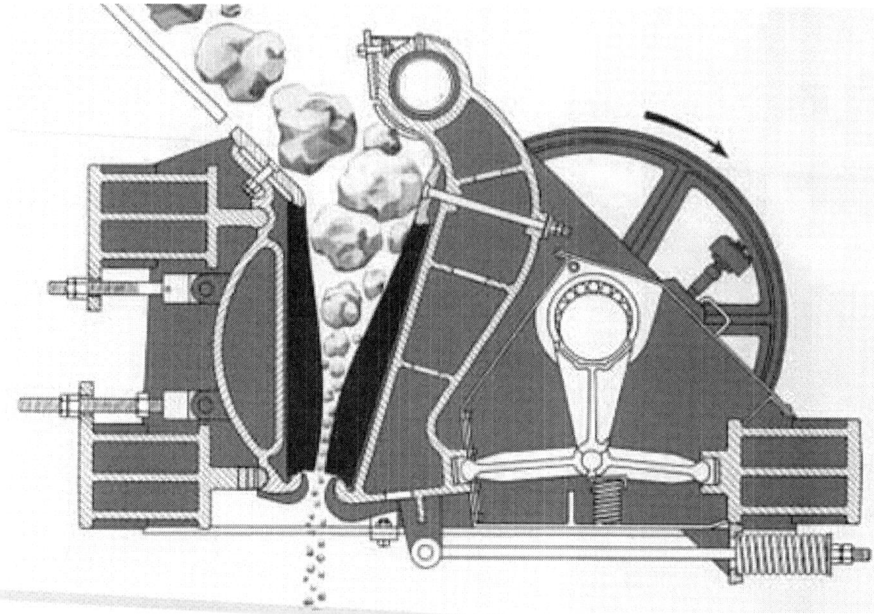

그림 9.24 죠 크러셔 모식도

그림 9.25 죠 크러셔 모형

2) 사이저

사이저는 암의 회전력을 이용하여 암석을 인장파괴 시키는 것으로서 다양한 크기로 파쇄할 수 있다는 장점이 있다. 사이저는 드럼형 실린더에 파쇄스틱을 붙여서 회전력에 의하여 암석을 파쇄시키는 것으로서 그림 9.26과 같다.

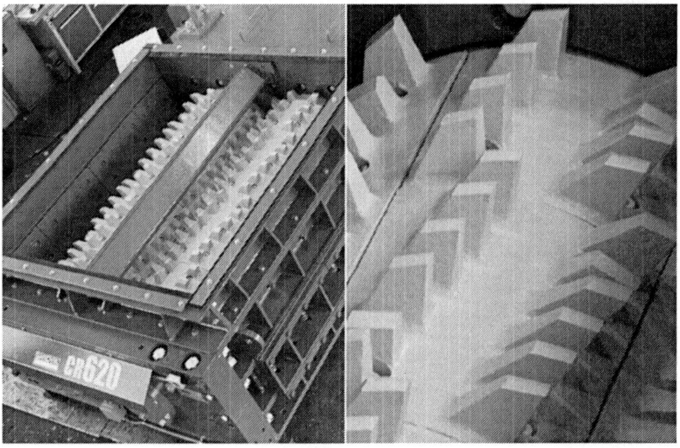

그림 9.26 사이저 모습

그림 9.27은 사이저의 파쇄원리를 나타낸 것으로서 암석이 투입구에 들어가면 회전하는 강성의 스틱에 의하여 암석의 한 점에 압력을 가하게 되는데, 이는 암석에 인장력으로 전달되고, 결국은 인장파괴에 의하여 암석이 분쇄된다.

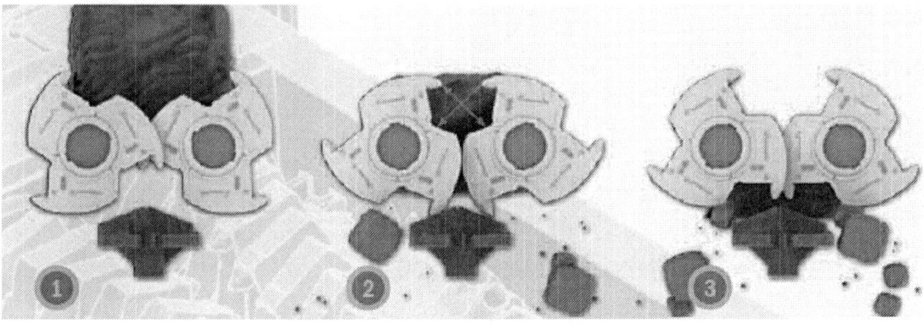

그림 9.27 사이저 파쇄원리

이러한 파쇄방법은 암석의 인장강도가 약하기 때문에 암석의 간접인장 파괴원리를 활용한 것으로 작은 힘에 의하여 암석을 절삭시키기 때문에 작은 동력이 소비되지만, 강도가 낮고 함수율이 높은 암석은 파쇄효과가 떨어진다.

3) 자이라토리 파쇄기

자이라토리 파쇄기는 광석을 연속적으로 파쇄하여 시간당 처리량을 늘릴 수 있다는 장점이 있다. 자이라토리 파쇄기의 구조는 중앙에 주축이 있으며, 주축 하부축이 편심투관 속에서 회전하고 상단은 고정된 채로 하부만 시계 방향으로 선회하게 된다. 주축의 상부에는 원추형으로 된 파쇄용 헤드가 있고, 바깥 편에는 원추를 거꾸로 세워놓은 모양으로 된 콘 케이브가 마주보고 있다.

콘 케이브는 고정되어 있고 헤드는 주축을 따라서 선회함으로 콘 케이브와 헤드와의 간격이 최소로 되는 점과 최대로 되는 지점이 360°를 그리며 회전하게 된다. 그러므로 암석은 좁아지는 목에서 계속적으로 압착, 파쇄되고 넓어지는 지점에서는 배출됨과 동시에 재공급되는 것이다.

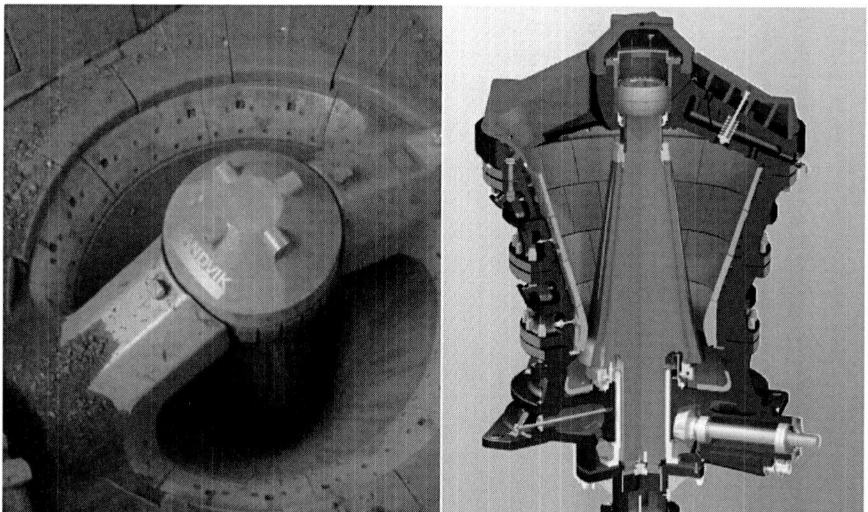

그림 9.28 자이라토리 파쇄기 단면도

그림 9.29 자이라토리 파쇄기 설치모습

그림 9.30 자이라토리 파쇄기 모형

4) 1차 크러셔 비교

다음 그림은 시간당 1,000톤 규모의 파쇄석을 생산할 때 장비의 규모를 나타낸 것으로서 설치공간에 따라 적절한 크기의 시설을 선택하여 설치할 수 있다. 그림에서 장비의 중량은 죠 크러셔, 자이라토리 파쇄기 순이며, 사이저가 가장 적은 중량비를 갖는다.

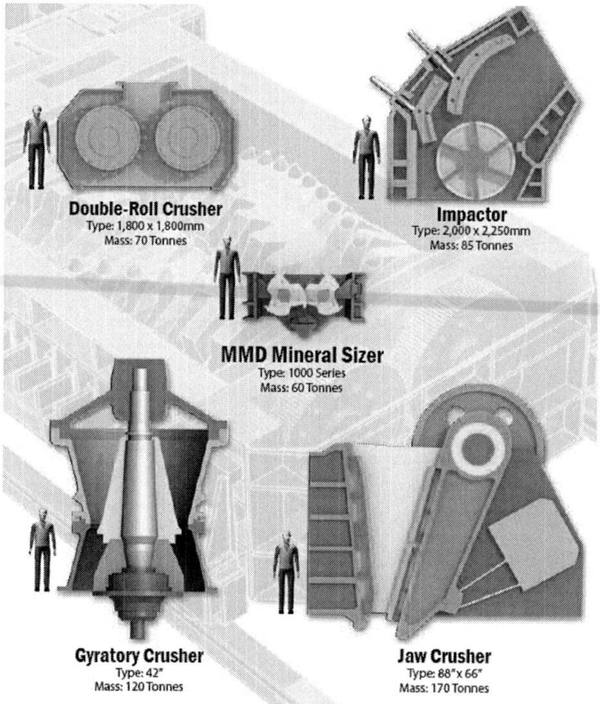

그림 9.31 1차 파쇄기의 동일 생산능력에 따른 장비중량

9.6.2 2차 크러셔

2차 크러셔는 주로 콘 크러셔를 사용한다. 콘 크러셔는 죠 크러셔와 자이로터리 크러셔의 장점을 채택하여 만든 크러셔로 파쇄비가 큰 것이 특징이며 2차, 3차 파쇄기로서 많이 사용되고 있다.

1차 파쇄되어 공급되는 암석 덩어리는 크러셔 헤드의 위쪽에 있는 디스트리뷰터(distributor)에 얹혀진다. 다음에 크러셔 헤드의 선회에 의하여 아래쪽 파쇄실에 균등하게 공급되어 파쇄되면서 순차적으로 파쇄실 아래쪽으로 떨어져 배출된다.

그림 9.32 콘 크러셔 설치모습

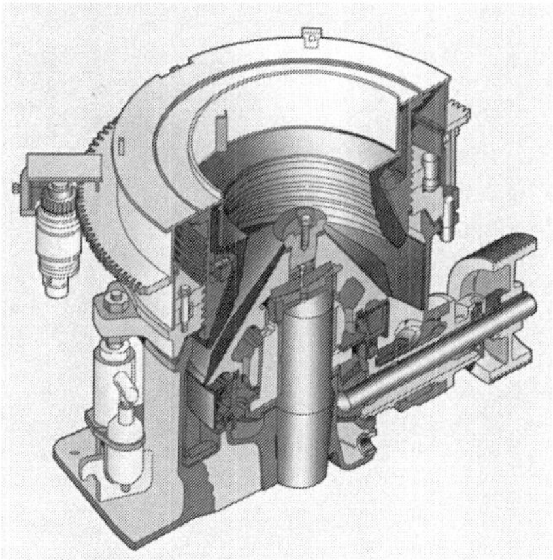

그림 9.33 콘 크러셔 단면

그림 9.34 콘 크러셔 모형

9.6.3 3차 크러셔

3차 크러셔의 분쇄기를 통틀어서 밀(mill)이라고 부른다. 볼밀은 지름이 큰 원통형 운동체를 수평으로 뉘여 놓고서, 그 속에 분쇄재로 강제의 볼(ball)을 많이 넣고 중심선의 주위를 돌려준다.

이때 속도가 너무 느리면 볼(ball)들은 원통의 밑바닥에 깔려서 구를 뿐이고, 너무 빠르면 원심력에 의하여 원통의 내벽에 붙은 채로 따라 돌 것이다. 그 중간의 적당한 속도로 돌려주면 원통 바깥쪽의 볼들은 어느 정도 벽을 따라 올라가다가 바닥으로 떨어진다.

이렇게 운동하는 볼 사이에 암석이 끼여 있다면 떨어지는 볼로부터 충격을 받고, 구르는 볼로부터 압력과 마찰을 받아서 분쇄된다.

그림 9.35 볼밀 모습

9.7 기타 장비

1) 브레이커

브레이커(breaker)는 광산에서 광석괴를 작은 덩어리로 소할시키거나 암반의 약한 부분을 타격에 의하여 격리시켜 파쇄하는 데 주로 사용한다. 브레이커는 보통 해머를 유압타격하여 압력이 암석에 전달되도록 하여 파쇄한다.

2) 트랙 도저

도저는 노천광산에서 표토를 제거하거나, 도로, 공장부지 정리 등 인프라 구축에 주로 사용한다. 초기 광산구축에 없어서는 안 될 장비이다.

3) 그레이더

그레이더(grader)는 도로의 노면의 정리나, 시설부지의 정리를 주로 하는 장비이다.

그림 9.36 브레이커

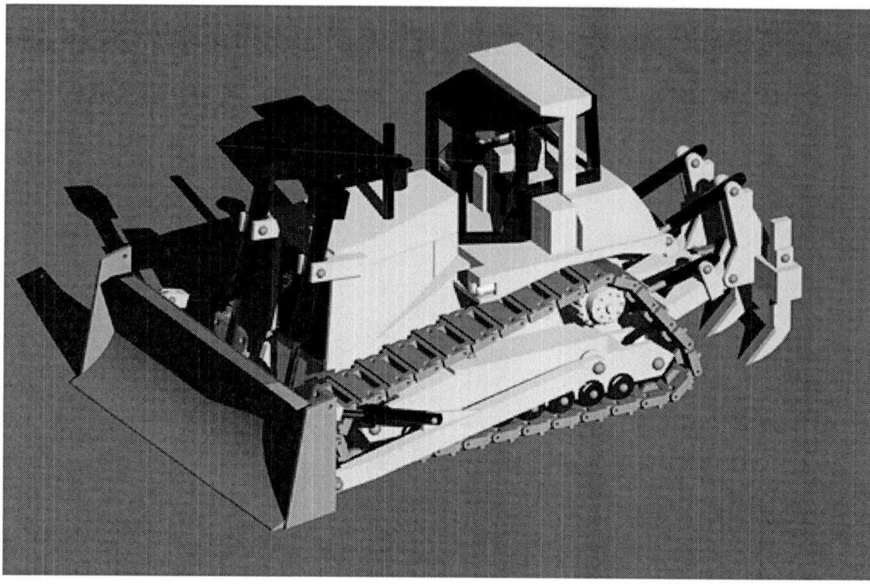

그림 9.37 트랙 도저

그림 9.38 그레이더

•참고문헌•

서울대자원아카데미, 2008, 2008년도 자원개발아카데미(광업 분야) - 해외자원개발.

한국광물자원공사, 2009, 해외동광사업실무집, p.493.

한국광물자원공사, 2012, 자원용어사전, 소랑컴뮤니케이션, p.1087.

해외자원개발협회, 2012, 자원개발용어집, p.625.

해외자원개발협회, 2012, 지하자원개발공학.

Armstrong D., 1990, "Planning and Design of Surface Mines," Chapter 5. Surface Mining, Society for Mining, Metallurgy, and Exploration, Inc. Littleton, Colorado, edited by Robert Laurich.

Atkinson, T., 1992, "Selection and sizing of mining equipment", Sec. 13.3 in SME Mining Engineering Handbook, 2d ed., edited by H. L. Hartman, pp.1311~1333. Littleton, CO : Society for Mining, Metallurgy and Exploration.

Atlas copco, 2012, Surface drilling (3th edition), p.156.

Brealey, S.C. and Atkinson, T., 1968, Opencast Mining, Mining Engineer, 123, pp.147~163.

Caterpillar. Inc. 1997. Caterpillar Performance Handbook. Peoria. IL : Caterpillar Inc.

Frizzel, E.M. and Martin, J.W., 1977, "Cross-Pit conveyor system", Mininbg Congress Journal, Aug., p.67.

http://www.atlascopco.com.

http://www.awesomemachines.net.

http://www.conveyorbeltguide.com/ConveyorSafetyDevices.html.

Hustrulid W. & Kuchta M., 2006, Open Pit Mine Planning & Design(2nd Ed.), Balkema, p.971.

Kennedy, 1990, Surface Mining(2nd edition), SME.

Koehler S. Stout, 1980, Mining Methods and Equipment, pp.142~159.

Martin, J.W., T.J. Martin, T.P. Bennett, and K.M. Martin. 1982. Surface Mining Equipment. Golden, CO : Martin Consultants, Inc. p.455.

Pfleider, E.P.(ed.). 1973. "Open-pit and surface mining systems and equipment", Sec. 17 in SME Mining Engineering Handbook, edited by A.B. Cummings and I.A. Givens, pp.17-2~17-180. New York : AIME.

Sandvik, 2011, Surface mining offering guide 2011, p.138.

Tatiya, R.R., 2005, Surface and underground excavation-Methods, techniques and equipment, A.A. Balkema Pub., p.579.

10 복 구

10 복 구

10.1 노천광산 복구

10.1.1 복구의 개요

광업은 산업 활동에 필요한 자원을 확보하고 산업체에게 이를 공급해주는 국가 기간산업으로서 매우 중요한 의미를 갖는다. 하지만 광업활동에 있어서 광산개발은 개발 형태에 따라 조금씩 차이는 있지만 사면형성과 붕괴, 산림훼손, 폐석 및 광물찌꺼기 유실, 산성광산배수 유출, 지반침하, 토양오염, 자연경관 파괴 등과 같은 문제점을 일으키기도 한다. 이러한 광산개발에 따른 여러 가지 피해를 광해라 하며, 이는 광산개발과정 중이나 그 이후에도 오랜 기간 잠재되고 축적되어 다양한 형태로 나타나는 특성이 있으며, 결국에는 인간 활동에 악영향을 미칠 수 있다.

광해는 가행광산, 휴지광산, 폐광산과 같은 광산 가행유무에 따라, 석탄광산, 금속 및 비금속광산, 석유광산과 같은 광산종류에 따라 그리고 갱내광산 및 노천광산과 같은 광산개발 형태에 따라 그 원인과 양상이 복합적으로 다르게 나타난다. 표 10.1은 산업자원부(2006)에서 보고한 광산개발 형태에 따른 광해의 원인과 양상을 정리한 것이다. 가행 중인 노천채굴의 경우 광해의 주원인은 산림과 토지훼손이며, 이에 따라 자연경관이 훼손되거나 산사태가 발생하는 양상을 보인다. 갱내채굴의 경우 갱내에서 유출되는 산성광산배수와 지반침하 및 균열이 광해의 주 양상이다. 이로 인한 수질오염이 하천 생태계를 파괴하거나 토양오염이 농작물의 피해를 주거나 지반침하와 균열이 구조물의 파괴나 지하수를 고갈시키는 양상을 보인다. 그 외에도 채광작업에 따른 폐석유실과 이에 의한 토양오염, 선광작업에 따른 광물찌꺼기 유실과 이에 의한 수질악화와 토양오염, 그리고 운반에 따른 소음 및 분진과 이에 의한 대기오염과 주거환경 악화와 같은 광해가 발생한다. 폐광 후에는 지하공동 형성에 따른 지반침하, 갱내수, 침출수, 광물찌꺼기에 의한 수질오염 및 토양오염, 그리고 광산시설물 방치에 따른 자연경관 훼손 등의 광해가 발생할 수 있다. 따라서 광산개발과 함께 수반되는 광해 문제를 해결하기 위해서는 이에 대한 근본적인 이해와 체계적인 복구대책이 요구된다.

표 10.1 광해의 원인 및 양상(산업자원부, 2006)

구분	광업활동	광해 원인	광해 양상
가행 중 발생	노천개발	산림·토지훼손	자연경관 훼손, 산사태
	채광작업	폐석유실, 분진, 소음·진동	토양오염, 지하수 고갈, 습지 형성, 주거환경 악화(소음공해)
	갱도굴착	산성갱내수 유출 (부유물질, 중금속 포함) 지반침하 및 균열	수질오염, 농작물 피해, 하천 생태계 파괴, 토양오염, 건물, 철도, 도로 등 구조물 파손
	선광작업	광물찌꺼기 유실	수질악화, 토양오염(중금속)
	광물운반	분진, 비산 및 소음	대기·수질오염, 주거환경 악화
폐광 후 발생		채굴적(지하공동)	지반침하, 농지용수 고갈, 습지형성, 도로 등 시설물 파손
		갱내수, 광미, 침출수	수질·토양오염, 인근광산 침수
		광산시설물 방치	자연경관 및 도시미관 훼손

국내 석탄광의 경우 1970년대 초부터 1980년대 후반까지 갱내채광으로 본격적인 개발이 이루어졌으며, 1990년대부터 현재까지 지속적으로 복구가 이루어지고 있다(한국산지보전협회, 2007). 개발 초기에는 개발과 복구를 별개로 분리하려는 인식이 강했으며, 이와 함께 개발지에 대한 복구공법은 물론 복구기술도 매우 낮은 수준이었다. 하지만 가끔 발생하는 대형 광산사고와 자연경관에 대한 국민적 관심

이 높아지면서 복구에 대한 인식도 자연스럽게 나타나게 되었다. 더군다나, 광산개발에만 치중하던 광산개발권자들의 인식도 크게 바뀌어 개발과 복구를 따로 분리하지 않고 반드시 해야 할 하나의 업무로 간주하게 되었다. 이러한 과정에서 획득된 그 동안의 경험 축적으로 광산의 복구공법과 복구기술도 많은 진전을 보였다.

미국의 경우 노천광산 복구가 1960년대에 본격적으로 시작되었으며, 노천광산개발에 따른 여러 가지 문제점을 해결하기 위하여 1977년에 「노천광산관리 및 복구법」을 제정하였다(Kaas, 1992, 권현호, 2004, 정소걸 외, 2010). 「노천광산관리 및 복구법」의 주요 목적은 노천광산에서 발생한 폐수 및 토사에 대한 효과적 통제, 토지의 공공 용도를 찾을 수 없는 경우 폐석적치장의 제거와 본래 형태의 복구, 폐기물과 산성물질의 적절한 처리, 적절한 수준의 토지 재녹화, 채광완료 후 토지 복구를 보증하기 위한 보증금의 납부 등이다(정소걸 외, 2010). 「노천광산관리 및 복구법」이 일관성 있게 적용됨으로써 지형회복, 침식방지, 채굴 토지의 공공목적 재활용, 채굴 완료 토지의 적절한 재녹화 등의 복구사업이 성공적으로 이루어지게 되었다.

하지만, 앞에서도 언급했듯이 복구는 광산의 가행 유무, 광산의 종류, 광산개발의 형태 등 광산개발의 특성에 따라 적절한 복구공법을 선택하여 적용해야 하며, 이와 아울러 그 나라의 광산개발 조건을 고려한 보다 체계적인 복구방안이 마련되어야 한다. 이 장에서는 노천채굴장이 개설될 때 수반되는 자연환경의 훼손, 산림환경의 파괴, 지형의 변경에 따른 노천광산의 복구에 대해 중점적으로 다루고자 한다.

10.1.2 복구의 개념 및 필요성

광산개발에서 복구는 「광산피해의 방지 및 복구에 관한 법률」의 「광해방지사업의 범위」에서 정한 제11조 제1항에 제시되어 있다(표 10.2). 광산개발에서 복구에 관한 법률은 제정되어 있는 데 반하여 이에 대한 정확한 정의는 아직까지 확립되어 있지 않은 실정이다. 하지만 많은 연구자들에 의해 광산 복구에 대한 개념이 세워지고 있다(김남춘, 남상훈, 2000; 대한광업진흥공사, 2001; 장정근, 2002; 한국산지보전협회, 2007; 권현호, 남광수, 2009; 이광재, 2009).

과거 복구의 개념은 지반의 물리적 안정성을 위해 많은 공학적 공법들을 적용하는 데 집중되어 있었던 것이 사실이다. 하지만 오늘날의 복구는 지반을 물리적으로 안정화시키는 것뿐만 아니라 생태적으로 안정화시키고 시각적으로도 자연경관과 어울리는 환경친화적인 생태복원이 요구되고 있다(남상준, 2001; 김귀곤, 조동길, 2004; 양재의 외, 2007; 한국산지보전협회, 2007). 이를 위해서는 공학적 기법과 함께 지질학, 산림학, 생태학, 지형학 등 복합적인 접근방식이 필요하다. 또한 복구된 채광지의 재활용 측면도 경제적·사회적·문화적 관점에서 재조명해야 할 필요성이 있다.

표 10.2 광산피해의 방지 및 복구에 관한 법률 제11조 제1항(법률 제10496호)

제11조(광해방지사업의 범위) 광해방지사업의 범위는 다음 각 호와 같다.

1. 가행광산·휴지광산 및 폐광산에서 발생하였거나 발생이 예상되는 다음 각목에 해당하는 광해의 방지 및 훼손지 복구사업
   가. 광산개발 중에 발생하는 폐석
   나. 광물을 선광 및 제련하는 과정에서 발생하는 광물찌꺼기·광재 및 침출수
   다. 광물을 채굴한 자리의 붕괴 등으로 인하여 발생하는 지표의 함몰 및 지반의 균열
   라. 갱에서 유출되는 오염수 및 선광장에서 발생하는 오·폐수
   마. 광업활동으로 인한 소음·진동 및 먼지
   바. 그 밖에 광업활동에 의한 산림 및 토지훼손(토양 및 농경오염을 포함한다)

10.1.3 복구의 종류

이 장에서 다루고자 하는 노천광산개발에 따른 복구는 다음과 같이 5가지로 구분하여 설명할 수 있다.

첫째, 폐석으로 인한 광해와 복구
둘째, 광산배수로 인한 광해와 복구
셋째, 토양오염으로 인한 광해와 복구
넷째, 채굴 완료 후 토지 및 사면 녹화에 의한 복구
다섯째, 기타 광산시설물 방치로 인한 광해와 복구

폐석으로 인한 대표적인 광해로는 폐석적치장 사면의 붕괴와 적치장으로부터 유

출되는 산성침출수에 의한 수질오염과 토양오염을 들 수 있다. 광산배수로 인한 광해로는 광산 주변이나 광산폐기물 적치장으로부터 유출되는 산성광산배수(Acid Mine Drainage, AMD)가 대표적이다. 토양오염으로 인한 광해는 주로 광물의 원재료를 채광, 선광, 제련하는 과정에서 발생하는 광물찌꺼기 유실과 산성광산배수의 유출을 들 수 있다. 그리고 노천채굴 완료된 광산의 토지침식과 잔벽사면의 붕괴도 광해의 한 예로 들 수 있다. 마지막으로 사용되지 않은 광산시설물의 방치로 인한 자연경관 훼손과 수질오염 및 토양오염도 광해에 해당한다. 따라서 이들 광해에 대한 유형별 특성을 잘 파악한 후 최적의 복구전략을 세워야 한다.

10.2 폐 석

폐석은 광산을 개발하는 데 필요한 다양한 작업인 채광, 굴진, 선별, 광산시설물 설치, 도로 개설 등의 과정에서 발생하는 암석이나 저품위 광석을 말한다(권현호, 남광수, 2009). 이러한 폐석은 광산의 종류나 광산개발의 형태에 따라 그 발생 규모는 다르지만 필연적으로 발생하는 부산물이다. 따라서 안정적이고 효율적인 광산개발을 하기 위해서는 폐석에 대한 다음 두 가지 사항을 고려해야 할 필요성이 있다. 첫째는 '폐석을 적치할 수 있는 폐석적치장의 규모를 어떻게 결정할 것인가?'의 문제이며, 둘째는 '폐석적치장을 장·단기적으로 어떻게 안정적으로 유지시킬 것인가?'이다.

폐석적치장의 규모는 광산의 종류 및 광산개발 형태와 밀접한 관계가 있으며, 안정적으로 광산을 개발하기 위해서 반드시 적절한 규모의 폐석적치장이 확보되어야 한다. 폐석적치장의 규모와 함께 폐석적치장의 안정적 유지는 폐석에 의한 광해발생을 방지하는 데 매우 중요한 역할을 한다. 폐석에 의한 광해의 대표적인 예로는 폐석사면의 붕괴와 이로 인한 토지의 매몰, 폐석적치장을 통해 유출되는 산성침출수에 의한 수질오염 및 토양오염, 그리고 폐석적치장의 비산과 먼지로 인한 주변의 피해 등을 들 수 있다. 따라서 폐석적치장을 일시적뿐만 아니라 장기적으로 운영할 경우에도 이에 적합한 공법을 사용하여 폐석사면 안정성과 함께 각종 오염에 대한 대책을 세워야 한다. 이에 대한 대책으로서 효율적인 채광법을 통한 폐석의 양을 줄이는 방법, 폐석사면에 대한 안정화 공법을 통한 폐석 유실방지, 석축이나 옹벽 구조물을 설치하여 폐석유출 방지 등이 있다(권현호, 남광수, 2009). 폐석적치장의 산림복구(사방공사)는 폐석적치장을 안정하게 관리하는 주목적 이외에도 광산개발지역의 쾌적한 환경조성과 복원을 통하여 폐석적치장 부지를 재활용하는 방안도 생각해볼 수 있다(김귀곤, 조동길, 2006).

10.2.1 폐석의 발생원인

폐석은 광산개발과정에서 발생하는 부산물로서 채광작업을 위한 갱도 굴착 시 발생하는 암석이나 광석의 선별과정에서 품위가 낮은 광석에서 주로 발생하며, 갱도 보수, 갱내·외 주요시설물 설치, 배수로 정비, 광산시설물 구축, 광산도로 개설 등의 과정에서도 발생한다(권현호, 남광수, 2009). 폐석은 개발하고자 하는 광물의 종류나 채광방식에 따라 차이가 있으며, 같은 광종일지라도 광물의 부존상태, 품위, 채광법, 지질조건, 지형 등에 따라서도 그 발생량이 다르게 나타난다. 이러한 원인에 의해 발생하는 폐석으로 인한 광해는 다음과 같다.

첫째, 폐석적치장의 유실과 폐석사면파괴로 인한 토지의 매몰
둘째, 폐석적치로 인한 자연경관 훼손과 토지의 황폐화
셋째, 폐석적치장의 산성침출수로 인한 수질오염 및 토양오염
넷째, 비산과 먼지로 인한 인간의 생활 및 동식물에 피해 등

10.2.2 폐석의 유실과 붕괴의 영향

규모가 작거나 재정적으로 열악한 광산의 경우 광산개발과정에서 발생하는 폐석을 별다른 안전조치를 취하지 않고 광산개발현장에 가까운 계곡이나 산허리에 적치하는 것이 대부분이다. 이렇게 안전조치가 없는 폐석적치장을 옹벽이나 축대로 안전조치를 했더라도 구조물 자체가 폐석적치장의 규모를 감당하기 어려운 경우, 폐석사면이 폭우나 해빙기에 붕괴되는 경우, 그리고 산림복구가 이뤄진 폐석적치장에 수목의 생육발달이 미진한 경우 등이 폐석적치장으로부터 폐석이 유실되는 원인이 된다.

폐석의 붕괴형태는 크게 네 가지로 분류할 수 있으며, 표면침식, 표면붕괴, 기초파괴, 층활이나 지활 등이다(권현호, 남광수, 2009). 표면침식은 토사가 엷게 깎여 낮은 곳으로 이동하는 것을 말한다. 표면붕괴는 폐석적치장에 있는 폐석의 일부가 급격히 산사면 지반에서 분리되어 미끄러 떨어지는 것을 가리킨다. 기초파괴는 기초지반이 폐석더미 하중에 견디지 못하여 폐석사면과 함께 미끄러져 떨어지는 것을 말한다. 층활 또는 지활은 경사된 지반위에 폐석적치장이 있을 때 폐석더미와 지반 중의 압력에 의하여 점토와 같은 이물질이 있을 때, 윤활면을 형성하여 폐석적치장 전체 또는 일부가 계속적으로 서서히 낮은 곳으로 이동하는 것을 가리킨다.

폐석적치장의 폐석사면 붕괴의 주원인은 폐석사면 내부의 전단응력을 증대시키는 작용과 전단저항을 감소시키는 작용 때문이다. 이들의 작용과 원인을 정리하면 표 10.3과 같다. 이들 내용에서 알 수 있듯이 폐석사면 붕괴에 직접적인 영향을 미치는 것이 물이므로 이에 대한 적절한 대책을 세워야 한다. 즉, 물의 영향을 받기 쉬운 하천수나 계곡수의 침입이 용이한 곳, 지하수위가 높고 용수가 많은 퇴적면이나 충적점토층 등에 폐석적치장을 설치하는 것은 붕괴 가능성이 높으므로 폐석적치장으로서는 적절하지 못하다.

표 10.3 폐석사면을 붕괴시키는 원인(권현호, 남광수, 2009)

전단응력 증감 원인	전단저항 감쇠 원인
퇴적량 및 폐석중량 증가 • 사면경사 증대 • 침투수에 의한 투수압력 발생 • 지진, 발파에 의한 수평분력 발생과 토입자 구조의 파괴 • 지하채굴에 의한 토지 이동	• 내부마찰각 감소 • 함수비 증가에 의한 점착력의 감소 • 폐석 풍화에 의한 단립구조 파괴 • 지하수 상승에 의한 유효응력의 감소 • 풍화에 의한 점토층 형성

폐석적치장의 불안정한 폐석사면의 형성, 폐석의 풍화에 의한 폐석사면 내 연약물질(풍화점토) 발달, 폐석사면 산림복구의 부적절함 등 폐석적치장의 지형적·환경적 요인들로 인하여 폐석사면의 붕괴가 발생한다. 이와 같이 폐석적치장의 폐석사면이 붕괴되면 주거지에 가까운 곳에 위치한 곳에서는 가옥이 파괴되어 인명피해를 줄 수 있으며, 농경지 주변에 위치한 경우 농경지 피복이나 토지매몰과 같은

피해를 주기도 한다. 이렇듯 광산지역에 광범위하게 존재하는 폐석적치장의 폐석 사면은 자연경관을 훼손하는 것은 물론 수목의 식생환경에도 악영향을 미친다.

10.2.3 폐석적치장 침출수의 영향

광산개발지역에 발생하는 수질오염과 토양오염의 주원인은 광산에서 유출되는 산성갱내수와 채광, 선광 및 제련하는 과정에서 발생하는 폐석이나 광물찌꺼기와 같은 광산폐기물을 통해 유출되는 침출수를 예로 들 수 있다. 특히 석탄광산과 금속광산의 폐석적치장에서 침출수로 발생하는 산성광산배수의 유출은 수질과 토양을 심각하게 오염시킨다. 폐석적치장의 폐석을 구성하고 있는 암석이 황화광물을 다량 포함하고 있을 경우, 폐석적치장 내로 우수나 지표수가 유입되면 황화광물의 산화작용이 일어나게 되어 자연수의 pH를 낮추게 되고, 이러한 산성수와 접하게 되는 물질들로부터 중금속을 용출시켜 산성광산배수가 발생하게 된다. 결국 폐광 이후에도 산성광산배수가 주변의 중금속을 용해하여 이동됨으로써 광산 주변의 토양과 지하수를 오염시키게 된다(권현호, 남광수, 2009).

10.2.4 폐석처리와 복구

1) 폐석처리

광산개발과정에서 필연적으로 발생하는 폐석을 안전하게 처리하기 위해서는 적절한 장소에 안정적으로 폐석을 적치하는 것이다. 이를 위해서는 광산개발현장으로부터 폐석을 적치할 곳의 거리뿐만 아니라 지형과 지질, 산림환경 등을 고려한 폐석 적치방법을 고려해야 한다. 현재 이용되고 있는 폐석 적치방법으로는 수평층상퇴적법, 계단식퇴적법, 투하퇴적법 등이 있으며, 폐석적치장의 높이와 구배에 따라 적정한 방법을 적용해야 한다(권현호, 남광수, 2009). 각 폐석 적치방법에 대한 설명은 다음과 같다.

수평층상퇴적법은 대규모의 폐석사면을 계획적으로 조성하기 위하여 폐석을 폐석적치장 바닥에서부터 1m 이하 두께로 다짐을 하면서 폐석을 적치하는 공법이다

(그림 10.1). 이 공법은 폐석 옹벽구조물 앞쪽에서부터 뒤쪽으로 폐석을 적치하여 폐석적치장의 폐석사면을 형성하는 방법으로서 폐석적치장의 퇴적구배는 퇴적 높이가 30m 이상일 경우 29° 이하가 되어야 안정하다. 이런 조건으로 폐석사면을 형성시키고 퇴적 시 폐석다짐을 충분히 하면 쌓인 폐석을 안정적으로 대용량 퇴적할 수 있고 영구적인 폐석적치장 운영이 가능하다. 또한 폐석사면의 안정화가 확보되어 산림녹화를 효과적으로 실시할 수 있다.

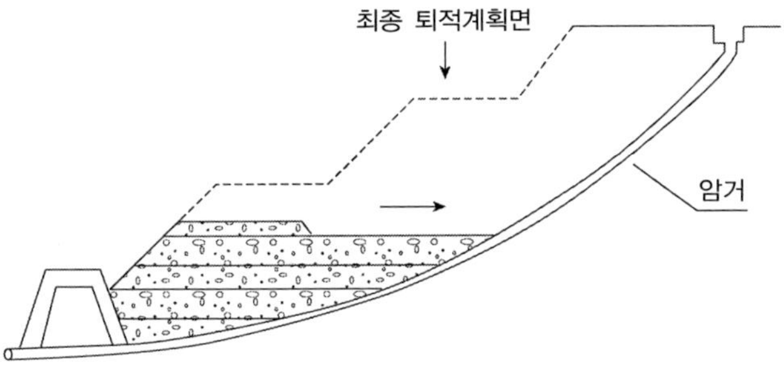

그림 10.1 수평층상퇴적법에 의한 폐석 적치 모식도(권현호, 남광수, 2009)

계단식퇴적법은 지형을 이용하여 폐석적치장의 폐석사면을 위에서부터 아래로 내려가면서 조성하고 폐석을 수평으로 유지하면서 높이와 구배를 조정하는 폐석 적치 공법이다(그림 10.2). 이때 폐석적치장의 퇴적구배는 퇴적 높이가 30m 이상일 경우 26° 이하가 되어야 안정하다. 폐석을 아래로 밀면서 적치하기 때문에 수평층상퇴적법에 비해 폐석 다짐이 불량하므로 폐석사면이 불안정해질 수 있다. 하지만 자연적인 지형을 이용한 폐석 적치가 가능하므로 장소에 대한 부담이 적다.

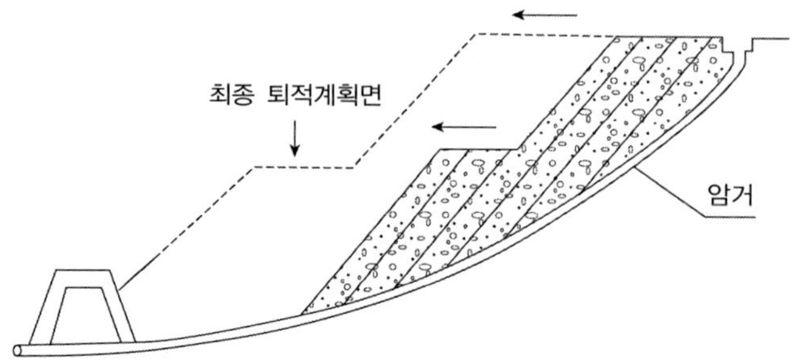

그림 10.2 계단식퇴적법에 의한 폐석 적치 모식도(권현호, 남광수, 2009)

투하퇴적법은 폐석을 적치하는 장소가 폐석 옹벽구조물까지 거리가 먼 경우 상부에서 폐석을 떨어뜨려 폐석사면에 쌓이게 하는 적치공법이다(그림 10.3). 이 방법은 수평층상퇴적법이나 계단식퇴적법에 비해 적용이 간편하여 과거에 주로 사용되었던 방법이다. 하지만 폐석 다짐의 불량으로 폐석사면이 불안정하여 사면붕괴나 원호파괴의 위험성이 가장 높은 적치방법이다. 따라서 폐석사면의 퇴적구배는 퇴적 높이를 30m 이상으로 할 경우 퇴적경사를 21° 이하로 해야 하며, 우기 시 물에 의한 영향이 최소가 되도록 충분한 배수시설을 고려한 설계가 필요하다.

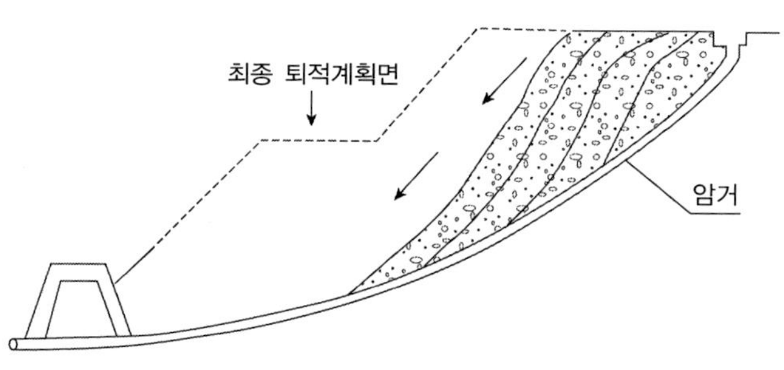

그림 10.3 투하퇴적법에 의한 폐석 적치 모식도(권현호, 남광수, 2009)

앞서 설명했듯이 폐석적치장은 계곡이나 구릉지 등에 차수시설 없이 흙제방, 옹벽, 석축 등을 쌓고 배수시설을 한 후 적치하는 것이 일반적이다. 따라서 폐석적치장은 재해방지와 경제성을 고려하여 다음과 같은 조건을 만족하는 곳에 설치하는 것이 바람직하다(권현호, 남광수, 2009).

① 폐석적치장이 붕괴하는 경우를 고려하여 주택, 철도, 도로, 하천 등의 매몰이 나 파괴 등의 피해가 없는 지역
② 산사태나 우기 시 흙이나 폐석들이 배수로를 매몰시킬 염려가 없는 지역
③ 폐석의 적치용량에 비해 충분히 큰 규모를 가진 지역
④ 흙이나 폐석의 운반거리가 비교적 짧고 우수 면적이 작은 지역
⑤ 옹벽구조물이 가능한 짧고 용수가 없는 지역 등

또한 광산개발지역에 있어서 폐석적치장의 형태를 감안하여 폐석사면의 안전도를 계산하여야 한다. 특히 적치된 폐석 두께(h')의 최대치가 10m를 넘을 때나 옹벽구조물의 높이(h)가 5m를 넘을 때, 그리고 폐석적치장의 폐석사면 높이(H)의 최대치가 30m를 넘을 때는 반드시 안전도 계산을 해야 한다(그림 10.4).

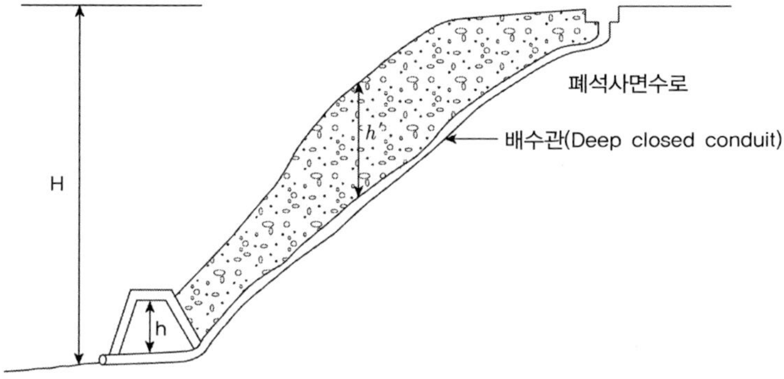

그림 10.4 폐석적치장의 폐석사면 안전도 모식도(권현호, 남광수, 2009)

2) 복구

폐석적치장에 대한 복구는 폐석사면을 물리적으로 안정화시키는 것과 자연경관이 주변 식생과 조화를 이루는 것이다. 이러한 관점으로 볼 때 폐석적치장의 복구는 다음과 같이 크게 네 부분으로 요약할 수 있다.

첫째, 폐석사면의 경사를 낮게 변경함으로써 폐석사면의 안정화를 도모할 수 있다.

폐석사면 표면의 울퉁불퉁한 불규칙한 부분을 매끈하게 정리를 한다거나 하중이 크게 작용하는 불안정한 부분을 제거하여 하중을 감소시키거나 폐석사면의 경사를 낮추면 급경사의 폐석사면보다 훨씬 안정적으로 될 수 있다. 이와 함께 폐석사면 아래 부분을 성토하면 폐석사면의 경사가 전체적으로 낮아지게 되므로 폐석사면의 안정화에 큰 도움을 줄 수 있다.

둘째, 폐석사면 전체 구간에서 물의 침투가 용이하다고 판단되는 지역에 배수처리를 실시하여 안정화를 꾀한다. 폐석사면의 상부지역에 크고 작은 규모의 인장절리나 균열이 발달해 있는 경우 우수의 침투가 용이하므로, 이들 지역에 트렌치와 같은 배수 시설을 설치함으로써 우수가 침투되지 못하도록 한다. 또한 폐석사면 사면에 배수로나 누수막을 설치하여 폐석사면의 안정화를 유도한다. 이러한 배수 시설물은 폐석사면 상부나 사면에 우수가 유입되는 것을 낮춰주는 기능을 하여 유입수가 폐석사면 내에서 윤활유 역할을 못하도록 한다. 이와 더불어 폐석사면에 존재하는 토사가 물을 함유하게 되면 폐석사면의 하중을 증대시키거나 마찰력을 감소시키게 되므로 이러한 역할을 못하도록 해야 한다.

셋째, 폐석사면 전체 구간 중 붕괴 위험이 있다고 판단되는 지역에 대해 적절한 지보재를 설치하여 폐석사면의 붕괴를 방지한다. 또한 폐석사면 하단부에 파일이나 옹벽구조물을 설치하여 폐석사면의 안정화를 도모한다.

넷째, 폐석사면의 저항력을 증가시키고 물 침투를 방지하기 위해 폐석사면 표면에 주변 자연환경과 어울리는 식생을 함으로써 폐석의 유실을 막고 자연경관적인 면에서도 긍정적 효과를 발휘한다. 또한 폐석의 풍화를 막기 위한 방법으로 폐석사면 표면에 숏크리트나 콘크리트 타설, 녹생토 시공, 떼 입히기 등의 작업도 실시한다.

그림 10.5는 폐석적치장의 폐석사면 복구에 대한 모식도를 나타내며, 그림 10.6은 폐석적치장의 폐석사면 복구에 대한 과정을 보여준다.

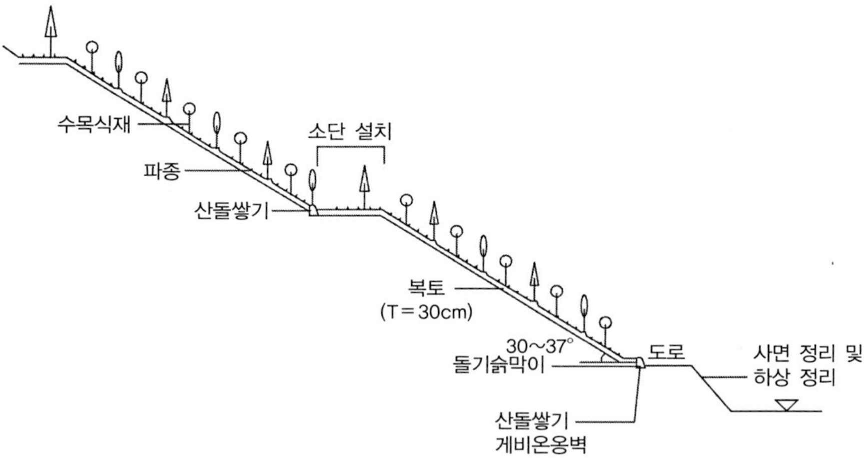

그림 10.5 폐석적치장 산림복구 표준횡단면도 예(권현호, 남광수, 2009)

1. 폐석사면 비탈 다듬기

2. 폐석사면 단 끊기

3. 폐석 운반 및 성토

4. 복토 운반 및 펴기

5. 폐석사면 면 고르기

6. 선떼 붙이기

7. 산돌 쌓기

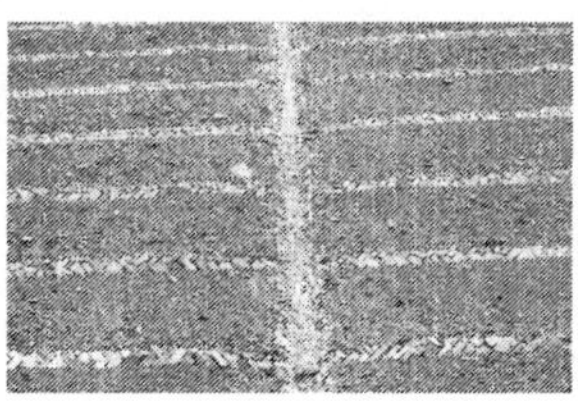

8. 메쌓기 돌 수로

9. 찰쌓기 돌 수로

그림 10.6 폐석적치장 폐석사면 복구 과정

10. 배수구 설치

11. 골막이

12. 돌 기슭막이

13. 석축 및 옹벽 시공

14. 사면녹화 파종

15. 사면녹화 식재

그림 10.6 폐석적치장 폐석사면 복구 과정(계속)

10.3 광산배수

광산개발에 있어 수질오염에 가장 직접적인 영향을 미치는 요인이 광산배수이다. 갱내채광의 경우, 채굴 전후에 갱구를 통해 유출되는 갱내수를 광산배수라 할 수 있다. 반면 노천채광에서는 노천광산 개발 중 발생한 폐석을 적치한 폐석적치장이나 광물찌꺼기 적치장에서 흘러나오는 침출수, 또는 노천광산 개발 완료 후에 형성된 광산 웅덩이나 침전지 등에서 유출되는 것들이 광산배수에 해당한다. 이렇게 유출된 광산배수는 주로 황화광물의 산화작용에 의한 산성광산배수(AMD)에 해당된다. 이러한 산성광산배수에 중금속 성분 함량이 높으면 중금속으로 오염된 광산배수를 발생시켜 수질뿐만 아니라 토양까지 오염시킬 수 있다. 광산배수 오염에 의한 자연의 피해는 결국 인간에게로 그 영향이 미치게 되므로 사전에 광산배수에 대한 대책을 세워 그 피해를 최소화해야 한다.

산성광산배수의 문제를 해결하기 위한 방법으로는 광산배수 유출을 근원적으로 차단하는 방법과 이미 유출된 광산배수를 처리하는 두 가지 방법이 있다. 채굴지역 중 황화광물 층에 물이 스며들지 못하도록 하거나 광산폐기물 적치장에 물이 직접적으로 접촉하지 못하게 하는 것이 광산배수 유출의 근원적 차단 방법이라 할 수 있다. 반면, 물리화학적 및 생물학적 수처리 방법과 인공적으로 석회석 수로나 습지를 조성하여 처리하는 자연정화법이 이미 유출된 광산배수 처리 방법들이다(권현호, 남광수, 2009; 한국지구시스템공학회, 2011; 이창우 외, 2014). 광산개발에서 나타나는 광산배수에 의한 수질오염은 장기적으로 지속되는 경우가 많으므로 이를 처리하기 위해서는 경제성, 환경성, 시공성 등을 고려해서 판단해야 한다.

10.3.1 산성광산배수 발생원인

노천광산뿐만 아니라 갱내광산도 개발을 하기 위해서는 폐석적치장이나 광물찌꺼기(광미) 적치장의 조성은 필요하다. 이렇게 조성된 적치장에 황화광물이 다량 포함되어 있으면 산성광산배수를 형성할 가능성이 크다. 그림 10.7은 광산개발에 있어서 산성광산배수가 발생할 수 있는 장소를 보여준다(이창우 외, 2014). 황화광물이 산소나 물에 노출되면 산화작용에 의해 자연수의 pH를 낮추게 되며, 이러한 산성수와 접하게 되는 물질들로부터 알루미늄, 망간, 아연, 카드뮴, 납 등의 중금속을 용출시켜 중금속으로 오염된 광산배수가 발생하게 된다. 또한 박테리아가 황이나 철을 촉매작용으로 산화속도를 증가시켜 산성광산배수를 생성하게 하기도 한다. 산성광산배수 발생 요인을 모식도로 나타내면 그림 10.8과 같다(권현호, 남광수, 2009).

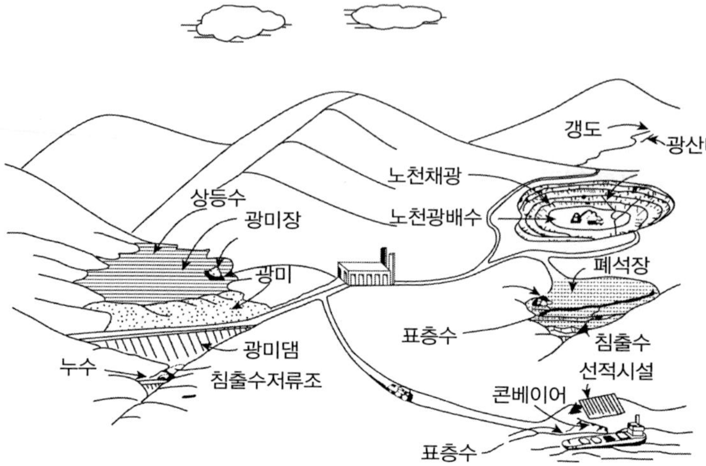

그림 10.7 광산개발에서 산성광산배수가 발생할 수 있는 장소(Lottermoser, 2007)

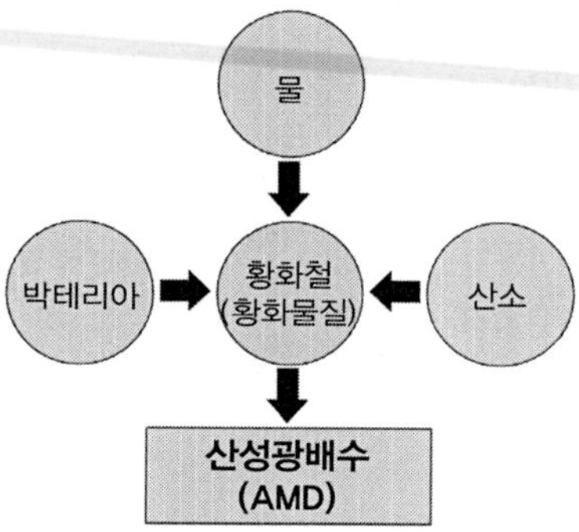

그림 10.8 산성광산배수 발생 요인(석탄합리화사업단, 1995)

이 외에도 갱내광산이나 노천광산에 채굴공간이 형성되어 강우나 공기에 노출되면 산성광산배수가 형성될 수 있다. 특히 갱내광산의 경우 지하수가 오염되어 산성광산배수가 발생하는 반면 노천광산의 경우에는 우기에 주로 발생한다. 그리고 앞서 설명한 것과 같이 광산개발로 인한 폐석적치장이나 광물찌꺼기(광미) 적치장이 강우나 공기에 접촉하여 침출수가 발생할 수 있으며, 이것이 산성광산배수를 형성할 수 있다. 그림 10.9~10.12는 위 내용에 해당하는 각각의 산성광산배수 발생 요인의 예들을 나타낸다.

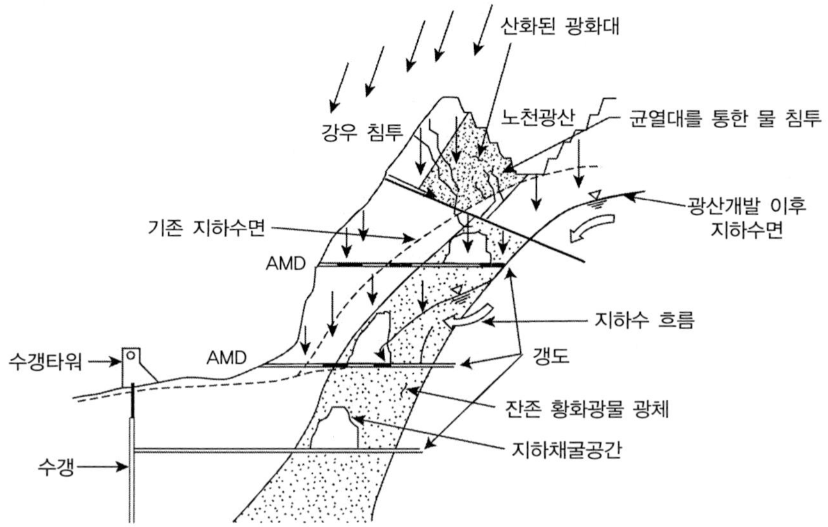

그림 10.9 지하채굴로 인한 황화광물 노출과 물 및 공기의 접촉에 의한 산성광산배수 발생 (Hutchison and Ellison, 1992)

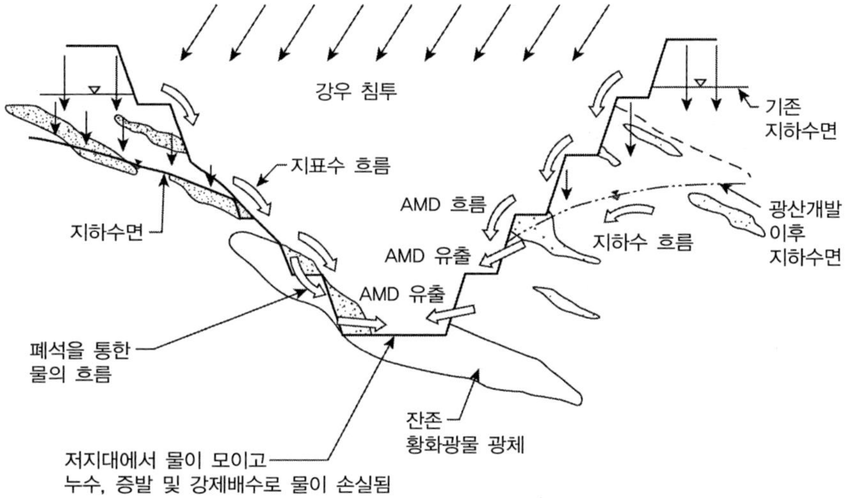

그림 10.10 노천채굴지에서 황화광물 노출로 인한 산성광산배수 발생 (Hutchison and Ellison, 1992)

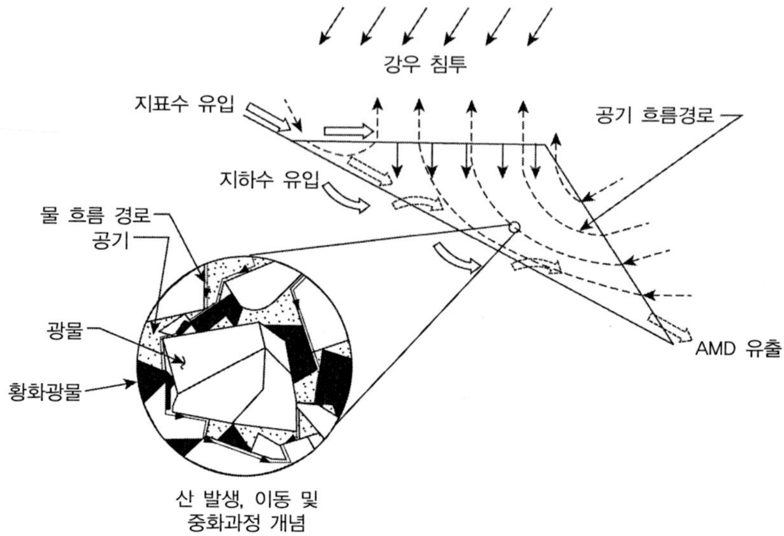

그림 10.11 폐석적치장에서 산성광산배수 발생(Hutchison and Ellison, 1992)

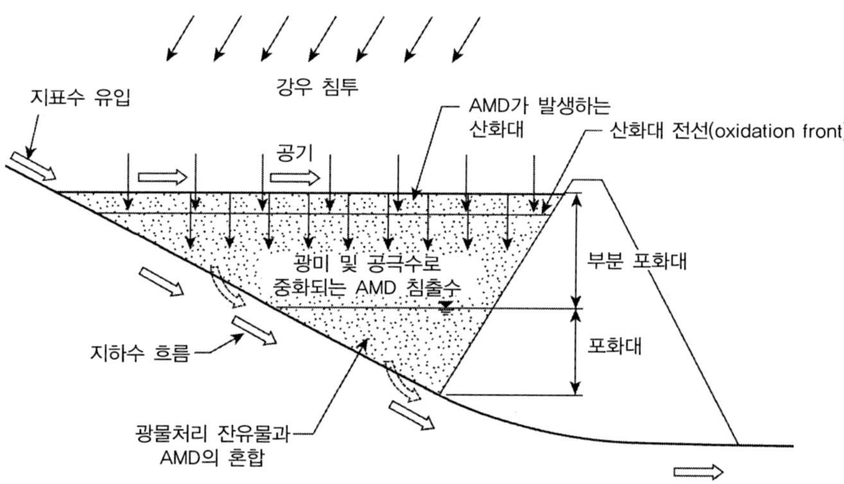

그림 10.12 광미적치장에서 산성광산배수 발생(Hutchison and Ellison, 1992)

노천개발광산은 개발 특성상 발파작업, 파쇄작업, 선별작업 등의 과정으로 이루어지므로, 다음과 같은 산성광산배수가 발생한다.

첫째, 폐석적치장이나 광물적치장에 적치해둔 광물과 폐석으로부터 분진, 부유물질에 의한 혼탁수와 오염된 침출수 발생
둘째, 광물과 폐석을 컨베이어 벨트나 덤프트럭 등 운반장비로 운반하는 과정에서 분진 등 발생
셋째, 광물의 파쇄시설, 선광장, 채광장 등으로부터 혼탁수나 오염된 침출수 발생

이러한 오염수의 발생은 일반적으로 대부분 황화광물이 함유된 금속광산과 석탄광산의 채광에 의한 지질환경이 개방됨으로써 이들이 물과 산소와 접촉하면서 산화반응을 일으켜 발생한다(권현호, 남광수, 2009; 이창우 외, 2014).

산성광산배수에 의한 환경영향을 정리하면 다음과 같다(권현호, 남광수, 2009).

첫째, 광산 주변 수계 수질 악화
둘째, 수생생물상의 서식 환경 파괴
셋째, 지표수 및 지하수의 중금속 오염
넷째, 금속 수산화물 침전과 시각적 혐오감
다섯째, 산도의 증가
여섯째, 탁도 발생
일곱째, 광산설비나 콘크리트 구조물의 부식 촉진

또한 황화광물의 산화과정으로부터 형성된 산성광산배수가 광산주변 수계로 유입되어 철수산화물의 침전에 의해 적갈색 침전물을 형성하는 황화현상(yellowboy)이나 알루미늄이 수산화물로 침전되어 백색 침전물을 형성하는 백화현상(whiteboy)을 일으키기도 한다(권현호, 남광수, 2009; 한국지구시스템공학회, 2011; 이창우 외, 2014). 그림 10.13은 이들 현상을 보여준다.

그림 10.13 산성광산배수에 의한 적갈색 침전물(좌)과 백색 침전물(우)
(한국지구시스템공학회, 2011)

10.3.2 산성광산배수 분석 및 평가

1) 분석

오염된 산성광산배수에 대하여 환경에 악영향을 미칠 수 있는 성분을 분석하고 평가하기 위해서는 현장조사와 함께 시료채취가 이뤄져야 한다. 현장조사는 시간적 및 공간적 조사의 성격에 맞게 조사를 수행해야 한다. 그리고 시료채취는 조사목적에 맞는 시료채취 방법을 잘 인지하여 분석오차를 최소화할 수 있도록 해야 한다. 이에 대한 자세한 설명은 다음과 같다.

첫째, 채수는 시간적 조사 개념으로서 특정 시간에 물의 평균수질, 농도범위, 변동 등을 반영할 수 있는 채수를 해야 한다. 광산배수는 광산개발 중이거나 폐광 등에 따라 수질, 유량 변동이 다르기 때문에 광산현장 상황에 맞추어 채수 방식을 마련해야 한다.

둘째, 채수지점은 가행중인 광산의 경우 광산배수 처리시설의 방류구, 광물처리시설의 방류구, 폐석적치장 및 광미적치장 배수구 등이며, 폐광산의 경우 노천채굴장이나 광산폐기물 적치장에서 오염 물질이 나올 수 있으므로 이 지점을 채수지점으로 한다.

셋째, 광산배수의 수질변동을 알기 위해서 일정시간 간격으로 채수해서 수질을 비교하는 채수빈도가 요구되며, 수질변동의 정도에 따라 달라져야 하므로 계절에 따른 수질변동을 감안해서 채수빈도를 정해야 한다.

넷째, 채수방법은 채수 시 침전물 등이 시료용기에 들어가지 않도록 주의하고, 되도록 공기가 유입되지 않도록 해야 한다. 채수된 용기에는 시료명, 채수위치, 채수일시, 기후, 기타 사항을 기재하여 시료 분석 시 혼동하지 않도록 한다. 시료 채취량은 측정항목이나 분석방법 등에 따라 차이가 있지만 대체적으로 2~5L 정도가 적당하다(이창우 외, 2014). 시료 채취 후 분석은 가급적 빠를수록 좋으나, 사정이 여의치 않을 경우 표 10.4와 같이 보존방법과 보존기간을 지켜야 한다(권현호, 남광수, 2009). 그리고 일반적으로 광산지역 현장에서 수행되고 있는 수질측정, 시료채수, 실내 화학분석 과정은 그림 10.14와 같다.

표 10.4 광산배수 측정항목별 보존방법 및 보존기간(환경부, 수질오염공정시험법)

측정항목	시료용기	보존방법	최대 보존기간
온도	폴리에틸렌용기, 유리병	–	즉시 측정
pH	폴리에틸렌용기, 유리병	–	즉시 측정
철, 니켈, 비소, 망간, 납, 카드뮴, 구리, 아연, 크롬	폴리에틸렌용기, 유리병	HNO_3 2mL/L	6개월
6가크롬	폴리에틸렌용기, 유리병	4°C 보관	24시간

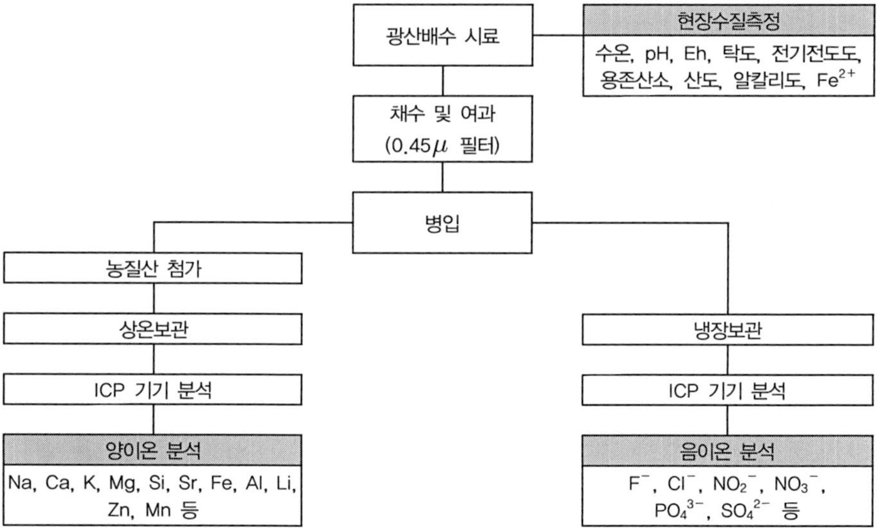

그림 10.14 수질측정, 채수 및 화학분석 과정 흐름도(석탄산업합리화사업단, 1995)

2) 평가

광산배수에 대한 측정과 그에 따른 평가 항목은 현장의 경우 수소이온농도, 용존산소, 수온, 전기전도도, 산도, 알칼리도, 탁도 등이다. 실내의 경우 양이온 중금속은 흡광광도법, 원자흡광광도법, 유도결합플라즈마 발광광도법을 이용하여 측정하고 분석하며, 음이온은 이온크로마토그래피법을 이용하여 측정하고 분석한다(권현호, 남광수, 2009; 이창우 외, 2014). 각 항목에 대하여 간단하게 정리하면 다음과 같다.

(1) 수소이온농도(pH)

pH는 광산배수 특징을 표현하는 수질항목으로서 용액이 산성 혹은 염기성인지를 나타내는 값으로 단위가 없는 변수로서 1~14 값의 범위를 갖는다. pH가 7인 중성을 기점으로 7 이하인 경우 산성, 7 이상인 경우 염기성으로 구분할 수 있다. pH 계산식은 아래와 같다.

$$pH = -\log[H^+] \quad (10.1)$$

물질 종류별 pH 범위를 나타내면 그림 10.15와 같다(Taylor et al., 2003). 자연상태의 물이나 먹는 물의 pH는 5.5~8.5 범위에 속한다. 광산채굴과정에서 발생하는 황화광물이 용해되면서 용액속으로 유입된 금속이온은 용해성 상태로 잔존하거나 수산화물이나 탄산염 등으로 침전된다.

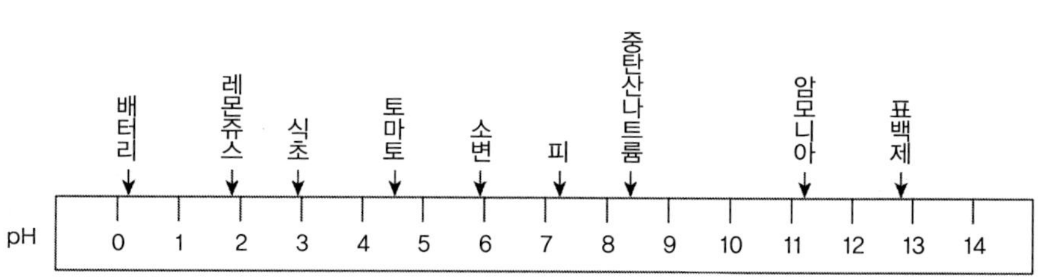

그림 10.15 물질 종류별 pH 범위(Taylor et al., 2003)

(2) 용존산소(Dissolved Oxygen, DO)

DO는 물속에 용해되어 있는 산소분자로서 건강한 수서생태를 유지하기 위해 필요한 수질항목이다(AMIC, 1989). 일반적으로 DO는 mg/L로 표기하며, 경우에 따라서는 포화도(%)로 표현한다. 자연상태의 수서환경에서 DO의 감소는 오수나 광물처리수와 같은 유기물질의 유입으로 부영양화현상 등이 나타난다. DO는 2가철의 산화속도에 관계되어 광산배수 중화처리공정 설계에 활용된다. 예를 들면, pH가 3 이상의 광산배수에 3가철보다 2가철의 농도가 높으면 산소공급을 통해서 더 빠른 시간 내에 2가철을 산화시켜 철을 제거할 수 있다.

(3) 전기전도도(Electronic Conductivity)

전기전도도는 용액이 전류를 운반할 수 있는 정도로서 $1cm^2$의 단면적에 1cm의 상대전극 사이에 있는 용액의 저항을 측정하여 알 수 있으며, 온도, 이온의 형태, 농도 및 결합력 등에 영향을 받는다. 용존 이온의 농도가 높으면 전기전도도의 값도 높게 측정된다. 금속이온의 농도가 높아 오염도가 큰 광산배수는 그렇지 않은 광산배수와 비교할 때 전기전도도가 더 크게 나타난다. 따라서 전기전도도의 측정을 통해서 광산배수의 오염도나 광산배수에 의한 오염범위 등을 평가할 수 있다. 전기전도도의 단위는 mS/m(milliSiemens per meter) 혹은 μS/cm이며, 1mS/m = 10μ mhos/cm이다.

(4) 산도(acidity) 및 알칼리도(alkalinity)

산도는 염기(base)를 중화시킬 수 있는 능력을 나타내는 척도이다. 광산배수의 특징을 표현하는 중요한 수질항목으로서 산도는 염산, 황산, 질산 등과 같은 무기산, 용해된 이산화탄소와 탄산, 용해된 유기산 및 용해성 금속에서 발생한다. 반면 알칼리도는 산을 중화시키거나 완화시킬 수 있는 능력을 나타내는 척도로서 물에 존재하는 수소이온을 흡수할 수 있는 능력이다. 알칼리도는 수중의 탄산염(CO_3^-), 중탄산염(HCO_3^-), 수산화물(OH^-)의 형태로 함유되어 있으며, 이들의 농도를 탄산칼슘의 값으로 환산하여 나타낸 값(ppm)이다.

(5) 고형물(solid)

총고용물(Total Solid, TS)은 물에 존재하는 모든 물질을 총칭하며, 총용존고형물(Total Dissolved Solid, TDS)과 총부유고형물(Total Suspended Solid, TSS)의 합이다. TDS는 특정 크기의 여과지를 통과하는 고형물로서 사용된 여과지의 공극 크기에 좌우된다. TSS는 물 시료를 여과한 후 건조무게를 측정한 값으로부터 얻을 수 있다.

(6) 탁도(turbidity)

탁도는 물 시료들이 빛을 산란시키는 능력을 광학적으로 측정하는 것으로 부유물질의 입자크기, 광물 함량, 빛의 산란이나 흡수도에 의존한다. 탁도의 단위는 NTU(Nephelometric Turbidity Unit)이며, 탁도 측정은 가행광산 배출수의 탁도 관리나 광산배수가 인접한 하천의 탁도 영향, 그리고 광산처리시설의 모니터링 평가에 적극 활용될 수 있다.

(7) 흡광광도법(Absorptiometric Analysis, AA)

빛이 시료용액 중을 통과할 때 흡수나 산란 등에 의하여 강도가 변화하는 것을 이용하는 것이다. 시료물질 용액의 흡광도를 측정하여 시료 중 목적으로 하는 성분을 정량화하는 방법으로 파장 200～900nm에서의 액체 흡광도를 측정함으로써 수중의 오염물질을 분석할 수 있다.

(8) 원자흡광광도법(Atomic Absorption Spectrophotometry, AAS)

시료를 적당한 방법으로 해리시켜 중성원자로 증기화하여 생긴 기저상태의 원자가 원자증기층을 투과하는 각 원소의 특유파장에 대한 흡광도를 측정하여 시료 중의 원소 농도를 정량화하는 방법이다.

(9) **유도결합플라즈마 발광광도법**(Inductively Coupled Plasma emission spectroscopy, ICP)

시료를 고주파 유도코일에 의하여 형성된 알곤 플라즈마에 도입하여 6,000~8,000°K에서 여기된 원자가 바닥상태로 이동할 때 방출하는 발광선과 발광광도를 측정하여 원소의 정성 및 정량 분석에 이용하는 방법이다.

10.3.3 산성광산배수 처리방법

산성광산배수를 처리하는 방법으로서는 물리적 처리, 화학적 처리, 전기화학처리 등과 같은 적극적 처리방식(active treatment)과 석회석 수로나 습지를 인공적으로 조성하여 처리하는 소극적 처리방식(passive treatment)으로 구분할 수 있다. 그림 10.16은 산성광산배수의 처리기술 분류와 종류를 나타낸다. 산성광산배수 처리법은 일반적으로 오염부하, 수질정화 목표, 정화부지, 비용, 정책적인 고려사항 등을 복합적으로 고려하여 선정된다. 산성광산배수의 유출량이 많고 오염부하가 크면 적극적인 방식을 적용하여 처리하고 이와 반대이면 소극적인 방식으로 처리한다. 그림 10.17은 산성광산배수 오염부하에 따른 처리기술 적합성을 나타낸다.

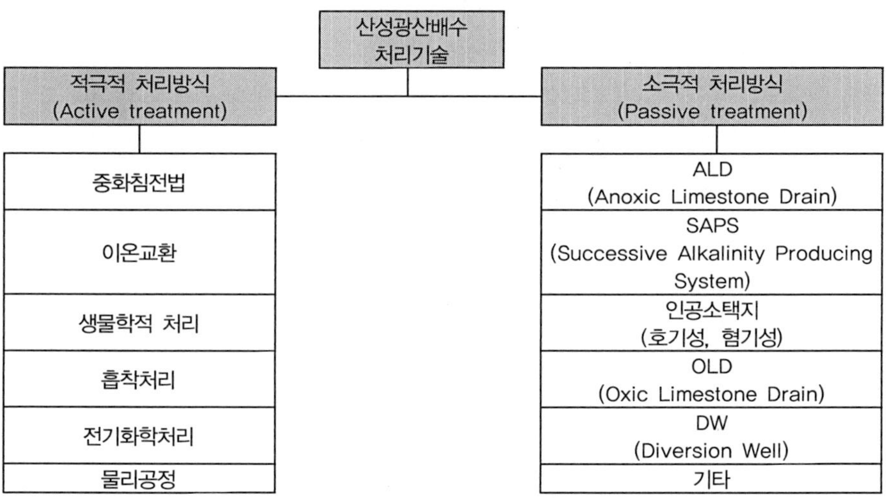

그림 10.16 산성광산배수 처리기술의 분류 및 종류

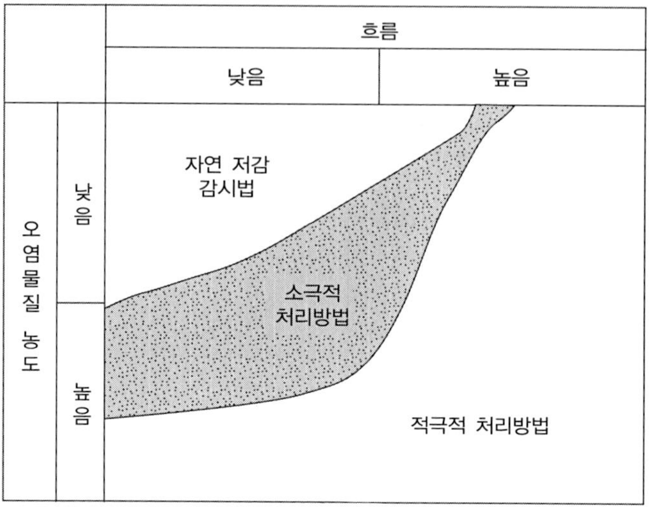

그림 10.17 산성광산배수 오염부하에 따른 처리기술 적합성(ERMITE, 2004)

적극적 처리방식은 산성광산배수를 한 곳에 집적하여 화학약품 첨가나 기계적 교란과 같은 인위적인 방법을 통해 중화나 산화를 촉진시키는 방법이다. 석회나 가성소다, 탄산나트륨 등과 같은 알칼리제를 사용하여 산성광산배수의 pH를 높이고, 철과 같은 금속류를 높은 pH 조건에서 산화시켜 금속 수산화물 형태로 침전을 시킨 후 응집제를 이용하여 최종 침전시킨다. 적극적 처리방식은 소극적 처리방식에 비하여 정화효율이 우수하고, 정화기간도 비교적 짧으며, 정화부지가 상대적으로 적게 소요되는 반면, 유지비와 관리비가 많이 소요된다. 이 방식은 광산의 수질상태와 유량, 부지여건, 사후관리비용, 처리효율 등을 종합적으로 분석하여 결정하여야 하며, 정화시설을 위한 설계과정에서 일정기간 모의실험을 통해 공법 적용성, 경제성, 시공성 등을 검토해야 한다. 적극적 처리방식에는 중화침전법, 소석회 슬러지 반송법(고농도 슬러지 반송법(High Density Sludge process, HDS)), 전기정화법 등이 있다(권현호, 남광수, 2009; 이창우 외, 2014). 그림 10.18은 고농도 슬러지 반송법에 의한 산성광산배수 처리시설을 보여준다.

그림 10.18 고농도 슬러지 반송법에 의한 산성광산배수 처리시설 예(한국광해관리공단)

소극적 처리방식은 미생물의 생화학적 작용에 의해 정화하는 자연정화식 처리기술로서 미생물이 생존할 수 있는 환경과 알칼리도를 증가시킬 수 있는 반응조 내부의 생화학적인 반응을 통해 산성광산배수를 정화하는 방법이다. 이 방식은 적극적 처리방식에 비하여 친환경적이고 유지비와 관리비가 적게 드는 반면, 정화효율이 다소 떨어지고, 부지가 많이 필요하다. 정화시설 설치 후 장기간 운영된 경우 침전물이 쌓여 월류현상이 발생할 수 있다. 알루미늄이 많은 광산배수의 경우 정화조 내 막힘(clogging)현상으로 정화효율이 떨어질 수 있으므로 지속적이고 주기적인 관리가 필요하다. 산성 소극적 처리방식들로는 석회석 배수법(limestone drains), 알칼리 생성조(Successive Alkalinity Producing System, SAPS), 호기성 및 혐기성 인공소택지(aerobic and anaerobic constructed wetland), DW(Diversion Well) 등을 들 수 있다. 그림 10.19는 산성광산배수 소극적 처리방식의 예를 보여준다(권현호, 남광수, 2009).

그림 10.19 위 : 폐탄광 자연정화법 적용 예(왼쪽부터 SAPS → 침전조 → 소택지)
아래 : 폐금속광 자연정화법 적용 예(오른쪽부터 혐기성 → 호기성 소택지)

10.4 토양오염

토양학에서 토양은 암석이 오랜 기간 동안 물리적, 화학적, 생물학적 풍화작용을 받아 생성된 물질로서 식물을 지지하고 식물에게 영양분을 공급시켜주는 자연적인 연속체로 정의된다. 토양은 식물재배, 지하수함양, 오염물질 정화, 자연생태계 및 경관 유지 등 다양한 기능을 수행하기도 한다. 토양에 유입되는 오염물질은 토양의 물리적, 화학적, 생물학적 복합작용에 의해 오염이 방지되거나 감소된다. 이러한 토양은 일반적으로 고상(solid phase), 액상(liquid phase), 기상(gaseous phase)

등 3개의 상(phase)으로 구분할 수 있다. 토양을 지표면에서부터 땅속으로 수직으로 잘랐을 때 나타나는 토양단면(soil profile)은 그림 10.20과 같다. 즉, 토양은 위로부터 O층, A층, B층, C층, 그리고 R층으로 나눌 수 있다.

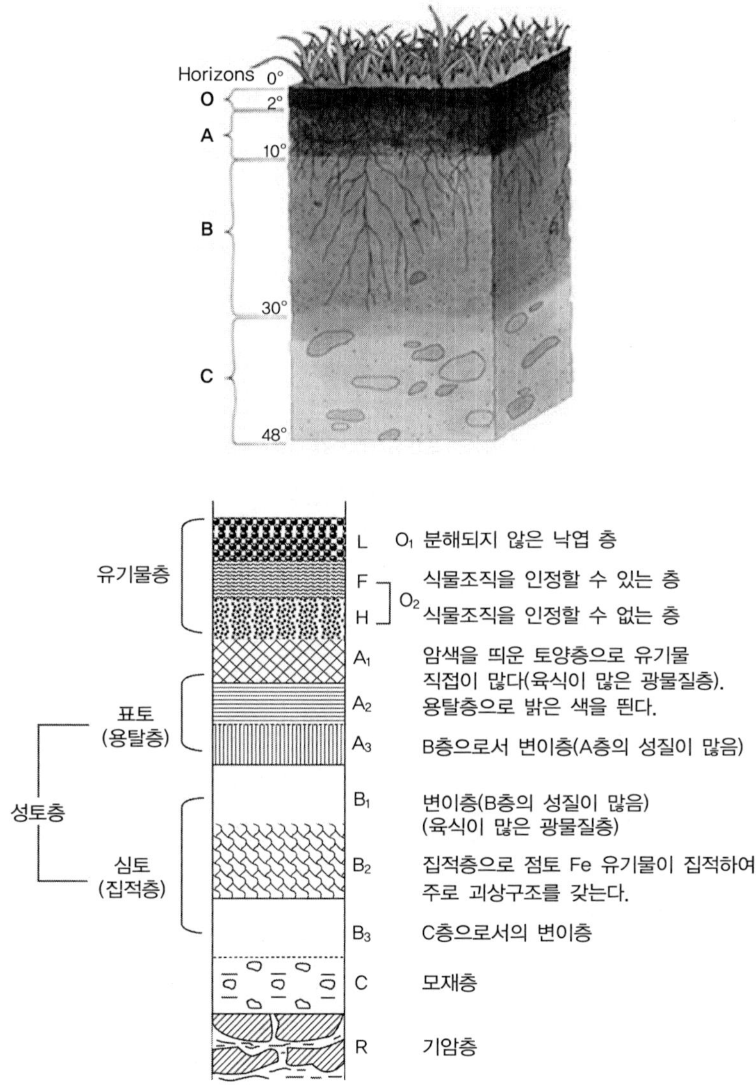

그림 10.20 일반적인 토양 단면 예

맨 위층인 O층은 부분적으로 분해가 일어나고 있는 유기물층으로 유기물의 원형을 식별할 수 있는 O_1층과 식별할 수 없는 O_2층으로 구분된다. A층은 화학적으로 용탈, 물리적으로는 세탈에 의해 생물활동이 가장 활발하고 유기물이 가장 풍부한 토층에 해당된다. 용탈은 아래로 침투하는 토양수가 가용성 물질을 녹여서 제거하는 현상으로서, 용탈층은 광물질이 풍부하고 하부층보다 색깔이 짙은 것이 특징이다. 세탈은 토양수가 콜로이드 또는 점토와 같은 미립 물질을 씻어 내리는 현상으로서 특성에 따라 A_1, A_2, A_3로 구분된다. B층은 A층에서 용탈 및 세탈되어 내려오는 이화학적 성분들이 침전이나 집적이 이루어지는 집적층으로서 풍화작용이 가장 활발하게 일어나고 토양의 구조가 가장 뚜렷하게 구분되는 것이 특징이며 그 특성에 따라 B_1, B_2, B_3로 구분된다. C층은 풍화작용에 의해 생산된 암설로만 이루어진 층이며, 유기물이 유입되지 않은 무기물층으로서 토양의 생성작용(풍화작용)을 거의 받지 않은 모재층이다. 그리고 R층은 단단한 모암층에 해당된다.

광산지역에 나타나는 토양오염은 주로 채광, 선광 및 제련과정 중에 발생되는 광물찌꺼기의 유실과 산성광산배수의 유출에 의한다. 광산개발 이후 적절한 처리 없이 방치되어 있는 폐석적치장이나 광미적치장은 다량의 중금속을 함유하고 있어 집중강우나 강풍으로 인하여 주변 토양으로 이동되어 토양오염을 일으킨다. 광산지역의 토양오염도 조사는 광산 일대에 대하여 기초적인 조사, 토양이 오염되어 있는 곳을 중심으로 개황조사, 그리고 필요에 따라서 정밀조사를 실시한다. 만약 조사결과가 생태환경에 미치는 영향이 심각할 경우 복구대책을 세워서 처리해야 한다.

이에 따라 토양오염을 처리하기 위한 다양한 처리 기술들이 한국광해관리공단(오염토양 처리지침, 2007)을 중심으로 이미 개발되었거나 개발되고 있다. 토양오염 처리기술에는 오염토양을 일시적으로 격리시키는 방법, 오염된 토양을 정화시키는 방법, 오염토양을 재활용하는 방법 또는 매립장으로 이동시켜 처리하는 방법, 그리고 갱내에 충진시키는 방법 등 다양하다. 결과적으로 가행광산뿐만 아니라 휴·폐광광산을 포함한 광산지역의 토양오염을 복구하기 위해서는 정화시킬 오염토양부지와 오염수준, 복구 범위 등을 종합적으로 고려하여 실시하여야 한다.

10.4.1 토양오염 발생원인 및 영향

일반적으로 환경에 오염을 주는 오염원은 그 매체에 따라 대기, 수질, 토양, 기타로 구분되며, 오염은 오염매체별, 오염원의 종류, 오염물질, 발생기구 및 그 영향에 따라 다양하게 분류될 수 있다(한국지구시스템공학회, 2011; 이창우 외, 2014). 토양오염의 원인으로는 지질학적 풍화과정에 의한 중금속 노출, 채광 및 선광과 제련과 같은 광산개발과정에 의한 오염, 산업화와 도시화에 의한 오염 등으로 요약할 수 있다. 따라서 국내에서는 이러한 토양오염에 의한 문제를 효과적으로 해결하기 위하여 토양환경보전법(1955)을 제정하여 토양환경에 대한 종합적 대책을 운영하고 있다.

광산지역에서 토양오염의 발생원인은 채광할 때 발생하는 광산폐기물, 선광이나 제련과정에 사용되는 유해한 화학약품, 갱구나 광산폐기물 적치장에서 유출되는 침출수를 포함한 산성광산배수 등이다. 대부분의 토양오염은 광산개발에서 발생하는 광물찌꺼기의 비산과 강우에 의한 유출이 주요한 원인이 된다. 이에 따라 국내에서는 광산피해의 방지 및 복구에 관한 법률(2005)의 토양오염 개량 등에 근거한 오염토양 처리지침(2007)을 제정하여 오염된 토양을 처리해오고 있다.

지표나 지하에 매장되어 있는 유용한 광물을 생산하기 위하여 광산개발활동이 이루어진다. 이때 발생한 다량의 폐석은 광산주변에 적치되고, 여러 형태의 풍화작용을 받아 풍화된 폐석이 주변의 토양에 영향을 미친다. 특히 적치된 폐석에 황철석을 포함한 황화광물이 다량 포함되어 있을 경우, 이들이 물과 산소와 반응하여 산성광산배수를 형성시켜, 결국 수질과 토양을 오염시킨다. 또한 경제성이 있는 광석광물의 경우 유용광물을 효과적으로 회수하기 위해 파쇄, 분쇄, 미분쇄 등의 파쇄작업을 하고, 다양한 물리화학적 선별과정의 선광작업을 수행한다. 이때 채굴한 원광의 극히 일부분만이 유가금속으로 남고 나머지 99% 이상이 광산폐기물로 버려지기 때문에, 이들로부터 유출된 유해 중금속이 토양을 오염시키기도 한다. 한편 방치된 휴·폐금속광산의 광물찌꺼기는 광석이 채굴된 후 유가금속은 회수되고 자연상태로 배출됨으로써 광석 중에 함유된 다량의 유해 중금속이 대기 중에 노출되어 산화하거나 강우나 지하수와 반응함으로써 토양을 오염시킨다(권현호, 남광수, 2009). 그림 10.21은 광산지역 토양오염 발생 기작을 보여주는 모식도이다.

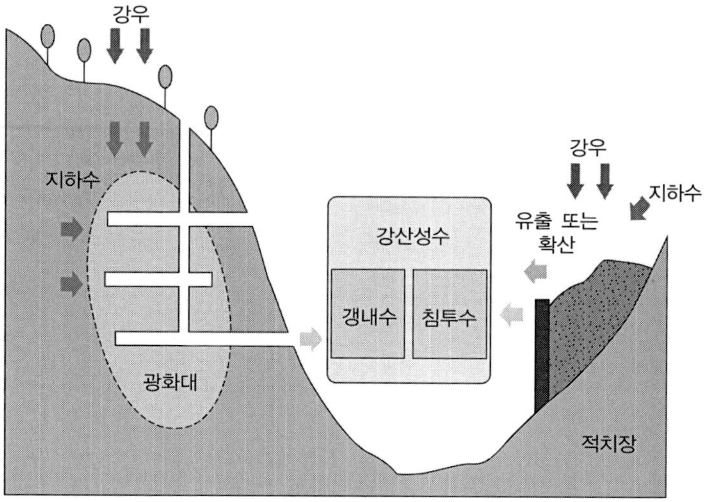

그림 10.21 광산지역 토양오염 발생 기작 모식도(권현호, 남광수, 2009)

토양은 어느 정도의 오염에 대해서 자연적인 회복 능력이 있지만, 자연적으로 회복할 수 있는 한계를 넘으면 개선이나 복원이 어렵게 된다. 토양오염은 수질오염이나 대기오염과 달리 그 반응속도가 매우 느리기 때문에 토양오염으로 인한 피해가 나타나기까지 오랜 기간이 소요되는 특징을 가지고 있다. 특히 토양이 중금속으로 오염되면 이들이 토양에 흡착하고 이를 동식물이 섭취하고, 최종적으로 인간에게까지 유입되어 피해를 준다. 중금속은 토양의 pH, 산화환원 상태, 함유 성분 등에 따라 이동 특성이 크게 달라진다. 일반적으로 광산지역의 토양은 지질학적 요인과 함께 중금속을 포함한 광체의 물리적·화학적·생물학적 풍화작용에 의해 광산지역 이외의 토양에 비하여 높은 중금속 함량을 나타낸다.

10.4.2 토양오염 조사, 분석 및 평가

1) 조사 및 분석

광산지역에서 토양오염을 조사하기 위하여 적용되고 있는 조사방법은 토지사용 이력조사와 같은 개략적인 기초조사, 토양오염도 조사와 같은 예비조사, 환경오염도 분석 및 평가와 같은 오염 평가, 이들 결과에 대한 정밀 평가, 그리고 최종적으로 토양오염의 범위 및 복원대책을 제시하는 최종 평가 등으로 구분할 수 있다. 이에 대한 자세한 설명은 다음과 같다.

첫째, 광산지역 오염원에 대한 기초조사는 오염원의 특성에 따라 조사방법이 다양하지만 일반적으로 표 10.5의 사항을 고려하여 실시한다.

둘째, 예비조사는 정밀조사 계획을 수립하기 위한 조사로서 일반현황에 대한 조사와 유관기관에서 조사된 자료를 근거로 조사를 실시한다. 일반적으로 폐석적치장이나 광미적치장의 유실 흔적이 없고, 기존 조사 자료 검토결과 오염 정도가 낮아 오염 우려가 적은 경우 정밀조사를 하지 않고 예비조사만으로 충분하다. 이 조사단계에서는 토양의 개략적인 오염도를 평가하기 위하여 토양, 물, 퇴적토 등을 채취하여 분석한다. 이때 채취할 토양시료의 심도는 토양오염공정시험기준에 근거하여 표토의 경우 0～15cm, 중토의 경우 15～30cm, 심토의 경우 30～100cm 범위에서 채취해야 하며, 토양오염도 조사항목은 pH, CN, As 및 중금속류(Cd, Cu, Hg, Pb, Ni, Zn 등) 등이다(이창우 외, 2014).

셋째, 예비조사 결과 광산지역 주변이 중금속으로 오염이 심하게 확산되어 있는 경우 오염된 경로를 따라 정밀조사를 실시하여 토양의 오염 정도와 오염 범위를 산정해야 한다. 토양 오염도 조사항목은 앞서 설명한 예비조사 항목과 같다.

마지막으로 토양오염에 대한 기초조사, 예비조사 및 정밀조사가 완료되면 그 결과를 검토하여 토양오염의 범위와 복구대책을 세워야 한다. 그림 10.22는 토양 및 수질 오염도 조사 방법을 위한 순서도를 나타낸다.

토양의 오염도를 측정하기 위해서 수행되는 토양시료 채취는 간단하지만 매우 중요한 작업이다. 왜냐하면 계획적이고 체계적인 토양시료의 조사지점 선정과 시료채취 작업이 이루어지지 않으면 채취된 시료를 이용하여 분석, 자료처리 및 결과해석 등 일련의 과정에 치명적인 오류가 발생할 가능성이 크기 때문이다.

표 10.5 광산지역 기초조사 내용(이창우 외, 2014)

조사 내용		일반적인 조사 사항
토지 사용 이력	폐금속광산 이력 조사	• 최종 광업권자, 소재지, 주요 광종, 채광기간 등 일반 이력
	주요 오염원 조사	• 갱내수 유출 여부, 유출량, 이용실태와 폐석 및 광물찌꺼기 적치량, 선광시설 유무와 기타 오염원 존재 여부
	폐금속광산 환경오염 영향권 내 토지이용 현황 조사	• 논, 밭, 과수원 등 농경지 분포현황 • 광미유실로 인한 농작물 생육의 지장 여부 • 농경지의 토지이용 등
기타 주변 지역 환경 실태	영향권 내 주거 및 인구분포 현황 등	• 거주 인구, 가구 수, 용수이용 현황(지하수, 상수원수) 등
	기타 주변지역 현황	• 폐금속광산 오염으로 인한 유입하천과의 이격거리와 하류하천의 지류 및 본류 명칭 기재 • 광산하류에 인접한 상수원 보호구역, 취·정수장이 있는 경우 광산과의 이격거리와 이용현황 등

따라서 토양시료를 채취하기 전에 채취할 물질에 대한 정보, 지형에 대한 정보, 토양심도에 따른 정보 등을 고려해야 한다. 광산지역에 폐석이나 광미 등이 적치되어 있을 경우 오염원의 오염수준을 알아보기 위해 토양시료를 채취하게 된다. 광산부근에 선광장이나 광미적치장이 있는 경우는 주변 토양에 대한 시료를 채취한다. 하지만 폐광산의 경우 광미적치장보다는 선광시설 주변의 토양에 대한 시료채취가 우선적으로 이뤄진다. 광산지역 토양시료 채취는 오염원인 폐석, 광물찌꺼기, 선광시설로부터 하부 수계 방향을 따라 분포하는 농경지 위주로 일정한 간격으로 채취한다. 토양시료의 채취 방법은 휴·폐광산 유출수·토양 현지조사 및 수질분석 업무처리지침(2010)에 자세히 설명되어 있다.

현장에서 채취한 토양시료는 실험실에서 물리화학적 및 화학 분석을 위해 시료를 운반하고, 건조시키고, 분쇄하고, 보관하는 등의 사전처리 과정을 거친다. 이러한 과정을 거쳐 만들어진 시료는 토양오염공정시험분석법에 근거하여 분석하며, 양이온은 흡광광도계(AA), 원자흡광광도계(AAS), 유도결합플라즈마 발광광도계(ICP-AES), 음이온은 이온크로마토그래피(IC)를 이용하여 분석된다. 이에 대한 내용은 10.3절에서 설명한 바 있다.

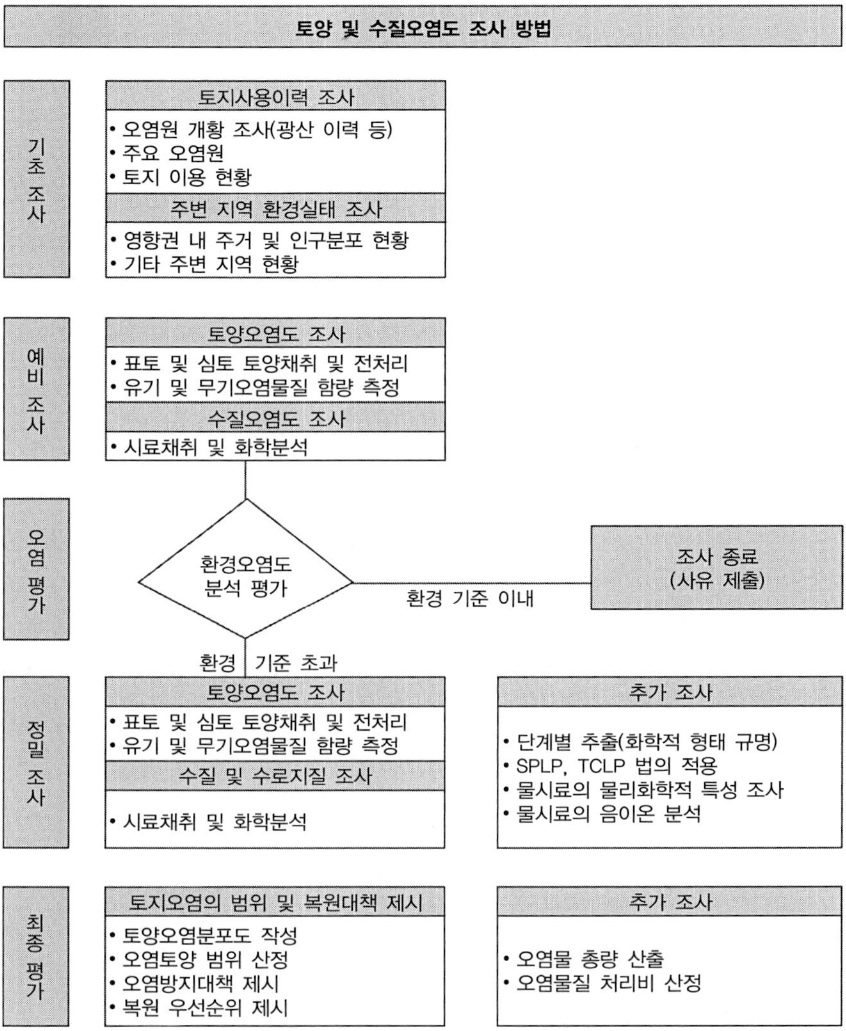

그림 10.22 광산지역 토양 및 수질 오염도 조사 방법(이창우 외, 2014)

2) 평가

광산개발로 인한 오염토양의 복구와 방지대책을 세우기 위해서는 광산지역 주변의 토양오염 상태와 이로 인한 오염영향 등에 대한 오염수준 평가가 이루어져야 한다. 광산지역 주변의 오염정도를 평가하기 위한 방법으로는 오염지수와 위해성 평가가 활용된다(권현호, 남광수, 2009).

오염지수(Pollution Index, PI)는 광산지역 주변의 오염정도를 객관적으로 평가하기 위한 하나의 방법으로서 채취·분석한 각각의 중금속 함량을 적용 기준값으로 나눈 후, 이들을 합한 값에 투여한 원소의 수로 나눈 값으로 정의된다. 이때 오염지수가 1 이상이면 오염지역이고, 그 이하이면 비오염지역임을 의미하다. 토양오염은 광산에서 오염기준을 초과하는 일부 특정원소에 대해 발생한다. 그리고 오염지수를 계산할 때 오염수준을 초과하지 않은 성분을 포함한 전체 성분에 대하여 적용되기 때문에 분석결과가 오염지수 1 이하의 광산지역이라 할지라도 일부 특정 성분에 의한 오염지역으로 나타날 수 있다.

위해성 평가(risk assessment)는 어떤 유해오염물질에 노출되어 나타날 수 있는 인간의 건강피해 확률을 추정하는 과학적인 과정으로 사람이 환경적 위험에 노출되었을 경우 발생할 수 있는 영향을 정성적 또는 정량적으로 추정하는 과정이다. 광산지역의 위해성 평가를 위해서는 다양한 오염원에 대한 노출경로를 파악해야 한다. 그림 10.23은 폐광으로 인하여 폐광지역 주민들이 다양한 경로를 통해 독성 중금속의 위해성에 노출되는 시나리오를 보여준다. 위해성 평가는 4단계의 평가과정으로 구분된다.

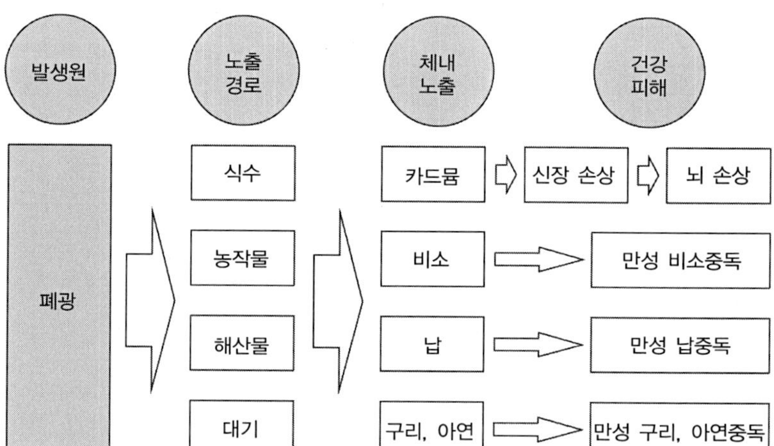

그림 10.23 폐광으로 인한 주민 건강피해 시나리오(고성군, 2004)

첫째, 유해성 확인(hazard identification) 과정 : 어떤 물질의 잠재 유해성과 이것의 악영향과의 연관성 증거를 조사하는 과정이다. 즉, 오염원 주변 중금속으로 오염된 환경매체에 대한 화학분석 자료를 평가하고 독성 중금속들의 유해성을 확인하는 과정이다.

둘째, 노출 평가(exposure assessment) : 노출된 인구집단의 크기, 노출의 강도, 빈도 및 기간, 노출경로를 통해 인체 노출량을 정량적으로 추정하는 과정으로 유해물질이 이미 노출된 사람들의 집단을 파악하여 어떤 방법에 노출되었는지와 노출량과 노출시간 등을 계산하는 과정이다.

셋째, 용량-반응 평가(dose-response assessment) : 독성 평가라고도 하며, 유해오염물질의 용량과 노출된 인구집단에서의 유해건강 영향 발생 간의 관계를 규명하고 노출로 인한 유해건강 영향이 얼마나 오랜 기간, 얼마나 많은 양에 의해 악영향이 나타나는지를 알아보는 단계이다.

넷째, 위해도 결정(risk characterization) : 앞의 세 단계를 통해서 얻어진 결과를 종합적으로 활용하여 예측된 노출량에 대한 유해건강 영향의 발생수준을 위해도로 나타내는 과정이다.

10.4.3 토양오염 처리방법

광산개발로 인해 발생되는 광물찌꺼기나 오염된 토양을 처리할 수 있는 방법은 다양하다. 국내외에서 대표적으로 사용되고 있는 오염토양 처리 방법인 저장 방법, 안정화 및 고형화 방법, 토양세척법, 동전기법, 식물정화법 및 기타 자연저감법과 반응벽체법에 대하여 간략하게 정리하면 다음과 같다.

저장(containment) 방법은 오염물질을 원위치에 저장하거나 일정 지역에 이동 격리(isolation)시키는 방법으로, 다른 오염정화기술을 사용할 수 있는 상황이 되지 않을 만큼 물리적이나 경제적으로 어려운 경우에 사용된다. 즉, 적절한 오염처리기술이 선정되기 전이나 장기적으로 오염처리 시설의 설치가 유보된 지역에 사용된다. 이 방법은 오염물질이 비 또는 하천수가 토양과 반응하여 지표 및 지하수를 오염시키는 것을 방지하기 위해 상단을 불투수성 물질로 덮는 복토법(그림 10.24)

과 오염물질이 지하수로 이동되어 수평으로 이동되는 것을 방지하기 위해 수직벽체를 설치하는 수직벽체법(vertical barriers), 오염물질의 수직적 분산을 억제하기 위한 수평벽체법(horizontal barriers) 등으로 구분할 수 있다.

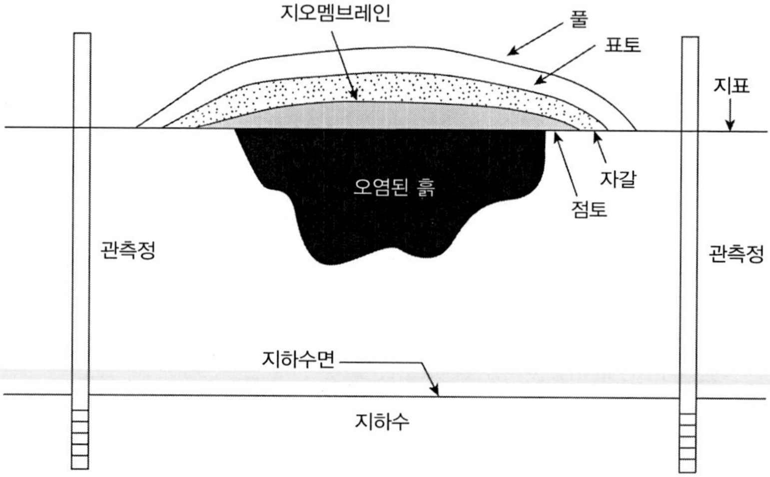

그림 10.24 복토법 모식도(김명진, 2002)

안정화 및 고형화(solidification and stabilization) 방법(그림 10.25)은 오염물질의 중간 및 최종처리에 가장 적합한 방법이다. 안정화는 폐기물의 용해성, 유동성 또는 독성형태를 최소화하기 위하여 폐기물을 변형하는 것이며, 고형화는 비고형화 상태의 폐기물을 고형물로 바꾸어 폐기물의 물리적 형태를 변화시키는 것이다(한국지하수토양환경학회, 2001). 이 방법은 부피 감소, 표면적 감소, 용해성 감소, 독성 감소 등의 장점이 있으며, 처리 형태에 따라 시멘트를 기초로 한 고형화 및 안정화, 폴리머를 이용한 처리(polymer microencapsulation), 유리화(vitrification) 등으로 구분할 수 있다. 고형화 및 안정화 공정을 위해서는 많은 양의 시약과 첨가제를 현장으로 옮겨야 하므로 부지가 멀리 떨어진 경우에는 경제성이 떨어진다.

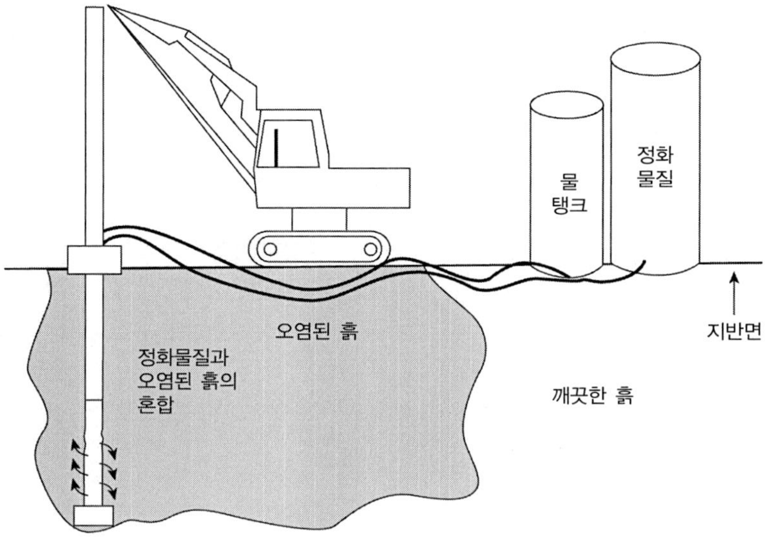

그림 10.25 고형화 및 안정화법의 모식도(권현호, 남광수, 2009)

토양세척법(soil washing, 그림 10.26)은 토양 내의 오염물을 세척수와 기계적 마찰력을 이용하여 미세토양과 액상으로 이동·분리시켜 토양오염물의 부피를 감소시키는 방법이다(한국지하수토양환경학회, 2001). 이 방법은 전처리 → 분리 → 굵은 모래 처리 → 미세모래 처리 → 처리수 정화 → 처리잔류물 관리 등 6단계 처리과정으로 이루어진다. 토양세척법은 적절한 세척제를 사용하여 토양입자에 결합되어 있는 유해 유기오염물질의 표면장력을 약화시키거나 중금속을 액상으로 변화시켜 토양입자로부터 유해 유기오염물질 및 중금속을 분리시켜 처리하는 방법이다. 이 방법에서 이용되는 세척제는 오염물질을 토양으로부터 분리·용해시키는 역할을 하는 물질로서, 계면의 자유에너지를 낮출 뿐만 아니라 계면의 성질을 현격히 변화시키며 물에 대해 용해성이 적은 물질을 열역학적으로 안정한 상태로 용해시킬 수 있는 중요한 화학물질이다. 주요 처리물질은 준휘발성 유기화합물질, 유류계 오염물질 및 중금속, 특정 휘발성 유기화합물질과 살충제 등이 금속을 회수할 수도 있으며, 광범위한 유기 및 무기오염물질을 제거할 수도 있다.

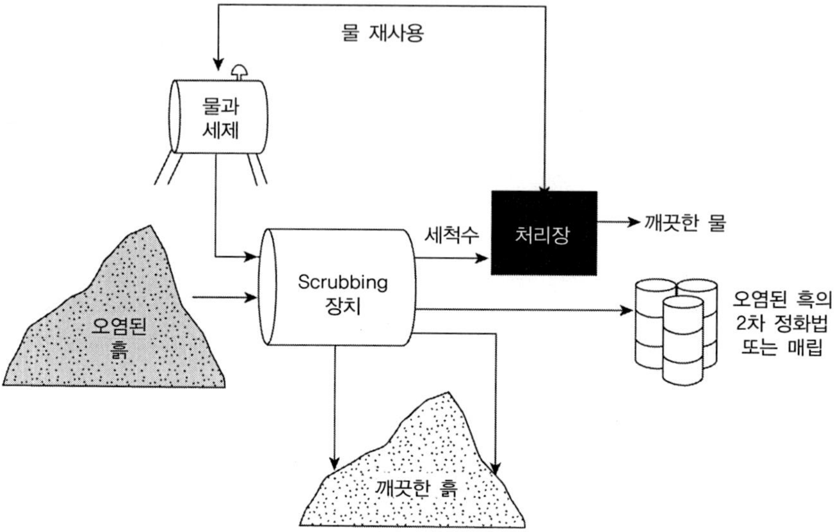

그림 10.26 토양세척법의 모식도(권현호, 남광수, 2009)

동전기법(electrokinetics, 그림 10.27)은 오염물의 전기적 특성을 활용하여 오염물질을 정화하는 기술로써 현장 또는 이동 처리 기술 모두에 활용이 가능하다. 이 방법은 오염지역에 전극을 설치하여 이온 형태로 존재하는 양이온과 음이온을 제거하는 기술로, 초기에는 무기 금속이온에 국한되어 활용되었지만 현재는 유기물의 처리에도 확대되어 사용되고 있다. 오염물질 중에서 양이온은 음극에 음이온은 양극으로 이동되어 처리된다. 이러한 오염물의 이동 기작은 electro-osmosis와 electro-chemical migration으로 설명된다. 이 방법의 장점은 운영비가 비교적 싸고 현장 및 이동처리가 모두 가능하며 처리된 물질은 회수하여 재활용할 수 있다는 것이며, 단점은 오염물질이 전극으로 이동될 수 있는 전해질이 존재하는 지역에서만 적용 가능하다는 점이다(Cauwenberghe, 1997).

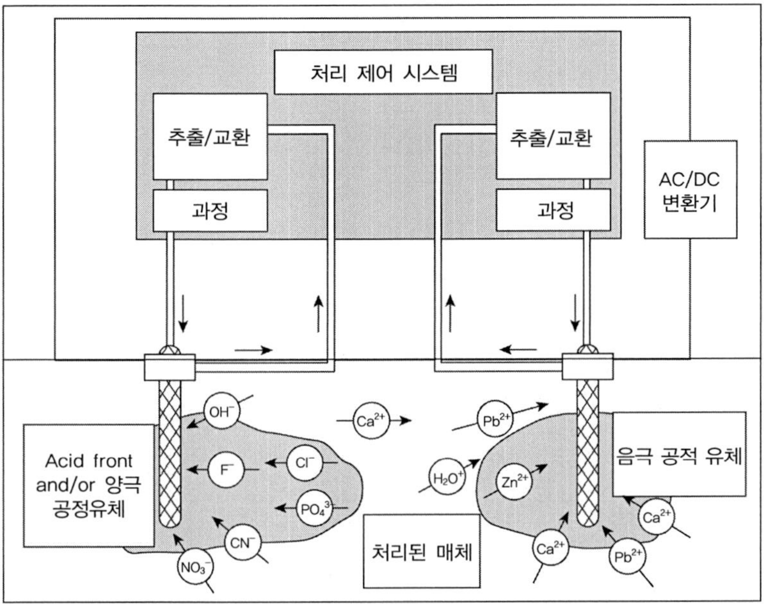

그림 10.27 동전기법의 모식도(권현호, 남광수, 2009)

식물정화법(phytoremediation)은 식물을 활용하여 오염물질을 제거하는 방법이다(그림 10.28). 식물정화 기술은 정화 방법에 따라 4가지로 구분할 수 있다. 즉, 오염토양으로부터 식물이 유해성 물질을 흡수, 농축 및 침전시켜 처리하는 식물추출법(phytoextraction), 식물의 뿌리 작용에 의해 토양오염물질의 이동도와 생물학적 흡수도(bioavailability)를 감소시키는 식물안정화법(phytostabilization), 식물의 뿌리 내로 중금속을 흡착, 농축 및 침전시키는 근권여과법(rhizofiltration)과 토양오염물질을 뿌리 → 줄기 → 잎으로 이동시켜 대기 중으로 증발산시키는 식물휘산법(phytovolatilization) 등이 있다. 이 방법의 장점은 처리비용이 저렴하고, 현장 및 이동 처리가 가능하며, 환경친화적 처리라는 점인 반면, 단점은 처리시간이 길고, 적정 식물의 성장이 어렵고, 오염도가 낮은 지역에서만 적용이 가능하며, 겨울에는 효과가 없다는 점이다.

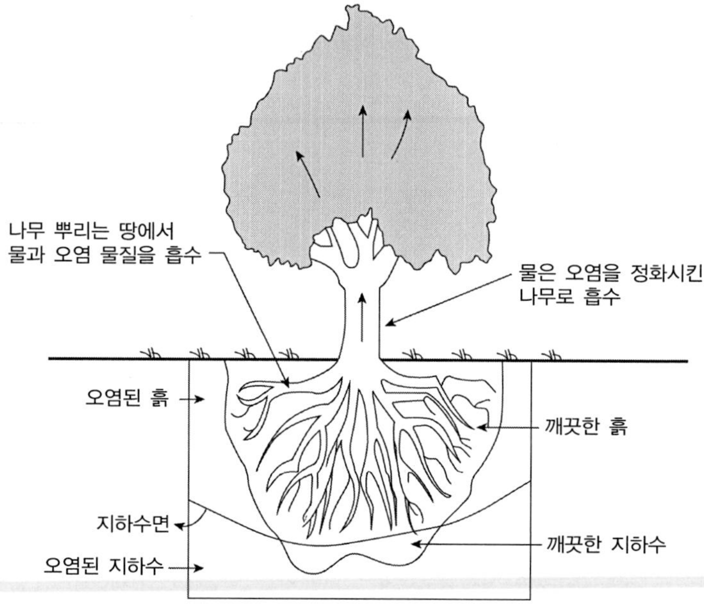

그림 10.28 식물정화법의 모식도(권현호, 남광수, 2009)

자연저감법(Monitored Natural Attenuation, MNA)은 토양 또는 지중에서 자연적으로 일어나는 희석, 휘발, 생분해, 흡착, 그리고 지중물질과의 화학반응 등에 의해 오염물질 농도가 허용 가능한 수준으로 저감되도록 유도하는 방법이다. 또한 반응벽체법(permeable reactive barriers)은 오염물질의 이동을 제한하기 위해 불투수층 또는 완전 불투수성 물질로 일종의 장벽을 만들어 오염물질의 확산을 줄이는 방법이다.

10.5 노천채굴 완료 후 토지 및 사면 녹화

노천개발 채굴지역은 강우, 적설, 동결융해, 지진 등에 의해 토양 침식, 붕괴, 낙석 등의 현상이 발생하기 쉬우므로 광산재해로 이어질 가능성이 크다. 이 때문에 대표적인 노천채굴광산으로서 석회석광산의 노천채굴 적치장 처리 목적은 종래 토사 유출 방지나 잔벽사면을 안정화시키는 방재적 요소가 강했다. 하지만 근래에 들어와서는 자연보호나 환경보전에 대한 사회적 관심이 높아짐에 따라 이에 대한 규정이 강화되고 있는 실정이다. 이에 따라 노천채굴에 의해 형성된 잔벽사면뿐만 아니라 광물개발과 처리에 의해 만들어진 폐석적치장 및 광미적치장에 대한 복구 방안도 심도 있게 논의되고 있다. 이들 지역에 대한 처리의 주목적은 환경보전, 경관유지, 생태계보전 등으로 녹화시키는 것이라 할 수 있다.

10.5.1 지표 및 잔벽사면 녹화의 필요성

노천채굴로 인하여 발생한 지표와 잔벽사면을 대상으로 한 녹화의 목적은 물과 토양 보전, 자연계 회복, 경관유지, 생태계 보전 등이 해당된다. 이러한 관점에서 볼 때 채굴 완료 후 지표 및 잔벽사면, 그리고 적치장 등은 채굴을 종료한 지역부터 녹화를 진행해야 하는 것이 원칙이다(資源と素材學會, 2005). 하지만 채굴 후 잔벽사면은 식물의 생육기반으로서 나쁜 환경조건을 가지고 있기 때문에 녹화시공이 매우 곤란할 뿐만 아니라 녹화시공을 하기 위해서는 많은 비용이 소요될 수 있다. 또한 녹화를 시공하더라도 인공적인 인상이 강하고 자연경관 회복효과가 그다지 크지 않다. 그렇기 때문에 노천채굴 전의 개발계획 단계에서부터 노천채굴 완료 후에 대한 지표, 잔벽사면, 폐석 및 광미 적치장 등의 녹화방침을 검토하는 것이 매우 중요하다. 하지만 실제는 이에 대한 충분한 대응이 이루어지지 않고 있는 실정이다. 노천채굴지역에 대한 녹화의 사회적 요청은 생태계 복원이 시각적으로 아름다운 자연경관을 장기간 유지하는 것뿐만 아니라 지표 및 잔벽사면이 역학적으로도 안정적일 수 있게 질 높은 녹화 도입 필요성이 커지고 있다.

10.5.2 녹화계획 수립 및 설정

노천채굴 완료된 잔벽사면에 대한 녹화를 체계적으로 구축하기 위해서는 초기 단계에서부터 계획, 설계, 시공 등의 철저한 준비가 있어야 한다. 노천채굴지역 사면에 대한 녹화는 지반 및 잔벽사면의 물리적 안정성 확보, 식생의 도입, 경관 및 생태적 특징의 우수성 등을 충분히 고려하여 녹화계획을 수립하고 이에 적절한 녹화방법을 설정해야 한다(한국산지보전협회, 2007). 이를 위한 녹화계획의 수립과 설정은 다음과 같이 크게 세 단계로 나누어 설명할 수 있다.

첫째, 노천채굴 잔벽사면의 안정성이 확립되어야 한다. 이를 위해서는 사면에 대한 합리적인 절취구배가 결정되어야 한다. 표 10.6은 각 기관에 따른 절취사면 구배 설계기준을 나타내며, 표 10.7은 암석의 종류 및 상태에 따른 표준구배를 보여준다.

표 10.6 각 기관의 절취사면 구배 설계기준(대한광업진흥공사, 2001)

<table>
<tr><th colspan="9">절취사면 구배 설계기준</th></tr>
<tr><th rowspan="2">지반 구분
(사면 높이)</th><th colspan="4">토사층</th><th rowspan="2">리핑암층</th><th rowspan="2" colspan="2">발파암층</th><th rowspan="2">비고</th></tr>
<tr><th colspan="2">5m 이상</th><th colspan="2">5m 이하</th></tr>
<tr><td>건설교통부</td><td colspan="2">1:1.5</td><td colspan="2">1:1.2</td><td>1:0.7</td><td colspan="2">1:0.5</td><td></td></tr>
<tr><td>한국도로공사</td><td colspan="2">1:1.5</td><td colspan="2">1:1.2</td><td>1:1.0</td><td colspan="2">1:0.5</td><td></td></tr>
<tr><td>한국토지공사</td><td colspan="2">1:1.5</td><td colspan="2">1:1.2</td><td>1:1.0</td><td colspan="2">1:0.5</td><td></td></tr>
<tr><th rowspan="3">지반 구분
(사면 높이)</th><th colspan="2" rowspan="2">토사층</th><th colspan="2" rowspan="2">리피암층</th><th colspan="4">발파암층</th></tr>
<tr><th colspan="2">연암층</th><th colspan="2">경암층</th></tr>
<tr><th>5m 이상</th><th>5m 이하</th><th>5m 이상</th><th>5m 이하</th><th colspan="2">5m 이상</th><th colspan="2">5m 이하</th></tr>
<tr><td>대한주택공사</td><td>1:1.5</td><td>1:1.2</td><td>1:1.2</td><td>1:1.0</td><td>1:1.0</td><td>1:0.8</td><td>1:0.8</td><td>1:0.5</td></tr>
</table>

표 10.7 암석의 종류 및 상태에 따른 표준구배(한국기지개발공사, 1985)

<table>
<tr><th colspan="3">암석의 종류 및 상태</th><th>표준구배</th></tr>
<tr><td rowspan="3">화성암</td><td>심성암</td><td>화강암
풍화암
섬록암</td><td>1:0.3~0.7
1:0.8~1.0
1:0.5</td></tr>
<tr><td>반심성암</td><td>석영반암
균열이 많은 석영반암</td><td>1:0.5
1:0.75~1.0</td></tr>
<tr><td>화산암</td><td>석영
조면암
풍화된 석영조면암
안산암
풍화되고 균열이 많은 안산암현무암</td><td>1:0.3~0.8
1:0.8~1.0
1:0.3~1.0
1:1.0~1.2
1:0.7</td></tr>
</table>

표 10.7 암석의 종류 및 상태에 따른 표준구배(한국기지개발공사, 1985)(계속)

암석의 종류 및 상태			표준구배
변성암	동력변성암	녹니석편암 석영편암 흑연편암 천매암	1:0.5~0.7 1:0.5~1.0 1::0.7 1:0.35~0.8
	기타 변성암	규암	1:0.7
퇴저암	석회암 균열이 많은 사암 풍화되고 균열이 많은 사암 응회암, 응회질셰일, 응회질사암 풍화가 심하고 부스러지는 셰일 풍화된 셰일 균열이 없는 셰일		1:0.5 1:0.5~0.7 1:0.7~1.0 1:1.0 1:1.5 1:1.2 1:0.5~1.0

또한 사면의 안정성에 영향을 미치는 노천채굴지역 사면의 지형과 지질, 암반특성, 기하학적 형상, 암반정수, 절리 및 풍화상태 등을 고려하여 대상 사면에 적합한 사면보강공법과 사면안정화공법을 수립하고 설정하여야 한다. 이에 대한 설명은 녹화공법 설계 및 적용에서 자세히 다루고자 한다.

둘째, 노천채굴지역 주변지역에 맞는 식생을 도입하여 튼튼한 생태환경을 조성해야 한다. 이를 위해서는 식생이 잘 정착할 수 있도록 적절한 토양개량과 충분한 복토가 이루어져야 한다. 또한 어떤 경우에는 하층식생 제거, 수종 갱신, 목본 식재 등을 통한 생태변화도 고려해야 한다. 특히 잔벽사면에 대한 녹화는 입지조건에 따라 매우 다양하기 때문에 세심한 고려가 요구된다. 표 10.8은 국립산림과학원(2006)에서 발표한 훼손산지 사면의 생태적 복구기술에서 사면 녹화의 설계내용과 고려해야 할 사항들을 정리한 것이다.

셋째, 자연경관을 고려하여 시각적으로 거부감이 없는 산림으로서의 전환을 수립해야 한다. 산림은 임상과 계절 등 다양한 조건에 따라서 다양한 색상으로 변한다. 일반적으로 인간의 눈으로 감지할 수 있는 가시광선 범위는 380~760nm 영역이며, 이 중 식물의 광합성 작용과 밀접한 관련을 갖는 범위는 440~670nm로 알려져 있다. 이러한 관계로부터 식생지수를 조사하여 식생 상태를 분석하면 성공적인 자연경관을 설정할 수 있다(신용희 등, 2003). 다시 말해서 자연식생에서 볼 수 있는 색상과 인공복구지에서 볼 수 있는 색상을 서로 비교함으로써 복구지역을 향후 자연식생으로 유도하는 과정에서 경관적인 측면을 고려한 시각적으로 우수한 산림경관을 수립할 수 있다.

표 10.8 사면 녹화의 설계내용과 고려해야 할 사항(국립산림과학원, 2006)

순서	설계내용	고려사항
1	목표 식생에 적합한 식물 선정	식생형, 지역의 기상 등
2	발아, 생육에 적합한 공법 선정	식물의 특성, 지역, 지형, 지질, 경사, 기상 등
3	종자배양과 파종량 결정	식생형, 공법, 시기 등
4	비료 선정	식물의 종류 등
5	녹화공에 사용하는 재료의 수량 산정	지질, 지역, 식생 목표 등
6	시공시기 결정	지역, 식물의 종류 등

10.5.3 녹화공법 설계 및 적용

노천채굴지역의 잔벽사면에 대한 녹화는 사면의 안정성이 확보된 후에 시행되어야 한다. 또한 녹화공법은 대상지의 침식방지 측면, 경관복원 측면, 생태복원 측면 등을 종합적으로 분석하여 경제적, 기능적, 생태적, 경관적인 녹화공법을 설계하고 이에 적합한 공법을 적용시켜야 한다. 노천광산개발로 인하여 형성된 잔벽사면을 녹화하기 위해서는 무엇보다도 사면에 대한 보강 설계가 선행되어야 하며(그림 10.29), 다음과 같이 세 단계로 구분할 수 있다.

첫째, 현장 상황에 대한 조사단계로서 사면활동에 직·간접적으로 영향을 미치는 요소들을 조사한다. 이 단계에서는 잔벽사면에 대한 지형 및 지질 특성과 함께 지반특성을 조사하고 분석한다.

둘째, 잔벽사면에 대한 설계 단계로서 첫 번째 단계에서 조사했던 내용에 근거하여 사면의 높이와 기울기를 결정한다. 이 단계에서는 사면에 대한 안정해석을 실시하여 사면안전율을 평가한다. 이때 토사사면의 경우 한계평형법에 의한 사면안전율을 계산하고, 암반사면일 경우 평사투영법에 의한 사면안정성을 검토한다.

셋째, 잔벽사면의 보강공법을 선정하는 단계로서 두 번째 단계에서 수행했던 사면 안정 해석 결과가 안정하지 않다고 판단 될 경우 잔벽사면을 불안정하게 만드는 요인을 검토하고 발생 예상되는 파괴규모를 예상하여 보강공법을 선정한다. 사면의 파괴규모는 소규모, 중규모, 대규모 파괴로 구분할 수 있으며, 파괴규모에 따라 알맞은 보강공법을 선정해야 한다(그림 10.30).

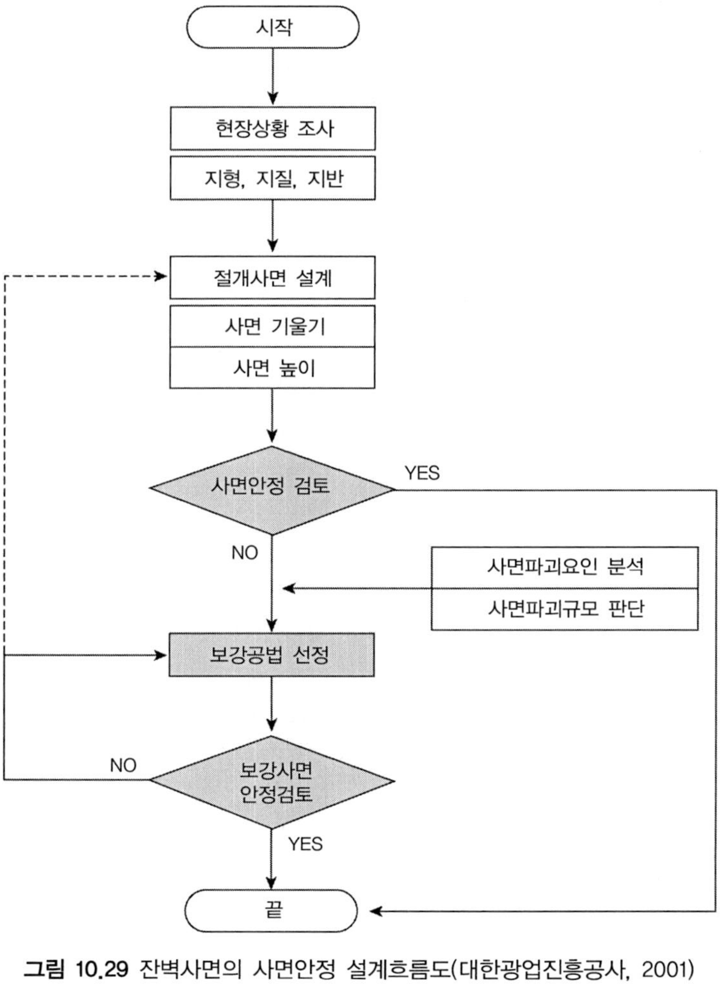

그림 10.29 잔벽사면의 사면안정 설계흐름도(대한광업진흥공사, 2001)

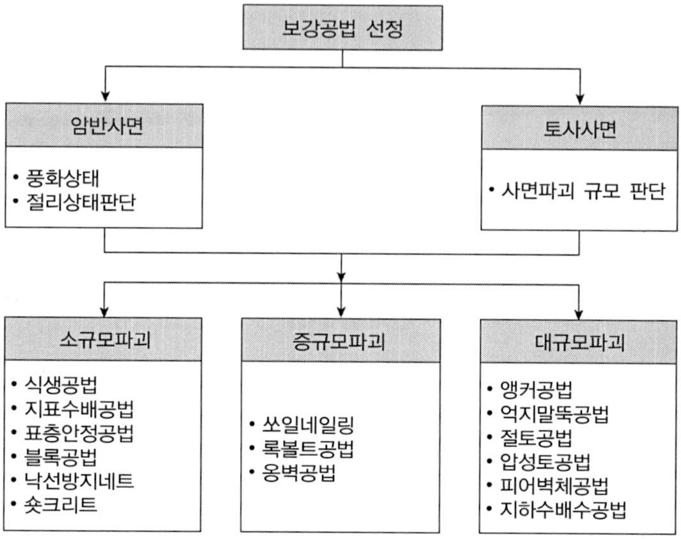

그림 10.30 잔벽사면의 보강공법 선정(대한광업진흥공사, 2001)

소규모 파괴 시는 식생공법, 배수공법, 표층안정공법, 낙석방지넷, 숏크리트 등의 보강공법을 선정할 수 있으며, 중규모 파괴 시에는 쏘일네일링(soil nailing), 록볼트, 블록공법, 옹벽공법, 압성토공법 등의 보강공법을 선정할 수 있다. 그리고 대규모파괴에는 앵커공법, 억지말뚝공법, 절토공법, 피어벽체공법, 지하수배제공법 등을 선정할 수 있다.

불안정한 잔벽사면을 안정화시키기 위한 공법은 사면억제공법과 사면안정공법으로 나눌 수 있다. 사면억제공법은 식생공법, 숏크리트공법, 표층고화처리공법 등과 같은 사면표면처리공법(표 10.9)과 억지말뚝공법, 앵커공법, 쏘일네일링공법, 록볼트공법 등과 같은 사면강제보강공법(표 10.10)으로 구분할 수 있다. 식생공법은 피복공법에 해당하며, 경사면을 잔디 등의 식물로 피복함으로써 우수에 의한 침식을 방지하여 경사면을 보호하려는 공법으로서 비교적 경제적이고 씨뿌리기(seed spray)나 텍솔(texsol) 등이 많이 사용된다(그림 10.31). 숏크리트공법은 경사면을 숏크리트로 피복하여 우수에 의한 사면의 세굴 및 풍화를 방지하여 경사면을 보호하려는 공법이다. 표층고화처리공법은 주입재를 주입하여 불안정한 토질의 안정도를 향상시키고 지하수나 침투수의 유입을 막아 사면지반이 불안정하게 되는 것을 막아주는 공법이다. 억지말뚝공법은 사면의 활동토괴를 관통하여 부동지반까지 말뚝을 일렬로 설치함으로써 사면의 활동하중을 말뚝의 수평저항으로 받아 부동지반에 전달시키는 공법으로서 말뚝의 설치위치, 간격, 직경, 강성, 근입깊이 등을 결정하는 것이 사면안정성을 위해 매우 중요하다. 앵커공법은 고강도 강재를 앵커로 하여 보링공 내에 삽입하여 그라우트 주입을 실시함으로써 앵커를 지반에 정착시켜 앵커 두부에 작용한 하중을 정착지반에 전달하여 안정시키는 공법이다. 쏘일네일링공법은 철근이나 강봉을 사면 내에 삽입하여 사면의 안정효과를 갖는 공법이다. 록볼트공법은 록볼트를 사면 내에 설치함으로써 표층부 중규모 파괴 방지에 적합한 공법이다.

표 10.9 잔벽사면안정을 위한 표면처리공법(대한광업진흥공사, 2001)

공법	특징
식생공법	• 사면을 잔디 등의 식물로 피복 • 우수에 의한 사면의 세굴 및 풍화방지로 사면 경사면 보호 • 장점 : 미관상 유리 • 단점 : 대상사면이 파쇄암이므로 잔디 등의 생장이 불리
숏크리트공법	• 사면을 숏크리트로 피복 • 우수에 의한 사면의 세굴 및 풍화방지로 사면 경사면 보호 • 장점 : 파쇄암으로 구성된 사면의 세굴 및 풍화방지책으로 유효 • 단점 : 미관불량 → 넝쿨식물공을 사용하여 개선 가능
표층고화처리공법	• 사면에 표층고화제를 주입 • 우수의 침투 방지, 사면의 세굴 및 풍화 방지 • 장점 : 우수의 침투방지, 사면의 세굴 및 풍화방지로 가장 효과적 • 단점 : 대상사면에 파쇄암이 존재하므로 처리 곤란, 경제성 저하

표 10.10 잔벽사면안정을 위한 사면강제보강공법(대한광업진흥공사, 2001)

공법	특징
억지말뚝공법	• 사면의 활동토괴를 관통하여 부동지반까지 말뚝을 일렬로 설치 • 활동토괴에 대해 역학적으로 저항 • 장점 : 대규모 사면 활동방지에 효과적 → 안전율 증대 효과가 큼 • 단점 : 대규모 장비진입로가 확보되어야 함
앵커공법	• 앵커재 두부에 작용한 하중을 정착지반에 전달하여 사면안정 도모 • 장점 : 변위를 미소하게 할 수 있음 • 단점 : 대상사면과 같은 파쇄암사면에 대한 효과가 불량

표 10.10 잔벽사면안정을 위한 사면강제보강공법(대한광업진흥공사, 2001)(계속)

공법	특징
쏘일네일링공법	• 철근이나 강봉을 가상 파괴면보다 깊게 사면 내에 삽입 : 사면안정 • 장점 : 시공장비 소규모, 경제적 • 단점 : 지하수위 존재 시 효과 불량
록볼트공법	• 록볼트를 사면 내에 설치하여 표층부 중규모 파괴 방지 • 장점 : 시공장비 소규모, 경제적, 중규모 파괴 방지에 적합 • 단점 : 파쇄암사면에 설치 곤란 → 콘크리트 블록 등을 사용 설치

그림 10.31 식생공법에 의한 잔벽사면의 녹화 사례(대한광업진흥공사, 2001)

또한 사면안정공법은 잔벽사면의 안정 및 자연환경, 자연경관 등을 고려하여 사면에 식생을 직접 시공하기 어려울 경우 적용하고 있는 녹화공법으로서 거적덮기공법, 코아네트(coir net)와 쥬트네트(황마망, jute net), 녹생토공법, 텍솔녹화토공법 등을 들 수 있다(표 10.11). 그림 10.32와 그림 10.33은 거적덮기공법과 네트공법을 각각 보여준다.

표 10.11 잔벽사면안정을 위한 사면안정공법(대한광업진흥공사, 2001)

공법	개요	특징	비고
거적덮기 공법	서양잔디 씨앗과 재래초종을 혼합하여 인력으로 골을 파고 파종 후 거적을 덮음	• 파종 후 우천 시 세굴 방지 • 양잔디 기계파종보다 보습력이 좋으므로 초기발아 양호 • 초목류 성장 시 사면안정	마사토지역
코아네트 쥬트네트	코코넛 열매껍질에서 추출한 섬유질로 짠 네트를 사면에 앙카핀으로 고정 후 그 위에 서양잔디 기계파종	• 토사의 세굴 및 유실 방지 효과 • 제방 수로지역 유실 방지 효과	마사토지역 풍화암지역
녹생토 공법	식생이 불가한 암절토면에 부착망을 앙카핀과 착지핀으로 고정 후 토양개량제와 양잔디 씨앗을 혼합 취부하여 녹화	• 암절개면에 녹화 가능 • 낙석 방지 효과 • 주요 경관지역 조기녹화	암사면지역
텍솔 녹화토 공법	녹생토공법과 유사하나 모래에 폴리에스터 연속장 섬유를 추가 혼합하여 취부	• 암절개면에 녹화 가능 • 낙석 방지 효과 • 주요 경관지역 조기녹화 • 화학섬유의 혼합으로 토양개량제 살포 후 균열 억제 • 토사지역 및 풍화암지역에도 사용 가능 • 토사의 세굴 및 유실방지 효과	토사지역 풍화암지역 암사면지역

그림 10.32 거적덮기공법에 의한 잔벽사면 녹화 사례(대한광업진흥공사, 2001)

그림 10.33 네트공법에 의한 잔벽사면 녹화 사례(대한광업진흥공사, 2001)

10.5.4 복구된 노천채굴지역의 효과적 활용

노천광산 개발지역에 대한 복구가 성공적으로 완료되었으면, 복구된 공간을 효과적으로 활용할 수 있는 방안이 추가적으로 고려되어야 한다. 여기에는 다양한 형태의 활용방안이 제시 될 수 있다. 다음은 복구된 노천채굴지역의 효과적 활용에 대한 몇 가지 방안을 설명한 것이다.

첫째, 농경지로 활용될 수 있다. 복구된 토지에 대한 안전성 평가를 실시하여 안전하다는 결과가 있을 때 복구된 토양 환경에 적합한 농작물을 경작하는 방안이다.

둘째, 환경교육장으로 활용될 수 있다. 복구된 노천채굴지역에 다양한 식생과 습지 등을 형성하여 생태교육현장으로 활용하는 방안이다.

셋째, 경관요소로 활용하는 방안이다. 농경지와 함께 수림대를 형성하여 필요한 곳에는 야생동물 이동통로를 설치하고 최종적으로는 초지와 서식처를 제공하는 방안이다(김귀곤, 조동길, 2006).

넷째, 다용도 레저공간시설로 활용하는 방안이다. 목가적인 휴양시설, 사격장, 영화촬영장 등 친환경적인 레저공간을 만드는 방안이다. 그림 10.34는 이에 대한 국내의 대표적인 복구지 활용 사례를 보여준다(한국산지보존협회, 2007).

다섯째, 대규모 스포츠 공간으로 활용하는 방안이다. 골프장, 스키장과 같이 자연과 밀접하게 연관이 되는 스포츠 공간을 만드는 방안이다. 그림 10.35는 이에 대한 국내의 대표적인 복구지 활용 사례를 보여준다.

그 외에도 놀이공간, 야생동물 서식처나 숲으로 활용하는 방안도 고려될 수 있다.

그림 10.34 광산복구지역의 다용도 놀이공간시설 활용 사례

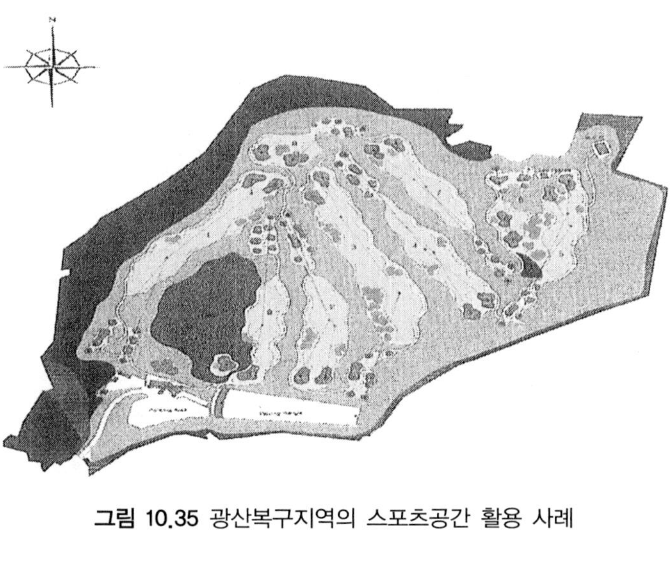

그림 10.35 광산복구지역의 스포츠공간 활용 사례

10.6 국내외 복구 사례

노천채광방식을 채택하여 채광되는 대표적인 광산이 석회석광산이다. 이 절에서는 석회석광산의 개발에 따른 훼손지의 국내외 복구 사례를 중심으로 설명하고자 한다.

10.6.1 국내 사례

국내 석회석광산은 대부분 계단식 채광법, 글로리홀(glory hole method)법, 경사면 채광법과 같은 노천채광법을 적용하여 개발되고 있다. 이러한 노천채광법에 의한 채광법은 대량 채광이 가능하지만 갱내채광법에 비하여 자연환경이 크게 훼손되는 단점이 있다. 석회석광산의 경우 대부분 채광이 완료된 이후에 복구가 이루어지는 것이 일반적이다. 따라서 국내에서는 석회석광산에 대한 복구 사례가 거의 없는 실정이다. 이 절에서는 석회석광산에 대한 복원계획을 수립하여 복구를 실시하고 있는 옥계 석회석광산과 단양 석회석광산의 복구 사례를 소개하고자 한다.

1) 옥계 석회석광산

옥계 석회석광산은 노천광산개발로 인하여 훼손된 산지에 대해 복원계획을 수립하여 채광이 완료된 곳이거나 개발 중 발생한 토사 유실구간 등에 대한 복구와 녹화작업을 진행하고 있다. 옥계 석회석광산은 1985년부터 생산을 시작하여 현재에 이르고 있으며 동서로 2.5km, 남북으로 1.0km의 대규모 노천채굴광산이다(그림 10.36).

이 광산은 최초 개발을 시작하여 현재 채굴이 종료된 면적 64.5ha의 제1개발구역과 현재 채굴 중인 면적 75ha의 제2개발구역으로 나뉜다(Kang et al., 2005). 초기 지형의 고도는 해발 약 840m였으며, 계단식 채광법으로 1단의 높이는 10m이고, 경사각은 60～70°이다. 사면의 평균경사는 45°이고 최종 굴착 높이는 400m가 될 예정이므로 채굴이 완료된 후에는 약 440m의 잔벽사면이 형성될 예정이다(그림 10.37). 채굴 완료된 잔벽사면의 경우 해발 500m까지 복토 후 녹화를 실시하여 환경을 복원시킬 예정이다.

그림 10.36 옥계 석회석광산 개발 현황(Kang et al., 2005)

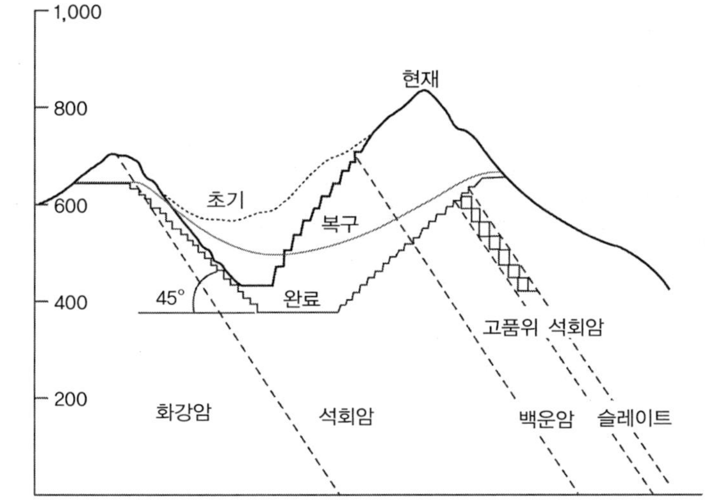

그림 10.37 옥계 석회석광산 제2개발지역 단면(Kang et al., 2005)

제1개발구역과 제2개발구역 전체 채굴이 완료되는 40년 이후에는 광산전체의 환경을 복원할 계획이다. 이를 위해서 복원시킨 경관 시뮬레이션을 실시하여 경관 훼손을 검토하고 토사 유출, 수계 교란, 광산주변 생태계 영향 등을 최소화하는 연구가 진행될 예정이다. 그림 10.38은 채굴 중인 사면, 그림 10.39는 채굴이 완료된 사면에 녹화를 시행한 예를 보여준다. 그림 10.40은 옥계 석회석광산 제1개발지역 채굴 완료 후 복구 시뮬레이션의 결과를 보여주며, 그림 10.41은 전체 채굴 완료 후 복구 시뮬레이션 결과를 나타낸다.

그림 10.38 옥계 석회석광산 채굴 중 사면(Kang et al., 2005)

그림 10.39 옥계 석회석광산 채굴 완료 후 복구(Kang et al., 2005)

그림 10.40 옥계 석회석광산 제1개발지역 채굴 완료 후 복구 시뮬레이션(Kang et al., 2005)

그림 10.41 옥계 석회석광산 전체 채굴 완료 후 복구 시뮬레이션(Kang et al., 2005)

2) 단양 석회석광산

충청북도 단양군 매포면 고양리 일원에 위치한 단양 노천 석회석광산은 전체 면적이 약 450ha에 이르는 대형 광상이다. 이 광산은 채광 완료 후 자연과 인공이 조화를 이룰 수 있는 환경친화적인 복구계획을 수립하고 최종적으로는 복구지역을 골프장으로 활용하는 방안을 제시하였다. 이를 위하여 잔벽사면에 대한 특성 분석, 지형과 지질, 경관과 식생, 지하수 상태, 토사유출 유무, 배수상태 등 다방면에 걸친 조사가 이루어 졌다. 이러한 자료를 근거로 체계적인 복구작업이 진행되었으며, 성공적으로 복구가 완료되었다. 환경적 측면에서 볼 때, 지형 및 지질에서 잔벽사면의 안정화와 함께 침식 방지와 토사유출이 억제되었다. 그리고 동물군과 식물군이 다양해져 생태적으로도 안정화되었다. 경제적인 측면에서는 지역경제의 활성화를 가져오게 되었다. 이것은 노천 석회석광산 개발에 따르는 훼손지를 복원하고 새로운 형태로 창출한 폐광산지역의 활용방안의 성공적인 복구 사례라 할 수 있다. 그림 10.42는 단양 석회석광산의 복구과정을 보여준다.

그림 10.42 단양 석회석광산 전체 채굴 완료 후 복구 및 복구지 활용 사례(이광재, 2009)

10.6.2 국외 사례

국외의 노천광산개발에 따른 복구 역사는 국내와 비교해볼 때 오래되었으며, 그 복구 기술 또한 매우 치밀하고 체계적으로 진행되고 있다. 국내 노천 석회석광산의 복구가 채굴 완료 후에 이루어지는 반면 해외 선진국들의 경우 채굴과 동시에 복구가 이루어지고 있는 것이 특징이다. 이 절에서는 독일, 프랑스, 일본, 캐나다, 스위스의 노천 석회석광산 복구 사례를 소개하고자 한다.

1) 독일의 뒤셀도르프 석회석광산

독일의 광산 복구는 '연방 환경보호법'에 따라 가능한 자연과 일치하는 원형보전을 위해 '재문화 형성계획'이 될 수 있도록 채광을 하기 전에 사전승인을 받고 채광을 실시하도록 정하고 있다. 여기서 '재문화 형성계획'은 채광지역을 재창조하여 자연으로 복귀시키는 방향으로 접근하고 있다. 다시 말해서, 채광지역 복원의 의미가 재문화 형성(rekultivierung)과 자연의 재창조(renaturierung)를 나타낸다. 채광지역의 복구 활용계획의 특징을 정리하면 표 10.12와 같다(장정근, 2001).

표 10.12 채광지역 복구 활용계획 특징(장정근, 2001)

구분	특징
농업적, 임업적 활용	• 과거 채석지역은 농업적 및 임업적 활용방안을 우선 적용 • 우선적으로 녹지(초지)가 조성되어 토양의 영양소 공급 역할을 담당 • 재조정 기간 및 비용이 많이 소요됨
산업적 활용	• 주변지역에 먼지와 소음공해를 최소화하는 공장 입지 가능 • 인프라 구조/교통망 부재에 따라 현실적으로 시행에 어려움
지방자치단체의 활용	• 주거지로부터 상당부분 이격되어 있어 건축 폐자재 매립지 또는 재활용 임시 적치장으로 활용 • 퇴비화할 수 있는 쓰레기는 비료로 재생산
교통시설의 확충	• 폐광산 부지 내 주차장 • 채광 후 평편한 부지를 도로부지로 활용
레저시설로의 확충	• 목가적인 휴양시설 적합 • 사격장, 사육장, 넓은 잔디밭, 낚시터, 놀이터, 영화촬영장 등 • 법령에 의해 안전, 환경친화적 시설을 전제로 개발

2) 프랑스 상드랑쿠르 석회석광산

프랑스 상드랑쿠르 석회석광산은 1946년부터 개발을 시작하여 현재에도 하루 평균 4,000톤 이상의 석회석과 골재를 채취하고 있는 프랑스의 대표적인 노천 석회석광산이다. 이 광산은 1980년부터 채굴과 동시에 생태 복원을 실시하는 점이 매우 특징적이다. 복원의 형태도 매우 다양하다. 웅덩이에 물을 채워 습지나 호수를 만들어 조류들이 살 수 있는 생태를 조성하거나, 농경지, 목초지, 숲지대 등 다양한 형태로 주변의 자연경관과 잘 어울리도록 하는 자연친화적인 복구를 실시하였다. 또한 깊이 10m로 파헤쳐진 60ha의 폐광지에 바로 옆 세느강 물을 끌어들여 수상 레저시설을 갖춰놓아 인공적으로 복원된 느낌이 들지 않는다. 이렇듯 이 석회석광산의 복구는 주변 자연과의 조화, 사회 환경과의 조화 등을 고려하여 사용되는 흙, 동물의 종류와 습성, 식물의 종류, 조경 설계에 이르기까지 구체적이고 계획적이다. 더군다나 복구가 인근 주민의 의견을 수렴하여, 주민, 지역 의원, 환경단체, 전문가 등으로 구성된 위원회가 복원 관련 사항을 결정하며, 그에 따라 복원이 진행되는 시스템을 갖추고 있다.

3) 일본의 야마시와 이부키 석회석광산

일본 기푸현 오오가키시에 위치하고 있는 야마시 석회석광산은 석회석 채광과 함께 복원까지 일련의 과정으로 작업이 진행되고 있다. 노천광산 복구 프로그램의 한 예로서 광산개발 중 발생하는 폐석을 복원 작업을 할 때 보조재료로 활용함으로써 폐석처리의 문제를 자연스럽게 해결하였다. 현재 이 광산의 채광작업은 완료된 상태이며, 채광 완료된 부지를 복구한 후 온천휴양지로 개발하여 운영되고 있다. 이것은 노천광산 복구로 지역화·사회화·산업화하여 지역경제에 긍정적인 영향을 미친 사례라 할 수 있다.

일본 사가현에 위치한 이부키 석회석광산은 채굴 완료 후 식생이 안정적으로 생육할 수 있도록 식생복원계획을 세워 복구를 실시하고 있다. 즉, 자연경관과 잔벽사면의 안정성을 고려하여 최종 잔벽사면의 평균경사를 37°로 하고, 식생복원 예정지인 최종 잔벽사면에는 30cm의 두께로 복토하며, 채굴예정지의 초본을 채굴 전에 미리 채취하여 최종 잔벽사면에 복토한 후 이식 및 식재하는 이상의 과정을 반복하여 최종 잔벽사면을 완성할 것을 규정하고 있다(국강, 2003).

4) 캐나다 석회석광산

캐나다 브리티시 콜럼비아 주 빅토리아 시에 위치하고 있는 노천 석회석광산을 부차드 부부가 복원사업을 실시하여 Sunken garden으로 조성한 사례로 복원지에 볼링장, 수영장, 당구장과 같은 실내 레크리에이션 시설과 함께 세계 각국의 정원 양식과 화훼로 4계절 이용 가능한 정원을 조성하여 세계적인 관광명소가 되었다. 이러한 예는 노천광산에 대한 복원계획을 체계적으로 세워 자연친화적인 생태복원을 한다면 사회, 문화, 경제적으로도 큰 이득을 가져올 수 있음을 보여준다. 그림 10.43은 이 광산의 복구 전과 후의 모습을 보여준다.

그림 10.43 캐나다 석회석광산 채광 완료 초기와 복구 후 Sunken garden(장정근, 2001)

5) 스위스 뮤지탈 석회석광산

스위스 Upper Rhineland 만의 협곡에 위치한 *Musital 노천 석회석광산*은 약 15년간 채광작업을 한 후 1990년부터 복구를 시작하였다. 이 석회석광산의 복원을 위하여 지질학자, 지질기술자, 조경가, 생물학자 등 다양한 방면의 전문가들이 참여하였다. 스위스 산림법에 근거하여 벌목지역과 삼림의 생태적 천이유도, 복토와 마운딩, 계류와 습지 등을 조성하여 생태적인 균형을 유지하도록 복원을 실시하였다(장정근, 2001). 그림 10.44는 이 광산의 복구 전과 후의 모습을 보여준다.

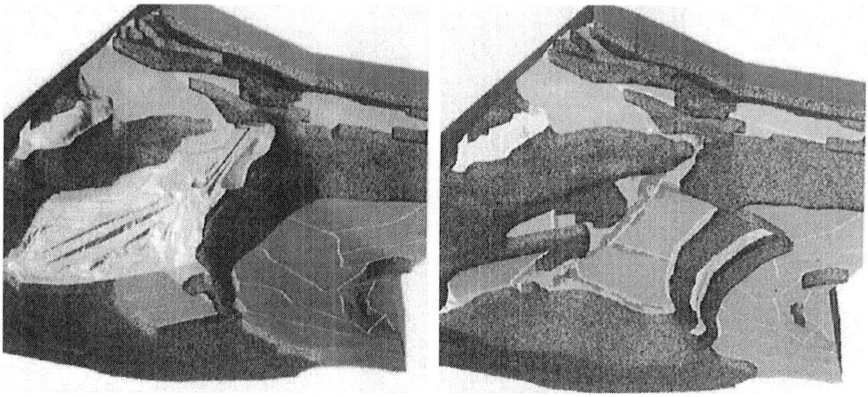

그림 10.44 스위스 Musital 석회석광산의 채광과 복구 사례(장정근, 2001)

•참고문헌•

국립산림과학원, 2006, 훼손산지 사면의 생태적 복구기술, p.255.

권현호, 남광수, 2007, 광해방지공학, 동화기술.

김귀곤, 조동길, 2006, 자연환경·생태복원학 원론, 아카데미서적.

김남춘, 남상훈, 2000, 폐탄광지의 생태복원 녹화기술, 폐탄광지의 환경복원녹화 기술개발 국제심포지엄, pp.162~179.

남상준, 2001, 폐탄광지 폐석적치장의 생태복원 녹화방법에 관한 연구, 단국대학교 석사학위논문.

대한광업진흥공사, 2001, 노천채굴장 사면의 구배결정 기준 및 사후복구방안에 관한 연구보고서.

산업기지개발공사, 1985, 암반사면의 안정성 분석에 관한 연구보고서.

산업자원부, 2006, 광해방지기본계획 공청회.

신용희, 박종화, 박민서, 2003, 밭작물의 분광반사 특성과 식생지수, 한국관개배수학회지, 10, 2, pp.43~54.

양재의, 옥용식, 박용하, 2007, 광산 훼손지역의 생태공학적 산림복구 방안, 광해방지기술, 1, 1, pp.67~87.

이광재, 2009, 석회석 폐광산의 골프코스 활용방안 – 오스타 단양 G.C 골프코스 조성 사례 중심으로–, 연세대학교 석사학위논문.

이창우, 김진, 김재동, 전석원, 김선준, 정명채, 임길재, 정영욱, 2014, 자원개발환경공학, 씨아이알.

장정근, 2001, 석회석 광산의 생태복원을 위한 복구 방안에 관한 연구, 한양대학교 석사학위논문.

정소걸, 선우 춘, 조성준 역, 2010, 자원개발공학(Hartman H.L. and J.M. Mutmansky, 2002, Introductory Mining Engineering, 2nd ed.), 도서출판 씨아이알.

한국산지보전협회, 2007, 산림훼손 복구지 사후관리 모니터링에 관한 연구 보고서.

한국지구시스템공학회, 2011, 자원개발안전 및 환경 교재개발, 해외자원개발협회.

資源と素材學會, 2005, 殘壁ハンドブック, pp.203~237.

Kaas, L.M., 1992, Major federal environmental laws and regulation, Sec. 3.4.2, in SME Mining Engineeing Handbook, 2nd ed. edited by H.L. Hartman, pp.175~182.

Kang, S.S., J.Y. Pyun, J. Kodama, and Y.Obara, 2005, Appearance of limestone development on South Korea and Okke limestone mine, Limestone, 334, pp.10~14.

찾아보기

(ㅊ)

(ㅋ)

저자 소개

양형식

전남대학교 에너지자원공학과 교수
서울대학교 자원공학과 학, 석, 박사

강성승

조선대학교 에너지자원공학과 교수
일본 Kumamoto 대학 박사
강원대학교 지구물리학과 석사
조선대학교 자원공학과 학사

선우 춘

한국지질자원연구원 책임연구원, 국제지질자원인재개발센터장
프랑스 Paris VI 대학 박사
서울대학교 자원공학과 학, 석사

장명환

한국광물자원공사 팀장/부장
전남대학교 학, 석, 박사

정소걸

전남대학교 에너지자원공학과 초빙교수, (재)자원산업연구원 원장
프랑스 Orléans 대학교 공학박사
서울대학교 자원공학과 학사

조상호

전북대학교 자원에너지공학과 교수
북해도대학 박사
전남대학교 석사
전북대학교 학사

노천광산 개발공학

초판발행 2016년 7월 12일
초판 2쇄 2021년 4월 23일

저 자 양형식, 강성승, 선우 춘, 장명환, 정소걸, 조상호
펴 낸 이 김성배
펴 낸 곳 도서출판 씨아이알

편 집 장 박영지
책임편집 김동희
디 자 인 유현주, 윤미경
제작책임 김문갑

등록번호 제2-3285호
등 록 일 2001년 3월 19일
주 소 (04626) 서울특별시 중구 필동로8길 43(예장동 1-151)
전화번호 02-2275-8603(대표)
팩스번호 02-2265-9394
홈페이지 www.circom.co.kr

I S B N **979-11-5610-233-5 93530**
정 가 **35,000원**